机械工业出版社高职高专土建类“十二五”规划教材

建筑力学

第2版

主　编　周　任　徐广舒
副主编　焦　卫　冯秀苓　刘振霞
参　编（以姓氏笔画为序）
王　英　汪　宁　吴卫祥
张智茹　陈剑波
主　审　刘　燕

机 械 工 业 出 版 社

本教材的主要内容有：平面力系的合成与平衡；杆件的轴向拉伸（压缩）与扭转；梁的弯曲；杆件的组合变形；压杆稳定；平面杆件体系的几何组成分析；静定结构的内力分析；静定结构的位移计算；超静定结构的力法、位移法以及力矩分配法等。本教材根据建筑行业相关专业对高职高专人才培养的要求，力求做到通俗易懂，使高职高专学生能够较轻松理解和掌握，并灵活运用该课程内容解决实际问题。书中带★的部分由教师根据教学实际情况取舍。

本书可作为高职高专院校土建类专业及其他成人高校相应专业的教材，也可作为相关工程技术人员的参考用书。

图书在版编目(CIP)数据

建筑力学/周任，徐广舒主编. —2 版. —北京：机械工业出版社，2013.12（2020.1 重印）
机械工业出版社高职高专土建类“十二五”规划教材
ISBN 978-7-111-44646-0

Ⅰ.①建… Ⅱ.①周…②徐… Ⅲ.①建筑科学-力学-高等职业教育-教材 Ⅳ.①TU311

中国版本图书馆 CIP 数据核字（2013）第 260722 号

机械工业出版社(北京市百万庄大街 22 号 邮政编码 100037)
策划编辑：张荣荣 责任编辑：张荣荣
版式设计：霍永明 责任校对：张 薇
封面设计：张 静 责任印制：郜 敏
北京圣夫亚美印刷有限公司印刷
2020 年 1 月第 2 版第 5 次印刷
184mm×260mm · 18.75 印张 · 462 千字
标准书号：ISBN 978-7-111-44646-0
定价：40.00 元

凡购本书，如有缺页、倒页、脱页，由本社发行部调换

电话服务	网络服务
服务咨询热线：010-88379833	机 工 官 网：www.cmpbook.com
读者购书热线：010-88379649	机 工 官 博：weibo.com/cmp1952
	教育服务网：www.cmpedu.com
封面无防伪标均为盗版	金 书 网：www.golden-book.com

第2版序

近年来，随着国家经济建设的迅速发展，建设工程的发展规模不断扩大，建设速度不断加快，对建筑类具备高等职业技能的人才需求也随之不断加大。2008年，我们通过深入调查，组织了全国二十余所高职高专院校的一批优秀教师，编写出版了本套教材。

本套教材以《高等职业教育土建类专业教育标准和培养方案》为纲，编写中注重培养学生的实践能力，基础理论贯彻“实用为主、必需和够用为度”的原则，基本知识采用广而不深、点到为止的编写方法，基本技能贯穿教学的始终。在教材的编写过程中，力求文字叙述简明扼要、通俗易懂。本套教材结合了专业建设、课程建设和教学改革成果，在广泛的调查和研讨的基础上进行规划和编写，在编写中紧密结合职业要求，力争能满足高职高专教学需要并推动高职高专土建类专业的教材建设。

本套教材出版后，经过四年的教学实践和行业的迅速发展，吸收了广大师生、读者的反馈意见，并按照国家最新颁布的标准、规范进行了修订。第2版教材强调理论与实践的紧密结合，突出职业特色，实用性、实操性强，重点突出，通俗易懂，配备了教学课件，适用于高职高专院校、成人高校及二级职业技术院校、继续教育学院和民办高校的土建类专业使用，也可作为相关从业人员的培训教材。

由于时间仓促，也限于我们的水平，书中疏漏甚至错误之处在所难免，恳切希望能得到专家和广大读者的指正，以便修改和完善。

本教材编审委员会

第2版前言

近年来，高等职业教育取得了快速的发展。作为我国高等教育体系的重要组成部分，高等职业教育的根本任务是要从市场的实际需要出发，坚持以就业为导向，以全面素质为基础，以职业能力为本位，加强面向市场的实用内容教学，努力培养适应现时和未来建设、管理和服务第一线需要的高素质实用技能型人才。因此，高职建筑工程类教材的编制必须紧跟时代的步伐，满足行业要求，适应市场变化，加强理论联系实际。

《建筑力学》是建筑工程技术专业及其他相关专业的一门重要的专业课或专业基础课。本书自第1版出版以来，受到全国许多高职高专院校师生的欢迎，鉴于作者的多年教学积累及读者对第1版的意见反馈，现对第1版内容进行了全面修订。本书第2版在内容的安排上尽可能做到：理论联系实际，不苛求力学理论体系的完备性，突出力学分析结果的应用性；文字表述通俗易懂，有利于教学和学生自学。

本教材共17章，由周任、徐广舒担任主编。绪论、材料力学的引言、第9章由广东科学技术职业学院周任负责编写；第1章、第4章由济南工程职业技术学院刘振霞编写；第2章、第3章由南京交通职业技术学院陈建波编写；第5章、第7章由山西综合职业技术学院王英编写；第6章、第11章由吉林建筑工程学院职业技术学院张智茹编写；第8章由北华航天工业学院冯秀苓编写；第10章、第14章由湖南工程职业技术学院吴卫祥编写；第12章、第13章由天津城建学院焦卫编写；第15章、第16章、第17章由南通职业大学徐广舒编写。

本教材的静力学部分，由周任修订、改编；结构力学部分，由徐广舒修订、改编。

由于编者水平有限，书中难免有错误和不当之处，敬请读者批评指正。

在教材编写过程中得到了机械工业出版社和东莞市建筑学会高级工程师张灿的大力支持和帮助，在此表示感谢。

编　者

目　录

第1篇　静 力 学

第2篇　材 料 力 学

第3篇 结构力学

绪　论

0.1　建筑力学的任务

建筑物和构筑物必然承受各种力，如风力、人和设备的重力、建筑物各构件自重以及地震引起的力等，这些力在工程上被称之为荷载。

建筑物中用来承受荷载并传递荷载作用的部分，被称为结构；结构中的各部件称为构件，如屋架、楼板、梁、柱、基础等共同构成建筑的结构，各梁、柱、楼板等则为组成结构的各构件。图 0-1 是一个常见厂房的结构及构件的示意图。

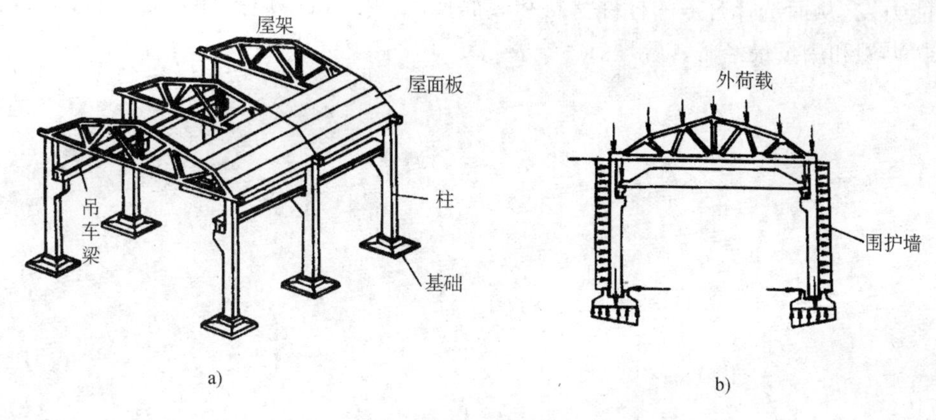

图　0-1

在承受荷载和传递荷载时，建筑结构及其各构件必须满足两个方面的基本要求：

1. 安全方面的要求

（1）强度要求　即建筑结构及其各构件不能发生破坏。

（2）刚度要求　即建筑结构及其各构件不能产生过大的变形。

（3）稳定性要求　即建筑结构及其各构件不能失稳。

2. 经济方面的要求

在满足安全方面要求的前提下，尽可能使结构和构件的造价经济。

为了满足上述两个基本要求，使结构和构件安全、经济，需要相应的学科为结构和构件的设计提供科学的理论及实验依据，建筑力学就是上述学科的理论基础。建筑力学的任务是：分析受力结构和构件的平衡问题，研究构件的承载能力及材料的力学性能，为保证结构（或构件）安全可靠及经济合理提供理论基础和计算方法。

0.2 建筑力学研究的对象

建筑物、构筑物的建筑形式各异，建筑结构与构件的形状也多种多样，各类构件及结构分别由不同的力学学科研究，建筑力学研究的对象仅限于杆件以及由杆件组成的杆件结构。杆件的特点是：某一方向（长度）的尺寸远比另外两个方向（横截面）的尺寸大得多，如梁、柱等。由杆件组成的结构称为杆件结构，它是应用最广的一种结构。

0.3 建筑力学研究的内容

（1）研究在平衡状态下杆件上的力之间的平衡条件，及其平衡条件应用方法的分析。

（2）研究杆件上的力系与杆件内部作用力之间的关系；运用各种材料性能的研究成果分析杆件的合理尺寸，并进一步研究杆件的承载能力（即抵抗破坏、抵抗变形过大、抵抗失稳的能力），从而选择合适的杆件材料和截面尺寸，使杆件具有足够承载能力的同时所使用的材料类型和用量最经济、合理。

第1篇　静　力　学

本篇主要介绍平面物体的平衡问题，具体内容包括力的基本性质、力系的合成规律、力系作用下物体和物系的平衡条件及其平衡条件的应用。

静力学部分是本课程最基本的部分，其分析方法和计算方法是学习本课程后续内容的基础。

第1章　静力学基础

知识目标：

1. 掌握静力学的基本概念和公理。
2. 掌握力在轴上的投影规则。
3. 熟悉荷载的类型、约束的类型和约束反力的分析方法。

能力目标：

1. 能够对物系进行受力分析。
2. 能够画出受力图。

1.1　静力学的基本概念

1.1.1　力的概念

力是物体之间的相互机械作用，这种作用的效果会使物体的运动状态发生变化（外效应），或者使物体发生变形（内效应）。

力的概念是人们在长期的生产劳动和日常生活中逐渐形成并建立起来的，例如人推小车时，人对小车施加了力，使小车由静到动，同时感到小车也在推人。这种力的作用，在物体与物体之间经常发生，例如，空中落下的物体由于受到地球引力的作用而使运动速度加快，桥梁受到车辆的作用而产生弯曲变形等。

1.1.2　刚体的概念

刚体：在任何外力作用下，其大小和形状均保持不变的物体。

实际上，任何物体在力的作用下，都会引起大小和形状的改变，即发生变形，但是许多物体受力前后的形状改变比较小，例如建筑物中的梁，它在中央处最大的弯曲下垂一般只有梁长度的 1/500 左右。这样微小的变形对于讨论物体的平衡问题影响甚少，可以忽略不计，我们可将这些物体看成是不变形的。

在静力学部分，我们把所讨论的物体都看作是刚体。

1.1.3 力系的概念

同时作用在一个研究对象上的若干个力或力偶，被称为一个力系。若这些力或力偶都来自于研究对象的外部，则被称为外力或外力系。外力系中一般可能有：集中力、分布力、集中力偶、分布力偶。

1.1.4 等效力系的概念

若一个力系作用于物体的效果与另一个力系的作用效果相同，则称这两个力系互为等效力系。

1.1.5 平衡力系的概念

若物体在力系作用下处于平衡状态，则这个力系被称为平衡力系。

1.2 静力学的概念

1.2.1 二力平衡公理

作用于同一刚体上的两个力使刚体平衡，其必要与充分条件是：两个力作用在同一直线上，大小相等，方向相反。这一性质也被称为二力平衡公理。

当一个构件只受到两个力作用而保持平衡，这个构件称为二力构件，如图 1-1 所示，二力构件是工程中常见的一种构件形式。由二力平衡公理可知，二力构件的平衡条件是：两个力必定沿着二力作用点的连线，且等值、反向。

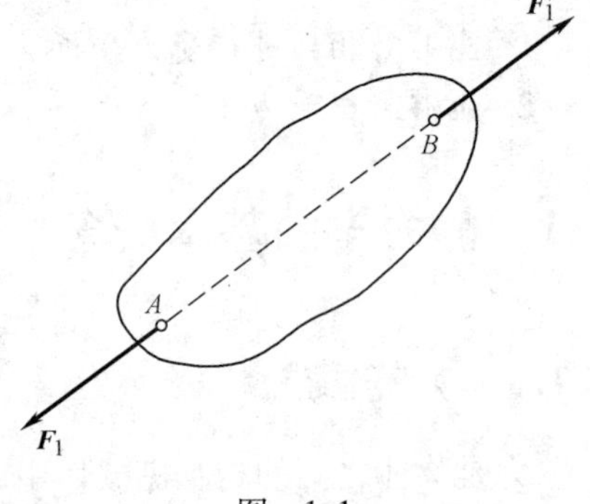

图 1-1

二力平衡公理对刚体而言是既必要又充分的条件，而对于非刚体，这个条件虽然必要但不充分。例如，当柔软的绳索受到两个等值反向的拉力作用时可以平衡，但受到两个等值反向的压力作用时就不能平衡。

1.2.2 加减平衡公理

作用于某刚体的力系中，加入或减去一个平衡力系，并不改变原力系对刚体的作用效果，这是因为一个平衡力系作用在刚体上，对刚体的运动状态是没有影响的，所以在原来作用于刚体的力系中加入或减去一个平衡力系，刚体的运动状态是不会改变的，即新力系与原力系对刚体的作用效果相同。

推论（力的可传性原理）：作用在刚体上的力可沿其作用线移到刚体的任一点，而不改变该力对刚体的运动效果，如图 1-2 所示。

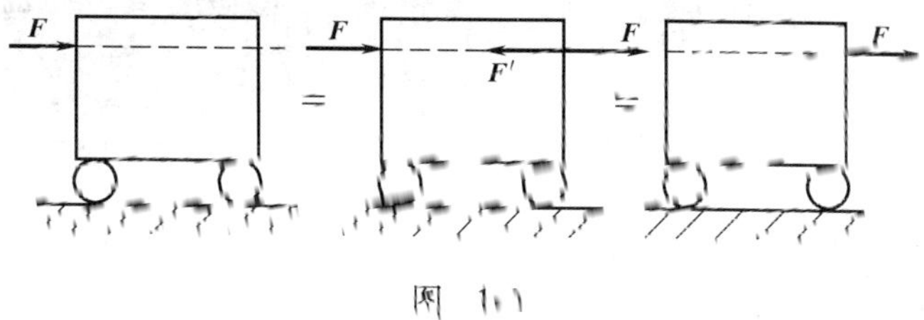

图 1-2

1.2.3 力的平行四边形法则

力的平行四边形法则：作用在物体上同一点的两个力的合力，其作用点仍是该点，其方向和大小由以这两个力的力矢为邻边所构成的平行四边形的对角线确定。

如图 1-3 所示，作用在 A 点的两个力 $\boldsymbol{F}_1$ 和 $\boldsymbol{F}_2$，它们的合力就是平行四边形的对角线所确定的 $\boldsymbol{R}$。

运用平行四边形法则可以把两个共点力合成为一个合力，也可以把一个力分解为两个分力。不过当进行这种分解时，必须指定两个分力的方位，解答才是唯一的。

推论：三力平衡汇交定理

三力平衡汇交定理是：由三个力组成的力系若为平衡力系，其必要的条件是这三个力的作用线共面且汇交于一点。

如图 1-4 所示，已知物体受三个力 $\boldsymbol{F}_1$、$\boldsymbol{F}_2$、$\boldsymbol{F}_3$ 作用而处于平衡，且已知 $\boldsymbol{F}_1$ 和 $\boldsymbol{F}_2$ 的作用线有交点 O。把物体刚化，把力 $\boldsymbol{F}_1$ 和 $\boldsymbol{F}_2$ 沿作用线移到交点 O，运用平行四边形法则得 $\boldsymbol{F}_1$ 和 $\boldsymbol{F}_2$ 的合力 $\boldsymbol{R}$，则可知 $\boldsymbol{F}_3$ 和 $\boldsymbol{R}$ 是一对平衡力，并可知 $\boldsymbol{F}_3$ 的作用线必通过 O 点。

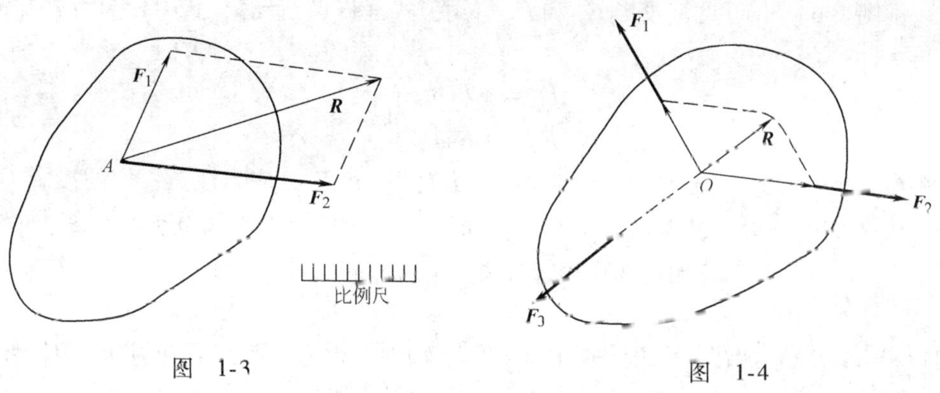

图 1-3　　图 1-4

1.2.4 作用与反作用公理

两个物体间的作用力和反作用力总是大小相等，方向相反，沿同一直线，并分别作用在这两个物体上。

这个公理概括了两个物体间相互作用力的关系。如图 1-5 所示，物体 A 对物体 B 施作用力 $\boldsymbol{F}$，同时物体 A 也受到物体 B 对它的反作用力 $\boldsymbol{F}'$，且这两个力大小相等、方向相反、沿同一直线作用。

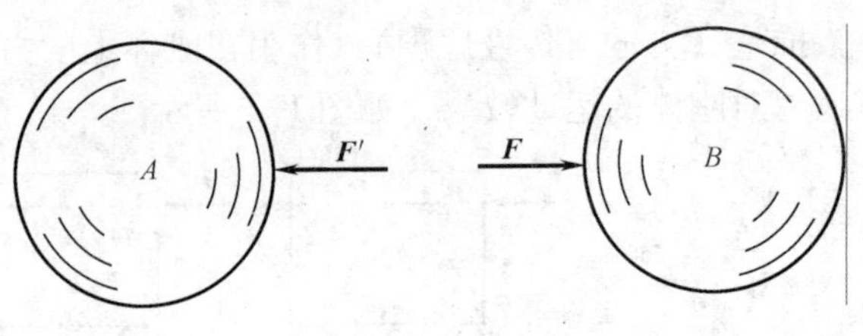

图 1-5

1.3 力在坐标轴上的投影

如图1-6所示，设力 $\boldsymbol{F}$ 作用于物体的 A 点，取直角坐标系 Oxy，使力 $\boldsymbol{F}$ 在 Oxy 平面内。从力 $\boldsymbol{F}$ 的两端点 A 和 B 分别作坐标轴 x 的垂线，两根垂线在 x 轴上所截得的线段 ab 加上正号或负号后，称为力 $\boldsymbol{F}$ 在 x 轴上的投影，用 $\boldsymbol{F}_X$ 表示。并且规定：当从力的始端的投影点 a 到终端的投影点 b 的指向与投影轴正向一致时，力的投影取正值；反之取负值。同样，在图1-6a、b中线段 $a'b'$ 加上正号或负号是力 $\boldsymbol{F}$ 在 y 轴上的投影，用 F_Y 表示。

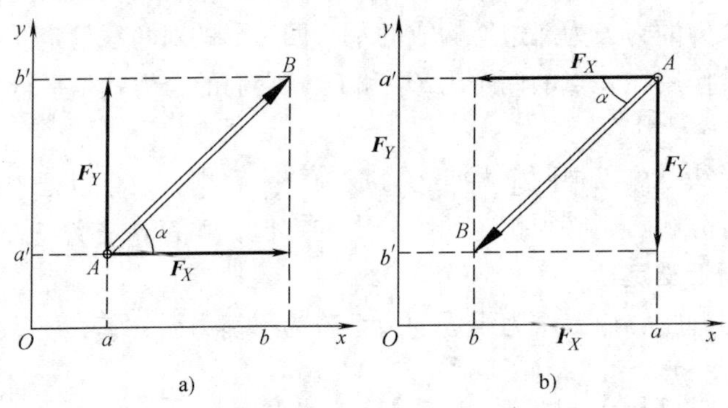

图 1-6

通常用力 $\boldsymbol{F}$ 与坐标轴 x 所夹的锐角来计算投影，其正号或负号可根据上述规定直观判断得出。由图1-6a、b可见，投影 $\boldsymbol{F}_X$ 和 $\boldsymbol{F}_Y$ 可用公式（1-1）计算，式中 α 为力 $\boldsymbol{F}$ 与 x 轴所夹的锐角。

$$\left.\begin{array}{l}\boldsymbol{F}_X=\pm\boldsymbol{F}\cos\alpha\\ \boldsymbol{F}_Y=\pm\boldsymbol{F}\sin\alpha\end{array}\right\}\qquad(1\text{-}1)$$

图1-6a、b中力 $\boldsymbol{F}$ 沿直角坐标轴方向的分力为 $\boldsymbol{F}_x$ 和 $\boldsymbol{F}_y$，应当注意：力的投影 F_X、F_Y 与 $\bar{\boldsymbol{F}}_x$、$\bar{\boldsymbol{F}}_y$ 是不同的，力的投影只有大小和正负，它是标量，而力的分力是矢量，有大小、有方向，其作用效果还与作用点或作用线有关，引入力的投影，即将力的矢量计算转化为标量计算。

【例1-1】 分别求出图1-7中各力在 x 轴和 y 轴上的投影。已知 $\boldsymbol{F}_1=100\text{N}$，$\boldsymbol{F}_2=150\text{N}$，$\boldsymbol{F}_3=\boldsymbol{F}_4=200\text{N}$。

【解】 由式（1-1）得出各力在 x、y 轴上的投影为

$\boldsymbol{F}_{X_1}=-F_1\cos45°=-100\times0.707\text{N}=-70.7\text{N}$

$\boldsymbol{F}_{Y_1}=F_1\sin45°=100\times0.707\text{N}=70.7\text{N}$

$\boldsymbol{F}_{X_2}=-F_2\cos30°=-150\times0.866\text{N}=-129.9\text{N}$

$\boldsymbol{F}_{Y_2}=-F_2\sin30°=-150\times0.5\text{N}=-75\text{N}$

$\boldsymbol{F}_{X_3}=F_3\cos90°=200\times0\text{N}=0$

$$F_{Y_3} = -F_3\sin 90° = -200 \times 1\text{N} = -200\text{N}$$

$$F_{X_4} = F_4\cos 60° = 200 \times 0.5\text{N} = 100\text{N}$$

$$F_{Y_4} = -F_4\sin 60° = -200 \times 0.866\text{N} = -173.2\text{N}$$

由本例可知，当力与坐标轴垂直时，力在该轴上的投影为零；当力与坐标轴平行时，力在该轴上的投影的绝对值等于力的大小。

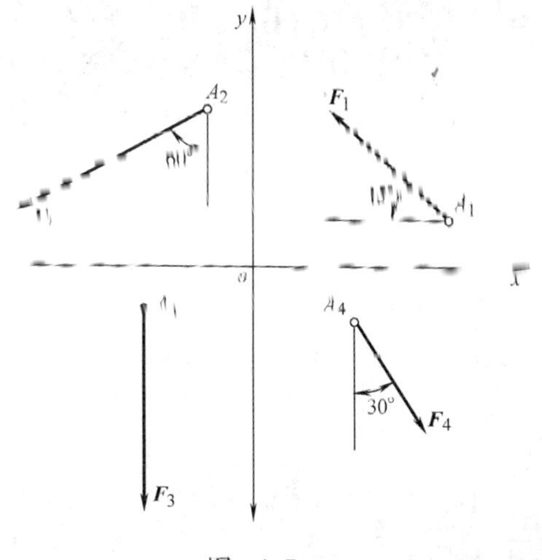

图 1-7

1.4 荷载

1.4.1 荷载的概念及荷载的分类

荷载是主动作用于结构上的外力，例如，结构自重、风压力、人群及设备、家具的自重等。实际工程中的荷载根据其不同特征主要有下列分类：

1. 按荷载作用时间的长短划分为恒载和活载

恒载（永久荷载）是长期作用在结构上的不变荷载，如结构自重以及永久固定在结构上的设备自重等。

活载（可变荷载）是临时作用在结构上的荷载，如风荷载、雪荷载、人群等。有些活载在结构上的作用位置是移动的，这类荷载又称为移动荷载，如起重机、汽车荷载等。

2. 按荷载作用的性质划分为静力荷载和动力荷载

静力荷载，是指其大小、位置和方向不随时间变化或变化缓慢的荷载。由于静力荷载的加载过程比较缓慢，使其结构不会产生显著的加速度，因此人们将惯性力的影响忽略不计，如结构自重就是静力荷载。

动力荷载是指随时间迅速变化或在短暂时段内突然作用或消失的荷载。在动力荷载作用下，结构产生显著加速度，因而惯性力的影响不能忽略，例如动力机械运转时产生的干扰力就属于动力荷载。

1.4.2 作用在建筑结构上常见荷载的简化及计算

为简便工程结构计算，通常需要将梁、板等构件所受的荷载予以简化，下面将介绍两种荷载的简化及计算方法。

1. 等截面梁自重的简化及计算

一矩形截面梁如图 1-8 所示，其截面宽度为 b，截面高度为 h，设此梁的单位体积重（重度）为 γ（kN/m^3），则此梁的总重是

$$Q = bhL\gamma \tag{1-2}$$

梁的自重沿梁跨度方向是均匀分布的，所以沿梁轴每米长的自重 q 是

$$q = Q/L \tag{1-3}$$

将 Q 代入式（1-3）得

$$q = bh\gamma$$

式（1-2）、式（1-3）中 b、h 的单位均为 m，Q 的单位为 kN，q 的单位为 kN/m。

q 值就是梁自重简化为沿梁轴方向的均布线荷载值，均布线荷载 q 也称线荷载集度。

2. 均布面荷载化为均布线荷载计算

图 1-9 中的平板板宽为 b，板跨度为 l，若在板上受到均匀分布的面荷载 q' 的作用，那么在这块板上受到的全部荷载 Q 是

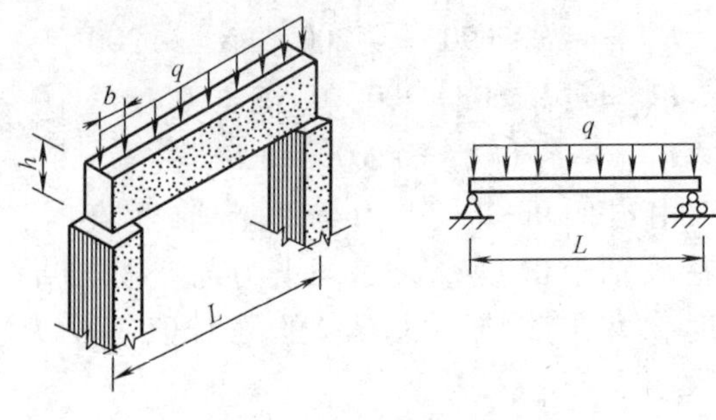

图 1-8

$$Q = q'bl \qquad (1\text{-}4)$$

而荷载 Q 是沿板的跨度均匀分布的，于是，沿板长度方向均匀分布的线荷载 q 大小为

$$q = Q/l \text{ 即 } \quad q = bq' \qquad (1\text{-}5)$$

公式（1-4）、公式（1-5）中 b、l 单位为 m，q' 的单位为 kN/m^2，q 的单位为kN/m，Q 的单位为 kN。

可见均布面荷载简化为均布线荷载时，均布线荷载的大小等于均布面荷载的大小乘以受荷宽度。

图 1-10 是某楼面的结构示意图。平板支承在大梁上，其跨度为 l_1，梁支承在柱上，跨度为 l_2。当平板上受到均布面荷载 q' 时，梁 AB 沿其轴线方向受到板传来的均布线荷载 q 应当怎样计算呢？由于梁的间距为 l_1，跨度为 l_2，所以梁 AB 的受荷范围是图 1-10 中阴影所占有的面积，即梁的受荷宽度为 l_1。于是，利用公式（1-5）很容易就能算出梁 AB 受到板传来的均布线荷载值。

$$q = l_2q'$$

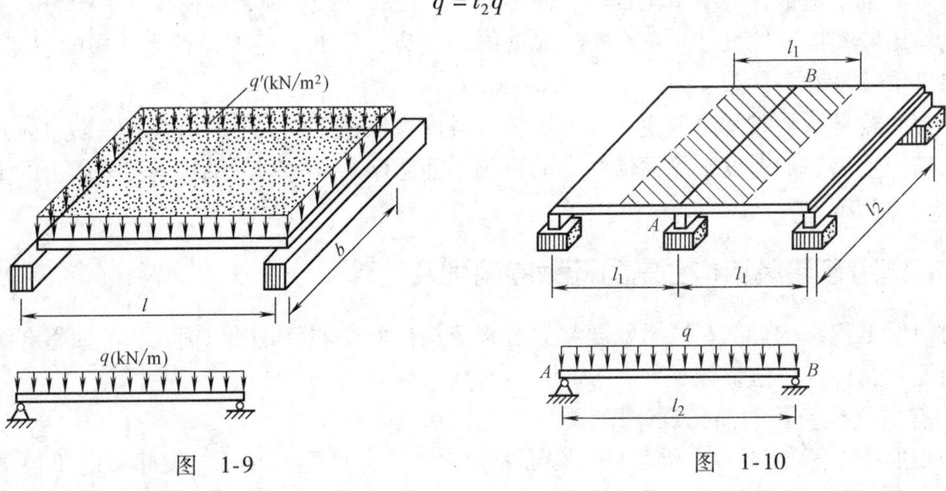

图 1-9 图 1-10

1.5 约束和约束反力

1.5.1 约束和约束反力

工程中，任何构件都受到与它相连的其他构件的限制，不能自由运动。例如，大梁受到

柱子限制，柱子受到基础的限制，桥梁受到桥墩的限制等等。对一个物体的运动趋势起制约作用的装置，称之为该物体的约束，例如上面所提到的柱子是大梁的约束，基础是柱子的约束，桥墩是桥梁的约束。

物体受到的力一般可以分为两类：一类是使物体运动或使物体有运动趋势的力，称为主动力，例如重力、水压力、土压力等，主动力在工程上称为荷载。另一类是约束对物体的运动起限制作用时产生的力。物体受到主动力作用时，会产生运动趋势，约束则因其阻碍物体的运动必然产生对物体的作用力，这种作用力因主动力的存在而被动产生，并随着主动力的变化而改变，故称之为约束反力，简称反力。约束反力的方向总是和该约束所能阻碍物体的运动方向相反。

1.5.2 几种常见的约束及其反力

1. 柔体约束

绳索、链条、皮带等用于阻碍物体的运动，是一种约束；这类约束只能承受拉力，不能承受压力，且只能限制物体沿着这类约束伸长的方向运动，这类约束叫做柔体约束。柔体对物体的约束反力是作用于接触点、沿柔体中心线、背向物体的拉力，常用 $\boldsymbol{T}$ 表示，如图1-11和图1-12所示。

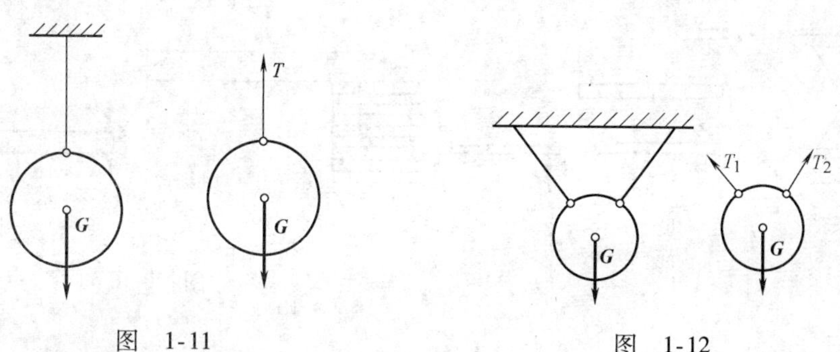

图 1-11

图 1-12

2. 光滑接触面约束

当约束与物体接触面之间摩擦力很小，可以略去不计时，就是光滑接触面约束。这种约束只能限制物体沿着接触面的公法线并指向光滑面的运动，而不能限制物体沿着接触面的公切线或离开接触面的运动。所以，光滑接触面的约束反力是作用于接触点、沿接触面公法线方向、指向物体的压力，常用 $\boldsymbol{F}_N$ 表示，如图1-13和图1-14所示。

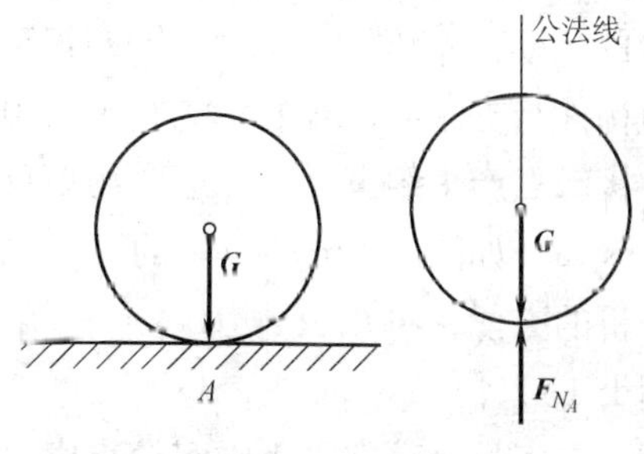

图 1-13

3. 可动铰支座

工程上将构件连接在墙、柱、基础等支承物上的装置叫做支座。用销钉把构件与支座连接，并将支座置于可沿支承面滚动的辊轴上，如图1-15a所示，这种支座叫做可动铰支座。这种约束不能限制构件绕销钉的转动和沿支承面方向的移动，只能限制构件沿垂直于支承面方向的移动，所以，它的约束反力通过销钉中心，垂直于支承面。这种支座的计算简图如图1-15b所示，支座反力如图1-15c所示。房屋建筑中将横梁支承在砖墙上，砖墙对横梁的约

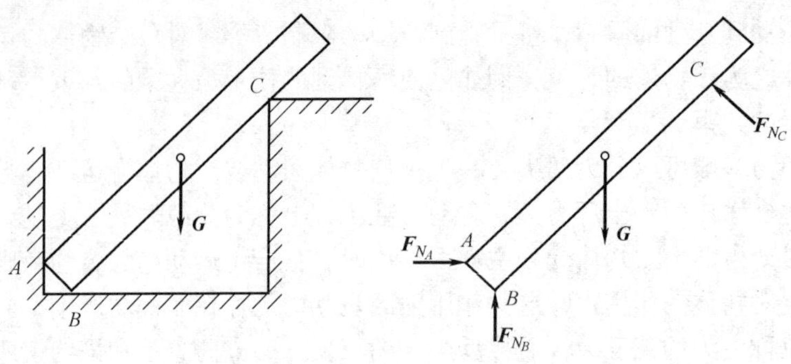

图　1-14

束可看成可动铰支座约束。

与可动铰支座约束性能相同的还有连杆约束。连杆是不计自重、两端用光滑销钉与物体相连的直杆。在图1-16a中，可以将砖墙对搁置其上的梁的约束抽象为连杆约束。连杆只能限制物体沿连杆的轴线方向的运动，而不能限制其他方向的运动。所以，连杆的约束反力沿着连杆轴线，指向不定。连杆约束的简图及反力表示如图1-16b所示。

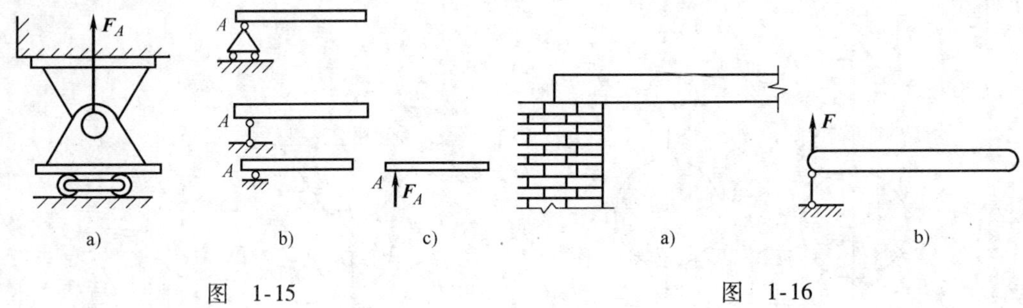

图　1-15　　　　图　1-16

4. 固定铰支座

将构件用圆柱形销钉与支座连接，并将支座固定在支承物上就构成了固定铰支座，如图1-17a所示。固定铰支座的计算简图见图1-17b，这种固定铰支座，构件可以绕销钉转动，但构件与支座的连接处不能在平面内作任何方向的移动；当构件有运动趋势时，构件与销钉的接触点产生约束反力，这个约束反力随构件不同受力情况而变化，故反力的大小、方向均为未知，如图1-17c中所示的$\boldsymbol{F}_A$，其约束性能相当于交于A点的两根不平行的连杆。为了解析的方便，将该反力用两个互相垂直、已知方向、未知大小的反力$\boldsymbol{F}_{X_A}$、$\boldsymbol{F}_{Y_A}$表示，见图1-17d。

在工程上经常采用固定铰支座。如图1-18中的柱子插入杯形基础，基础允许柱子作微小的转动，但不允许柱子底部作任何方向的移动。

如将一个圆柱形光滑销钉插入两个物体的圆孔中，就构成了限制该两个物体作某些相对运动的约束，这种约束被称之为圆柱铰链，简称为铰链，如图1-19a所示。门窗用的合页就是圆柱铰链的实例。铰链不能限制由它连接的两个物体绕销钉的相对转动，但能限制该两个物体在连接点处沿任意方向的相对移动，可见圆柱铰链的约束性能与固定铰支座性质相同。圆柱铰链对其中一个物体的约束反力也是通过销钉中心且大小、方向不定，如图1-19b中所

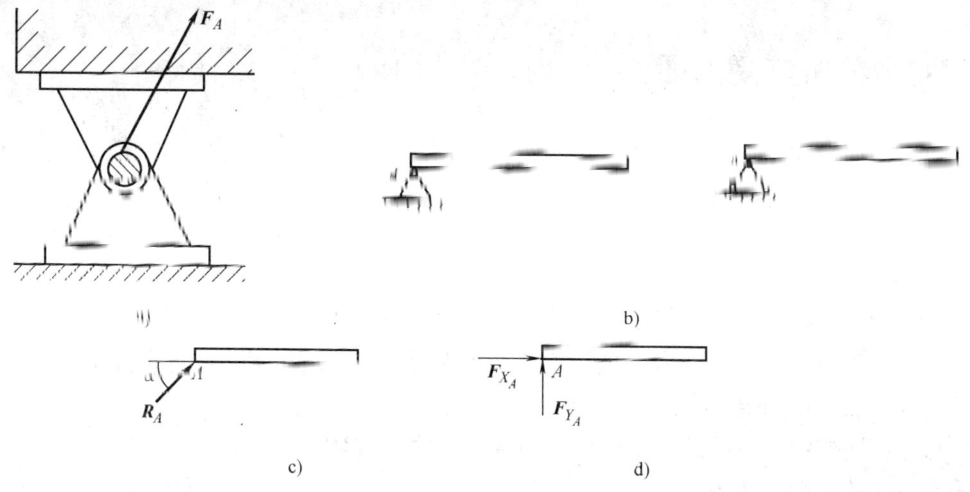

图 1-17

示的 F_C。仍将该反力用两个互相垂直、已知方向、未知大小的反力 F_{X_C}、F_{Y_C}表示。圆柱铰链的计算简图和约束反力分别如图 1-19c 和 d 所示。

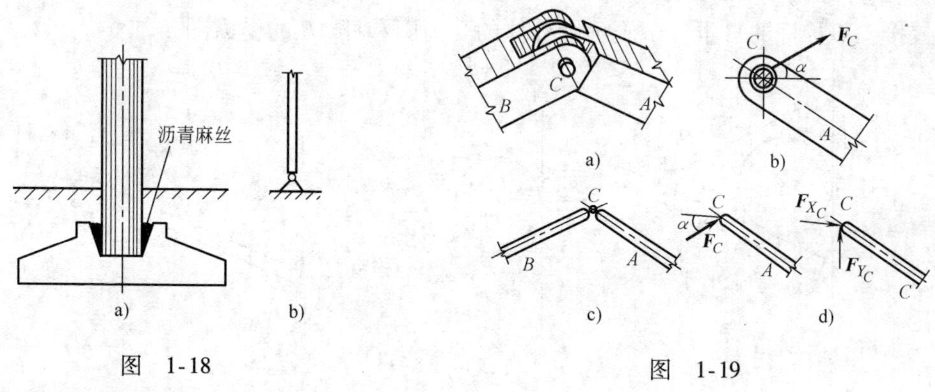

5. 固定端支座

构件与支承物固定在一起，构件在固定端既不能沿任何方向移动，也不能转动，这种支承叫做固定端支座，如图 1-20a 所示。房屋建筑中的外阳台和雨篷嵌入墙身的挑梁的嵌入端就是典型的固定端支座，这种支座对构件除产生水平反力和竖向反力外，还有一个阻止构件转动的反力偶。图 1-20b 是固定端支座的简图，其支座反力如图 1-20c 所示。

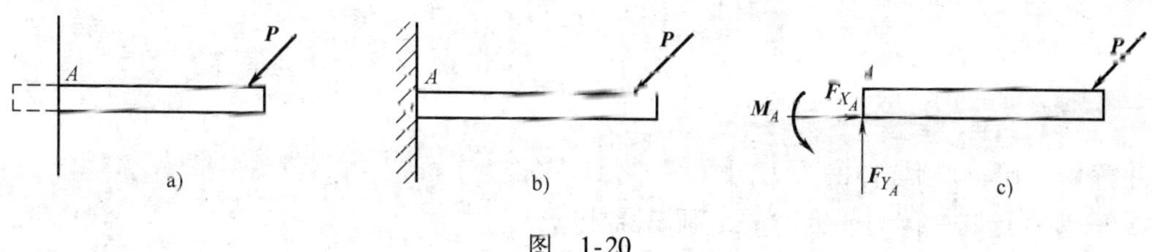

图 1-20

1.6 受力分析与受力图

建筑力学要研究结构和构件的力学问题，首先需分析结构或构件的受力情况，这个过程称为受力分析。受力分析时，将结构或构件所受的各力画在结构或构件的简图上，称为受力图。要解决结构和构件的力学问题，首先必须正确画出它们的受力图，并以此作为计算的依据。

进行受力分析时，首先选择要研究的结构或构件——研究对象，然后在研究对象的简图上，正确画出其所受的全部外力，包括荷载和约束反力。荷载是可以事先确定的已知力，而约束反力则是按约束情况而定的未知力。

从与之相连的物体中隔离开来的研究对象，称为隔离体。

画受力图的一般步骤为：

第一步：选取研究对象，画出隔离体简图。

第二步：画出荷载。

第三步：分析各种约束，画出各个约束反力。

【例 1-2】 如图1-21a 所示，圆柱体的重力 $\boldsymbol{W}$ 作用在圆心 O；杆的 B 点处由绳系着，A 端与墙铰接，不计杆的自重。试画出圆柱体的受力图和杆 AB 的受力图。

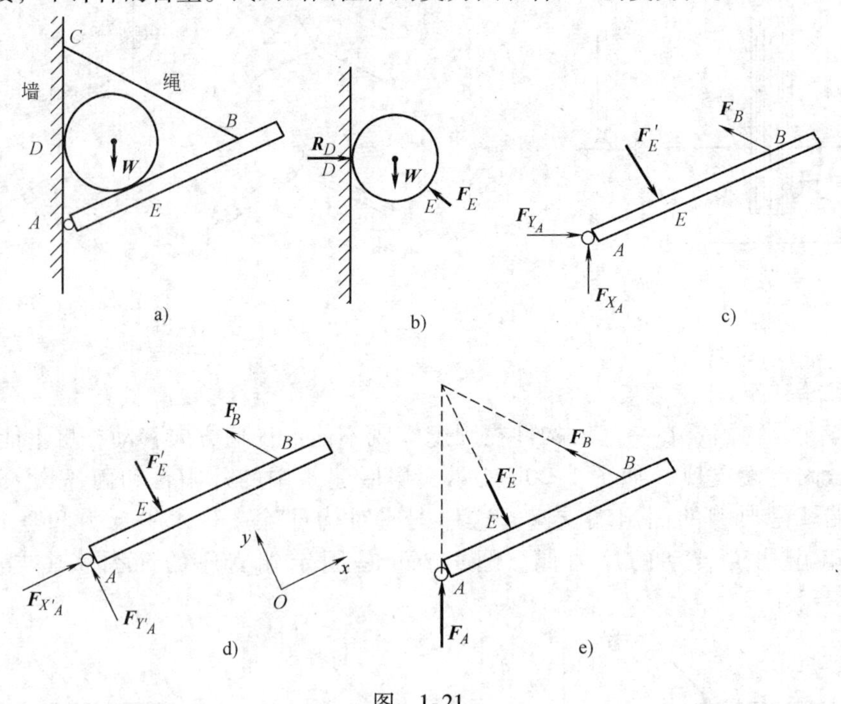

图 1-21

【解】 （1）画圆柱体的受力图（图 1-21b）。

第一步：选圆柱体为研究对象，画出圆柱体。

第二步：画出荷载 W。

第三步：画约束反力。圆柱体在 D、E 两点处受光滑面约束反力 $\boldsymbol{F}_D$ 和 $\boldsymbol{F}_E$，它们沿公法线指向圆柱体，即力矢的延长线一定过圆心 O。

（2）画杆 AB 的受力图。

解法一（图 1-21c）：

第一步：画出杆 AB。

第二步：参照图 1-21b 上的 $\boldsymbol{F}_E$，按作用反作用关系画出它的反作用力 $\boldsymbol{F}'_E$。

第三步：拆去绳索，画 B 点处约束反力 $\boldsymbol{F}_B$。$\boldsymbol{F}_B$ 的方向沿绳索背离 AB 杆，即拉力。

铰链 A 处的支座反力可画出两个相互垂直的分力：一个是沿水平方位的 $\boldsymbol{F}_{X_A}$、一个是沿竖直方位的 $\boldsymbol{F}_{Y_A}$。

解法二（图 1-21d）：

与解法一的不同之处，两个相互垂直分力的方位换成了沿杆件的轴向和横向，设为 $\boldsymbol{F}_{X'_A}$ 和 $\boldsymbol{V}_A$。

解法三（图 1-21e）：

根据三力平衡汇交定理可知，铰链 A 处的支座反力 $\boldsymbol{F}_A$ 的作用线也必通过 $\boldsymbol{F}'_E$ 和 $\boldsymbol{F}_B$ 的作用线的交点，并结合二力平衡公理确定，因此可直接画出 $\boldsymbol{F}_A$。

【例 1-3】 如图1-22 所示结构的两杆 AC 和 BC 在 C 处相铰接，A 处和 B 处都是固定铰支座。D 点处受荷载 $\boldsymbol{P}$ 作用，不计两杆的自重。试画结构整体的受力图、AC 杆的受力图以及 BC 杆的受力图。

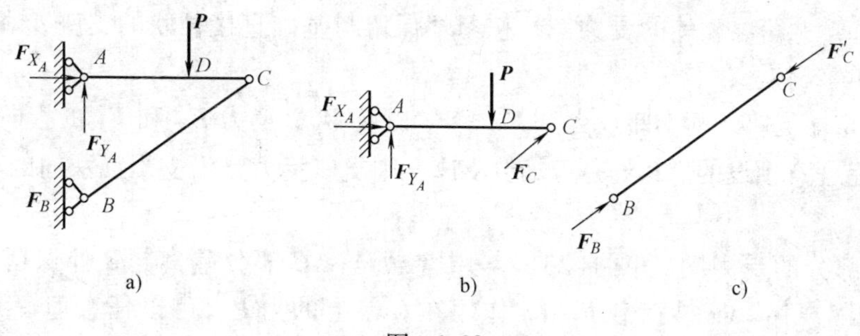

图 1-22

【解】（1）整体的受力图（图 1-22a） 画受力图时保留与基础直接相连的支座是习惯做法，这里直接利用题目的原图来画整体的受力图，不必另画整体的隔离体图，只需在图 1-21a 上画出 A、B 两处的支座反力。

A 处固定铰支座反力用水平、竖向的两个分力 $\boldsymbol{F}_{X'_A}$、$\boldsymbol{F}_{Y'_A}$ 画出，分力的方向可预设。

画 B 处固定铰支座反力时，首先应该注意到 BC 杆是二力杆，可预设 $\boldsymbol{R}_B$ 的方向，这里是按 BC 杆为受压杆预设的。

（2）AC 杆的受力图（图 1-22b） A 端按习惯保留了支座 A；C 端必须拆去 BC 杆。

A 处照抄图 1-22a 中的 $\boldsymbol{F}_{X_A}$ 和 $\boldsymbol{F}_{Y_A}$。$\boldsymbol{F}_{X_A}$ 的作用点是 A 点，但为图面清晰起见，也可按图 1-22b 中画法。

画 C 处圆柱铰约束反力 $\boldsymbol{F}_C$ 时，和图 1-22a 的 $\boldsymbol{F}_B$ 一样，BC 杆是二力直杆，则 $\boldsymbol{F}_C$ 沿 BC 杆轴向；其指向也已不可再任意预设，必须保持与原有图 1-22a 的统一，使 BC 杆被预设为受压杆，则 $\boldsymbol{F}_C$ 是指向 AC 杆的 C 点。

（3）BC 杆的受力图（图 1-22c） BC 杆被预设为受压杆，则 BC 杆的受力图如

图 1-22c所示。图 1-22b 和图 1-22c 两图上 C 铰处的力是作用力和反作用力，这里按通常习惯简略地使用了相同的名称 $\boldsymbol{F}_C$。

【例 1-4】 试画出图1-23 所示两跨梁整体的受力图、CB 部分的受力图以及 AC 部分的受力图。

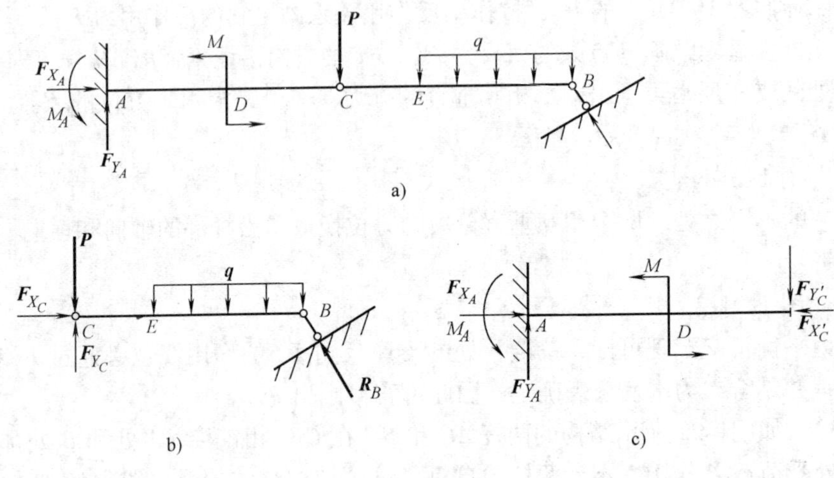

图 1-23

【解】 (1) 两跨梁整体的受力图 按习惯保留与基础直接相联的支座 A 和 C，所以不必另画整体的隔离体。

A 处是固定端支座，则支座反力是 $\boldsymbol{F}_{X_A}$、$\boldsymbol{F}_{Y_A}$ 以及 M_A，反力 $\boldsymbol{F}_{X_A}$ 和 $\boldsymbol{F}_{Y_A}$ 的指向以及反力偶 M_A 的转向都是任意预设的。B 处是可动铰支座，则支座反力是沿支承面法向的 $\boldsymbol{F}_B$，指向可任意预设。

(2) CB 部分的受力图（图 1-23b） C 铰处与 AC 部分隔离，B 处保留支座 B，画出 CB 部分的隔离体。照抄荷载 $\boldsymbol{P}$ 和 $\boldsymbol{q}$ 作用在 C 铰上的力 $\boldsymbol{P}$，可以任意理解为作用在 AC 梁的 C 点或 CB 梁的 C 点，这里是理解为作用在 CB 梁的 C 点。B 处支座反力照抄图 1-23a 上的 $\boldsymbol{R}_B$。C 处是圆柱铰链约束，约束反力为如图的 $\boldsymbol{F}_{X_C}$ 和 $\boldsymbol{F}_{Y_C}$，其指向是任意预设的。

(3) AC 部分的受力图（图 1-23c） C 铰处与 CB 部分隔离，A 处保留坐标 A，画出 AC 部分的隔离体。照抄荷载 M，C 铰上的 P 这里不可重复抄出。

A 处支座反力照抄图 1-23a 上的 $\boldsymbol{F}_{X_A}$、$\boldsymbol{F}_{Y_A}$ 及 M_A。C 处根据图 1-23b 上的 $\boldsymbol{F}_{X_C}$ 和 $\boldsymbol{F}_{Y_C}$，按作用力和反作用力的关系在图 1-23c 上画出 $\boldsymbol{F}_{X'_C}$ 和 $\boldsymbol{F}_{Y'_C}$。

【例 1-5】 试画出图1-24 所示两跨刚架整体的受力图、ED 部分的受力图、AC 部分的受力图、ACB 部分的受力图及 CB 部分的受力图。

【解】 (1) 整体的受力图（图 1-24a） 保留各支座，这样可以免画整体的隔离体。支座 A 和 B 都是二连杆支座，支座反力都用两个分力画出，指向都任意预设，如图中的 $\boldsymbol{F}_{X_B}$、$\boldsymbol{F}_{Y_B}$ 和 $\boldsymbol{F}_{X_A}$、$\boldsymbol{F}_{Y_A}$ 所示。支座 D 是一连杆支座，支座反力是沿连杆轴线，指向任意预设，如图中的 $\boldsymbol{F}_{Y_D}$ 所示。

(2) ED 部分的受力图（图 1-24b） 隔离开 E 铰，保留支座 D，画出 ED 部分。照抄

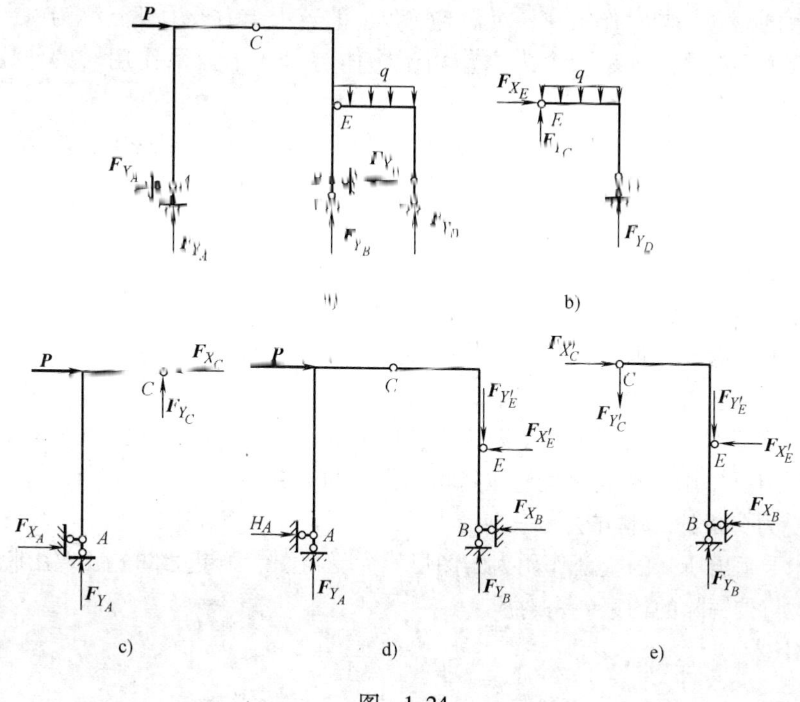

图 1-24

荷载q，D处的支座反力$\boldsymbol{F}_{Y_D}$从图1-23a上照抄。E处的约束反力用两个分力画出，指向任意预设，如图中的$\boldsymbol{F}_{X_E}$、$\boldsymbol{F}_{Y_E}$所示。

（3）AC部分的受力图（图1-24c）　隔离开C铰，保留支座A，画出AC部分。照抄荷载$\boldsymbol{P}$，A处的支座反力$\boldsymbol{F}_{Y_A}$、$\boldsymbol{F}_{Y_A}$从图1-23a上照抄。C处的约束反力用两个分力画出，指向任意预设，如图中的$\boldsymbol{F}_{X_C}$、$\boldsymbol{F}_{Y_C}$。

（4）ACB部分的受力图（图1-24d）　隔离开E铰，保留支座A、B，画出ACB部分。照抄荷载$\boldsymbol{P}$，E铰处参照图1-23b中的$\boldsymbol{F}_{X_E}$和$\boldsymbol{F}_{Y_E}$，按作用反作用关系画出。支座A、B两处的反力，从图1-24a上照抄$\boldsymbol{F}_{X_A}$、$\boldsymbol{F}_{Y_A}$和$\boldsymbol{F}_{X_B}$、$\boldsymbol{F}_{Y_B}$。

（5）CB部分的受力图（图1-24e）　隔离开C铰、E铰，保留支座B，画出CB部分。C铰处参照图1-24c中的$\boldsymbol{F}_{X'_C}$、$F_{Y'_C}$，按作用反作用关系画出。E铰处照抄图1-24d上的$\boldsymbol{F}_{X'_E}$和$\boldsymbol{F}_{Y'_E}$。支座B处，从图1-23a或图1-23d上照抄$\boldsymbol{F}_{X_B}$和$\boldsymbol{F}_{Y_B}$。

本章小结

本章主要讨论了静力学的基本概念、静力学公理、常见约束的类型及物体受力分析的基本方法。

1. 静力学的基本概念

（1）力的概念　力是物体之间的相互机械作用，这种作用的效果会使物体的运动状态发生变化（外效应），或者使物体发生变形（内效应）。

（2）刚体的概念　在任何外力作用下，大小和形状保持不变的物体，称为刚体。在静力学部分，我们把所讨论的物体都看作是刚体。

（3）力系的概念　同时作用在一个研究对象上的若干个力或力偶，称为一个力系。

（4）等效力系的概念　若一个力系作用于物体与另一个力系作用时的作用效果相同，则称这两个力系互为等效力系。

（5）平衡力系的概念　若物体在力系作用下处于平衡状态，则这个力系称为平衡力系。

（6）约束的概念　一个物体的运动受到周围物体的限制时，这些周围物体就称为该物体的约束。

2. 静力学公理

静力学公理揭示了力的基本性质，是静力学的理论基础。

（1）二力平衡公理说明了作用在一个刚体上的两个力的平衡条件。

（2）加减平衡公理是力系等效代换的基础。

（3）力的平行四边形法则反映了两个力合成的规律。

（4）作用与反作用公理说明了物体间相互作用的关系。

3. 物体受力分析的基本方法——画受力图

在脱离体上画出所受的全部作用力的图形称为受力图。画受力图先要取出脱离体，画约束反力时，要与被解除的约束一一对应。

习　题

1-1　如图 1-25 所示，A、B 两个物体叠放在桌面上，A 物体重 G_A，B 物体重 G_B。问 A、B 物体各受到哪些力作用？这些力的反作用力各是什么？它们各作用在哪个物体上？

1-2　如图 1-26 所示，A、B 物体各受力 F_1 和 F_2 的作用，且 $F_1=F_2$，假设接触面光滑，问 A、B 物体能否保持平衡？为什么？

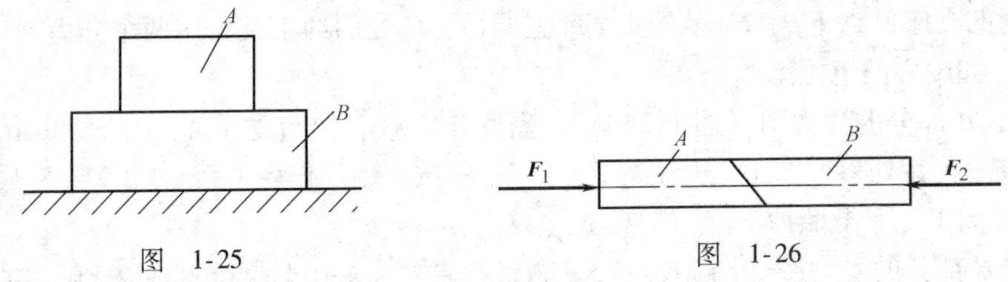

图　1-25　　　　图　1-26

1-3　试在图 1-27 各杆的 A、B 两点各加一个力，使各杆处于平衡。

1-4　如图 1-28 所示，AC 和 BC 是绳索，在 C 点加向下的力 P，问 α 角越大绳索越危险，还是 α 角越小绳索越危险？为什么？

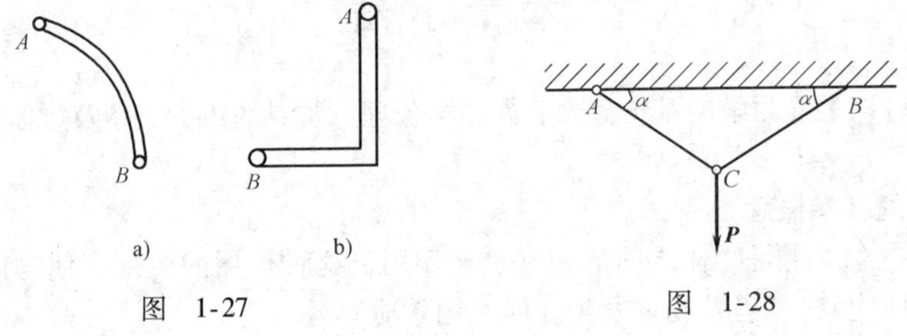

图　1-27　　　　图　1-28

1-5　试作图 1-29 中各物体的受力图，假设各接触面都是光滑的。

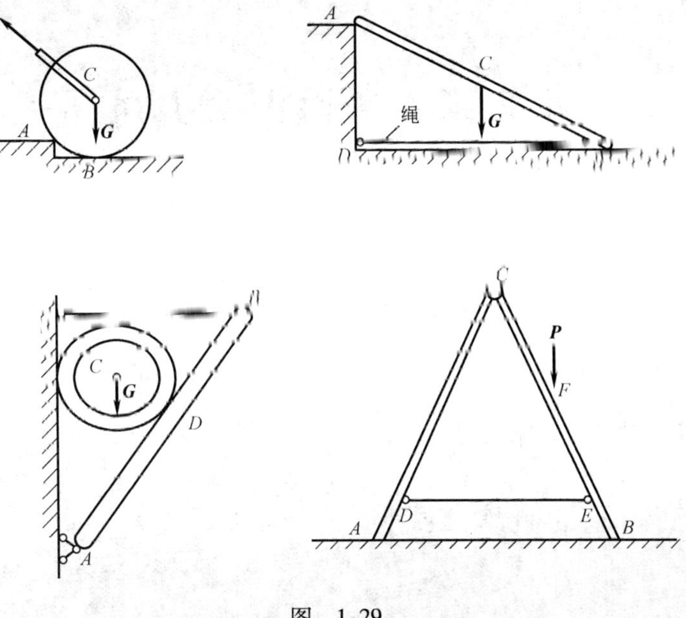

图 1-29

1-6 试作图 1-30 中指定物体的受力图，假设各接触面都是光滑的，图中无注明的都不计自重。

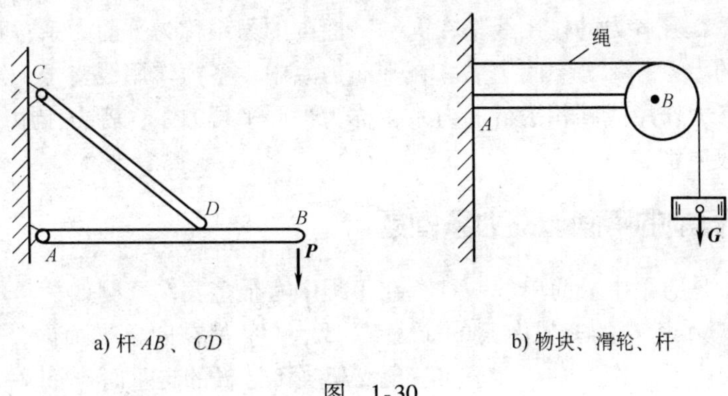

a) 杆 AB、CD　　b) 物块、滑轮、杆

图 1-30

第 2 章　平面汇交力系

知识目标：

掌握解析法推出的平面汇交力系平衡条件。

能力目标：

能够应用平衡条件求解约束反力。

2.1　平面汇交力系的概念和实例

2.1.1　概念

实际工程中，作用在构件或结构上的力系是多种多样的。但是按照力作用线的分布情况主要分为两类力系：凡各力的作用线都在同一平面内的力系称为平面力系；凡各力的作用线不在同一平面内的力系，称为空间力系。在平面力系中，各力作用线交于一点的力系，称为平面汇交力系；各力作用线互相平行的力系，称为平面平行力系；各力作用线任意分布的力系，称为平面一般力系。

2.1.2　实际工程中的平面汇交力系问题

平面汇交力系是力系中最简单的一种，在工程中有很多实例。例如，起重机起吊重物时（图 2-1a），作用于吊钩 C 的三根绳索的拉力 $\boldsymbol{T}$、$\boldsymbol{T}_A$、$\boldsymbol{T}_B$ 都在同一平面内，且汇交于一点，就组成了平面汇交力系（图 2-1b）。又如三角支架当不计杆的自重时（图 2-2a），作用于铰 B 上的三个力 $\boldsymbol{F}_{N_1}$、$\boldsymbol{F}_{N_2}$、$\boldsymbol{T}$ 也组成平面汇交力系（图 2-2b）。

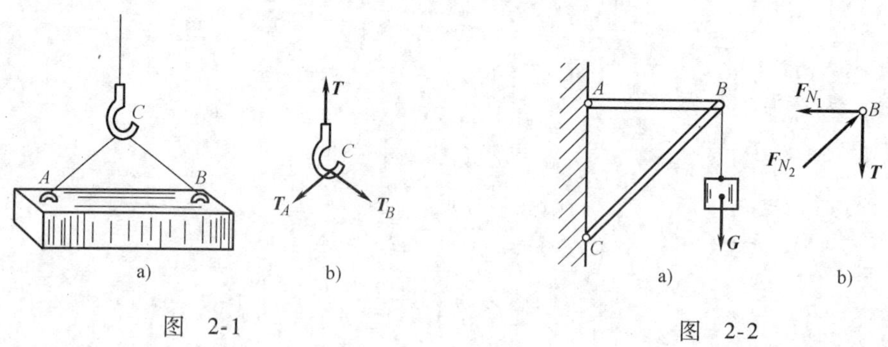

图　2-1　　　　图　2-2

如图 2-3a 所示的屋架通常被看作为由一些在其两端用光滑圆柱铰互相连接的直杆组成，而且由于各杆的自重比屋架所承受的各个荷载小很多而可忽略不计，因此每根直杆都在作用于其两端的两个力的作用下处于平衡。当以各个铰结点（或称节点）为研究对象时，与结点相连接的各杆作用于该节点上的力也组成一个平面汇交力系，图 2-3b 就是结点 C 的受力图，它构成了一个平面汇交力系。

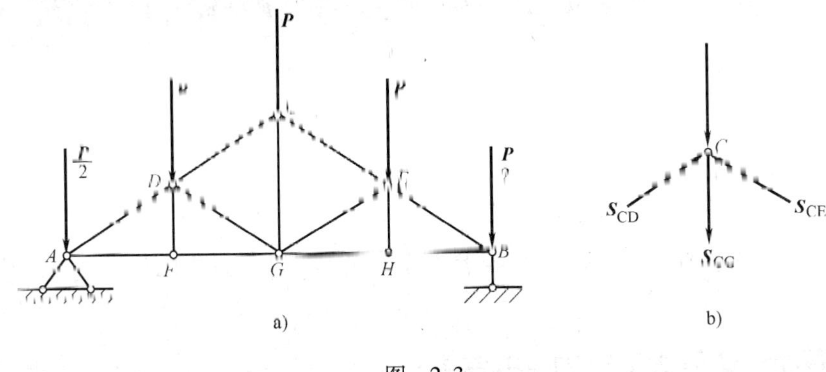

图 2-3

研究平面汇交力系一方面可以解决一些简单的工程实际问题，另一方面也为研究更复杂的力系打下基础。

2.2 平面汇交力系的合成

平面汇交力系的合成问题可以采用几何法和解析法研究。其中平面汇交力系的几何法具有直观、简捷的优点，但其精确度较差；在力学中用得较多的还是解析法，这种方法是以力在坐标轴上的投影的计算为基础。

2.2.1 合力投影定理

在第 1 章已讨论了力在坐标轴上的投影规则和方法。现在来讨论汇交力系各力投影与汇交力系合力投影之间的关系。

设有一平面汇交力系 $\boldsymbol{F}_1$、$\boldsymbol{F}_2$、$\boldsymbol{F}_3$ 作用在物体的 O 点，如图 2-4a 所示，从任一点 A 作力多边形 $ABCD$，如图 2-4b 所示，则矢量$\overrightarrow{AD}$就表示该力系的合力 R 的大小和方向。取任一

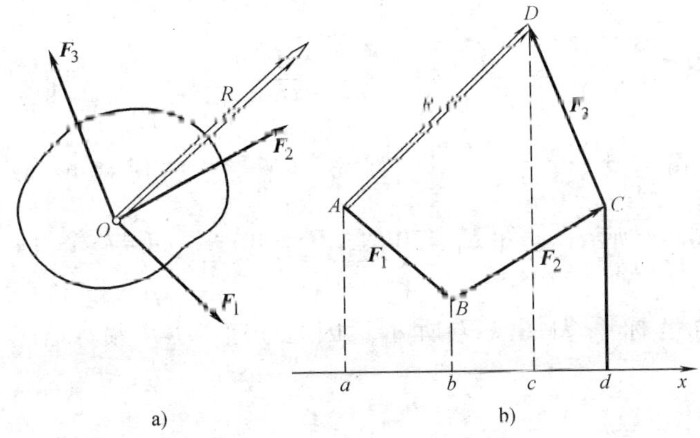

图 2-4

轴 x，把各力都投影在 x 轴上，并令 F_{X_1}、F_{X_2}、F_{X_3} 和 R_X 分别表示各分力 $\boldsymbol{F}_1$、$\boldsymbol{F}_2$、$\boldsymbol{F}_3$ 和合力 $\boldsymbol{R}$ 在 x 轴上的投影，由图 2-4b 可见

$$F_{X_1}=ab,\ F_{X_2}=bd,\ F_{X_3}=-cd,\ R_X=ac$$

而

$$ac=ab+bd-cd$$

因此可得

$$R_X=F_{X_1}+F_{X_2}+F_{X_3} \tag{2-1}$$

这一关系可推广到任意汇交力的情形，即

$$R_X=F_{X_1}+F_{X_2}+\cdots+F_{X_n}=\sum F_X \tag{2-2}$$

由此可见，合力在任一轴上的投影等于各分力在同一轴上投影的代数和，这就是合力投影定理。

2.2.2 用解析法求平面汇交力系的合力

当平面汇交力系为已知时，如图 2-4 所示，可选直角坐标系，求出力系中各力在 x 轴和 y 轴上的投影，再根据合力投影定理求得合力 $\boldsymbol{R}$ 在 x、y 轴上的投影 R_X、R_Y，从图 2-5 中的几何关系可见合力 $\boldsymbol{R}$ 的大小和方向可由式（2-3）确定：

$$\left.\begin{aligned} R&=\sqrt{R_X^2+R_Y^2}=\sqrt{\left(\sum F_X\right)^2+\left(\sum F_Y\right)^2}\\ \tan\alpha&=\frac{|R_Y|}{|R_X|}=\frac{\left|\sum F_Y\right|}{\left|\sum F_X\right|}\end{aligned}\right\} \tag{2-3}$$

式中，α 为合力 $\boldsymbol{R}$ 与 x 轴所夹的锐角，α 角在哪个象限由 $\sum F_X$ 和 $\sum F_Y$ 的正负号来确定，详见图 2-6 所示，合力的作用线通过力系的汇交点 O。

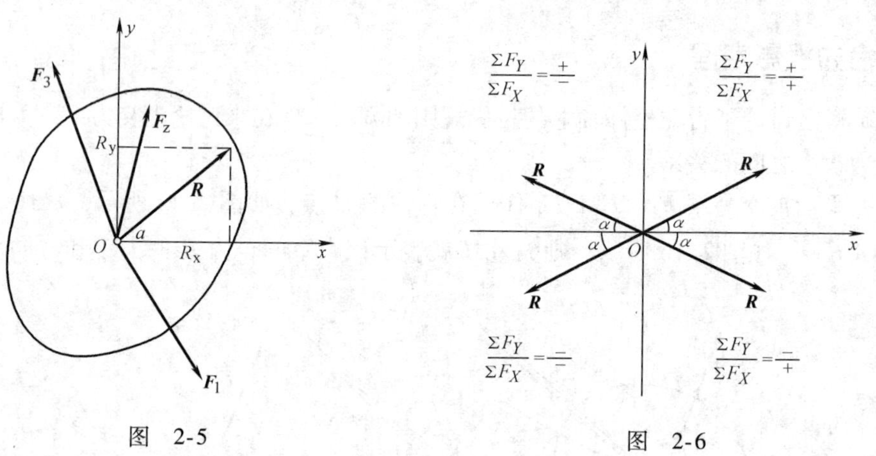

图 2-5　　　　图 2-6

【例 2-1】 如图2-7 所示，已知 $F_1=20\text{kN}$，$F_2=40\text{kN}$，如果三个力 $\boldsymbol{F}_1$、$\boldsymbol{F}_2$、$\boldsymbol{F}_3$ 的合力 $\boldsymbol{R}$ 铅垂向下，试求力 $\boldsymbol{F}_3$ 和 $\boldsymbol{R}$ 的大小。

【解】 取直角坐标系如图 2-7 所示。因已知合力 R 沿 y 轴向下，故 $R_X=0$，$R_Y=-R$。

由式（2-2）知

$$R_X=\sum F_X$$

得

$$0=-F_1-F_2\cos25^\circ+F_3\cos\alpha$$

即 $0 = -20 - 40 \times 0.906 + F_3 \times \dfrac{4}{\sqrt{3^2+4^2}}$

解得 $F_3 = 70.3\text{kN}$

又由 $R_Y = \sum F_Y$

得 $R = 0 - F_2\sin25° - F_3\sin\alpha$

即 $R = -40 \times 0.423 - 70.3 \times \dfrac{3}{\sqrt{3^2+4^2}}$

解得 $R = 59.1\text{kN}$

图 2-7

2.3 平面汇交力系平衡条件

从前面内容可知，平面汇交力系合成的结果是一个合力，显然物体在平面汇交力系的作用下保持平衡，则该力系的合力应等于零；反之，如果该力系的合力等于零，则物体在该力系的作用下，必然处于平衡。所以，平面汇交力系平衡的必要和充分条件是平面汇交力系的合力等于零。而根据式（2-3）的第一式可知

$$R = \sqrt{(\sum F_X)^2 + (\sum F_Y)^2} = 0$$

上式 $(\sum F_X)^2$ 与 $(\sum F_Y)^2$ 恒为正数，要使 $R=0$，必须且只须

$$\left.\begin{aligned}\sum F_X = 0\\ \sum F_Y = 0\end{aligned}\right\} \quad (2\text{-}4)$$

所以平面汇交力系平衡的必要和充分的解析条件是：力系中所有各力在两个坐标轴中每一轴上的投影的代数和都等于零。式（2-4）称为平面汇交力系的平衡方程。应用这两个独立的平衡方程可以求解两个未知量。

2.4 平面汇交力系平衡方程的应用

【例 2-2】 平面刚架在 C 点受水平力 P 作用，如图 2-8a 所示。已知 $P=30\text{kN}$，刚架自重不计，求支座 A、B 的反力。

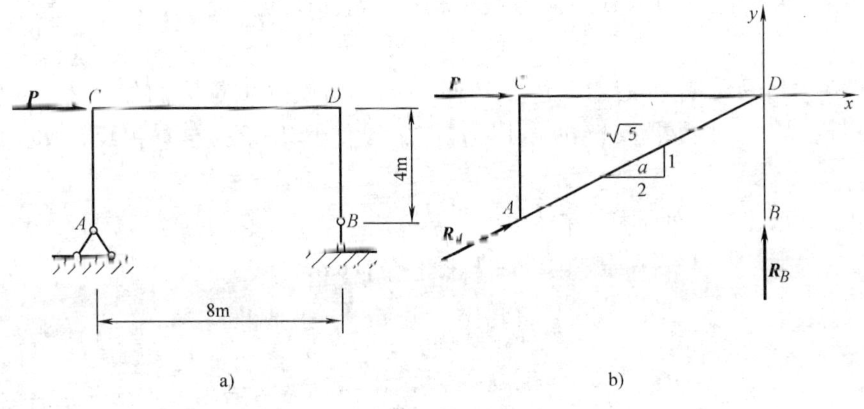

图 2-8

【解】 取刚架为研究对象，它受到力 $\boldsymbol{P}$、$\boldsymbol{R}_A$ 和 $\boldsymbol{R}_B$ 的作用，这三力平衡其作用线必汇交于一点，故可画出刚架的受力图（图 2-8b），图中 $\boldsymbol{R}_A$、$\boldsymbol{R}_B$ 的指向是假设的。

设直角坐标系如图，列平衡方程

$$\sum F_X = 0 \quad P + R_A\cos\alpha = 0$$

解得

$$R_A = -\frac{P}{\cos\alpha} = -30\times\frac{\sqrt{5}}{2} = -33.5\text{kN}\ (\swarrow)$$

得负号表示 $\boldsymbol{R}_A$ 的实际方向与假设的方向相反。再由

$$\sum F_Y = 0 \quad R_B + R_A\sin\alpha = 0$$

由于 $\sum F_Y = 0$ 时，R_A 仍按原假设的方向求其投影，故应将上面求得的数值连同负号一起代入，即将 $R_A = -15\sqrt{5}\text{kN}$ 代入，于是得

$$R_B = -R_A\sin\alpha = -(-15\sqrt{5})\times\frac{1}{\sqrt{5}} = 15\text{kN}\ (\uparrow)$$

得正号表示 $\boldsymbol{R}_B$ 假设的方向正确。

为了形象地表示支座反力的方向，可在反力得数后面加一括号标出反力的实际方向。

【例 2-3】 一结构受水平 $\boldsymbol{P}$ 作用如图2-9a所示，不计各杆自重，求三根杆 AB、BC、CA 所受的力。

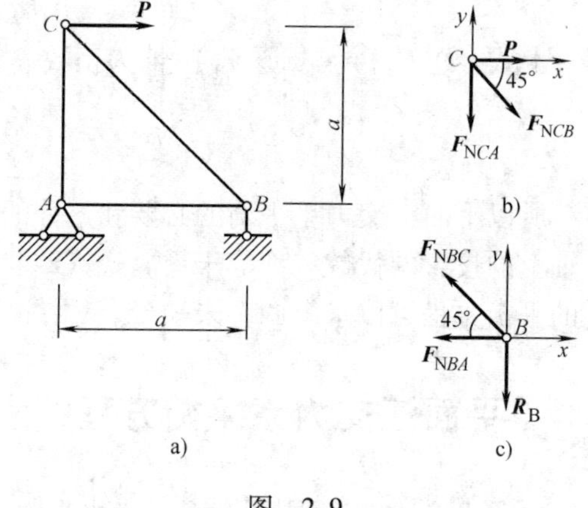

图 2-9

【解】 杆 AB、BC、CA 两端铰接，中间不受力，故三根杆都是二力杆。

先取铰 C 为研究对象，假定杆 CA、BC 都受拉，画出铰 C 的受力图如图 2-9b 所示。

设直角坐标系如图，列平衡方程

$$\sum F_X = 0 \quad P + F_{NCB}\cos45^\circ = 0 \qquad (a)$$

$$\sum F_Y = 0 \quad F_{NCA} + F_{NCB}\sin45^\circ = 0 \qquad (b)$$

由式（a）、（b）解得

$$F_{NCB} = -\sqrt{2}P \quad F_{NCA} = -\sqrt{2}P$$

F_{NCB}的结果为负值，表示其指向与假设相反，杆 BC 应是受压；F_{NCA} 得正号，表示杆 CA 受拉。

再取铰 B 为研究对象，假定杆 BC、AB 受拉，画出铰 B 的受力图如图 2-19c 所示。杆 BC 是二力杆，故它对两端铰链的作用力应当是大小相等，方向相反，用 F_{NBC} 表示，$F_{NBC} = F_{NCB}$。

设直角坐标系如图，列平衡方程

$$\sum F_X = 0 \quad -F_{NBA} + F_{NBC}\cos45^\circ = 0 \qquad (c)$$

原假设杆 BC 受拉，得 $F_{NBC} = -\sqrt{2}P$，将其代入式（c），于是得

$$F_{NBA} = -F_{NBC}\cos45^\circ = -(-\sqrt{2}P)\frac{\sqrt{2}}{2} = P$$

正号表示杆 AB 受拉。

通过以上各例的分析，可知用解析法求解平面汇交力系平衡问题的步骤一般如下：

（1）选取研究对象。

（2）画受力图　约束反力指向未定者应先假设。

（3）选坐标轴　最好使某一坐标轴与一个未知力垂直，以便简化计算。

（4）列平衡方程求解未知量　列方程时注意各力的投影的正负号。当求出的未知力为负数时，就表示该力的实际指向与假设的指向相反。

本章小结

平面汇交力系是最简单的力系，也是基本力系之一，其解决问题的方法在其他力系中仍要采用，一定要掌握好。

1. 平面汇交力系的合成

合成方法有两种，一是几何法，二是解析法。几何法直观、明了，但不太实用。实际工程中多采用解析法，因此应重点掌握。

2. 合力投影定理

合力在某轴上的投影等于力系中各力在同一轴上投影的代数和。

3. 平面汇交力系的平衡条件

（1）平衡的几何条件是力多边形自行封闭。

（2）平衡的解析条件是力系中各力在两坐标轴上投影的代数和分别等于零，平衡方程为：

$$\sum F_x = 0; \qquad \sum F_y = 0$$

这两个方程式相互独立，可根据计算需要任意选择。选择依据是一个方程解出一个未知数，尽量避免联立方程求解。

4. 解题步骤

（1）首先进行受力分析，根据解决问题的需要确定研究对象，画出受力图。

（2）画出坐标系，列出平衡方程式，在列平衡方程式时要注意力投影的正负号。

思考题

1. 分力与投影有什么不同？

2. 如果平面汇交力系的各力在任意两个互不平行的坐标轴上投影的代数和等于零，该力系是否平衡？

习题

2-1　如图 2-10 所示，某桁架接头由四根角钢焊接在连接板上而成。已知作用在杆件 A 和 C 上的力为 $F_A = 2\text{kN}$，$F_C = 4\text{kN}$，并知作用在杆 B 和 D 上的 F_B、F_D 力作用的方向，该力系汇交于 O 点，求在平衡状态下力 F_B、F_D 的值。

2-2　如图 2-11 所示，一个固定在墙壁上的圆环受三条绳的拉力作用，F_1 沿水平方向，F_2 与水平线呈 40°，F_3 沿铅垂方向；三力大小分别为：$F_1 = 200\text{kN}$，$F_2 = 250\text{kN}$，$F_3 = 150\text{kN}$。求这三力的合力。

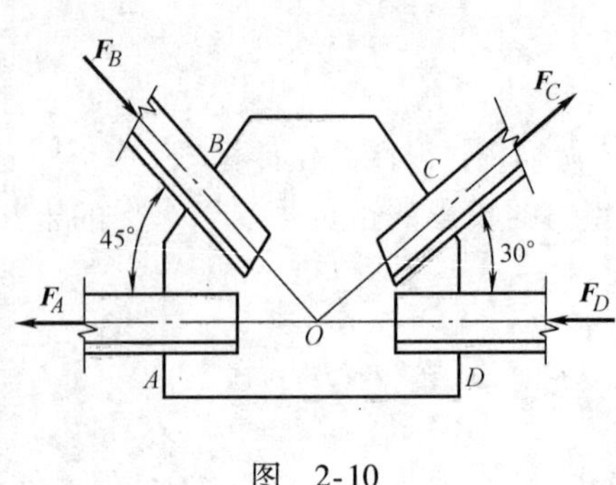

图 2-10

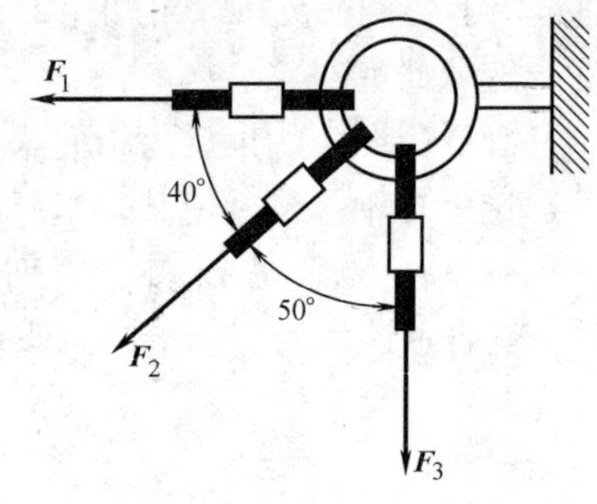

图 2-11

2-3 如图 2-12 所示，一均质球重 $W=100\text{kN}$，放在两个相交的光滑面之间。斜面 AB 的倾角为 $\alpha=45°$，斜面 BC 的倾角为 $\beta=60°$。求两斜面的反力 F_D 和 F_E 的大小。

2-4 如图 2-13 所示，用两根绳子 AC 和 BC 悬挂一个重 $W=1\text{kN}$ 的物体。绳 AC 长 0.8m，绳 BC 长 1.6m，A、B 两点在同一水平线上，相距 2m。求这两根绳子所受的拉力。

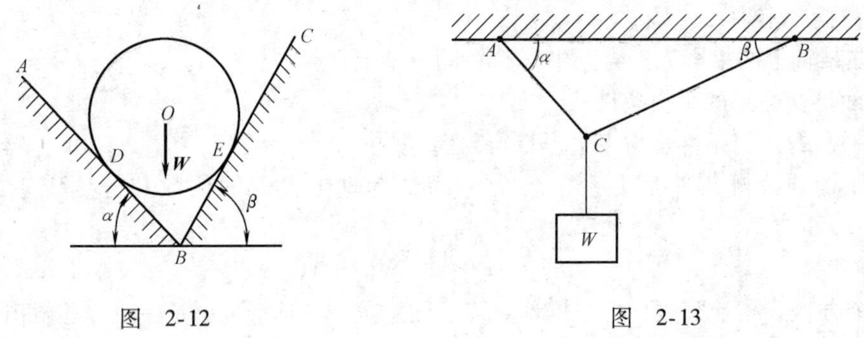

图 2-12　　　　图 2-13

2-5 梁 AB 的支座如图 2-14 所示，在梁的中点作用一力 $F=2\text{kN}$，力和梁的轴线呈 45°，若梁的重量略去不计，试分别求图 2-14a 和 b 两种情形下的支座反力。

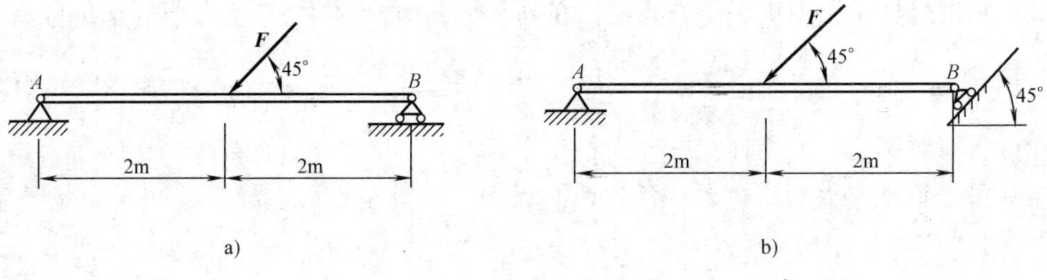

图 2-14

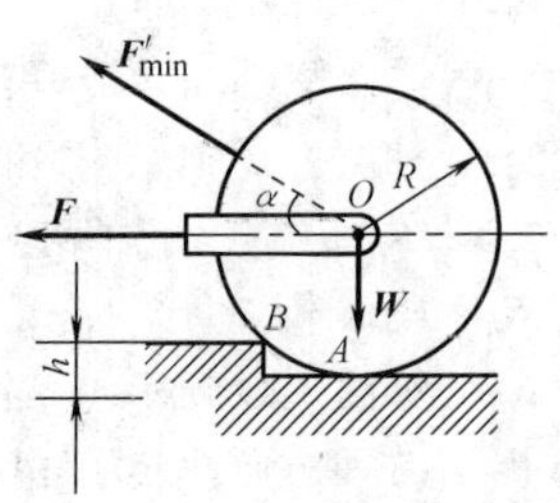

图 2-15

2-6 如图 2-15 所示，压路机滚子重 $W=20\text{kN}$，半径 $R=40\text{cm}$，今欲用水平力 F 拉滚子越过高 $h=8\text{cm}$ 的石坎，问 F 力应至少多大？又若此拉力可取任意方向，问当拉力为最小时，它与水平线的夹角 α 应为多大？并求此拉力的最小值。

2-7 求图 2-16 所示三铰钢架在水平力 F 作用下所引起的 A、B 两支座的反力。

2-8 相同的两根钢管 C 和 D 搁放在斜坡上，并在两端各用一铅垂立柱挡住，如图 2-17 所示。每根管子重 4kN，求管子作用在每一立柱上的压力。

2-9 如在题 2-8 中改用垂直于斜坡的立柱挡住管子时，立柱所受的压力又应为多大？

2-10 压榨机 ABC，在 A 铰处作用水平力 F，B 点为固定铰链。由于水平力 F 的作用使 C 块压紧物体 D。若 C 块与墙壁光滑接触，压榨机尺寸如图 2-18 所示，试求物体 D 所受的压力 F_R。

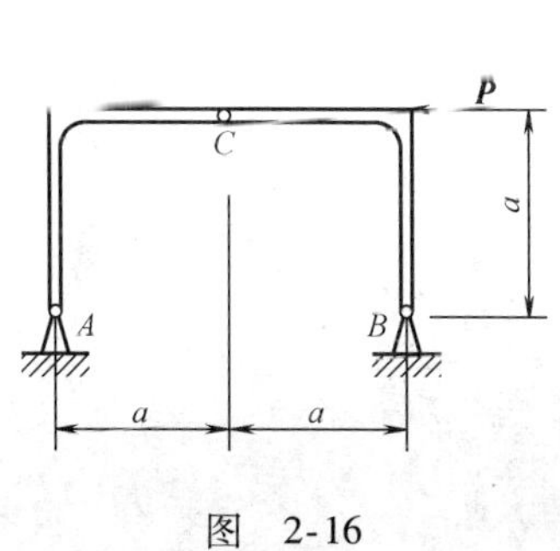

图 2-16

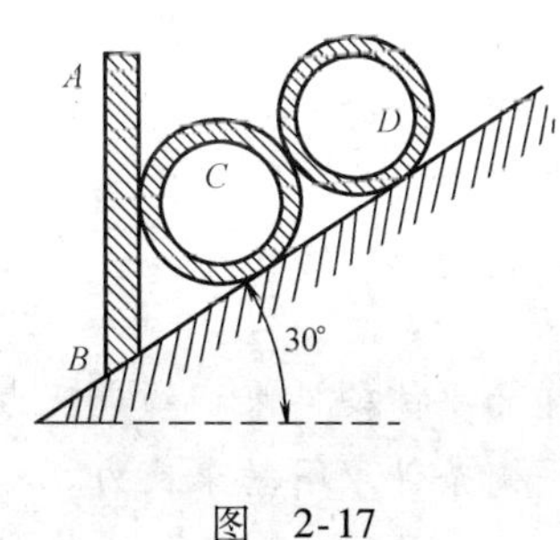

图 2-17

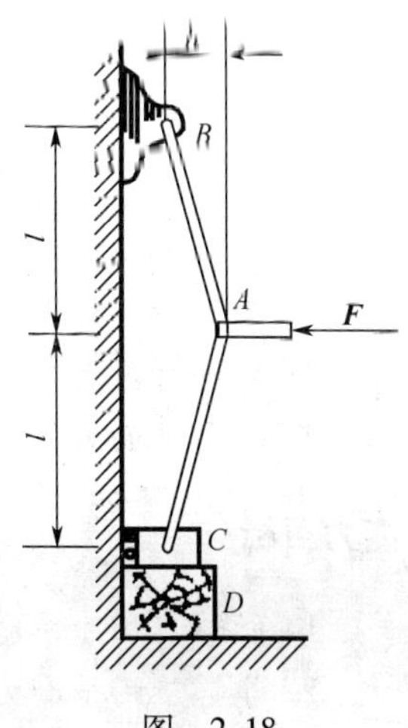

图 2-18

参考答案

2-1 $F_B = 2.83\text{kN}$，$F_D = 3.46\text{kN}$。

2-2 $F = 500\text{kN}$，$\angle(F, F_1) = 38°27'$，$\angle(F, F_3) = 51°33'$。

2-3 $F_D = 89.6\text{kN}$，$F_E = 73.2\text{kN}$。

2-4 $F_A = 0.974\text{kN}$，$F_B = 0.684\text{kN}$。

2-5 a）$F_A = 1.58\text{kN}$，$F_B = 0.71\text{kN}$。

b）$F_A = 2.236\text{kN}$，$F_B = 1\text{kN}$。

2-6 $F = 15\text{kN}$，$\alpha = \arctan\dfrac{3}{4}$，$F_{\min} = 12\text{kN}$。

2-7 $F_A = F_K = \dfrac{\sqrt{2}}{2}F$。

2-8 $F = 2.31\text{kN}$。

2-9 $F = 2\text{kN}$。

2-10 $F_R = \dfrac{Fl}{2h}$。

第3章　力矩和平面力偶系

知识目标：

1. 掌握力矩的概念、平面力偶的概念。
2. 掌握力系对点之矩的计算。
3. 熟悉力系对点之矩的平衡条件。
4. 熟悉平面力偶系平衡条件。

能力目标：

1. 能够应用力系对点之矩的平衡条件求解约束反力。
2. 能够应用平面力偶系平衡条件求解约束反力。

3.1　力对点的矩

力对点的矩是很早以前人们在使用杠杆、滑车、绞盘等机械搬运或提升重物时所形成的一个概念。现以扳手拧螺母为例来说明。如图3-1所示，在扳手的A点施加一力$\boldsymbol{F}$，将使扳手和螺母一起绕螺钉中心O转动，这就是说，力有使物体（扳手）产生转动的效能。实践经验表明，扳手的转动效果不仅与力$\boldsymbol{F}$的大小有关，而且还与点O到力作用线的垂直距离d有关。当d保持不变时，力$\boldsymbol{F}$越大，转动越快。当力$\boldsymbol{F}$不变时，d值越大，转动也越快。若改变力的作用方向，则扳手的转动方向就会发生改变，因此，我们用$\boldsymbol{F}$与d的乘积再冠以适当的正负号来表示力$\boldsymbol{F}$使物体绕O点转动的效能，并称为力$\boldsymbol{F}$对O点之矩，简称力矩，以符号M_O（$\boldsymbol{F}$）表示，即：

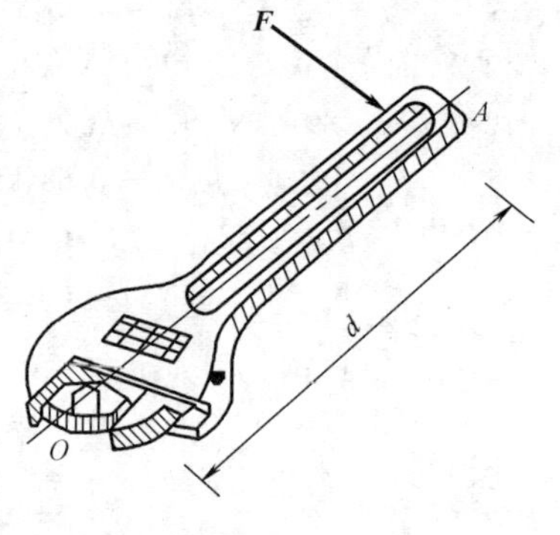

图　3-1

$$M_O(\boldsymbol{F}) = \pm \boldsymbol{F}d \tag{3-1}$$

O点称为转动中心，简称矩心。矩心O到力作用线的垂直距离d称为力臂。式中的正负号表示力矩的转向。通常规定：力使物体绕矩心作逆时针方向转动时，力矩为正，反之为负。在平面力系中，力矩或为正值，或为负值，因此，力矩可视为代数量。

由图3-2可以看出，力对点之矩还可以用以矩心为顶点，以力矢量为底边所构成的三角形的面积$S_{\triangle OAB}$的二倍来表示。即：

$$M_O(\boldsymbol{F}) = \pm 2S_{\triangle OAB} \tag{3-2}$$

显然，力矩在下列两种情况下等于零：

① 力等于零。

② 力臂等于零，就是力的作用线通过矩心。

力矩的单位是牛顿·米（N·m）或千牛顿·米（kN·m）。

【例 3-1】 分别计算图 3-3 所示的 $\boldsymbol{F}_1$、$\boldsymbol{F}_2$ 对 O 点的力矩。

【解】 由式（3-1），有：

$$M_O(\boldsymbol{F}_1) = F_1 d_1 = 10 \times 1 \times \sin 30^\circ = 5\text{kN} \cdot \text{m}$$

$$M_O(\boldsymbol{F}_2) = -F_2 d_2 = -30 \times 1.5 = -45\text{kN} \cdot \text{m}$$

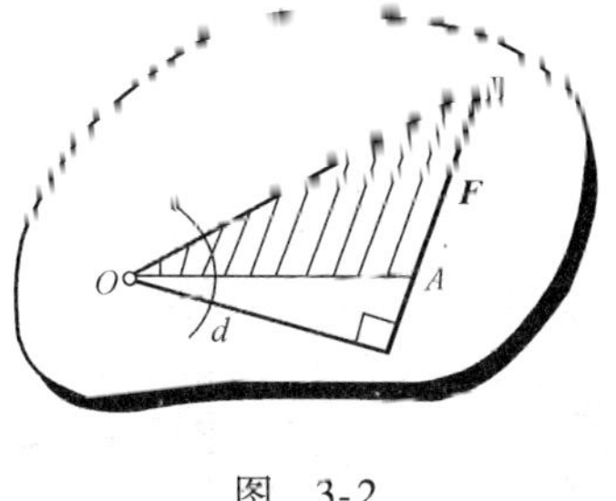

图 3-2

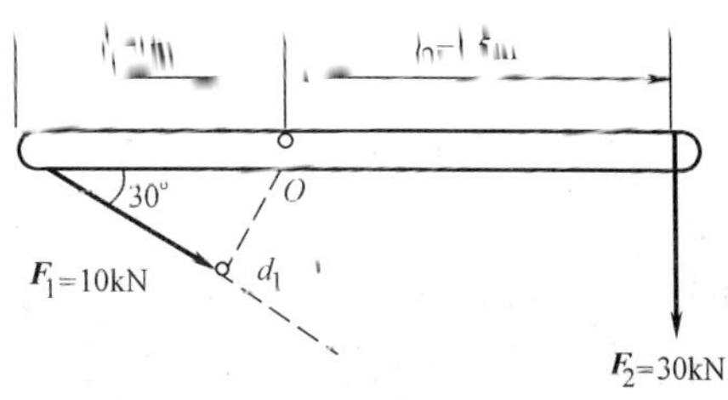

图 3-3

3.2 合力矩定理

平面汇交力系对物体的作用效应可以用它的合力 $\boldsymbol{R}$ 来代替，这里的作用效应包括物体绕某点转动的效应，而力使物体绕某点的转动效应由力对该点之矩来度量，因此，平面汇交力系的合力对平面内任一点之矩等于该力系的各分力对该点之矩的代数和，这就是合力矩定理。合力矩定理是力学中应用十分广泛的一个重要定理，现用两个汇交力系的情形加以证明。

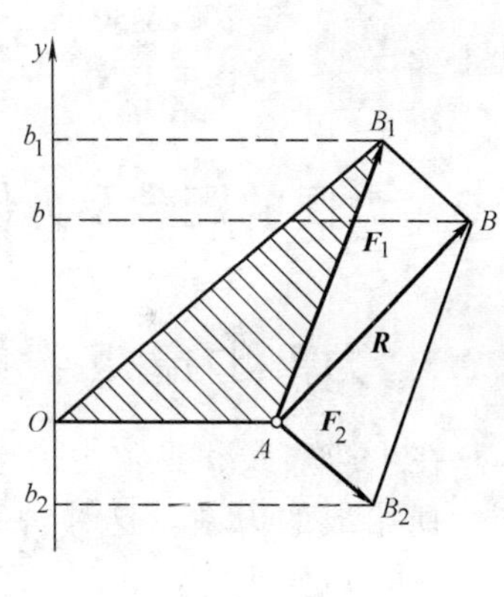

图 3-4

证明：如图 3-4 所示，设在物体上的 A 点作用有两个汇交的力 $\boldsymbol{F}_1$ 和 $\boldsymbol{F}_2$，该力系的合力为 $\boldsymbol{R}$。在力系的作用面内任选一点 O 为矩心，过 O 点并垂直于 OA 作为 y 轴，从各力矢的末端向 y 轴作垂线，令 F_{Y_1}、F_{Y_2} 和 R_Y 分别表示力 $\boldsymbol{F}_1$、$\boldsymbol{F}_2$ 和 $\boldsymbol{R}$ 在 y 轴上的投影。

由图 3-4 可知：

$$Y_1 = Ob_1 \quad Y_2 = -Ob_2 \quad R_y = Ob$$

各力对 O 点之矩分别为：

$$\left.\begin{aligned} M_O(\boldsymbol{F}_1) &= 2S_{\triangle AOB_1} = Ob_1 \cdot OA = F_{Y_1} \cdot OA \\ M_O(\boldsymbol{F}_2) &= -2S_{\triangle AOB_2} = -Ob_2 \cdot OA = F_{Y_2} \cdot OA \\ M_O(\boldsymbol{R}) &= 2S_{\triangle AOB} = Ob \cdot OA = R_Y \cdot OA \end{aligned}\right\} \quad \text{(a)}$$

根据合力投影定理有：

$$R_Y = F_{Y_1} + F_{Y_2}$$

上式两边同乘以 OA 得：

$$R_Y \cdot OA = F_{Y_1} \cdot OA + F_{Y_2} \cdot OA$$

由式（a）得：

$$M_O(\boldsymbol{R}) = M_O(\boldsymbol{F}_1) + M_O(\boldsymbol{F}_2)$$

以上证明可以推广到多个汇交力的情况，可表示为：

$$M_O(\boldsymbol{R}) = M_O(\boldsymbol{F}_1) + M_O(\boldsymbol{F}_2) + \cdots + M_O(\boldsymbol{F}_n) = \sum M_O(\boldsymbol{F}) \tag{3-3}$$

虽然这个定理是从平面汇交力系推证出来的，但可以证明这个定理同样适用于有合力的其他平面力系。

【例 3-2】 图 3-5 所示每米长的挡土墙所受土压力的合力为 $\boldsymbol{R}$，$R = 200\text{kN}$，求土压力 $\boldsymbol{R}$ 使墙倾覆时的力矩。

【解】 土压力 $\boldsymbol{R}$ 可使挡土墙绕 A 点倾覆，求 $\boldsymbol{R}$ 使墙倾覆的力矩，就是求它对 A 点的力矩。由于 $\boldsymbol{R}$ 的力臂求解较麻烦，但如果将 $\boldsymbol{R}$ 分解为两个分力 $\boldsymbol{F}_1$ 和 $\boldsymbol{F}_2$，而两分力的力臂是已知的。因此，根据合力矩定理，合力 $\boldsymbol{R}$ 对 A 点之矩等于 $\boldsymbol{F}_1$、$\boldsymbol{F}_2$ 对 A 点之矩的代数和。则：

$$\begin{aligned} M_A(\boldsymbol{R}) &= M_A(\boldsymbol{F}_1) + M_A(\boldsymbol{F}_2) = F_1 \times \frac{h}{3} - F_2 b \\ &= 200\cos30° \times 2 - 200\sin30° \times 2 \\ &= 146.4\text{kN} \cdot \text{m} \end{aligned}$$

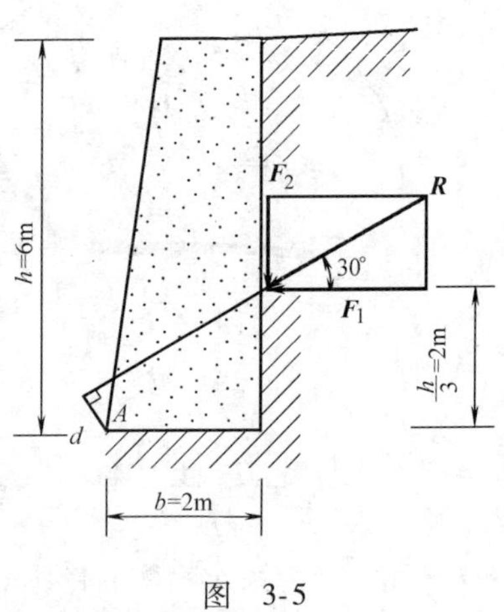

图 3-5

3.3 力偶的概念及力偶的基本性质

3.3.1 力偶和力偶矩

在生产实践和日常生活中，经常遇到大小相等、方向相反、作用线不重合的两个平行力所组成的力系。这种力系只能使物体产生转动效应而不能使物体产生移动效应，例如，司机操纵方向盘（图 3-6a）、木工钻孔（图 3-6b）、开关自来水龙头或拧钢笔套等。这种大小相等、方向相反、作用线不重合的两个平行力称为力偶，用符号（$\boldsymbol{F}$，$\boldsymbol{F}'$）表示。力偶的两个力作用线间的垂直距离 d 称为力偶臂，力偶的两个力所构成的平面称为力偶作用面。

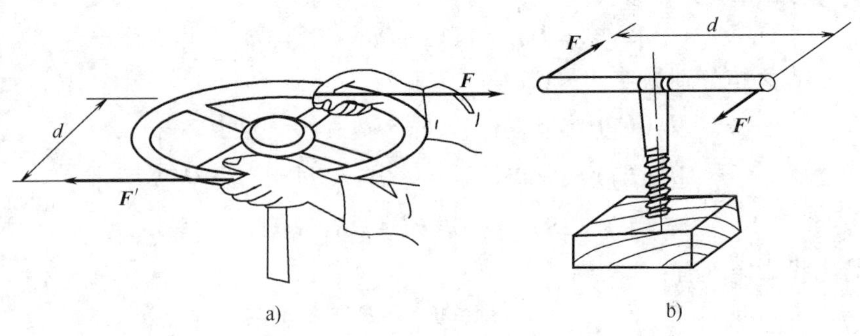

图 3-6

实践表明，当力偶的力 $\boldsymbol{F}$ 越大，或力偶臂越大，则力偶使物体的转动效应就越强，反之就越弱。因此，与力矩类似，我们用 F 与 d 的乘积来度量力偶对物体的转动效应，并把这一乘积冠以适当的正负号称为力偶矩，用 m 表示，即：

$$m = \pm Fd \tag{3-4}$$

式中正负号表示力偶矩的转向。通常规定，若力偶使物体作逆时针方向转动时，力偶矩为正，反之为负。在平面力系中，力偶矩是代数量，力偶矩的单位与力矩相同。

3.3.2 力偶的基本性质

力偶不同于力，它具有一些特殊的性质，现分述如下：

1. 力偶没有合力，不能用一个力来代替

力偶中的两个力大小相等、方向相反、作用线平行，现求它们在任一轴 x 上的投影，如图 3-7 所示。设力与轴 x 的夹角为 α，由图 3-7 可得：

$$\sum F_X = F\cos\alpha - F'\cos\alpha = 0$$

这说明，力偶在任一轴上的投影等于零。

既然力偶在轴上的投影为零，所以力偶对物体只能产生转动效应。

力偶和力对物体的作用效应不同，说明力偶不能用一个力来代替，即力偶不能简化为一个力，因而力偶也不能和一个力平衡，力偶只能与力偶平衡。

2. 力偶对其作用面内任一点之矩都等于力偶矩，与矩心位置无关

力偶的作用是使物体产生转动效应，所以力偶对物体的转动效应可以用力偶的两个力对其作用面某一点的力矩的代数和来度量。图 3-8 所示力偶（$\boldsymbol{F}$，$\boldsymbol{F}'$），力偶臂为 d，逆时针转向，其力偶矩为 $m = Fd$，在该力偶作用面内任选一点 O 为矩心，设矩心与 $\boldsymbol{F}'$ 的垂直距离为 x。显然力偶对 O 点的力矩为：

$$M_O(\boldsymbol{F},\boldsymbol{F}') = F(d + x) - Fx = Fd = M$$

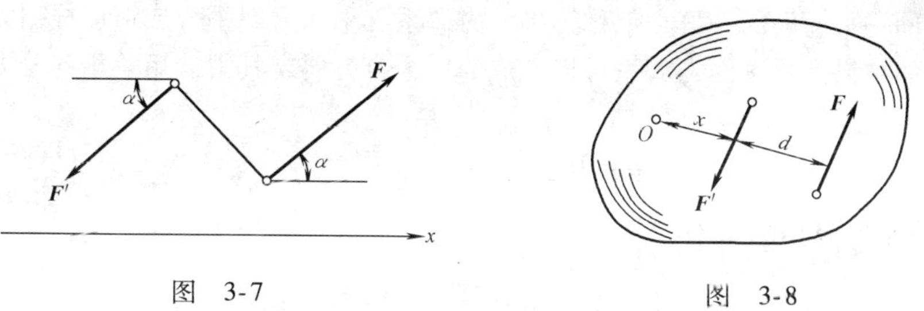

图 3-7　　　　图 3-8

此值就等于力偶矩。这说明力偶对其作用面内任一点的矩恒等于力偶矩，而与矩心的位置无关。

3. 同一平面内的两个力偶，如果它们的力偶矩大小相等、转向相同，则这两个力偶等效，称为力偶的等效性（其证明从略）

从以上性质还可得出以下推论：

力偶可在其作用面内任意移转，而不会改变它对物体的转动效应。例如图 3-9a 作用在方向盘上的两个力偶（$\boldsymbol{P}_1$，$\boldsymbol{P}_1'$）与（$\boldsymbol{P}_2$，$\boldsymbol{P}_2'$），只要它们的力偶矩大小相等、转向相同，作用位置虽不同，但转动效应是相同的。

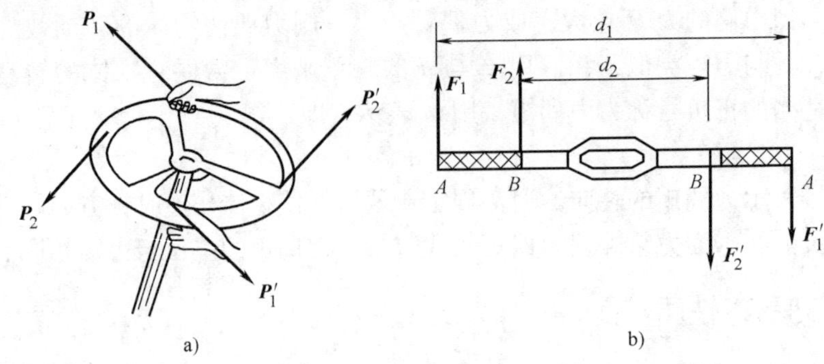

图 3-9

在保持力偶矩大小和转向不变的条件下，可以任意改变力偶的力的大小和力偶臂的长短，而不改变它对物体的转动效应。如图3-9b所示，在攻螺纹时，作用在纹杆上的（$\boldsymbol{F}_1$，$\boldsymbol{F}_1'$）或（$\boldsymbol{F}_2$，$\boldsymbol{F}_2'$）虽然 d_1 和 d_2 不相等，但只要调整力的大小，使力偶矩 $F_1d_1 = F_2d_2$，则两力偶的作用效果是相同的。

由以上分析可知，力偶对于物体的转动效应完全取决于力偶矩的大小、力偶的转向及力偶作用面，即力偶的三要素。因此，在力学计算中，有时也用一带箭头的弧线表示力偶，如图3-10所示，其中箭头表示力偶的转向，m 表示力偶矩的大小。

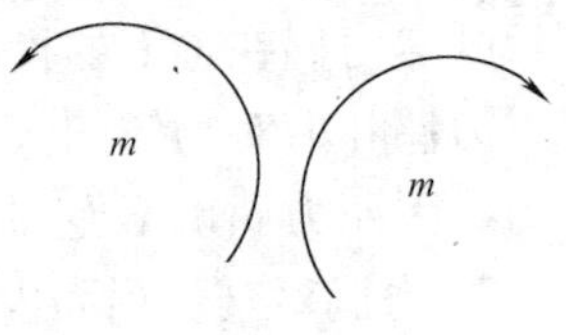

图 3-10

3.4 平面力偶系的合成和平衡条件

3.4.1 平面力偶系的合成

作用在同一平面内的一群力偶称为平面力偶系。平面力偶系合成可以根据力偶等效性来进行，合成的结果是：平面力偶系可以合成为一个合力偶，其力偶矩等于各分力偶矩的代数和。即：

$$M = M_1 + M_2 + \cdots + M_n = \sum M_i \tag{3-5}$$

3.4.2 平面力偶系的平衡条件

平面力偶系可以合成为一个合力偶，当合力偶矩等于零时，则力偶系中的各力偶对物体的转动效应相互抵消，物体处于平衡状态。因此，平面力偶系平衡的必要和充分条件是：力偶系中所有各力偶矩的代数和等于零。用式子表示为：

$$\sum M_i = 0 \tag{3-6}$$

上式称为平面力偶系的平衡方程。

3.5 平面力偶系平衡方程的应用

【例3-3】 在梁 AB 的两端各作用一力偶，其力偶矩的大小分别为 $M_1 = 120\text{kN}\cdot\text{m}$，$M_2 = 360\text{kN}\cdot\text{m}$，转向如图3-11a所示，梁长 $l = 6\text{m}$，重量不计。求 A、B 处的支座反力。

【解】 取梁 AB 为研究对象，作用在梁上的力有：两个已知力偶 M_1、M_2 和支座 A、B 的反力 $\boldsymbol{F}_A$、$\boldsymbol{F}_B$。如图 3-11b 所示，B 处为可动铰支座，其反力 $\boldsymbol{F}_B$ 的方位铅垂，假定指向向上。A 处为固定铰支座，其反力 $\boldsymbol{F}_A$ 的方向本来不能确定，但因梁上只受力偶作用，故 $\boldsymbol{F}_A$ 必须与 $\boldsymbol{F}_B$ 组成一个力偶才能与梁上的力偶平衡，所以 F_A 的方向亦为铅垂。假定指向向下，由式（3-6）得：

$$\sum M_i = 0 \quad M_1 - M_2 + F_B l = 0$$

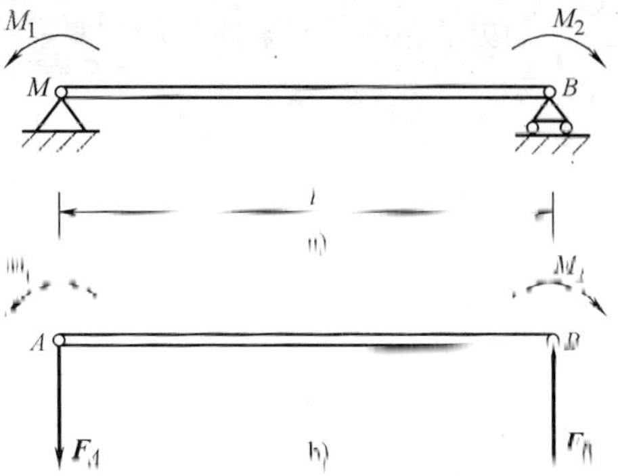

图 3-11

故

$$\boldsymbol{F}_A = \boldsymbol{F}_B = \frac{M_2 - M_1}{l} = \frac{360 - 120}{6} = 40\text{kN}$$

求得的结果为正值，说明原假设 F_A 和 F_B 的指向就是力的实际指向。

本章小结

本章讨论了力矩和力偶的基本理论。

1. 力矩及其计算

（1）力矩的概念 力矩是力使物体绕矩心转动效应的度量。它等于力的大小与力臂的乘积，在平面问题中它是代数量，规定力使物体绕矩心逆时针方向转动为正，反之为负。即

$$M_O(\boldsymbol{F}) = \pm Fd$$

可见力矩的大小和转向与矩心的位置有关。

（2）合力矩定理 平面汇交力系的合力对平面内任一点的力矩等于力系中各分力对同一点的力矩的代数和。即

$$M_O(\boldsymbol{R}) = \sum M_O(\boldsymbol{F})$$

应用合力矩定理常常可以简化力矩的计算。

2. 力偶的基本理论

（1）力偶 由等值、反向、作用线平行而不重合的两个力组成的力系，称为力偶。

（2）力偶的性质 力偶不能简化为一个力，也不能和一个力平衡，力偶只能与力偶平衡。

力偶对物体的转动效应取决于力偶的作用面、力偶矩的大小和力偶的转向。

在同一平面内的两个力偶，如果它们力偶矩的代数值相等，则这两个力偶是等效的，或者只要保持力偶矩的代数值不变，力偶可在其作用面内任意移转，也可以改变组成力偶的力的大小和力偶臂的长短。

（3）力偶的基本运算 力偶在任一轴上的投影等于零，力偶中的两个力对其作用面内任一点的矩都等于力偶矩，而与矩心的位置无关。

（4）力偶的合成与平衡 平面力偶系可合成为一个合力偶，合力偶矩等于各分力偶矩的代数和。即

$$M = \sum M_i$$

平面力偶系的平衡条件是各力偶矩的代数和等于零，即

$$\sum M_i = 0$$

思 考 题

1. 试比较力矩和力偶矩的异同点。
2. 组成力偶的两个力在任一轴上的投影之和为什么必等于零?
3. 怎样的力偶才是等效力偶? 等效力偶是否两个力偶的力和力臂都应该分别相等?

习 题

3-1 试计算图 3-12 各图中 P 力对 O 点的矩。

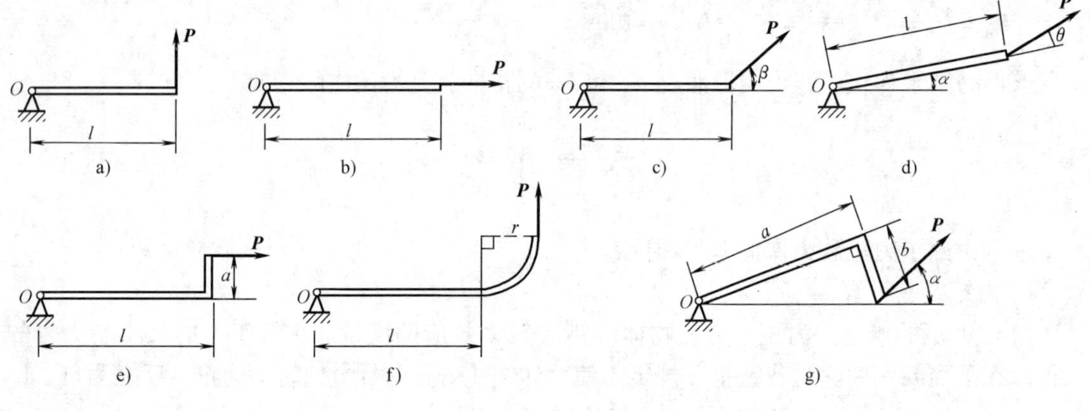

图 3-12

3-2 如图 3-13 所示，已知挡土墙重 $W_1 = 75\text{kN}$，铅垂土压力 $W_2 = 120\text{kN}$，水平土压力 $P = 90\text{kN}$，试求这三个力对前趾点 A 之矩，并指出哪些力矩有使墙绕 A 点倾倒的趋势? 哪些力矩使墙趋于稳定?

3-3 如图 3-14 所示，刚架在 B 点作用一水平力 P，求支座反力 R_A 和 R_D 的大小和方向，刚架重量略去不计。

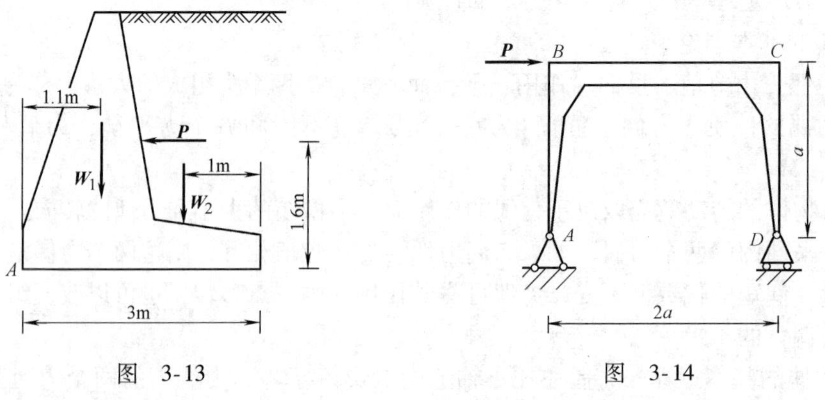

图 3-13　　图 3-14

3-4 物体的某平面内同时作用有三个力偶，如图 3-15 所示，已知 $F_1 = 200\text{N}$，$F_2 = 600\text{N}$，$M = 10\text{N}\cdot\text{m}$，求此三力偶的合力偶矩。

3-5 沿着正三角形 ABC 刚体的三边分别作用着力 $\boldsymbol{F}_1$、$\boldsymbol{F}_2$、$\boldsymbol{F}_3$，如图 3-16 所示。已知三角形边长是 a，而各力大小均等于 $\boldsymbol{F}$。试证明这三个力可以合成为一个力偶，并求出它的力偶矩。

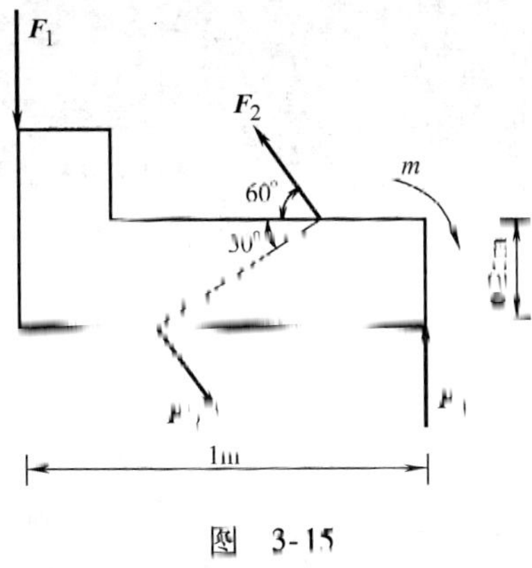

图 3-15

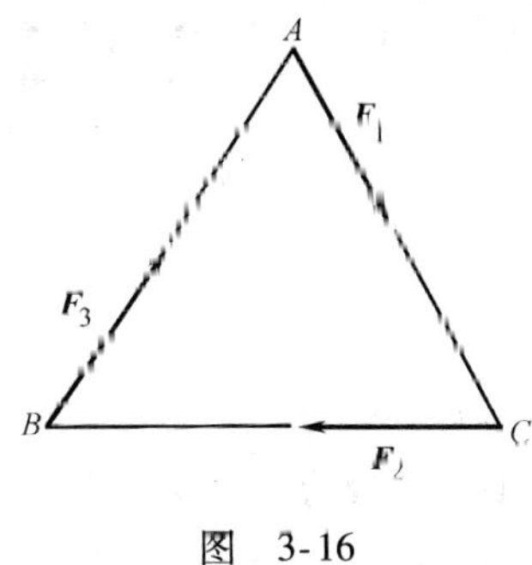

图 3-16

参考答案

3-1 图3-12a：Pl；图3-12b：0；图3-12c：$Pl\sin\beta$；图3-12d：$Pl\sin\theta$；图3-12e：$-Pa$；图3-12f：$P\ (r+l)$；图3-12g：$P\sin\alpha\sqrt{a^2+b^2}$。

3-2 $-82.5\text{kN}\cdot\text{m}$，$-240\text{kN}\cdot\text{m}$，$144\text{kN}\cdot\text{m}$；$P$ 产生倾倒的趋势，W_1，W_2 使墙趋于稳定。

3-3 $F_{XA}=P$（←），$F_{YA}=\dfrac{1}{2}P$（↓），$F_{YD}=\dfrac{1}{2}P$（↑）

3-4 490N·m。

3-5 $\left(-\dfrac{\sqrt{3}}{2}Fa\right)$。

第 4 章　平面一般力系

知识目标：

1. 掌握平面一般力系向一点的简化。
2. 熟悉平面一般力系平衡条件。

能力目标：

1. 能够应用力系对点之矩的平衡条件求解约束反力。
2. 能够应用平面力偶系平衡条件求解约束反力。

4.1　平面一般力系的概念和实例

平面一般力系是各力的作用线在同一平面内，既不全部汇交于一点也不全部互相平行的力系。

在实际工程中，有些结构的某一尺寸比其他两个方向的尺寸小得多或大得多，忽略次要因素后，我们可把这种结构看成为平面结构。例如图 4-1a 所示的三角形屋架，它受到屋面传来的竖向荷载 $\boldsymbol{P}$、风荷载 $\boldsymbol{Q}$ 以及两端支座的约束反力 $\boldsymbol{F}_{X_A}$、$\boldsymbol{F}_{Y_A}$、$\boldsymbol{R}_B$，这些力组成平面一般力系，如图 4-1b 所示。图 4-2a 所示的挡土墙，考虑到它沿长度方向受力情况大致相同，通常取 1m 长度的墙身作为研究对象，它所受到的重力 $\boldsymbol{G}$、土压力 $\boldsymbol{P}$ 和地基反力 $\boldsymbol{R}$ 也都可简化到 1m 长墙身的对称面上，组成平面力系，如图 4-2b 所示。

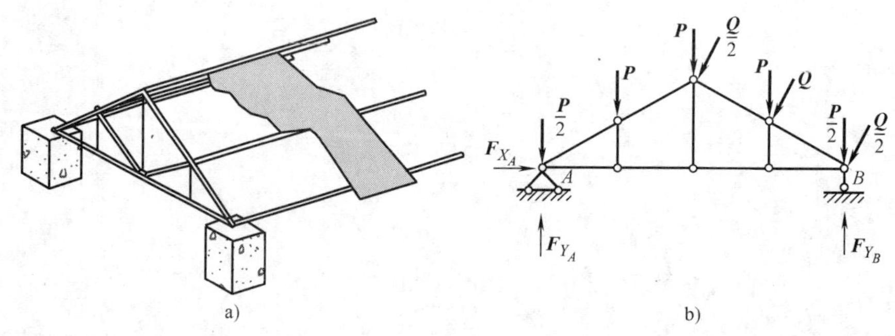

图　4-1

在平面结构上作用的力系，可以看成为平面一般力系。

还有些结构虽然明显不是受平面力系作用，但如果本身（包括支座）及其所承受的荷载有一个共同的对称面，那么，作用在结构上的力系就可以简化为在对称面内的平面力系，例如图 4-3 所示沿直线行驶的汽车，车受到的重力 $\boldsymbol{G}$、空气阻力 $\boldsymbol{F}$ 以及地面对左右轮的约束反力的合力 $\boldsymbol{F}_A$、$\boldsymbol{F}_B$，都可简化到汽车的对称面内，组成平面一般力系。

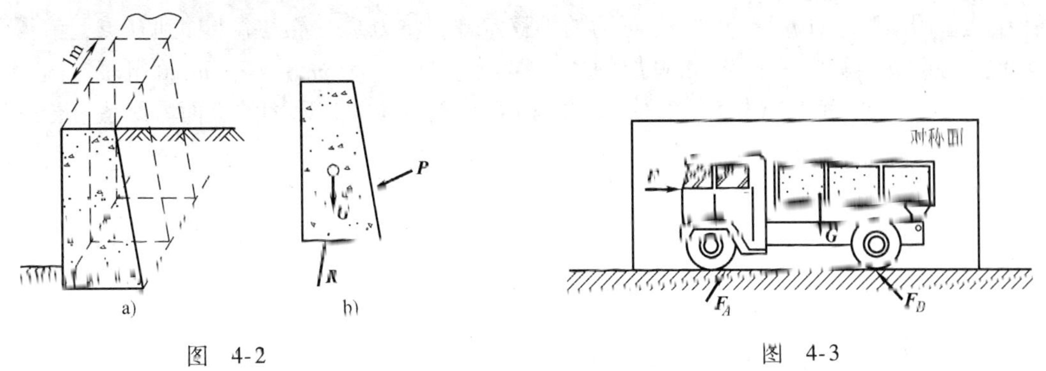

图 4-2　　图 4-3

在工程中许多结构的力学问题都可以简化为平面一般力系的问题来处理，本章将讨论平面一般力系的简化和平衡问题。

4.2 力的平移定理

有一个力 $\boldsymbol{F}$ 作用在某刚体的 A 点，如图 4-4a 所示，若在刚体的 O 点加上两个共线、反向、等值的力 $\boldsymbol{F}'$和 $\boldsymbol{F}''$，且作用线与力 $\boldsymbol{F}$ 平行，大小与力 $\boldsymbol{F}$ 的大小相等，如图 4-4b 所示，并不影响力 $\boldsymbol{F}$ 对刚体单独作用时产生的运动效果。进一步分析可以看出，力 $\boldsymbol{F}$ 与 $\boldsymbol{F}''$构成一个力偶，其力偶矩为

$$M = Fd = M_O(\boldsymbol{F})$$

而作用在点 O 的力 $\boldsymbol{F}'$，其大小和方向与原力 $\boldsymbol{F}$ 相同，即相当于把原来的力 $\boldsymbol{F}$ 从点 A 平移到点 O，如图 4-4c 所示。

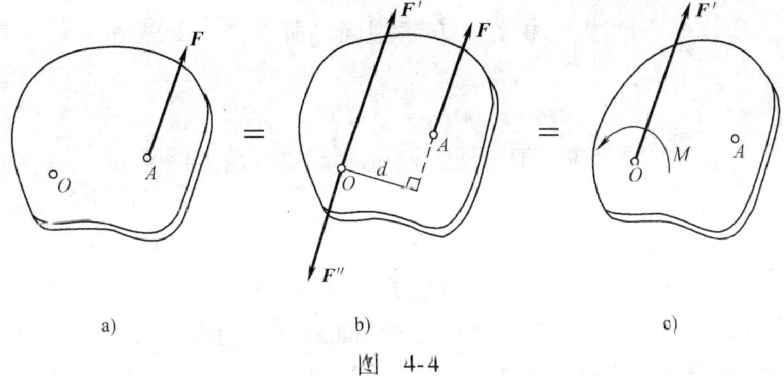

a)　　b)　　c)

图 4-4

于是得到力的平移定理：作用于刚体上的力 $\boldsymbol{F}$，可以平移到同一刚体上的任一点 O，同时附加一个力偶，其力偶矩等于原力 $\boldsymbol{F}$ 对于新作用点 O 的矩。

4.3 平面一般力系向一点的简化

4.3.1 简化方法和结果

如图 4-5a 所示，设在物体上作用有平面一般力系 $\boldsymbol{F}_1$、$\boldsymbol{F}_2$、…、$\boldsymbol{F}_n$。为了将这力系简

化，在其作用面内取任意一点 O，根据力的平移定理，将力系中各力都平移到 O 点，就得到平面汇交力系 $\boldsymbol{F}_1'$、$\boldsymbol{F}_2'$、…、$\boldsymbol{F}_n'$和附加的各力偶矩分别为 m_1、m_2、…、m_n 的平面力偶系，如图 4-5b 所示。平面汇交力系可合成为作用在 O 点的一个力，附加的平面力偶系可合成为一个力偶，如图 4-5c 所示。任选的 O 点，称为简化中心。

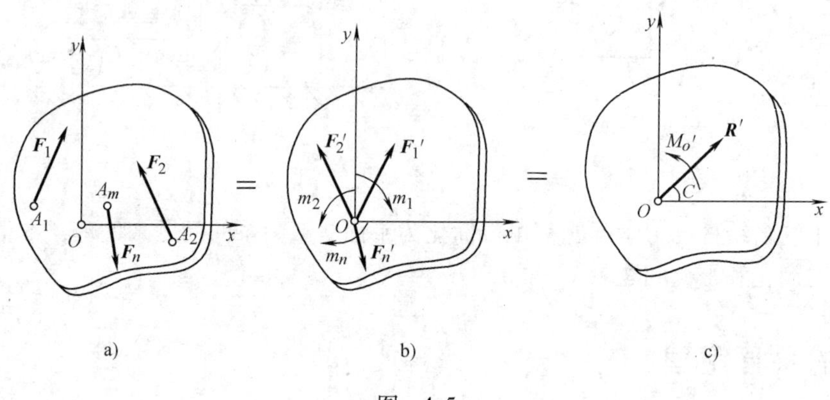

图 4-5

平面一般力系向任一点简化，就是将平面一般力系中各力向简化中心平移，同时附加上一个力偶系。

4.3.2 主矢和主矩

平面一般力系简化为作用于简化中心的一个力和一个力偶。这个力 $\boldsymbol{R}'$称为原力系的主矢，这个力偶的力偶矩 M_O'，称为原力系对简化中心的主矩。

主矢 $\boldsymbol{R}'$等于汇交力系 $\boldsymbol{F}_1'$、$\boldsymbol{F}_2'$、…、$\boldsymbol{F}_n'$的矢量和（图 4-5b），因为各力 $\boldsymbol{F}_1'$、$\boldsymbol{F}_2'$、…、$\boldsymbol{F}_n'$分别与各力 $\boldsymbol{F}_1$、$\boldsymbol{F}_2$、…、$\boldsymbol{F}_n$ 大小相等、方向相同，所以，主矢就等于原力系各力的矢量和，即

$$\boldsymbol{R}' = \boldsymbol{F}_1 + \boldsymbol{F}_2 + \cdots + \boldsymbol{F}_n = \sum \boldsymbol{F}$$

求主矢 R'的大小和方向可应用解析法。通过 O 点取直角坐标系 xoy，主矢 $\boldsymbol{R}'$在 x 轴和 y 轴上的投影为

$$R_X' = F_{X_1}' + F_{X_2}' + \cdots + F_{X_n}' = F_{X_1} + F_{X_2} + \cdots + F_{X_n} = \sum F_X$$

和
$$R_Y' = F_{Y_1}' + F_{Y_2}' + \cdots + F_{Y_n}' = F_{Y_1} + F_{Y_2} + \cdots + F_{Y_n} = \sum F_Y$$

式中，F_{X_1}'、F_{Y_1}'和 F_{X_1}、F_{Y_1}分别是力 F_i'、F_i 在坐标轴 x 和 y 上的投影。由于力 $\boldsymbol{F}_i'$和 $\boldsymbol{F}_i$ 大小相等、方向相同，所以它们在同一轴上的投影相等。得主矢 $\boldsymbol{R}'$的大小和方向为

$$R' = \sqrt{\left(\sum F_X\right)^2 + \left(\sum F_Y\right)^2}$$

$$\tan\alpha = \frac{\left|\sum F_Y\right|}{\left|\sum F_X\right|}$$

α 为主矢 $\boldsymbol{R}'$与 x 轴所夹的锐角，$\boldsymbol{R}'$的指向由 $\sum F_X$ 和 $\sum F_Y$ 的正负号确定。

由平面力偶系的合成知，主矩为

$$M_O' = m_1 + m_2 + \cdots + m_n$$

因为各附加力偶矩分别等于原力系中各力对简化中心 O 点的矩，即

$$m_1 = M_O(\boldsymbol{F}_1)$$

$$m_2 = M_O(\boldsymbol{F}_2)$$

$$\cdots\cdots$$

$$m_n = M_O(\boldsymbol{F}_n)$$

于是可得主矩为

$$M'_O = M_O(\boldsymbol{F}_1) + M_O(\boldsymbol{F}_2) + \cdots + M_O(\boldsymbol{F}_n) = \sum M_O(\boldsymbol{F}) = \sum M_O$$

4.3.3 结论

综上所述可知：平面一般力系向作用面内任一点简化的结果为一个力和一个力偶。这个力作用在简化中心，称为原力系的主矢，且等于原力系中各力的矢量和；这个力偶的力偶矩称为原力系对简化中心的主矩，它等于原力系中各力对简化中心的力矩的代数和。

主矢等于原力系各力的矢量和，它与简化中心的选择无关。主矩等于原力系各力对简化中心的力矩的代数和，与简化中心的选择有关。这是因为取不同的点为简化中心，各力的力臂将会改变，则各力对简化中心的矩也会改变，从而导致主矩的改变。所以对于主矩，必须标明力系对于哪一点的主矩。

主矢描述原力系对物体的平移作用，主矩描述原力系对物体绕简化中心的转动作用，二者的作用总和代表原力系对物体的作用。因此，单独的主矢 $\boldsymbol{R}'$ 或主矩 M_O 并不与原力系等效，即主矢 $\boldsymbol{R}'$ 不是原力系的合力，主矩 M_O 也不是原力系的合力偶矩，而主矢 $\boldsymbol{R}'$ 与主矩 M_O 二者的共同作用才与原力系等效。

4.4 平面一般力系平衡的条件

平面一般力系向任一点 O 简化后，得到主矢量 R' 和主矩 M_O。如果该平面一般力系使物体保持平衡，则必然有 $R'=0$，$M_O=0$。反之，如果 $R'=0$，$M_O=0$，则说明原力系就是平衡力系。

因此，平面一般力系平衡的必要和充分条件是力系的主矢量及力系对任一点的主矩均为零，即

$$R'=0, M_O=0$$

由于

$$R' = \sqrt{(\sum F_X)^2 + (\sum F_Y)^2}$$

$$M_O = \sum M_O(\boldsymbol{F})$$

故平面一般力系的平衡条件为

$$\left.\begin{aligned} \sum F_X &= 0 \\ \sum F_Y &= 0 \\ \sum M_O(\boldsymbol{F}) &= 0 \end{aligned}\right\} \tag{4-1}$$

平面一般力系平衡的必要和充分条件也可叙述为：力系中各力在两个坐标轴上投影的代数和分别等于零；力系中各力对于任一点的力矩的代数和等于零。

式（4-1）叫做平面一般力系的平衡方程，其中前两个叫做投影方程，后一个叫做力矩方程。可以把投影方程的含意理解为物体在力系作用下沿坐标轴 F_X 和 F_Y 方向不可能移动；将力矩方程的含意理解为物体在力系作用下绕任一矩心均不能转动。当满足平衡方程时，物体既不能移动，也不能转动，这就保证了物体处于平衡状态。当物体处于平衡状态时，可应

用这三个平衡方程求解三个未知量。

式（4-1）是平面一般力系平衡方程的基本形式，除了这种形式外，还可将平衡方程表示为二力矩形式或三力矩形式。

（1）二力矩形式　二力矩形式的平衡方程是

$$\begin{aligned}\sum F_X &= 0\\ \sum M_A(\boldsymbol{F}) &= 0\\ \sum M_B(\boldsymbol{F}) &= 0\end{aligned} \tag{4-2}$$

该平衡方程的限制条件是：F_X 轴不能与 A、B 两点的连线垂直。

（2）三力矩形式　三力矩形式的平衡方程是

$$\begin{aligned}\sum M_A(\boldsymbol{F}) &= 0\\ \sum M_B(\boldsymbol{F}) &= 0\\ \sum M_C(\boldsymbol{F}) &= 0\end{aligned} \tag{4-3}$$

该平衡方程的限制条件是：A、B、C 三点不在同一直线上。

平面一般力系的平衡方程虽有三种形式，但不论采用哪种形式，都能够写出、且只能写出三个独立的平衡方程。所以，对于平面一般力系来说，应用平衡方程，只能求解三个未知量。

在实际解题时，所选的平衡方程形式应尽可能使计算简便，力求在一个方程中只包含一个未知量，避免求解联立方程。

【例 4-1】　一钢筋混凝土刚架的受荷及支承情况如图 4-6a 所示。已知 $P=5\text{kN}$，$M=2\text{kN}\cdot\text{m}$，不计刚架自重，试求 A、B 处的支座反力。

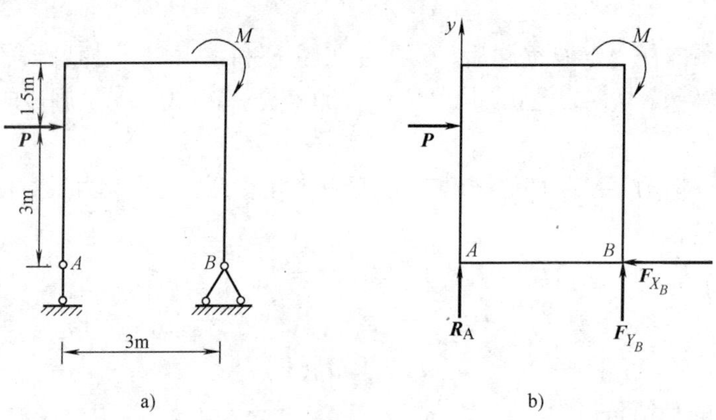

图　4-6

【解】　取刚架为研究对象，刚架的受力图如图 4-6b 所示。作用在刚架上的有已知的力 $\boldsymbol{P}$ 和力偶 m，未知的支座反力 $\boldsymbol{R}_A$ 和 $\boldsymbol{F}_{X_B}$、$\boldsymbol{F}_{Y_B}$，它们组成一个平面一般力系，刚架在力系作用下平衡，可用三个独立的平衡方程求解三个未知力。作用在刚架上有一个力偶荷载，由于力偶在任一轴上的投影均为零，因此，力偶在投影方程中不出现；由于力偶对平面内任一点之矩等于力偶矩，而与矩心位置无关，因此，在力矩方程中可直接将力偶矩列入。

取坐标系如图 4-6b 所示，则

由　$\sum F_X=0, P-F_{X_B}=0$　得 $F_{X_B}=P=5\text{kN}(\leftarrow)$

由
$$\sum M_A(\boldsymbol{F})=0,\ -P\times 3-M+F_{Y_B}\times 3=0$$
得
$$F_{Y_B}=(3P+M)/3=(3\times 5+2)/3\text{kN}=5.67\text{kN}(\uparrow)$$
由
$$\sum F_Y=0,R_A+F_{Y_B}=0$$
得
$$R_A=-F_{Y_B}=-5.67\text{kN}(\downarrow)$$

本题中 $\boldsymbol{R}_A$ 值为负，说明 $\boldsymbol{R}_A$ 的实际指向与假设指向相反，在计算结果后面的括号内应标注出实际指向；$\boldsymbol{F}_{X_B}$ 和 $\boldsymbol{F}_{Y_B}$ 值为正，说明 $\boldsymbol{F}_{X_B}$、$\boldsymbol{F}_{Y_B}$ 的实际指向与假设指向一致。

【例4-2】 受有集度为 q 的均布荷载，并在 B 端作用一集中力 $\boldsymbol{P}$，如图4-7a，设梁长为 l，试求固定端 A 的约束反力。

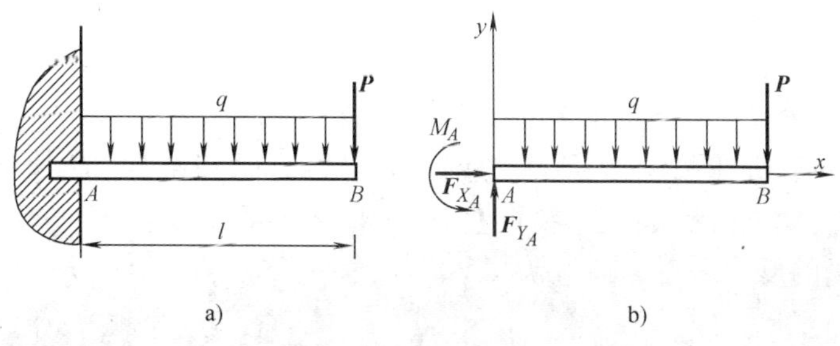

图 4-7

【解】 固定端支座 A 处，有 $\boldsymbol{F}_{X_A}$ 和 $\boldsymbol{F}_{Y_A}$ 两个未知力和一个约束反力偶 M_A，如图4-7b所示。此时梁 AB 在已知荷载 q、$\boldsymbol{P}$ 和未知的约束反力作用下平衡。列平衡方程时，均布荷载 q 可用其合力 $\boldsymbol{Q}$ 表示，$Q=ql$，方向与均布荷载方向相同，作用在 AB 段的中点，选取坐标系如图4-7b所示。

$$\sum F_X=0 \quad F_{X_A}=0;$$
$$\sum F_Y=0 \quad F_{Y_A}-ql-p=0 \quad 得\ F_{Y_A}=ql+P(\uparrow)$$
$$\sum M_A(F)=0,\ M_A-ql\cdot l/2-Pl=0 \quad 得\ M_A=l/2\cdot ql^2+Pl(\curvearrowleft)$$

建筑工程中的雨篷、阳台等构件一端牢固地嵌入墙内，另一端无约束，这类结构叫做悬臂结构。悬臂结构因其受力情况的特殊性，容易发生倒塌事故。

【例4-3】 如图4-8a，梁 AC 在 C 处受集中力 $\boldsymbol{P}$ 作用，设 $P=30\text{kN}$，试求 A、B 支座的约束反力。

【解】 以外伸梁为研究对象，画其受力图，并选取坐标轴，如图4-8b所示。

作用在外伸梁上的有已知力 $\boldsymbol{P}$，未知的支座反力 $\boldsymbol{F}_{X_A}$、$\boldsymbol{F}_{Y_A}$ 和 $\boldsymbol{R}_B$，运用三个独立的平衡方程可求解三个未知力。

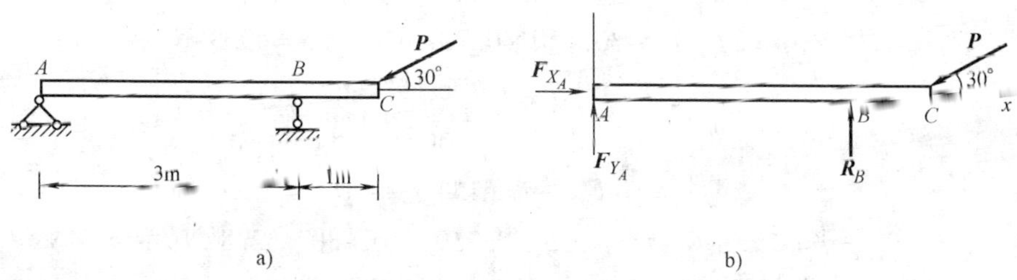

图 4-8

由 $$\sum M_A(\boldsymbol{F})=0,\ R_B\times3-P\sin30^\circ\times4=0$$

得 $$R_B=P\sin30^\circ\times4/3=30\times0.5\times4/3=20\text{kN}(\uparrow)$$

由 $$\sum F_X=0,F_{X_A}-P\cos30^\circ=0$$

得 $$F_{X_A}=P\cos30^\circ=30\times0.866=25.98\text{kN}(\rightarrow)$$

由 $$\sum M_C(\boldsymbol{F})=0,\ -F_{Y_A}\times4-R_B\times1=0$$

得 $$F_{Y_A}=-R_B/4=-20/4=-5\text{kN}(\downarrow)$$

力系既然平衡，则力系中各力在任一轴上的投影的代数和必然等于零，力系中各力对于任一点的力矩的代数和也必然等于零，因此可再列出其他的平衡方程，用以校核计算的正确与否。

校核：$\sum F_Y=F_{Y_A}+R_B-P\sin30^\circ=-5+20-30\times0.5=0$

说明求得的 $\boldsymbol{F}_{Y_A}$ 和 $\boldsymbol{R}_B$ 之值是正确的。

【例 4-4】 起重机在图 4-9a 所示的位置时平衡。已知吊杆 AB 长 10m，吊杆重 $G=10\text{kN}$，重心在吊杆 AB 的中点，起吊物重 $\boldsymbol{Q}=30\text{kN}$，$\alpha=45^\circ$，$\beta=30^\circ$，试计算钢丝绳所受的拉力和铰链 A 所受的反力。

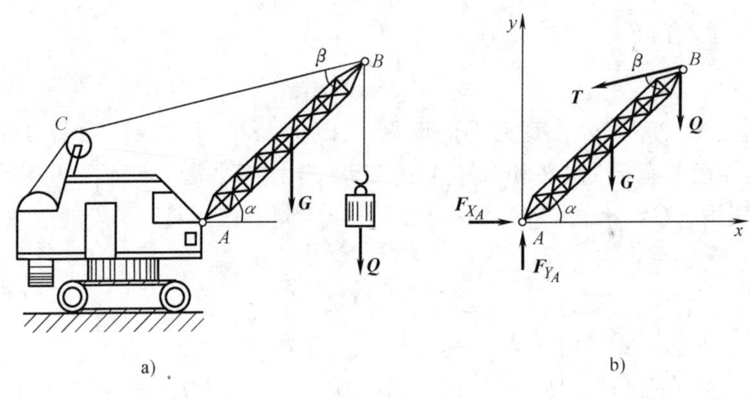

图 4-9

【解】 取吊杆 AB 为研究对象。作用在吊杆 AB 上的已知力有重物的重力 $\boldsymbol{Q}$ 及吊杆的重力 $\boldsymbol{G}$，未知力有钢丝绳的拉力 $\boldsymbol{T}$ 和铰 A 的约束反力 $\boldsymbol{F}_{X_A}$、$\boldsymbol{F}_{Y_A}$，以上各力组成了平衡的平面一般力系。吊杆的受力图及选取的坐标轴如图 4-9b 所示。用平面一般力系的平衡方程可以求解三个未知力，

由 $$\sum M_A(\boldsymbol{F})=0$$

$$T\times10\times\sin30^\circ-G\times5\times\cos45^\circ-Q\times10\times\cos45^\circ=0$$

得 $$T=10\times5\times0.70170+30\times10\times0.707/10\times0.5=49.5\text{kN}(\swarrow)$$

由 $$\sum F_X=0,F_{X_A}-T\cos15^\circ=0$$

得 $$F_{X_A}=T\cos15^\circ=49.5\times0.966=47.8\text{kN}(\rightarrow)$$

由 $$\sum F_Y=0,F_{Y_A}-T\sin15^\circ-G-Q=0$$

得 $$F_{Y_A}=T\sin15^\circ+G+Q=49.5\times0.259+10+30=52.8\text{kN}(\uparrow)$$

计算结果中不带负号，说明各约束反力的假设指向与实际指向一致。

校核：

$$\sum M_B\ (\boldsymbol{F}) = F_{X_A} \times 10 \times \sin45° + G \times 5 \times \sin45° - F_{Y_A} \times 10 \times \cos45°$$
$$= 47.8 \times 10 \times 0.707 + 10 \times 5 \times 0.707 - 52.8 \times 10 \times 0.707 = 338 + 35.3 - 373.3 = 0$$

说明求得的反力大小 F_{X_A} 和 F_{Y_A} 是正确的。

综上所述，求解平面一般力系平衡问题的解题步骤和方法是：

（1）根据题意选取适当的研究对象。

（2）对研究对象进行受力分析，画出受力图。要根据各种约束的性质来画约束反力，当反力的指向不能确定时，可以任意假设其指向。若计算结果为正，则表示假设的指向与实际指向一致；若计算结果为负，则表示假设的指向与实际指向相反。画受力图时，注意不要遗漏作用在研究物体上的主动力。

（3）选用适当形式的平衡方程，最好是一个方程只包含一个未知量，这样可免于解联立方程，简化计算。为此，要选取适当的坐标轴和矩心，当所选的坐标轴与未知力作用线垂直时，该未知力在此轴上的投影为零，可使所建立的投影方程中未知量个数减少，但也要照顾到计算各力投影的方便，尽可能将矩心选在两个未知力的交点上，这样，通过矩心的这两个未知力的力矩等于零，可使力矩方程中的未知量减少；当然，按上述做法时也应照顾到计算各力对所选矩心的力臂简便。

（4）求出所有未知量后，可利用其他形式的平衡方程对计算结果进行校核。

4.5 平面平行力系平衡的条件

在平面力系中如各力的作用线互相平行，这样的力系就是平面平行力系。

平面平行力系是平面一般力系的特殊情况，因此，它的平衡方程可由平面一般力系的平衡方程导出。如果取 x 轴与平行力系各力的作用线垂直，y 轴与各力平行（图 4-10），则不论力系是否平衡，各力在 x 轴上的投影恒为零，于是，$\sum F_X = 0$ 成为恒等式，而不必再列出。

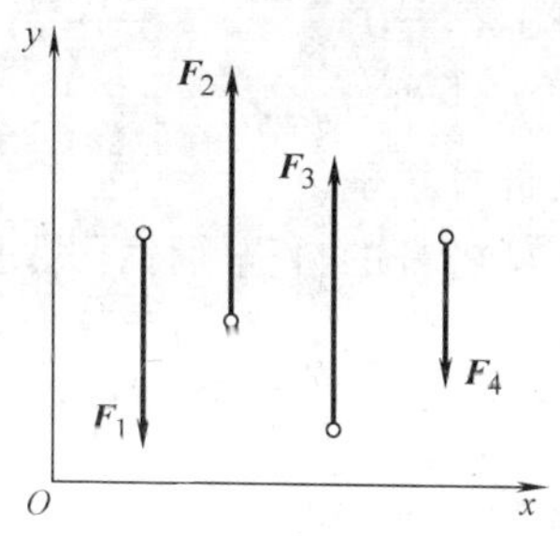

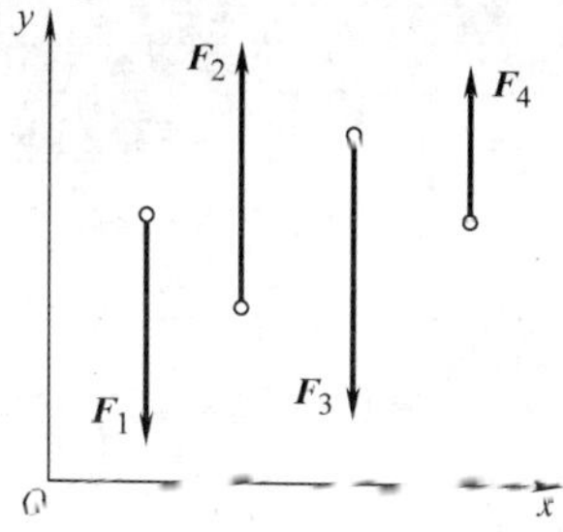

图 4-10

因此，由平面一般力系平衡方程的基本形式可得平面平行力系的平衡方程为：

$$\sum F_Y = 0$$
$$\sum M_O(\boldsymbol{F}) = 0$$

因各力与 y 轴平行，因此 $\sum F_Y = 0$ 就是各个力的代数和等于零。这样，平面平行力系平衡的必要和充分条件是：力系中所有各力的代数和等于零，力系中各力对任一点的力矩的代数和等于零。

同样，由平面一般力系平衡方程的二力矩形式可得平面平行力系平衡方程的另一形式是：

$$\sum M_A(\boldsymbol{F})=0$$
$$\sum M_B(\boldsymbol{F})=0$$

其中 A、B 两点的连线不与力系平行。

平面平行力系只有两个独立的平衡方程，因而只能求解两个未知量。

【例 4-5】 简支梁 AB 受荷情况及尺寸如图 4-11a 所示。已知均布荷载的集度 $q=20\text{kN/m}$，试求支座 A、B 的反力。

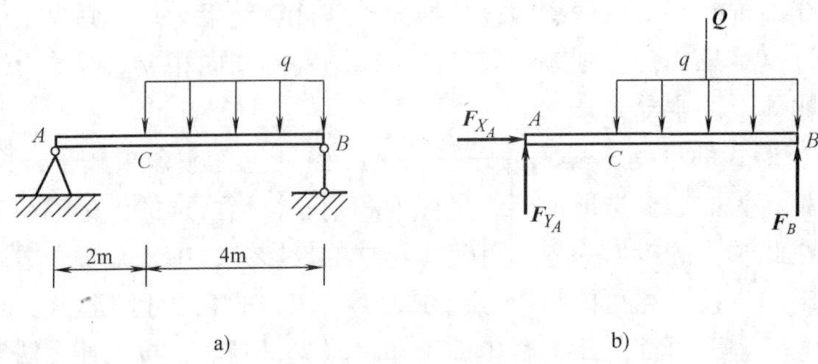

图 4-11

【解】 取梁 AB 为研究对象，画出受力图如图 4-11b 所示。作用在梁上的有已知荷载 q，未知力有 $\boldsymbol{F}_B$、$\boldsymbol{F}_{Y_A}$ 和 $\boldsymbol{F}_{X_A}$。除 $\boldsymbol{F}_{X_A}$ 外，以上各力都互相平行，显然在 $\sum F_X=0$ 式中，$\boldsymbol{F}_{X_A}$ 必然为零，于是，可按平面平行力系的平衡方程求出 $\boldsymbol{F}_{Y_A}$ 和 $\boldsymbol{F}_B$。

根据合力矩定理，均布荷载对某矩心力矩之和等于它们的合力 $\boldsymbol{Q}$ 对该矩心的力矩。均布荷载的合力大小 $Q=20\times4=80\text{kN}$，方向与均布荷载相同，作用在 BC 段的中点。

由 $$\sum M_B(\boldsymbol{F})=0,\ 80\times2-F_{Y_A}\times6=0$$

得 $$F_{Y_A}=80\times2/6=26.67\text{kN}(\uparrow)$$

由 $$\sum M_A(\boldsymbol{F})=0,\ R_B\times6-80\times4=0$$

得 $$F_B=80\times4/6=53.33\text{kN}(\uparrow)$$

校核：$\sum F_Y=26.67-80+53.33=0$ 经校核说明计算正确。

【例 4-6】 一桥梁桁架受荷载 P_1 和 P_2 作用，桁架各杆的自重不计，尺寸如图 4-12 所示。已知 $P_1=50\text{kN}$，$P_2=30\text{kN}$，试求 A、B 支座的反力。

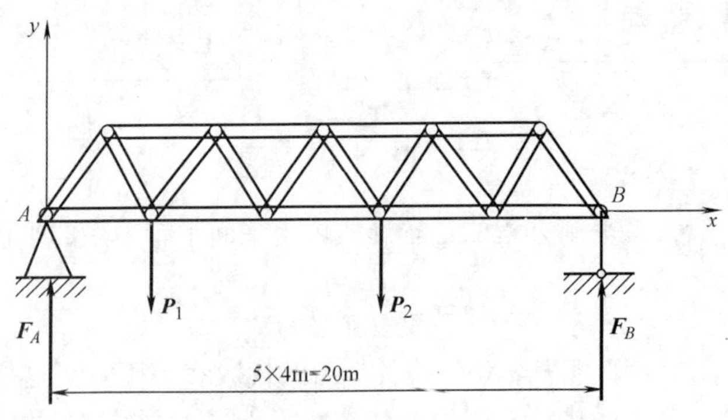

图 4-12

【解】 以整个桁架为研究对象，支座 A 的反力应与各力作用线平行，因此作用在桁架上的已知力 $\boldsymbol{P}_1$、$\boldsymbol{P}_2$ 和未知力 $\boldsymbol{F}_A$、$\boldsymbol{F}_B$ 组成了平衡的平面平行力系。列平衡方程求解支座反力 F_A 和 F_B：

由 $$\sum M_A(\boldsymbol{F})=0,\ R_B\times 20-P_1\times 4-P_2\times 12=0$$

得 $$F_B=(50\times 4+30\times 12)/20=28\text{kN}(\uparrow)$$

由 $$\sum F_Y=0,\ F_A+F_B-P_1-P_2=0$$

得 $$F_A=P_1+P_2-F_B=50+30-28=52\text{kN}(\uparrow)$$

本例也可以用 $\sum M_B(\boldsymbol{F})=0$ 求 F_A，那么，我们用它来校核：

$$\sum M_B(\boldsymbol{F})=P_1\times 16+P_2\times 8-F_A\times 20$$
$$=50\times 16+30\times 8-52\times 20=0$$

经校核说明计算正确。

【例 4-7】 图 4-13 为某厂房预制钢筋混凝土柱的示意图。根据柱的尺寸，计算出柱的自重为 $q=4\text{kN/m}$，求刚起吊时绳的拉力及 A 点的反力。

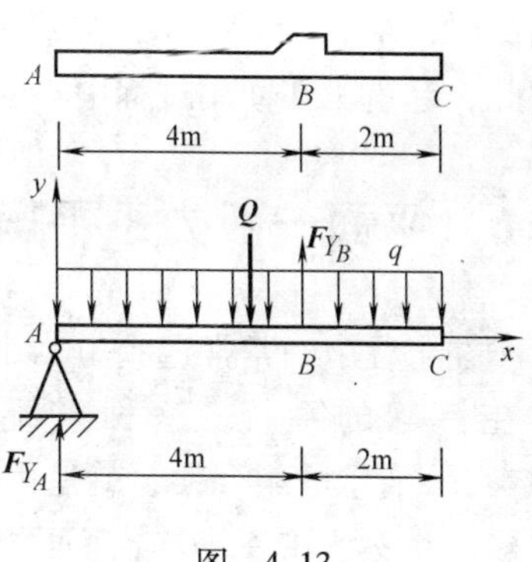

图 4-13

【解】 刚起吊时，可将柱近似地视为一根水平放置的外伸梁。主动力是均匀分布在构件的自重 q；地面在 A 点的支承作用相当于一个不动铰支座，反力是 $\boldsymbol{F}_{Y_A}$；绳的拉力 $\boldsymbol{F}_{Y_B}$ 作用于 B 点，上述各力构成了平面平行力系。

均布荷载 q 的合力大小 $Q=4\times 6\text{kN}=24\text{kN}$，作用于构件中点，至 A 端距离为 3m，至 B 点距离为 1m。

由 $$\sum M_A(\boldsymbol{F})=0,4F_{Y_B}-24\times 3=0$$

得 $$F_{Y_B}=24\times 3/4=18\text{kN}(\uparrow)$$

由 $$\sum M_B(\boldsymbol{F})=0,\ 24\times 1-F_{Y_A}\times 4=0$$

得 $$F_{Y_A}=24/4=6\text{kN}(\uparrow)$$

校核：$\sum F_Y=-24+18+6=0$

经校核说明计算正确。

需要说明的是柱子在刚起吊时，构件处于加速运动状态，实际的反力 $\boldsymbol{F}_{Y_A}$ 及拉力 $\boldsymbol{F}_{Y_B}$ 的值要比静力平衡方程算出的数值大，在设计时还需要乘以动力系数。

【例 4-8】 图 4-14 中的塔式起重机机身总重量 $W=220\text{kN}$，最大起重量 $P=50\text{kN}$，平衡锤重 $Q=30\text{kN}$。试求空载及满载时，轨道 A、B 的约束反力。并问此起重机在空载和满载时会不会翻倒。

【解】 取起重机为研究对象。作用在起重机上的主动力有 $\boldsymbol{W}$、$\boldsymbol{Q}$、$\boldsymbol{P}$，它们都是铅垂向下的，还有轨道对轮子的约束反力 $\boldsymbol{R}_A$、$\boldsymbol{R}_B$，它们是垂直向上的。以上各力构成了平面平行力系。由平衡条件

$$\sum M_B(\boldsymbol{F})=0,$$

则 $$-Q(6+2)-W\times 2-P(12-2)-R_A\times 4=0 \tag{a}$$

$$\sum M_A(\boldsymbol{F})=0$$

则 $$-Q(6-2)+W\times 2+P(12+2)-R_B\times 4=0 \tag{b}$$

解得 $$R_A=2Q+0.5W-2.5P$$

$$R_B = -Q + 0.5W + 3.5P \qquad \text{(c)}$$

当满载时，$P = 50\text{kN}$，代入式（c）

得 $R_A = 2 \times 30 + 0.5 \times 220 - 2.5 \times 50 = 45\text{kN}(\uparrow)$

$R_B = (-30 + 0.5 \times 220 + 3.5 \times 50)\text{kN} = 255\text{kN}(\uparrow)$

当空载时，$P = 0$，代入式（c）

得 $R_A = (2 \times 30 + 0.5 \times 220)\text{kN} = 170\text{kN}(\uparrow)$

$R_B = (-30 + 110)\text{kN} = 80\text{kN}(\uparrow)$

满载时，为了保证起重机不致绕 B 点翻倒，要求轨道对 A 轮的约束反力 R_A 大于零；空载时，为了保证起重机不致绕 A 点翻倒，要求轨道对 B 轮的约束反力 R_B 大于零。本例计算结果表明：满载时，$R_A = 45\text{kN} > 0$；空载时 $R_B = 80\text{kN} > 0$。因此，起重机在使用过程中不会翻倒。

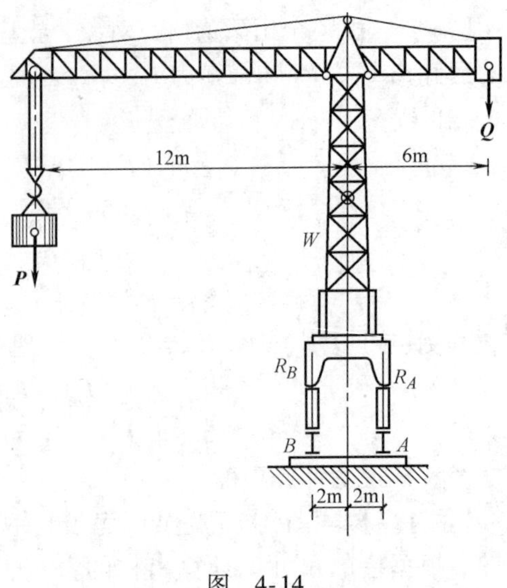

图 4-14

4.6 平面一般力系平衡方程的应用

在工程中，常常遇到由多个物体通过一定的约束联系在一起的系统，这种系统称为物体系统，例如图 4-15a所示的组合梁，就是由梁 AB 和梁 BC' 通过铰 B 连接，并支承在 A、C 支座而组成的一个物体系统。所谓物体系统的平衡是指组成系统的每一物体及系统整体都处于平衡状态。

研究物体系统的平衡问题，不仅要求解支座反力，而且还需要计算系统内各物体之间的相互作用力。

作用在物体系统上的力分为外力和内力。所谓外力，就是系统以外的物体作用在这系统上的力；所谓内力，就是在系统内各物体之间相互作用的力。例如组合梁所受的荷载与 A、C 支座的反力就是外力（图 4-15b），而在 B 铰处左右两段梁相互作用的力就是组合梁的内力。要暴露内力必须将物体系统拆开，将各物体在它们相互联系的地方拆开，分别分析单个物体的受力情况，画出它们的受力图，如将组合梁在铰 B 处拆开为两段梁，分别画出这两段梁的受力图（图 4-15c、d）。外力和内力的概念是相对的，决定于所选取的研究对象，例如图 4-15 组合梁在 B 铰处两段梁的相互作用力，对组合梁整体来说，就是内力；而对左段梁或右段梁来说，就成为外力了。

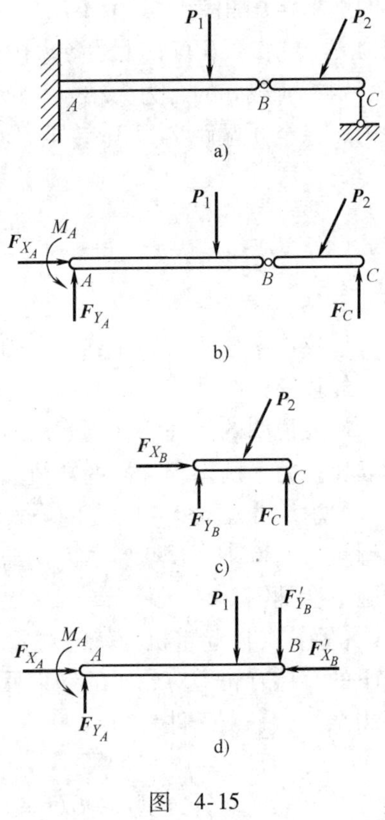

图 4-15

求解物体系统的平衡问题，就是计算出物体系统的内、外约束反力。解决问题的关键在于恰当地选取研究对象，一般有两种方法：

（1）先取整个物体系统作为研究对象，求得某些未知量；再取其中某部分物体（一个物体或几个物体的组合）作为研究对象，求出其他未知量。

（2）先取某部分物体作为研究对象，再取其他部分物体或整体作为研究对象，逐步求得所有的未知量。

不论取整个物体系统或是系统中某一部分作为研究对象，都可根据研究对象所受的力系的类别列出相应的平衡方程去求解未知量。例如要求图 4-15a 所示组合梁在 A、B、C 处的约束反力，可先取 BC 梁作为研究对象，画其受力图（图 4-15c），所受各力组成平面一般力系，列出三个平衡方程，求得 $\boldsymbol{F}_C$、$\boldsymbol{F}_{X_B}$、$\boldsymbol{F}_{Y_B}$ 三个未知力；再取 AB 梁作为研究对象，由其受力图（图 4-15d）可见所受各力也组成平面一般力系，而且 $\boldsymbol{F}'_{X_B}$、$\boldsymbol{F}'_{Y_B}$和 $\boldsymbol{F}_{X_B}$、$\boldsymbol{F}_{Y_B}$是作用与反作用关系已经求得，这样，余下三个未知量 $\boldsymbol{F}_{X_A}$、$\boldsymbol{F}_{Y_A}$、M_A 可由三个平衡方程求解。一般来说，系统由 n 个物体组成，而每个物体又都是受平面一般力系作用，则共可列出 $3n$ 个独立的平衡方程，从而可以求解 $3n$ 个未知量。如果系统中的物体受的是平面汇交力系或平面平行力系作用，则独立的平衡方程的个数将相应减少，而所能求的未知量的个数也相应减少。

下面举例说明求解物体系统平衡问题的方法。

【例 4-9】 组合梁受荷载如图 4-16a 所示。已知 $q = 5\text{kN/m}$，$P = 30\text{kN}$，梁自重不计，求支座 A、B、D 的反力。

【解】 组合梁由两段 AC、CD 在 C 处用铰链连接并支承于三个支座上而构成，若取整个梁为研究对象，画其受力图如图 4-16d 所示。由受力图可知，它在平面平行力系作用下平衡，有 F_A、F_B 和 F_D 三个未知量，而独立的平衡方程只有两个，不能求解。因而需要将梁从铰 C 处拆开，分别考虑 CD 段和 AC 段的平衡，画出它们的受力图如图 4-16b、c 所示。在梁 CD 段上，作用着平面平行力系，只有两个未知量，应用平衡方程可求得 F_D，F_D 求出后，再考虑整体平衡（图 4-16d），F_A、F_B 也可求出。

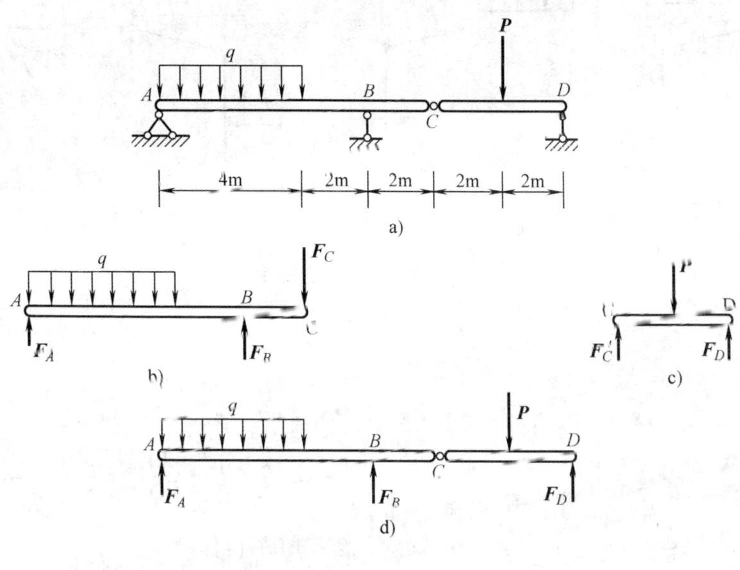

图 4-16

综上分析，求法如下：

（1）取梁 CD 段为研究对象（图 4-16c）

$$\sum M_C=0, F_D\times4-P\times2=0 \quad F_D=2P/4=2\times30/4\text{kN}=15\text{kN}(\uparrow)$$

（2）取整个组合梁为研究对象（图 4-15d）

$$\sum M_A=0 \quad F_B\times6+F_D\times12-q\times4\times2-P\times10=0$$

$$F_B=(8q+10P-12F_D)/6=(8\times5+10\times30-12\times15)/6=26.7\text{kN}(\uparrow)$$

$$\sum M_B=0 \quad q\times4\times4-P\times4-F_A\times6+F_D\times6=0$$

$$F_A=(16q-4p+6F_D)/6=(16\times5-4\times30+6\times15)/6=8.33\text{kN}(\uparrow)$$

校核：对整个组合梁，列出

$$\sum F_Y=F_A+F_B+F_D-q\times4-P=8.33+26.7+15-5\times4-30\approx0$$

可见计算正确。

本题还可先取梁 CD 段为研究对象，求解 $\boldsymbol{F}_C$ 和 $\boldsymbol{F}_D$；再取梁 AC 段为研究对象，求解 $\boldsymbol{F}_A$ 和 $\boldsymbol{F}_B$，但这一种解法不如上述解法简单。

【例 4-10】 钢筋混凝土三铰刚架受荷载如图 4-17a 所示，已知 $P=12\text{kN}$，$q=8\text{kN/m}$，求支座 A、B 及顶铰 C 处的约束反力。

【解】 三铰拱由左、右两半拱组成，分别分析整个三铰拱和左、右两半拱的受力，画出它们的受力图，如图 4-17b、c、d 所示。由图可见，不论是整个三铰拱或是左、右半拱都各有四个未知数，不过总的未知数个数只有六个。因而分别选取整体和左（或右）半拱为研究对象，列出六个平衡方程，可以求解六个未知数；也可以分别选取左、右两半拱为研究对象，求解六个未知数。但是，这样解法计算较繁。我们注意到整个三铰拱虽有四个未知力，但若分别以 A 和 B 为矩心，列出力矩方程，可以方便地求出 F_{Y_B} 和 F_{Y_A}。然后，再考虑一个半拱的平衡，这时，每个半拱都只剩下三个未知力，问题就迎刃而解了。

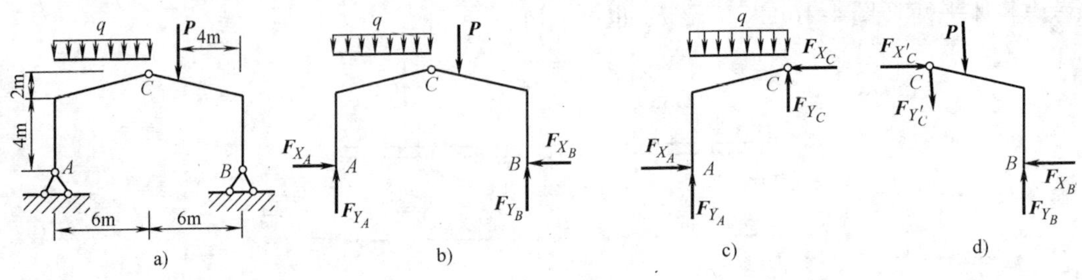

图 4-17

综上分析，计算如下：

（1）取整个三铰拱为研究对象（图 4-17b）

由 $$\sum M_A=0, -q\times6\times3-P\times8+F_{Y_B}\times12=0$$

得 $$F_{Y_B}=(18q+8p)/12=(18\times8+8\times12)/12=20\text{kN}(\uparrow)$$

由 $$\sum M_B=0 \quad q\times6\times9+p\times4-F_{Y_A}\times12=0$$

得 $$F_{Y_A}=(54q+4p)/12=40\text{kN}(\uparrow)$$

由 $$\sum F_X=0 \quad F_{X_A}-F_{X_B}=0$$

得 $$F_{X_A}=F_{X_B} \tag{a}$$

（2）取左半拱为研究对象（图4-17c）

由 $$\sum M_C = 0 \quad F_{X_A} \times 6 - F_{Y_A} \times 6 + q \times 6 \times 3 = 0$$

得 $$F_{X_A} = (6F_{Y_A} - 18q)/6 = (6 \times 40 - 18 \times 8)/8 = 16\text{kN}(\rightarrow)$$

由 $$\sum F_X = 0 \quad F_{X_A} - F_{X_C} = 0$$

得 $$F_{X_C} = F_{X_A} = 12\text{kN}$$

由 $$\sum F_Y = 0 \quad F_{Y_A} + F_{Y_C} - q \times 6 = 0$$

得 $$F_{Y_C} = 6q - F_{Y_A} = 6 \times 8 - 40 = 8\text{kN}$$

将 F_{X_A} 的值代入式（a），可得

$$F_{X_B} = F_{X_A} = 16\text{kN}(\leftarrow)$$

校核：

考虑右半拱的平衡，由于

$$\sum F_X = F'_{X_C} - F_{X_B} = F_{X_C} - F_{X_B} = 16 - 16 = 0$$

$$\sum F_Y = F_{Y_B} - F'_{Y_C} - P = F_{Y_B} - F_{Y_C} - P = 20 - 8 - 12 = 0$$

$$\sum M_C = -p \times 2 - F_{X_B} \times 6 + F_{Y_B} \times 6 = -12 \times 2 - 12 \times 6 + 20 \times 6 = 0$$

说明计算正确。

通过以上实例的分析可见物体系统平衡问题的解题步骤与单个物体的平衡问题基本相同。现将物体系统平衡问题的解题特点归纳如下：

（1）适当选取研究对象　如整个系统的外约束力未知量不超过三个，或者虽然超过三个但不拆开也能求出一部分未知量时，可先选择整个系统为研究对象。

如整个系统的外约束力未知量超过三个，必须拆开才能求出全部未知量时，通常先选择受力情形最简单的某一部分（一个物体或几个物体）作为研究对象，且最好这个研究对象所包含的未知量个数不超过此研究对象所受的力系的独立平衡方程的数目。需要将系统拆开时，要在各个物体连接处拆开，而不应将物体或杆件切断，但对二力杆可以切断。

选取研究对象的具体方法是：先分析整个系统及系统内各个物体的受力情况，画出它们的受力图，然后选取研究对象。

（2）画受力图　画出研究对象所受的全部外力，不画研究对象中各物体之间相互作用的内力，两个物体间相互作用的力要符合作用与反作用关系。

本章小结

本章讨论了平面一般力系的简化和平衡条件。

1. 力的平移定理

作用于物体上的力 $\boldsymbol{F}$，可以平移到同一物体上的任一点 O，但必须同时附加一个力偶，其力偶矩等于原力 $\boldsymbol{F}$ 对于新作用点 O 的矩。力的平移定理是平面一般力系简化的依据。

2. 平面一般力系向平面内任一点简化

平面一般力系向作用面内任一点简化的结果，是一个力和一个力偶。这个力作用在简化中心，它的矢量称为原力系的主矢，且等于原力系中各力的矢量和；这个力偶的力偶矩称为原力系对简化中心的主矩，它等于原力系中各力对简化中心的力矩的代数和。

3. 平面一般力系的平衡方程及应用

（1）平衡方程

1）基本形式：$\sum F_X = 0$，$\sum F_Y = 0$，$\sum M_O(\boldsymbol{F}) = 0$

2）二力矩形式：$\sum F_X = 0$，$\sum M_A(\boldsymbol{F}) = 0$，$\sum M_B(\boldsymbol{F}) = 0$，其中 x 轴不能与 A、B 两点的连线垂直。

3）三力矩形式：$\sum M_A(\boldsymbol{F}) = 0$，$\sum M_B(\boldsymbol{F}) = 0$，$\sum M_C(\boldsymbol{F}) = 0$，其中 A、B、C 三点不在同一直线上。

（2）平衡方程的应用　应用平面力系的平衡方程可以求解物体的平衡问题。求解时要通过受力分析，恰当地选取研究对象，画出其受力图。选取合适的平衡方程形式，选择好矩心和投影轴，力求做到一个方程只含有一个未知量，以便简化计算。

习　题

4-1　求图 4-18 所示各梁的支座反力。

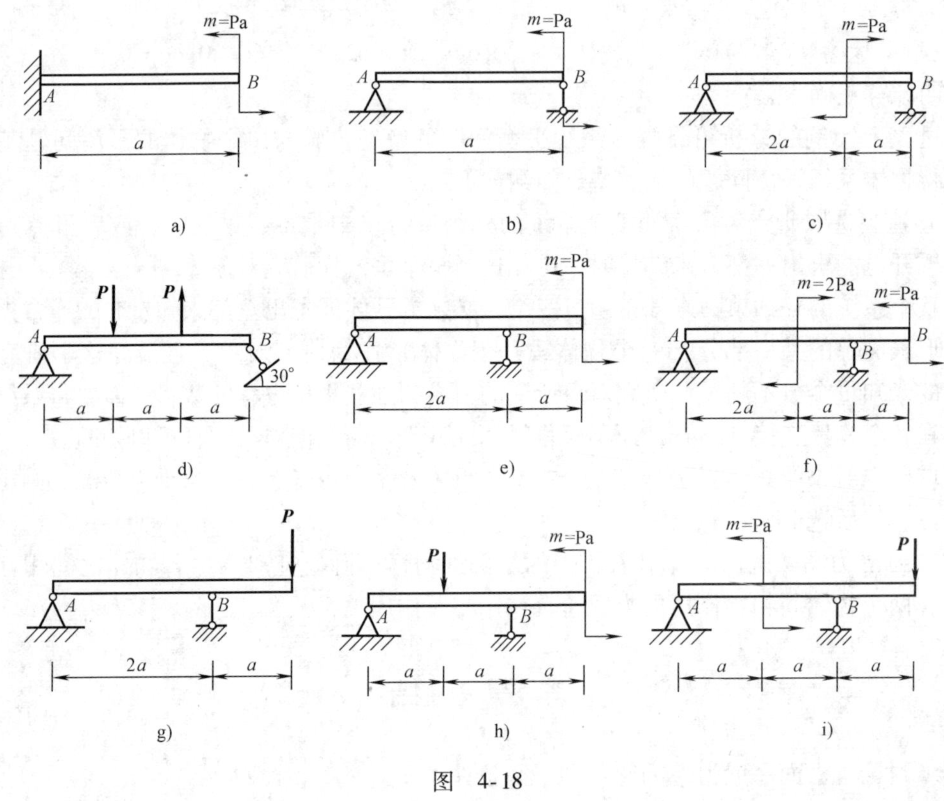

图　4-18

4-2　外伸梁 AC 受集中力 F 及力偶 M 的作用，已知 $F = 2000\text{N}$，力偶 $M = 1.5\text{kN}\cdot\text{m}$，各部分尺寸如图 4-19所示，试求支座反力。

4-3　已知 $P_1 = 10\text{kN}$，$P_2 = 20\text{kN}$，求图 4-20 所示刚架支座 A、B 的反力。

4-4　悬臂刚架的尺寸及受荷情况如图 4-21 所示。已知 $q = 4\text{kN/m}$，$M = 10\text{kN}\cdot\text{m}$，试求固定端支座 A 的反力。

4-5　图 4-22 为一悬臂式起重机，横梁 AB 的 A 点为固定铰支座，B 点用钢丝绳 BC 拉住，横梁自重 $G = 1\text{kN}$，电动小车连同被提升的重物总重 $P = 8\text{kN}$，试求钢丝绳的拉力和固定铰支座的反力。

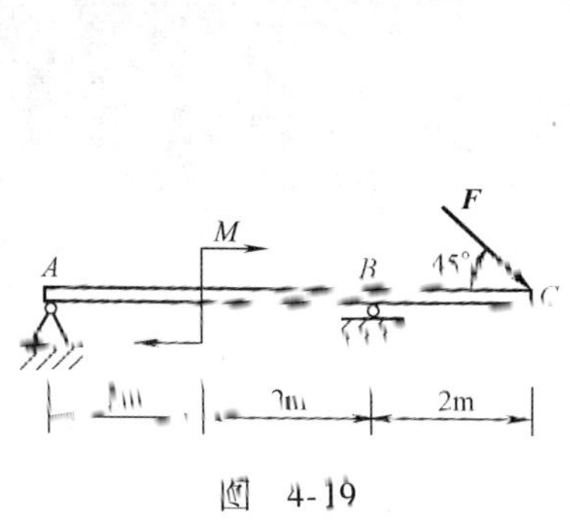

图 4-19

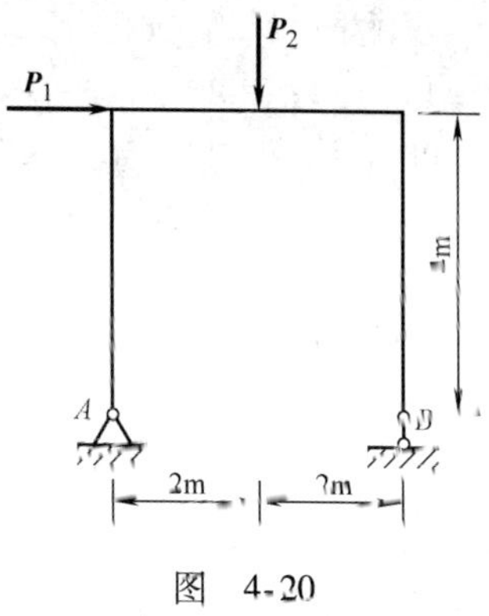

图 4-20

4-6 三铰拱式组合屋架如图 4-23 所示，求其支座 A、B 的反力，拉杆 AB 的拉力，及铰链 C 所受的力。

4-7 求图 4-24 所示两跨刚架的支座 A、B、C 的反力。

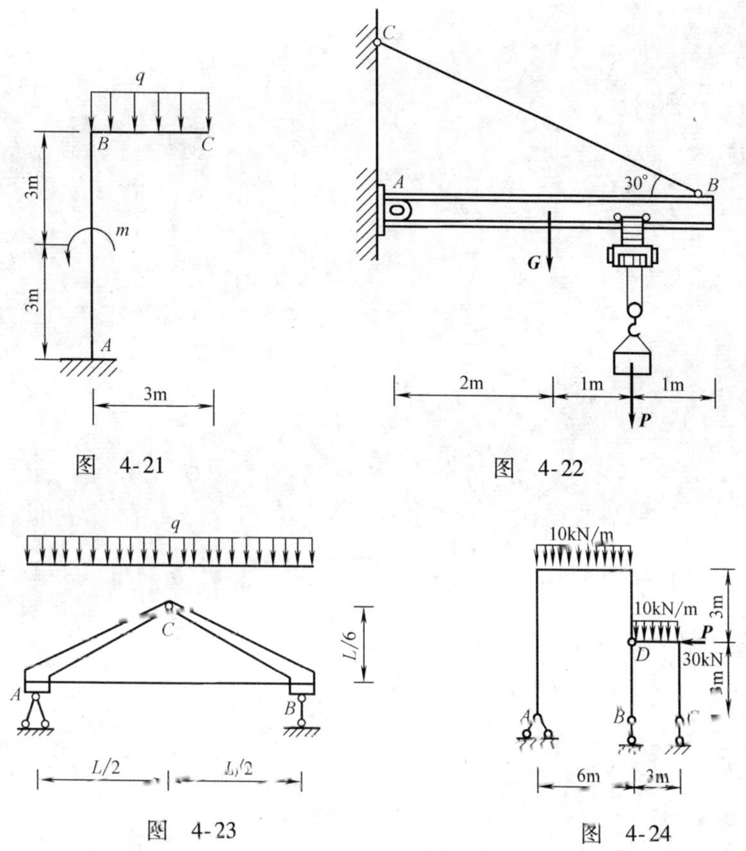

图 4-21　图 4-22

图 4-23　图 4-24

参考答案

4-1 a 图：$F_{X_A}=0$，$F_{Y_A}=0$，$M_A=Pa$　b 图：$F_{Y_A}=F_{Y_B}=P$　c 图：$F_{Y_A}=F_{Y_B}=P/3$

d 图：$F_{Y_A}=F_{Y_B}=0.385P$　e 图：$F_{Y_A}=F_{Y_B}=0.5P$　f 图：$F_{Y_A}=F_{Y_B}=P/3$

g 图：$F_{N_A}=P/2$，$F_{N_B}=3P/2$　h 图：$F_{N_A}=P$　$F_{N_B}=0$　i 图：$F_{N_A}=0$　$F_{N_B}=P$

4-2 $F_{X_A}=1.4\text{kN}$, $F_{Y_A}=1.1\text{kN}$, $F_{Y_B}=2.5\text{kN}$

4-3 $F_{X_A}=10\text{kN}$, $F_{Y_A}=0\text{kN}$, $F_{Y_B}=20\text{kN}$

4-4 $F_{X_A}=0\text{kN}$, $F_{Y_A}=12\text{kN}$, $M_A=8\text{kN}\cdot\text{m}$

4-5 $R_{BC}=13\text{kN}$, $F_{X_A}=11.3\text{kN}$, $F_{Y_A}=2.5\text{kN}$

4-6 $N_{AB}=0.75ql$, $F_{X_C}=0.75ql$, $F_{Y_C}=0$, $F_{Y_A}=F_{Y_B}=ql/2$

4-7 $F_{X_A}=30\text{kN}$, $F_{Y_A}=45\text{kN}$, $R_B=30\text{kN}$, $R_C=15\text{kN}$

第2篇　材 料 力 学

本篇主要介绍结构中各类受力杆件的内力和变形的计算方法、杆件的强度条件的建立和强度条件的应用，杆件稳定性问题的分析方法。

1. 变形固体及其基本假设

（1）变形固体　静力学将受力后变形很小的固体（物体）都看作是刚体，这种理想化的假设是为了简便地研究受力物体平衡问题，忽略了受力物体的微小变形这一次要因素。实际上所有的固体材料受力后都会变形，在外力作用下发生变形的固体，我们称之为变形固体。

材料力学主要研究受力杆件的强度、刚度和稳定性问题。由于杆件的变形与其内力和应力之间关系密切，所以在研究上述问题时，变形是不能忽略的主要影响因素，材料力学研究的对象是变形固体。

外力作用下的变形固体会产生两种不同性质的变形：一种是当施加的外力消除时，其变形随之消失，固体恢复变形前的形状，这种变形称为弹性变形；另一种是施加的外力消除后，其变形不能随之完全消失，固体没有恢复到变形前的形状，这一部分不能消失的变形，我们称为塑性变形。工程中常用的材料，当外力不超过一定范围时，相比弹性变形，其塑性变形极小，可以忽略不计。这种只有弹性变形的变形固体称为完全弹性体。只引起变形固体弹性变形的应力范围，称为弹性范围。

（2）变形固体的基本假设　研究由变形固体材料制成的杆件的强度、刚度和稳定性时，为了使问题得到简化，略去了一些次要的影响因素，保留构件材料的重要特征，由此得到材料力学研究范围的下列假设：

1）连续、均匀性假设　变形固体在其整个体积内毫无空隙地充满了物质，并且固体各点的物质及性能完全相同。

从微观上讲，变形固体是由有空隙的分子构成的，但是这些空隙对我们从宏观上将变形固体看成是连续的物质这一假说并没有实质性的影响；虽然由分子组成的各微粒或晶体彼此的性质并不完全相同，但通过统计学的分析得知，这些性质上的微小差异对研究变形固体受力和变形问题的影响甚微，可以略去不计。

2）各向同性假设　指变形固体任意一点沿各方向的力学性能均相同。实际上，组成固体的各个晶体在不同方向上有着不同的性质，但通过统计学的分析得知，很多的变形固体沿各方向的力学性能相差甚微，如工程中经常使用的钢材、玻璃和质量较好的混凝土等材料，可以认为是各向同性的材料。但也有不少固体材料，如木材、竹子和复合材料等，沿各方向的力学性能明显不同，这类材料我们之称为各向异性材料。

3）小变形假设　实际工程中使用的构件在荷载作用下，其变形的尺寸相比构件的原尺寸来说极小，故可忽略不计。这样在研究构件的平衡条件时，可按变形前的原始尺寸和形状进行计算，由此可使计算量大为减少，其计算结果的精度也满足工程要求。

4）线弹性假设　指受力后固体只产生弹性变形，且变形的尺寸与外力的大小成线性关系，各点的应变与相应点的应力成线性关系。

当外力不超过一定范围时，很多固体材料的塑性变形的尺寸比其弹性变形尺寸要小得多，可以忽略不计；当外力处于某一范围内，有些固体的变形尺寸与所受外力的大小近似成线性关系。材料力学是一门实用性很强的学科，它研究的范围不包括塑性变形和非线性变形问题，只研究材料的线弹性变形问题。

2. 杆件变形的基本形式

虽然工程上由变形固体构成的构件有很多种形状，材料力学主要研究杆件的力学问题。

作用在杆件上的外力多种多样，杆件的变形形式也因此多种多样，但总不外乎是以下列四种基本变形之一，或者是其中两种以上基本变形形式的组合。

（1）轴向拉伸和轴向压缩　在杆件轴线上作用一对大小相等、方向相反的外力，杆件变形的显著特点是长度发生改变，这种变形称为轴向拉伸，如图 1a 所示，或轴向压缩，如图 1b 所示。

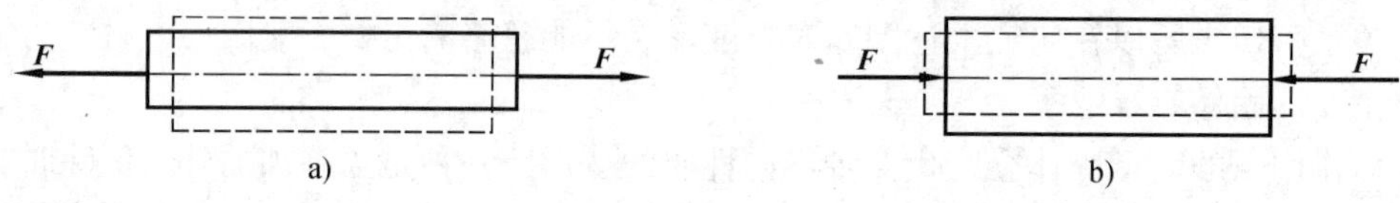

图　1

（2）剪切　在杆件上作用一对大小相等、方向相反、相距很近的横向力，其杆件变形的显著特点就是相邻横截面沿外力作用方向发生错动，这种变形形式称为剪切，如图 2 所示。

（3）扭转　在垂直于杆轴线的两平面内作用一对大小相等、方向相反的外力偶，其杆件的任意横截面将绕轴线发生相对转动，而轴线仍维持直线，这种变形形式称为扭转，如图 3 所示。

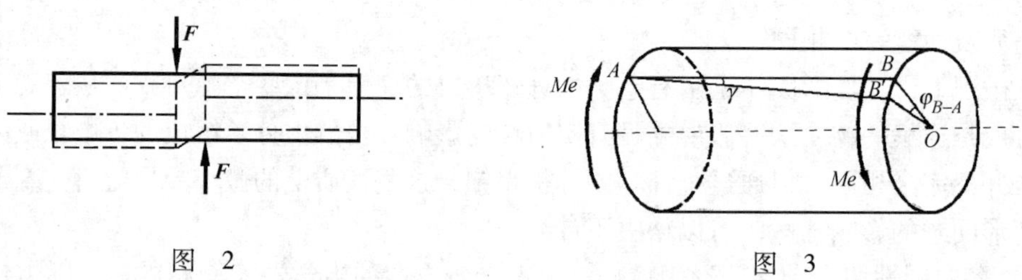

图　2　　　　图　3

（4）弯曲　在杆的纵向平面内作用横向力和外力偶，则杆件的轴线由直线弯曲成曲线，这种变形形式称为弯曲变形，如图 4 所示。

在工程实际中，杆件可能同时承受不同形式的荷载而发生复杂的变形，但都可看作是上述基本变形的组合。由两种或两种以上基本变形组成的复杂变形称为组合变形。

本书的材料力学部分，将分别讨论上述各种基本变形以及它们的组合变形问题。

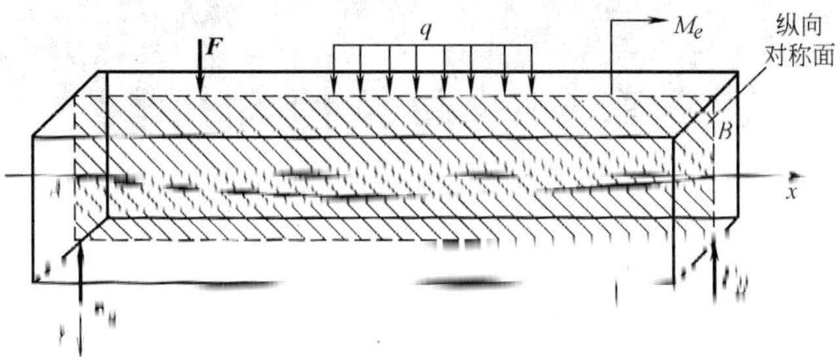

图 4

第5章　轴向拉伸和压缩

知识目标：

1. 掌握轴向拉伸（压缩）时杆件的轴力计算。
2. 熟悉轴向拉伸（压缩）时杆件横截面上的应力计算方法。
3. 熟悉轴向拉伸（压缩）时杆件的强度条件。
4. 了解塑性材料和脆性材料的力学性质。
5. 熟悉剪切及挤压时杆件及连接件的实用计算方法。

能力目标：

1. 能够绘制轴力图。
2. 能够应用杆件的强度条件设计或校核轴向受力杆件。
3. 能够应用剪切及挤压时杆件及连接件的实用计算方法设计或校核杆件及连接件。

5.1　轴向拉（压）杆的轴力

5.1.1　工程实例

轴向拉伸或压缩变形是杆件基本变形形式之一，在工程实际中经常见到，如图5-1a所示三角架中的BC杆，图5-1b所示桁架中的竖杆、斜杆和上下弦杆、水平拉杆，图5-1c中的柱子等。通过分析发现：作用于这些杆上外力（或外力合力）的作用线都与杆轴线重合，在这种情况下，杆件变形主要是纵向伸长或缩短。这种变形形式称为**轴向拉伸或压缩**。

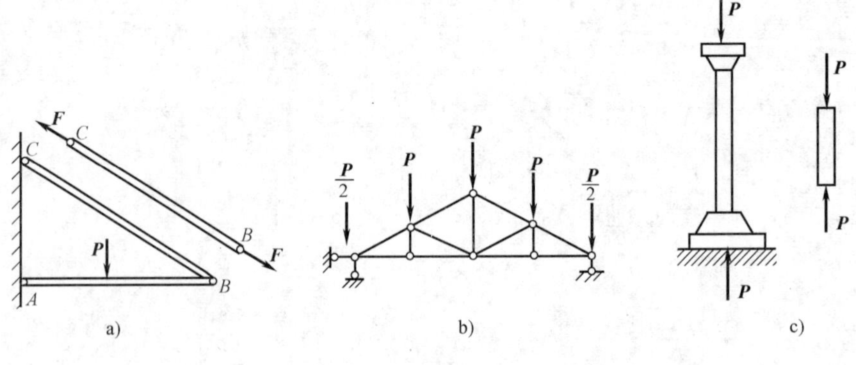

图　5-1

5.1.2 受力特点和变形特点

通过对以上工程实例的分析可知轴向拉压杆的受力特点是：杆两端作用着大小相等、方向相反，作用线与杆轴线重合的一对外力。其变形特点是：杆产生轴向伸长或缩短。当作用力背离杆端时，杆件产生伸长变形；当作用力指向杆端时，杆件产生压缩变形（如图 5-2 所示）。

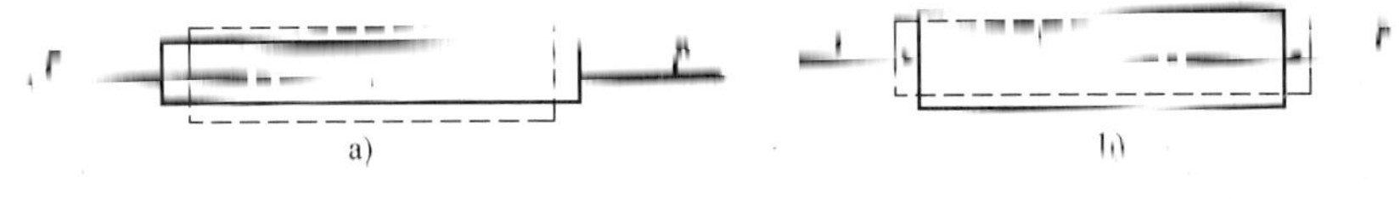

图 5-2

5.1.3 轴向拉（压）杆的内力——轴力

由外力引起的杆件内各部分间的相互作用力称为**内力**。比如我们用手拉一根橡皮绳，橡皮绳被拉长了，这是因为我们对橡皮绳施加了外力，这时橡皮绳产生了内力，这个内力反抗着橡皮绳产生变形。当拉力加大，绳子的变形也会增大，绳子反抗变形的力即内力也越大，可见内力随外力的增大而增大。但是内力的增大不是无限度的，内力达到某一限度（这一限度与杆件的材料、几何尺寸等因素有关）时，杆件就会破坏。

内力与杆件的强度、刚度等有着密切的关系。讨论杆件强度、刚度和稳定性问题，必须先求出杆件的内力。

求内力的基本方法是**截面法**。为了计算杆件的内力，首先需要把内力显示出来，所以假想用一个平面将杆件“切开”，使杆件在被切开位置处的内力显示出来，然后取杆件的任一部分作为研究对象，利用这部分的平衡条件求出杆件在被切开处的内力。截面法是求杆件内力的基本方法，不管杆件产生何种变形，都可以用截面法求出内力。

对于轴向拉压杆件，同样也可以通过截面法求任一截面上的内力。图 5-3 中的杆件受轴向拉力 P 的作用，现欲求横截面 m—m 上的内力，计算步骤如下：

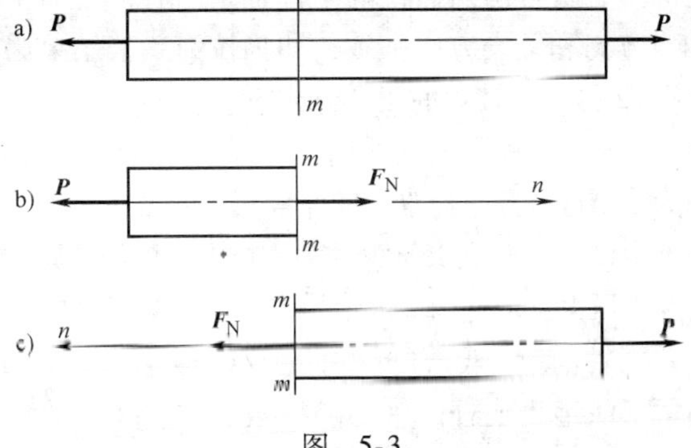

图 5-3

（1）用假想的截面 m—m 在要求内力的位置将杆件截开，分为两部分，如图 5-3a。

（2）取截开后的任一部分（左端）为研究对象，画受力图 5-3b，在截开的截面处用该截面上的内力代替另一部分对研究部分的作用。由平衡条件可知，截面 m—m 上的内力与杆轴线重合。

（3）列出研究对象的平衡方程，求出内力。

$$\sum F_x = 0,\ F_N - P = 0$$

$$F_N = P$$

注意：本课程所讲的内力是这些分布内力的合力。因此，画受力图时在被截开的截面处，只画分布内力的合力即可。

由图5-3可知：轴向拉（压）杆的内力是一个作用线与杆件轴线重合的力，我们把与杆件轴线相重合的内力称为轴力。并用符号 F_N 表示。通常规定：拉力（轴力 F_N 的方向背离该力的作用截面）为正；压力（轴力 F_N 的方向指向该力的作用截面）为负。

轴力的常用单位是牛顿或千牛，记为N或kN。

【例5-1】 杆件受力如图5-4a所示，试分别求出1—1、2—2、3—3截面上的轴力。

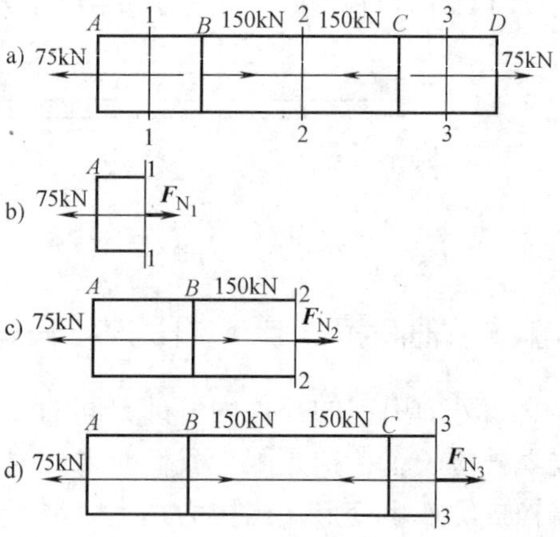

【解】 （1）计算1—1截面的轴力 假想将杆沿1—1截面截开，取左端为研究对象，截面上的轴力 F_{N_1} 按正方向假设，受力图如图5-4b所示。由平衡方程

$$\sum F_x=0,\ F_{N_1}-75=0$$

$$F_{N_1}=75\text{kN（拉力）}$$

（2）计算2—2截面的轴力 假想将杆沿2—2截面截开，取左端为研究对象，截面上的轴力 F_{N_2} 按正方向假设，受力图如图5-4c所示。由平衡方程

$$\sum F_x=0,\ F_{N_2}+150-75=0$$

$$F_{N_2}=(75-150)\text{kN}=-75\text{kN(压力)}$$

图 5-4

（3）计算3—3截面的轴力 假想将杆沿3—3截面截开，取左端为研究对象，截面上的轴力 F_{N_3} 按正方向假设，受力图如图5-4d所示。由平衡方程

$$\sum F_x=0,\ F_{N_3}-150+150-75=0$$

$$F_{N_3}=(150-150+75)\text{kN}=75\text{kN(拉力)}$$

利用截面法计算时应注意以下几点：

（1）用截面法计算轴力时通常先假设轴力为拉力，列平衡方程时，轴力及外力在方程中的正、负号由所假设的坐标轴正向有关，与轴力本身的正、负无关，若计算结果为正表示轴力方向和假设方向一致，即为拉力，若结果为负则表示轴力为压力。

（2）计算轴力时可以取被截开处截面的任一侧研究，计算结果相同。

（3）在计算杆件内力时，将杆截开之前，不能使用力的可传性原理以及力偶的可移性原理。因为使用这些方法会改变杆件各部分的变形性质，并使内力也发生改变。例如：将图5-4a所示杆件中作用于 B 点150kN的力，按力的可传性原理移到 A 点，则1—1截面处的轴力由原来的拉力变为压力。可见构件产生的内力和变形不仅与外力的大小有关，还与它的作用位置有关。

当轴向拉(压)杆受到两个以上外力的作用时，杆件的不同区段轴力也不同(例5-1)。为了形象地表明杆的轴力随横截面位置变化的规律，通常用平行于杆轴线的坐标表示横截面的位置，用垂直于杆轴线的坐标表示横截面上的轴力，按适当比例将轴力随横截面位置变化的情况画成图形。这种表明轴力随横截面位置变化规律的图形称为轴力图，画轴力图时，须将轴力的拉力值与压力值分别画于上述坐标的两侧，并按照“拉力为正、压力为负”的规则标明正负号。从轴力图上可以很直观地看出最大轴力的所在位置及数值，若为等截面杆，最大轴力发生处即为最容易发生破坏处，此截面称为危险截面。

【例5-2】 杆件受力如图5-5a所示，绘出其轴力图。

【解】 （1）计算支座反力 如图5-5b所示，根据平衡条件，图示杆件的支座反力只有

R，取整杆为研究对象，列平衡方程：$\sum F_x = 0$

$$-R + 70 - 40 + 30 - 10 = 0, \quad R = 50\text{kN}(\text{方向向左})$$

（2）求各杆段轴力　求 AB 段轴力：用1—1 截面将杆件在 AB 段内截开，取左段为研究对象，如图5-5c 所示，假设截面上轴力 F_{N_1} 为拉力，列平衡方程：

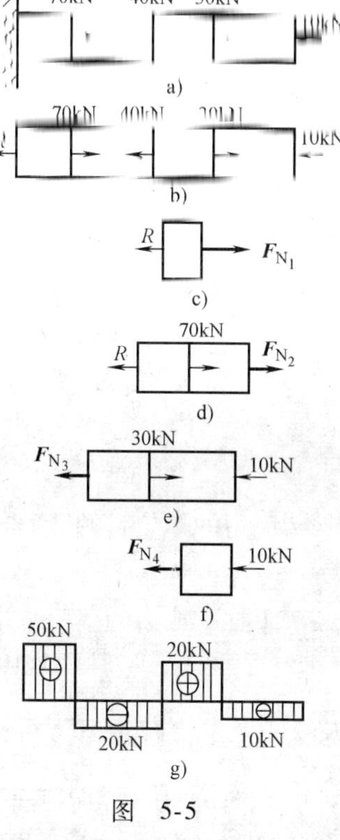

图　5-5

$$\sum F_x = 0$$

$$-R + F_{N_1} = 0, \quad F_{N_1} = 50\text{kN}(\text{拉力})$$

求 BC 段轴力：用2—2 截面将杆件在 BC 段内截开，取左段为研究对象，如图5-5d 所示，假设截面上轴力 N_2 为拉力，列平衡方程：

$$\sum F_x = 0$$

$$-R + 70 + F_{N_2} = 0, \quad F_{N_2} = -20\text{kN}(\text{压力})$$

求 CD 段轴力：用3—3 截面将杆件在 CD 段内截开，取右段为研究对象，如图5-5e 所示，假设截面上轴力 N_3 为拉力，列平衡方程：

$$\sum F_x = 0$$

$$-F_{N_3} + 30 - 10 = 0, \quad F_{N_3} = 20\text{kN}(\text{拉力})$$

求 DE 段轴力：用4—4 截面将杆件在 DE 段内截开，取右段为研究对象，如图5-5f 所示，假设截面上轴力 F_{N_4} 为拉力，列平衡方程：

$$\sum F_x = 0$$

$$-F_{N_4} - 10 = 0, \quad F_{N_4} = -10\text{kN}(\text{压力})$$

（3）画轴力图

根据各杆段轴力的计算结果，正值画在上方，负值画在下方，如图5-5g 所示。

5.2　轴向拉(压)杆的应力

5.2.1　应力的概念

用截面法可以求出拉压杆横截面上的内力，但要解决杆件的强度问题只知道杆件的内力是不够的。例如用同种材料制作两根粗细不同的杆件并使这两根杆件承受相同的轴向拉力，显然它们的轴力相等，当拉力增大到某一值时，细杆将首先被拉断(发生了破坏)。这是因为：轴力只是杆件横截面上内力的合力，而杆件的强度不仅和杆件横截面上的内力有关，而且还与横截面的面积有关。细杆首先发生破坏是由于内力在小截面上分布的密集程度(简称集度)大而在大截面上分布的密集程度小。

杆件截面上某一点处的内力集度称为该点的应力。例如：图5-6a 所示杆 m—m 截面上 K 点处的应力，在 K 点周围取一微小面积 ΔA，设 ΔA 面积上分布内力的合力为 ΔP，则

$$p = \frac{\Delta P}{\Delta A}$$

P 为 ΔA 上的平均应力，一般来说，截面上的内力分布并不是均匀的，因而，我们将微

面积 ΔA 趋向于零时的极限值称为 K 点的内力集度，即 K 点的应力 p。表示为

$$p=\lim_{\Delta A\to 0}\frac{\Delta P}{\Delta A}=\frac{\mathrm{d}P}{\mathrm{d}A}$$

应力 p 是一个矢量，不仅有大小还有方向。通常情况下，它既不与截面垂直，也不与截面相切。为了研究问题时方便，习惯上常将它分解为与截面垂直的分量 σ 和与截面相切的分量 τ。σ 称为正应力，τ 称为切应力。对于正应力 σ 通常规定：拉应力(箭头背离截面)为正，压应力(箭头指向截面)为负；对于切应力 τ 通常规定：顺时针(切应力对研究部分内任一点取矩时，力矩的转向为顺时针)为正，逆时针为负。

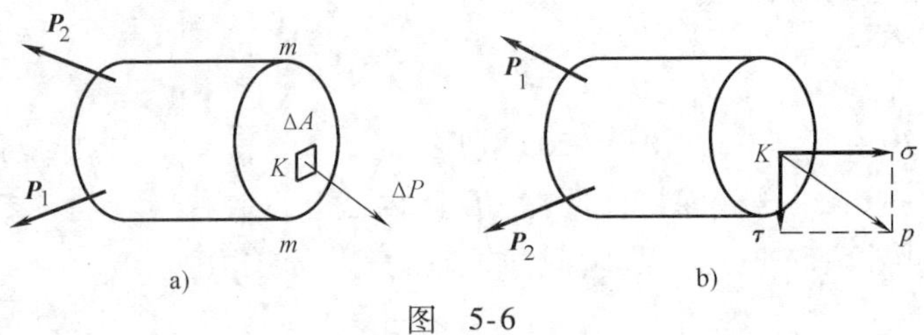

图 5-6

应力的单位是帕[斯卡]，符号为 Pa。

$$1\,\text{Pa}=1\,\text{N/m}^2$$

工程中应力的单位常用 kPa、MPa、GPa，它们之间的关系为：

$$1\,\text{kPa}=10^3\,\text{Pa},\quad 1\,\text{MPa}=10^6\,\text{Pa},\quad 1\,\text{GPa}=10^9\,\text{Pa}=10^3\,\text{MPa}$$

5.2.2 轴向拉(压)杆横截面上的正应力

轴向拉(压)杆横截面上的内力是轴力，它的方向与横截面垂直。由内力与应力的关系我们知道：在轴向拉(压)杆横截面上与轴力相应的应力只能是垂直于截面的正应力，而要确定正应力，必须了解内力在横截面上的分布规律，不能由主观推断。由于应力与变形有关，因此要研究应力，可以先从较直观的杆件变形入手。

取一等截面直杆，在杆的表面均匀地画一些与轴线相平行的纵向线和与轴线相垂直的横向线(如图 5-7a 所示)，然后在杆的两端加一对与轴线相重合的外力，使杆产生轴向拉伸变形(如图 5-7b 所示)。可以看到所有的纵向线都仍为直线，且伸长相等的长度；所有的横向线也仍为直线，保持与纵向线垂直，只是它们之间的相对距离增大了。由此可以作出平面假设：变形前为平面的横截面，变形后仍为平面，但沿轴线发生了平移。由材料的均匀连续性假设可知，横截面上的内力是均匀分布的，即各点的应力相等(图 5-8)。

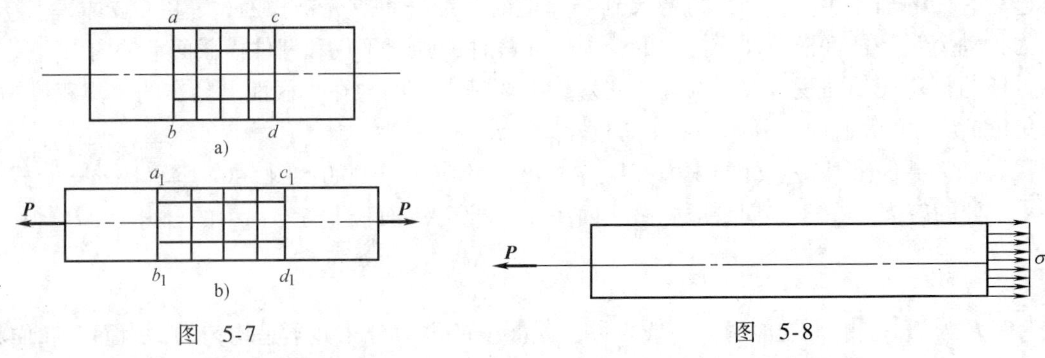

图 5-7　　图 5-8

通过上述分析，已经知道，轴向拉(压)杆横截面上只有一种应力——正应力，并且正应力在横截面上是均匀分布的，所以横截面上的平均应力就是任一点的应力，即拉(压)杆横截面上正应力的计算公式为

$$\sigma=\frac{F_N}{A} \tag{5-1}$$

式中 A——拉(压)杆横截面的面积；

F_N——轴力。

由式(5-1)知，σ 的正负号与轴力相同，当轴力为拉力时，正应力也为拉应力，取正号；当轴力为压力时，正应力也为压应力，取负号。

对于等截面直杆，最大正应力一定发生在轴力最大的截面上。

$$\sigma_{max}=\frac{F_{Nmax}}{A}$$

【例 5-3】 图 5-9 所示的支架中，AB 杆为直径 $d=10mm$ 的圆钢，CB 杆为边长 $a=50mm$ 的正方形截面木杆，$P=10kN$。试计算各杆横截面上的正应力。

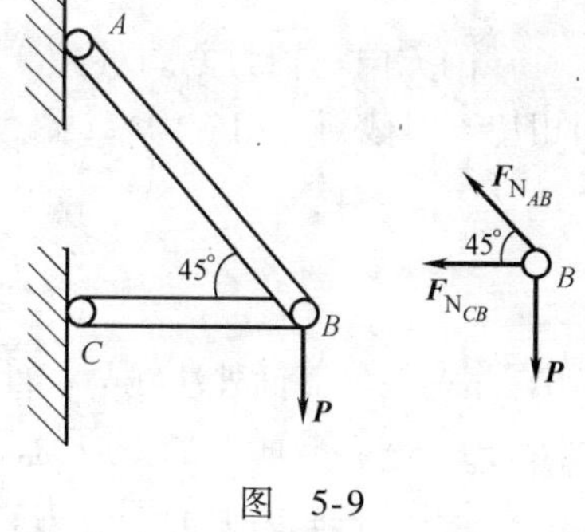

图 5-9

【解】 (1) 计算各杆的轴力。取节点 B 为研究对象，杆件轴力均假设为轴力，画受力分析图，建立平衡方程：

$$\sum F_y=0,\ F_{N_{AB}}\sin45°-P=0$$

$$F_{N_{AB}}=\frac{P}{\sin45°}=\frac{10}{\frac{\sqrt{2}}{2}}=14.1kN(\text{拉力})$$

$$\sum F_x=0,\ F_{N_{CB}}+F_{N_{AB}}\cos45°=0$$

$$F_{N_{CB}}=-F_{N_{AB}}\cos45°=-14.1\times0.707=-10kN$$

(2) 计算各杆应力

$$\sigma_{AB}=\frac{F_{N_{AB}}}{A_{AB}}=\frac{14.1\times10^3}{\frac{\pi\times10^2\times10^{-6}}{4}}=179.6MPa(\text{拉应力})$$

$$\sigma_{CB}=\frac{F_{N_{CB}}}{A_{CB}}=\frac{-10\times10^3}{50\times50\times10^{-6}}=-4MPa(\text{压应力})$$

*5.2.3 轴向拉(压)杆斜截面上的应力

横截面是拉压杆的一个特殊方位截面，仅仅知道它上的正应力并不能了解拉压杆各处的应力情况，现研究任一截面上的应力，即斜截面上的应力。

设一直杆受轴向拉力 P 的作用，其横截面面积为 A，现分析与横截面成 α 角的 $m—m$ 斜截面上的应力如图 5-10 所示，用 $m—m$ 截面将杆件截开，取左边为研究对象图 5-10b，可求得 $m—m$ 斜截面上的轴力为

$$F_{N_\alpha}=P$$

设斜截面 $m—m$ 的面积为 A_α，由几何关系有

$$A_\alpha=A/\cos\alpha$$

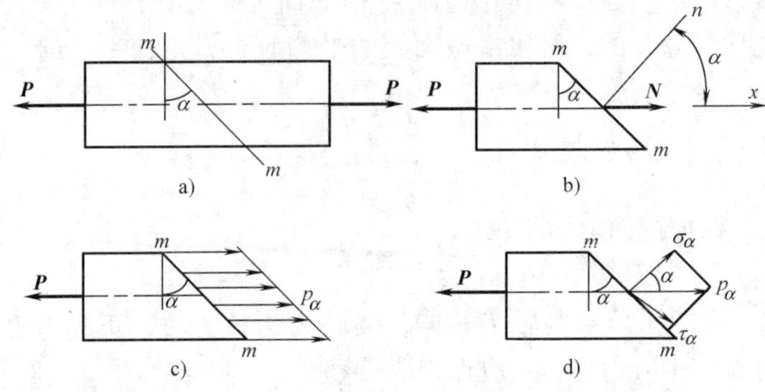

图 5-10

根据前面分析可知各纵向线变形相同，故斜截面上各点处应力 p_α 也相同(图 5-10c)，则 m—m 斜截面上的应力为

$$p_\alpha = F_{N_\alpha}/A_\alpha = (F_N/A)\cos\alpha = \sigma\cos\alpha$$

p_α 的方向与轴力方向一致，为研究方便，通常将 p_α 分解为垂直于斜截面的正应力 σ_α 和相切于斜截面的切应力 τ_α(图 5-10d)

$$\sigma_\alpha = p_\alpha\cos\alpha = \sigma\cos^2\alpha \tag{5-2}$$

$$\tau_\alpha = p_\alpha\sin\alpha = \sigma\cos\alpha\sin\alpha = \frac{\sigma}{2}\sin2\alpha \tag{5-3}$$

式中　α——斜截面外法线与杆件轴线之间的夹角，规定该角逆时针转为正，顺时针转为负。

σ_α——斜截面上的正应力，规定拉应力为正，压应力为负。

τ_α——斜截面上的切应力，规定切应力以它使研究对象绕其中任意一点有顺时针转动趋势为正，逆时针为负。

可见，轴向拉压杆斜截面上既有正应力，又有切应力，它们的大小随 α 角的变化而变化。

当 α 角 $=0°$时，$\sigma_{0°} = \sigma_{max} = \sigma$，$\tau_{0°} = 0$

当 α 角 $=45°$时，$\sigma_{45°} = \frac{1}{2}\sigma$，$\tau_{45°} = \tau_{max} = \frac{1}{2}\tau$

当 α 角 $=90°$时，$\sigma_{90°} = 0$，$\tau_{90°} = 0$

*5.2.4　应力单元体的概念

1. 应力单元体

如前所述，轴向拉压杆内不同位置的点，一般情况下具有不同的应力，所以点的应力是该点坐标的函数。而且同一点的应力又随截面方位的不同而不同，一般地，在受力构件中，通过同一点的不同方位的截面上，应力的大小和方向是随截面的方位不同而按一定的规律变化的，是截面方位角的函数。所以，为了深入了解受力构件内的应力情况，正确分析构件的强度，必须研究一点处的应力情况。所谓一点的应力状态就是指过一点各个方位截面上的“应力情况”。

为了表示一点应力状态，一般是围绕该点取出一个三面方向尺寸均为微量的正六面体，简称为单元体。由于单元体为微元体，因此可以认为：

(1) 单元体各面上应力是均匀的。

（2）单元体相互平行的截面上应力相同。

若已知一点处单元体三对方向面上的应力，则总可以通过截面法和平衡条件求得其他各截面方位的应力，所以单元体能表达一点的应力状态。

2. 主平面、主应力

如图5-11所示，在物件内任一点总可以取出一个特殊的单元体，其3个相互垂直的面上都无切应力，这种切应力为零的截面称为主平面，主平面上的正应力称为主应力，这样特殊的单元体称为主单元体。

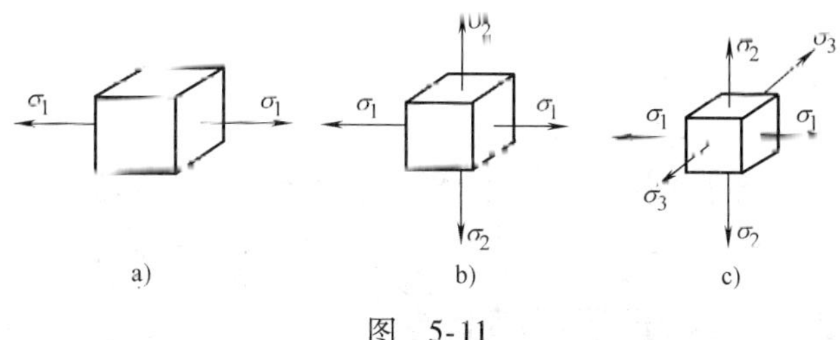

图 5-11

3. 应力状态的分类（图5-11）

（1）只有一个主应力不为零的应力状态，称为单向应力状态，也称为简单应力状态（图5-11a）。

（2）两个主应力不为零的应力状态，称为二向应力状态（图5-11b）。

（3）三个主应力全不为零的应力状态，称为三向应力状态（图5-11c）。

单向应力状态和二向应力状态又称为平面应力状态。

二向应力状态和三向应力状态又称为复杂应力状态。

4. 轴向拉（压）杆的应力单元体

通过上述分析，我们知道：轴向拉（压）杆横截面上只有一种正应力，并且正应力在横截面上是均匀分布的，所以轴向拉（压）杆的应力单元体为简单应力状态。如图5-12所示。

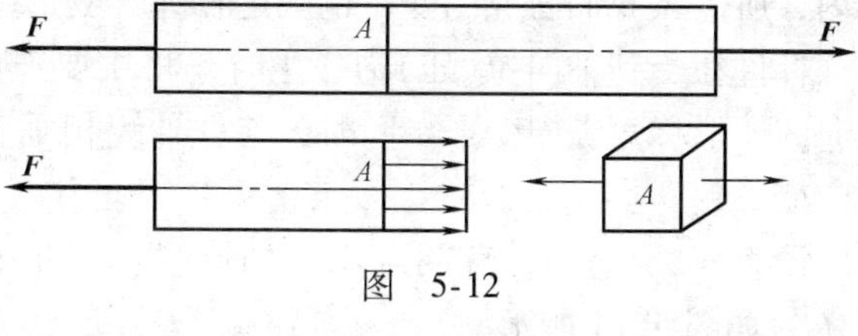

图 5-12

5.2.5 应力集中的概念

等截面直杆受到轴向拉力或压力作用时，横截面上的应力是均匀分布的。但是，在实际工程中，由于结构、工艺、使用等方面的要求，有时要在杆件上开槽、钻孔等，使杆的截面尺寸发生突然变化。实验证明：在杆件截面尺寸突然发生变化处，截面上的应力不再象原来一样均匀分布了，如开有圆孔的拉杆（图5-13）在静荷载作用下受轴向拉伸时，在圆孔附近的局部区域内应力的数值急剧增加，而在较远处又逐渐趋于平均。

这种因杆件截面尺寸的突然变化而引起局部应力急剧增大的现象，称为应力集中。

应力集中对杆件是不利的，实验表明：截面尺寸改变的越急剧，应力集中的现象越明显。因此，在设计时应尽可能不使杆的截面尺寸发生突变，避免带尖角的孔和槽，在阶梯轴和凸肩处要用圆弧过渡，并且要尽量使圆弧半径大一些。另外，应力集中对杆件强度的影响还与材料有关。

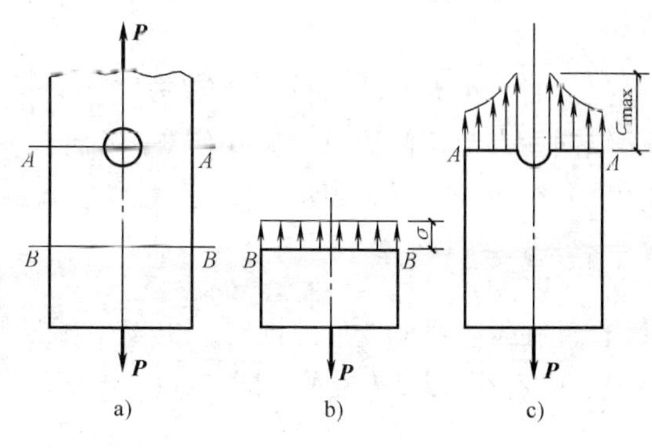

图 5-13

在静荷载作用下，应力集中对于塑性材料的强度没有什么影响。当应力集中处的最大应力 σ_{max} 达到材料的屈服极限时，就不再继续增大了，随着外力的加大，其他点的应力逐渐增大，最后当整个截面上的应力都达到了屈服极限 σ_S 时杆件才失去承载能力。因此，塑性材料在静荷载作用下，应力集中对强度的影响较小，在强度计算中可以不考虑应力集中的影响。对于脆性材料，由于没有屈服阶段，应力集中处的最大应力 σ_{max} 随荷载的增加而一直上升，当 σ_{max} 达到 σ_b 时，杆件就会在应力集中处产生裂纹，随后在该处裂开而破坏。因此必须考虑应力集中对其强度的影响。

5.3 轴向拉(压)杆的变形及其计算

5.3.1 纵向变形和横向变形

1. 纵向变形和横向变形

杆件在外力作用下会发生变形，当外力取消时，若变形随之消失，此种变形称为弹性变形，若变形不完全消失或不消失，则为塑性变形。一般材料同时具备两种变形的性质，只是在外力不超过某一范围时，主要表现为弹性变形。在工程中构件所受的力通常限定在弹性范围内，所以，我们研究的变形也限定在弹性变形范围内。

杆件在受到轴向拉(压)力作用时，将主要产生沿轴线方向的伸长(缩短)变形，这种沿纵向的变形称为纵向变形。同时，与杆轴线相垂直的方向(横向)也随之缩小(增大)，称为横向变形。

设直杆原长为 l，直径为 d，在轴向拉力(或压力) P 作用下，变形后的长度为 l_1，直径为 d_1，如图 5-14 所示。

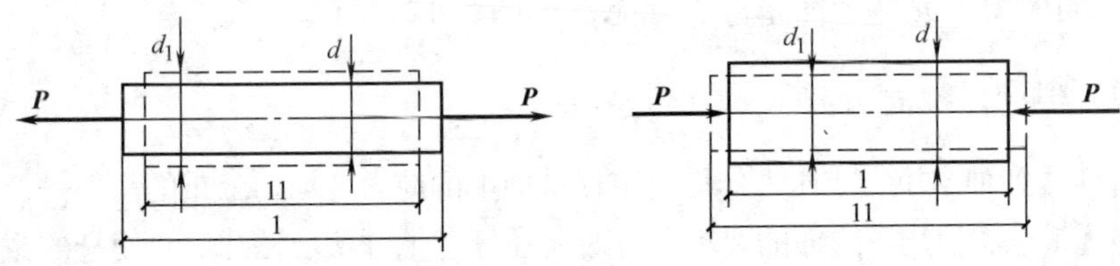

图 5-14

轴向拉伸(或压缩)时，杆件长度的伸长(或缩短)量，称为纵向变形，以 Δl 表示，即

$$\Delta l = l_1 - l$$

拉伸时，$\Delta l > 0$；压缩时，$\Delta l < 0$。

纵向变形与杆件的原始长度有关，不能反映杆件的变形程度。通常将单位长度上的变形称为轴向线应变，以 ε 表示，即

$$\varepsilon = \frac{\Delta l}{l}$$

杆件在发生纵向变形的同时，也发生了横性变形，通常把横向尺寸的缩小(或增大)量称为横向变形，以 Δd 表示，即

$$\Delta d = d_1 - d$$

拉伸时，$\Delta d < 0$；压缩时，$\Delta d > 0$。

对应的单位横向尺寸上的变形称为横向线应变，以 ε_1 表示，即

$$\varepsilon_1 = \frac{\Delta d}{d}$$

线应变是无量纲的量，其正负号规定与杆的纵性变形相同。

2. 泊松比

实验表明，当轴向拉（压）杆的应力不超过材料的比例极限时，横向线应变 ε_1 与纵向线应变 ε 的比值的绝对值为一常数，通常将这一常数称为泊松比或横向变形系数。用 ν 表示。

$$\nu = \left|\frac{\varepsilon_1}{\varepsilon}\right| \tag{5-4}$$

泊松比 ν 是一个无量纲的量。它的值与材料有关，可由实验测出。常用材料的泊松比见表 5-1。

表 5-1　常用材料的 ν、E 值

材料名称	E 值/GPa	ν 值	材料名称	E 值/GPa	ν 值
低碳钢(Q235)	200～210	0.24～0.28	混凝土	15～36	0.16～0.18
16 锰钢	200～220	0.25～0.33	木材(顺纹)	9～12	
铸铁	115～160	0.23～0.27	砖石料	2.7～3.5	0.12～0.20
铝合金	70～72	0.26～0.33	花岗石	49	0.16～0.34

泊松比建立了某种材料的横向线应变与纵向线应变之间的关系，在工程中计算变形时通常是先计算出杆的纵向变形，然后通过泊松比确定横向变形。

由于杆的横向线应变 ε_1 与纵向线应变 ε 总是正、负号相反，所以

$$\varepsilon_1 = -\nu\varepsilon$$

5.3.2　胡克定律

由以上分析我们知道：对于轴向拉(压)杆的变形计算问题关键是求出杆的纵向变形 Δl 或 ε。如何计算 Δl 或 ε 呢?

变形的计算建立在实验的基础上，实验表明：工程中使用的大部分材料都有一个弹性范围。在弹性范围内，杆的纵向变形量 Δl 与杆所受的轴力 F_N，杆的原长 l 成正比，而与杆的横截面积 A 成反比，即：

$$\Delta l \propto \frac{F_N l}{A}$$

引进比例常数 E(E 称为材料的弹性模量，可由实验测出)后，得

$$\Delta l = \frac{F_N l}{EA} \tag{5-5}$$

这一关系式是英国科学家胡克首先提出的，所以称式(5-5)为胡克定律。

从式 5-5 可以推断出：对于长度相同，轴力相同的杆件，分母 EA 越大，杆的纵向变形 Δl 就越小，可见 EA 反映了杆件抵抗拉(压)变形的能力，称为杆件的抗拉(压)刚度。

若将式(5-5)的两边同时除以杆件的原长 l，并将 $\varepsilon = \dfrac{\Delta l}{l}$ 及 $\sigma = \dfrac{F_N}{A}$ 代入，于是得

$$\varepsilon=\frac{\sigma}{E}\quad 或\quad \sigma=E\varepsilon \tag{5-6}$$

式(5-6)是胡克定律的另一表达形式。它表明：在弹性范围内，正应力与线应变成正比。比例系数即为材料的弹性模量 E。工程中常用材料的弹性模量 E 见表 5-1。

【例 5-4】 一阶梯形钢杆受力如图 5-15a 所示，已知横截面面积为 $A_1=500\text{mm}^2$，$A_2=400\text{mm}^2$，$A_3=300\text{mm}^2$，弹性模量 $E=200\text{GPa}$。试求：

（1）各杆段横截面上的内力和应力。

（2）杆件的总变形。

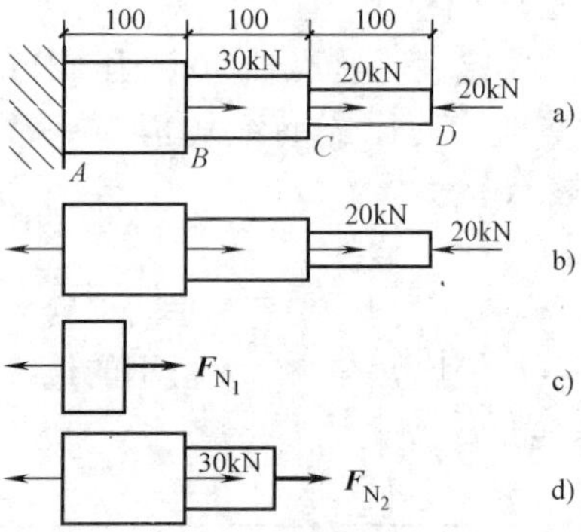

图 5-15

【解】（1）计算支座反力　如图 5-15b 所示，根据平衡条件，图示杆件的支座反力只有 R，取整杆为研究对象，列平衡方程：

$\sum F_x=0\quad -R+30+20-20=0$，$R=30\text{kN}$（方向向左）

（2）求各杆段轴力　求 AB 段轴力：用 1—1 截面将杆件在 AB 段内截开，取左段为研究对象，如图 5-15c所示，假设截面上轴力 F_{N_1} 为拉力，列平衡方程：

$$\sum F_x=0\quad -R+F_{N_1}=0,\ F_{N_1}=30\text{kN}（拉力）$$

求 BC 段轴力：用 2—2 截面将杆件在 BC 段内截开，取左段为研究对象，如图 5-15d 所示，假设截面上轴力 F_{N_2} 为拉力，列平衡方程：

$$\sum F_x=0\quad -R+30+F_{N_2}=0,\ F_{N_2}=0$$

求 CD 段轴力：用 3—3 截面将杆件在 CD 段内截开，取右段为研究对象，如图 5-15e 所示，假设截面上轴力 F_{N_3} 为拉力，列平衡方程：

$$\sum F_x=0\quad -F_{N_3}-20=0,\ F_{N_3}=-20\text{kN}（压力）$$

（3）计算各段的正应力

AB 段：$\sigma_{AB}=\dfrac{F_{N_1}}{A_1}=60\text{MPa}$（拉应力）

BC 段：$\sigma_{BC}=\dfrac{F_{N_2}}{A_2}=0$

CD 段：$\sigma_{CD}=\dfrac{F_{N_3}}{A_3}=-67\text{MPa}$（压应力）

（4）计算杆件的总变形　由于各杆段的横截面面积和轴力都不相等，所以应该分段计算再求和。

$$\begin{aligned}\Delta l&=\Delta l_{AB}+\Delta l_{BC}+\Delta l_{CD}=\frac{N_{AB}l_{AB}}{EA_{AB}}+\frac{N_{BC}l_{BC}}{EA_{BC}}+\frac{N_{CD}l_{CD}}{EA_{CD}}\\&=\frac{1}{200\times10^3}\left(\frac{30\times1000\times100}{500}+\frac{-20\times1000\times100}{300}\right)\text{mm}\\&=0.0033\text{mm}\end{aligned}$$

【例 5-5】 一圆形钢杆，长 $l=350\text{mm}$，直径 $d=32\text{mm}$，在轴向拉力 $F=135\text{kN}$ 作用下，测得直径缩减 $\Delta d=0.0062\text{mm}$，在 50mm 长度内的伸长量 $\Delta l=0.04\text{mm}$，试求弹性模量 E 和泊松比 ν。

【解】（1）求线应变

$$\varepsilon = \frac{\Delta l}{l} = \frac{0.04}{50} = 0.0008$$

$$\varepsilon_1 = \frac{\Delta d}{d} = \frac{-0.0062}{32} = -0.00019$$

（2）求泊松比

$$\nu = \left|\frac{\varepsilon_1}{\varepsilon}\right| = 0.24$$

（3）求杆件的应力

横截面面积 $$A = \frac{\pi d^2}{4} = 803.84\text{mm}^2$$

$$\sigma = \frac{F}{A} = \frac{135 \times 10^3}{803.84 \times 10^{-4}} = 1.68\text{MPa}$$

（4）求弹性模量

$$E = \frac{\sigma}{\varepsilon} = 2.1\text{GPa}$$

5.4 材料拉伸和压缩时的力学性质

前面介绍了轴向拉(压)杆任意截面上应力的计算方法，而要判断杆件的强度是否满足要求，还必须要知道杆件材料所能承担应力的大小，这种与材料有关的应力就是材料的力学性质之一。所谓材料的力学性质是指外力作用下材料在强度和变形方面表现出的特性。材料的力学性质都要通过实验来确定，拉伸与压缩试验通常在万能材料试验机上进行。实验证明：材料的力学性能不仅与材料本身有关，还与荷载的类别，温度条件等有关。本节只讨论材料在常温、静荷载(指从零开始缓慢、平稳地加载)情况下，受到轴向拉力或压力作用时的力学性质。

工程中使用的材料很多，可以分为塑性材料和脆性材料两类。塑性材料在拉断时有较大的塑性变形，而脆性材料在拉断时塑性变形很小，这两类材料的力学性能有明显的不同。通常我们选应用广泛又具有典型力学性质的低碳钢和铸铁作为塑性材料和脆性材料的代表来作试验。

5.4.1 材料在拉伸时的力学性能

试验时采用国家规定的标准试件(如图5-16所示)，试件的中间部分较细，是工作长度，称为标距(见图5-16中的l)，为便于将试件安装在试验机的夹具中两端加粗。通常规定：圆截面标准试件的标距l与其直径d的关系为

$$l = 10d \quad 或 \quad l = 5d$$

矩形截面标准试件的标距l与其横截面面积的关系为

$$l = 11.3\sqrt{A} \quad 或 \quad l = 5.65\sqrt{A}$$

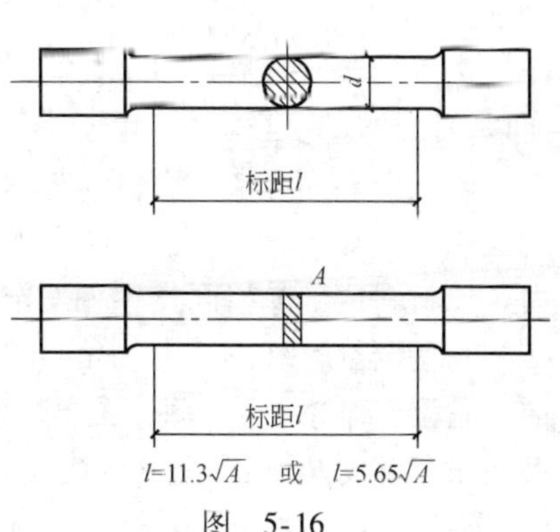

图 5-16

1. 低碳钢拉伸时的力学性质

（1）拉伸图和应力—应变曲线　做拉伸试验时，将低碳钢的试件两端夹在万能试验机上，然后开动试验机，对试件缓慢施加拉力直至拉断。在试件拉伸过程中，用试验机上自动绘图设备自动绘出试件所受拉力 P 与伸长量 Δl 的关系曲线，如图 5-17 所示，通常称它为拉伸图。

拉伸图中拉力 P 与伸长量 Δl 的对应关系与试件的标距及横截面面积有关。用同种材料制成粗细、长短不同的试件，由拉伸试验所得到的拉伸图将存在量上的差别。为了消除试件尺寸对试验结果的影响，使图形反映材料本身的性质，通常将拉伸图的纵坐标除以试件的横截面面积 A，横坐标除以标距 l，即横坐标为线应变，纵坐标为应力，则得到应力应变图，如图 5-18 所示。

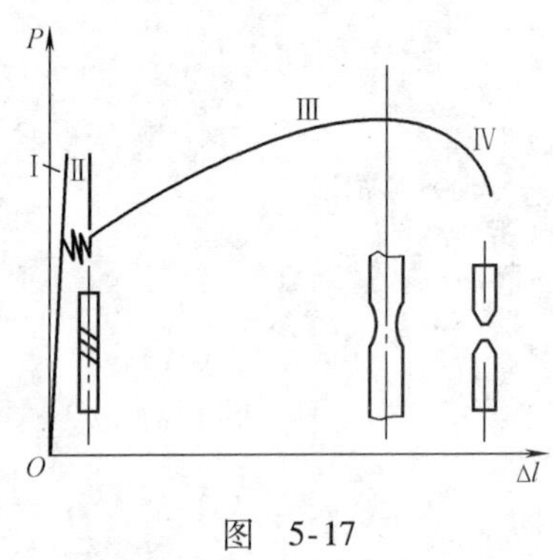

图　5-17

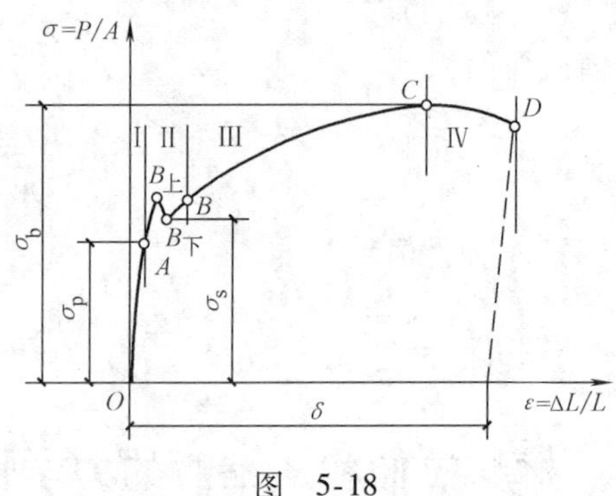

图　5-18

（2）变形发展的四个阶段　根据低碳钢的应力-应变曲线的特点，常将其拉伸过程分成四个阶段。

1）弹性阶段(图 5-18 中曲线的 OA 阶段)　实验表明：在 OA 范围内如果卸去外力，试件的变形能完全消失，试件则恢复原来的形状，这个阶段称为弹性阶段。当应力稍低于 A 点时，应力与应变呈线性正比例关系，最高点所对应的应力值 σ_p 称为比例极限，材料服从胡克定律，其斜率为弹性模量，用 E 表示，$E=\tan\alpha=\dfrac{\sigma}{\varepsilon}$。可见，在此阶段可以通过测定 oa 直线的斜率来测定材料的弹性模量。低碳钢的弹性模量约为 200～210GPa。

2）屈服阶段(图 5-18 中曲线的 AB 阶段)　当应力超过弹性极限 σ_p 后，变形进入弹塑性阶段，应力在 B 上至 B 下小范围内波动，应力-应变图中出现了一段接近水平的线段，在此阶段应力基本不变但应变显著增加，这表明材料此时暂时失去了抵抗变形的能力，这一现象称为“流动”或“屈服”，此阶段称为屈服阶段。B 下所对应的应力值称为屈服点，用符号 σ_s 表示。低碳钢的屈服点约为 240MPa。

进入屈服阶段后，由于材料产生了显著的塑性变形，应力-应变关系已不是线性关系了，所以该阶段胡克定律已不能适用。

若试件表面光滑，则材料进入屈服阶段时，可以看到在试件表面出现了一些与杆轴线大约成 45°的倾斜条纹，通常称之为滑移线。它是由于轴向拉伸时 45°斜面上产生了最大切应力，使材料内部晶格间发生相对滑移而引起的。

3）强化阶段(图 5-18 中的 BC 段)　当应力超过屈服点后，由于钢材内部组织产生晶格扭曲、晶粒破碎等原因，阻止了塑性变形的进一步发展，钢材又恢复了抵抗外力的能力。在 σ-ε 关系图上形成 BC 段的上升曲线，这一过程称为强化阶段。对应于最高点 C 的应力称为强度极限(抗拉强度)，用 σ_b 表示，它是钢材所能承受的最大应力。低碳钢的强度极限约为 400MPa。

在试验过程中，若将试件拉伸到强化阶段的某一点 k 时停止加载并逐渐卸载(如图 5-19 所示)，可以看到：在卸载过程中应力与应变按直线规律变化，卸载直线 O_1K 近似平行于直线 oa，这说明在卸载过程中，卸去的应力与卸去的应变成正比，图中卸载后消失的应变 O_1K_1 为弹性应变，保留下的应变 OO_1 为塑性应变。

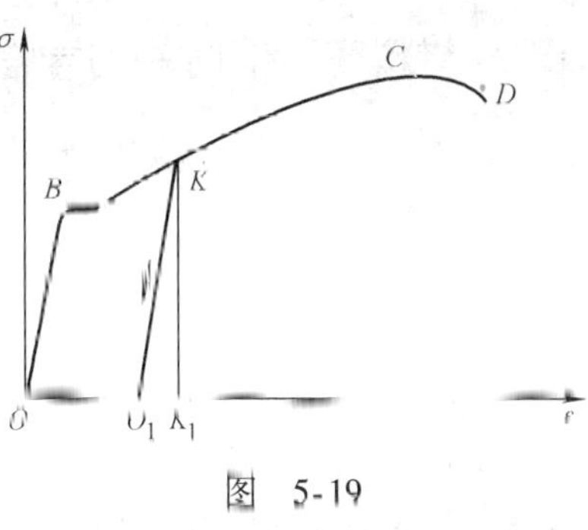

图　5-19

若卸载后立刻再重新加载，则 σ 与 ε 大致沿卸载时的直线 O_1K 上升到 K 点，到 K 点后仍沿原来的曲线 KCD 变化。这表明：在重新加载时，直到 K 点之前材料的变形都是弹性变形，K 点对应的应力为重新加载时材料的弹性极限，可见将材料拉伸到强化阶段卸载后再加载，材料的弹性极限提高了；另外重新加载时直到 K 点后才开始出现塑性变形，可见材料的屈服点也提高了，试件破坏后总的塑性变形量比原来降低了。我们通常把这种将材料预拉到强化阶段，然后卸载，卸载后再重新加载，使材料的弹性极限、屈服点都得到提高，而塑性变形有所降低的现象称为冷作硬化。

建筑工程中常利用钢筋的冷作硬化这一特性来提高某些构件在弹性阶段的承载能力。例如对钢筋进行冷拉就可以提高它的强度，按照规定来冷拉钢筋，一般可以节约钢材 10%～20%。但钢筋冷拉后，塑性降低，所以冷拉钢筋不能用于承受冲击和振动荷载的部位。另外，需要注意的是：钢筋冷拉后并不能提高抗压强度，所以，用冷拉钢筋作受压钢筋时，不能用冷拉后提高的强度。

4）缩颈阶段(图 5-18 中的 CD 段)　在应力到达强度极限 σ_b 后，试件不再是均匀的被拉长变细，而是在某一段内的横截面面积将开始显著收缩，塑性变形急剧增加，出现缩颈现象(如图 5-20 所示)，由于缩颈处截面面积迅速缩小，试件变形所需的拉力 P 反而下降，如图 5-18 中的 CD 段，当曲线到达 D 点时，试件被拉断，这一阶段称为缩颈阶段。

2. 铸铁拉伸时的力学性质

铸铁可以作为脆性材料的代表，其 σ-ε 曲线如图 5-21 所示。由图可以看出：铸铁在拉伸时，没有明显的直线部分，一直到拉断，变形都不显著，也没有屈服阶段和缩颈阶段，只有断裂时的应力是衡量它的唯一指标，即抗拉强度 σ_b。虽然其 σ-ε 曲线没有明显的直线部分，但直到拉断时变形都很小，所以为了确定铸铁的弹性模量，通常规定试件在产生 0.1% 的应变时所对应的应力范围为弹性变形，服从胡克定律，在此范围内用直线代替曲线，从而确定弹性模量。

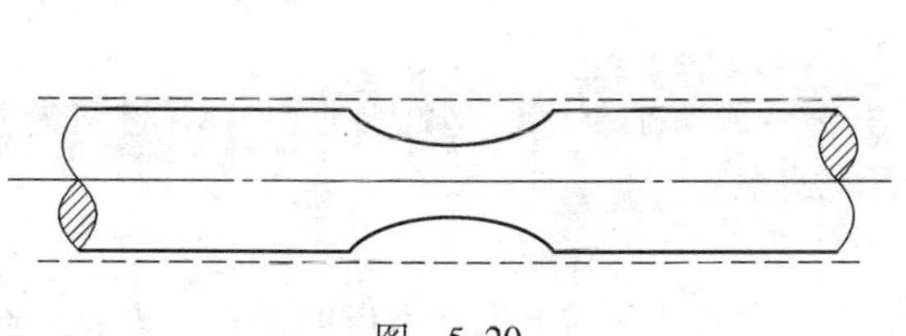
图　5-20

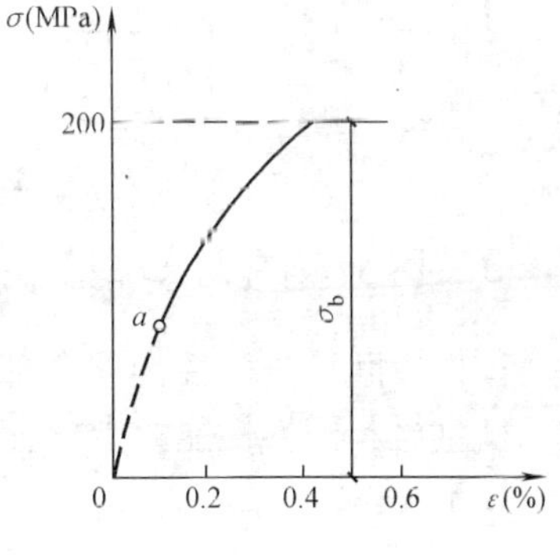

图　5-21

5.4.2 材料在压缩时的力学性能

金属材料压缩试件一般为短圆柱体，试件高度一般为直径的1.5～3倍(如图5-22所示)。

试验时将试件放在万能试验机的两压座间，然后施加轴向压力使其产生轴向压缩变形。与拉伸试验类似，自动绘图装置可以画出低碳钢在压缩时的应力应变图。

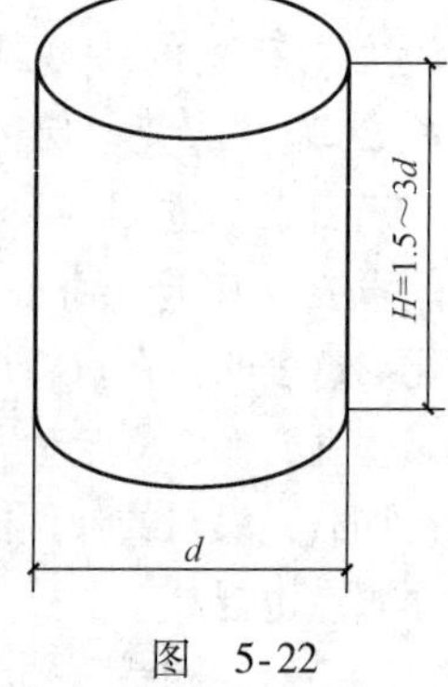

图 5-22

1. 低碳钢压缩时的力学性质

如图5-23所示，为了便于比较，图中用虚线表示低碳钢在拉伸时的应力应变曲线，实线表示在压缩时应力-应变曲线。从图中可以看出：在屈服阶段以前，拉伸和压缩的应力应变曲线大致重合，这表明：低碳钢压缩时的比例极限、屈服点、弹性模量都与拉伸时相同，过了屈服阶段后，试件产生明显的塑性变形，越压越扁平，抗压能力提高，最后压成饼状但不破坏，无法测出低碳钢压缩的强度极限。由于屈服阶段以前的力学性质基本相同，所以把低碳钢看作拉压性能相同的材料，它的力学性能指标可以通过拉伸试验测定，一般不作压缩试验。

2. 铸铁压缩时的力学性质

如图5-24所示，图中用虚线表示铸铁在拉伸时的应力应变曲线，实线表示在压缩时应力应变曲线。通过比较不难看出，铸铁压缩时的应力-应变图线与拉伸时相似，也没有明显的直线部分及屈服阶段，最后试件沿与轴线成45°的斜面破坏。抗拉强度 σ_b 是衡量它强度的唯一指标，但压缩时的强度极限比拉伸时大，大约为拉伸时的2～4倍。可见，铸铁是一种抗压性能好而抗拉性能差的材料，工程中常将它用于受压杆件。

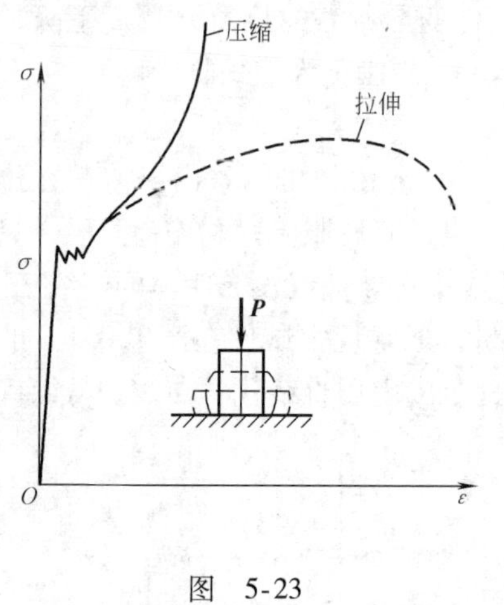

图 5-23

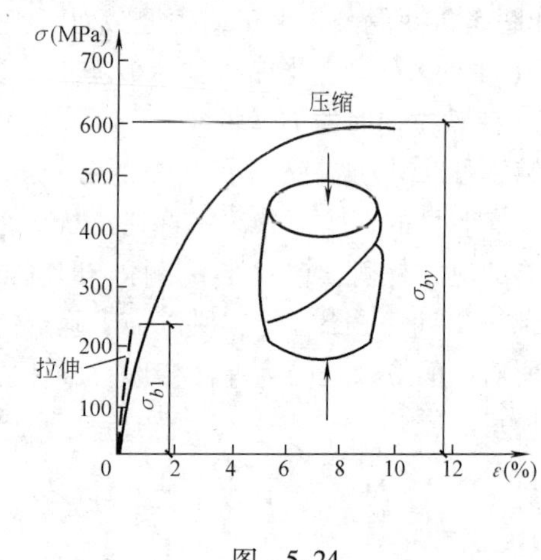

图 5-24

5.4.3 区分塑性材料和脆性材料的指标

试件拉断后，弹性变形全部消失，而塑性变形保留了下来，塑性变形标志着材料的塑性，衡量材料塑性性能的指标有伸长率和断面收缩率。

1. 伸长率

将拉断的试件拼在一起，量出断裂后的标距长度 l_1，习惯上把断裂后的标距长度 l_1 与原

标距长度 l 的差值除以原标距长度 l 的百分率称为材料的伸长率，用符号 δ 表示。

$$\delta = \frac{l_1 - l}{l} \times 100\% \tag{5-7}$$

伸长率是衡量材料塑性的一个重要指标，它表示试件直到拉断时塑性变形所能达到的最大程度，δ 的值越大，说明材料的塑性越好。工程中常按伸长率的大小将材料分为两类：$\delta \geq 5\%$ 的材料为塑性材料，如低碳钢、低合金钢、铝合金等；$\delta < 5\%$ 的材料为脆性材料，如混凝土、铸铁、砖、石材等。拉伸实验证明：低碳钢是一种抗拉性能良好的塑性材料，伸长率约为 20%～30%。

2. 断面收缩率

测出断裂试件颈缩处的最小横截面面积 A_1，原试件的横截面面积 A 与 A_1 的差值除以原试件的横截面面积的百分率称为断面收缩率，用 ψ 表示。

$$\psi = \frac{A - A_1}{A} \times 100\% \tag{5-8}$$

低碳钢的断面收缩率约为 60%～70%。

工程中的材料很多，按伸长率可将它们分为塑性材料和脆性材料两类，我们常见到的塑性材料还有锰钢、铝合金等，脆性材料有混凝土、石材等。塑性材料破坏时有显著的塑性变形，断裂前有的出现明显的屈服现象，拉伸时的弹性极限、屈服点和弹性模量与压缩时相同，说明拉伸和压缩时，具有相同的强度和刚度。而脆性材料在变形很小时突然断裂，无屈服现象，其压缩时的强度和刚度都大于拉伸时的强度和刚度，且抗压强度远远高于抗拉强度。总的来说，塑性材料的抗拉、抗压能力都较好，既能用于受拉构件又能用于受压构件；脆性材料的抗压能力比抗拉能力好，一般只用于受压构件。

工程中常用材料的力学性质参见表 5-2。

表 5-2　工程中常用材料的主要力学性能

材料名称	牌号	σ_s/MPa	σ_b/MPa	δ_5/(%)①	备注
普通碳素结构钢	Q215	215	335～450	26～31	对应旧牌号 A2
	Q235	235	375～500	21～26	对应旧牌号 A3
	Q255	255	410～550	19～24	对应旧牌号 A4
	Q275	275	490～630	15～20	对应旧牌号 A5
优质碳素结构钢	25	275	450	23	25 号钢
	35	315	530	20	35 号钢
	45	355	600	16	45 号钢
	55	380	645	13	55 号钢
低合金高强度结构钢	Q390	390	530	18	
	Q345	345	510	21	
合金结构钢	20Cr	540	835	10	20 铬
	40Cr	785	980	9	40 铬
	30CrMnSi	885	1080	10	30 铬锰硅
铸钢	ZG200-400	200	400	25	
	ZG270-500	270	500	18	
灰铸铁	HT150		150②		σ_b 为 $\sigma_{t,b}$
	HT250		539②		σ_b 为 $\sigma_{t,b}$
铝合金	ZA12	274	412	19	硬铝

注：① δ_5 表示标注 $l=5d$ 标准试样的伸长率。

② σ_b 为拉伸强度极限。

5.5 材料的极限应力、安全因数和许用应力

由上节材料的力学性质我们已经知道：当材料达到某个极限应力时，构件就会产生很大的变形或者破坏，从而使构件不能正常工作，这在工程上是不允许的。把材料丧失工作能力时的应力，称为**极限应力**。对于塑性材料，当构件的工作应力达到屈服点时，会产生很大的塑性变形而影响构件的正常工作，所以塑性材料取屈服点为极限应力，即 $\sigma^{\circ}=\sigma_{S}$；对于脆性材料，当构件的工作应力达到强度极限时，构件就会断裂而丧失了工作能力，所以脆性材料取强度极限为极限应力，即 $\sigma^{\circ}=\sigma_{b}$。

在理想情况下，只要构件在荷载作用下产生的工作应力低于极限应力，就能保证构件能安全工作，但是在实际工程中还有许多因素无法预计，比如：材料的不均匀性，工程设计时荷载值的偏差，实际结构取用的计算简图往往会忽略一些次要因素等，设计荷载值与实际受力情况有时不太相符等因素都会对构件实际能够承担的应力有影响。所以，为了保证构件能安全工作，并有一定的安全储备，必须将构件的工作应力限制在比极限应力更低的范围内，即将极限应力除以一个大于1的安全因数后作为构件最大工作应力所不允许超过的数值，称为**许用应力**，用$[\sigma]$表示。

塑性材料：
$$[\sigma]=\frac{\sigma_{S}}{n_{S}} \tag{5-9}$$

脆性材料：
$$[\sigma]=\frac{\sigma_{b}}{n_{b}} \tag{5-10}$$

式中　n_{S} 与 n_{b} 都为大于1的系数，称为安全因数。

安全因数的确定是一个既重要又复杂的问题，选用过大，用料增多，提高造价，选用过小，构件偏于危险。所以在保证构件安全可靠的前提下，尽可能减小安全因数来提高许用应力。由于塑性材料破坏时有明显预兆，所以，目前建筑工程中将其安全因数取得较小，n_{S} 取1.4~1.7；而脆性材料破坏时没有预兆，破坏是突然的，所以将其安全因数取得较大，n_{b} 取2.5~3。常用材料的许用应力见表5-3。

表5-3　常用材料的许用应力　（单位：MPa）

材料名称	牌号	应力种类		
		许用拉应力$[\sigma]$	许用压应力$[\sigma_c]$	许用切应力$[\tau]$
普通碳钢	Q215	137~152	137~152	84~93
普通碳钢	Q235	152~167	152~167	93~98
优质碳钢	45	216~238	216~238	128~142
低碳合金钢	16Mn	211~238	211~238	127~142
灰铸铁		28~78	118~147	—
铜		29~118	29~118	—
铝		29~78	29~78	—
松木（顺纹）		6.9~9.8	8.8~12	0.98~1.27
混凝土		0.098~0.69	0.98~8.8	—

5.6 轴向拉(压)杆的强度条件及其应用

为了保证轴向拉(压)杆在承受外力作用时能够安全可靠地工作，构件截面上的最大工作应力 σ_{max} 不能超过材料的许用应力，即

$$\sigma_{max}=\frac{F_{Nmax}}{A}\leqslant[\sigma] \tag{5-11}$$

式(5-11)称为构件在轴向拉伸或压缩时的强度条件。

产生最大正应力的截面称为危险截面。对于等截面直杆，轴力最大的截面即为危险截面；对于变截面直杆，危险截面要结合轴力 F_N 和对应截面面积 A 通过计算来确定。

根据强度条件，可以解决强度计算的三类问题：

(1) 强度校核　已知杆件所用材料($[\sigma]$已知)，杆件的截面形状及尺寸(A 已知)，杆件所受的外力(可以求出轴力)，判断杆件在实际荷载作用下是否会破坏，即校核杆的强度是否满足要求。若计算结果是 $\sigma_{max}\leqslant[\sigma]$ 则杆的强度满足要求，杆能安全正常使用；若计算结果是 $\sigma_{max}>[\sigma]$ 则杆的强度不满足要求。

(2) 设计截面　已知杆件所用材料($[\sigma]$已知)，杆所受的外荷载(轴力可以求出)，确定杆件不发生破坏(即满足强度要求)时，杆件应该选用的横截面面积或与横截面有关的尺寸。满足强度要求时面积的计算式为：$A\geqslant\frac{F_N}{[\sigma]}$，求出面积后可进一步根据截面形状求出有关尺寸。

(3) 计算许用荷载　已知杆件所用材料($[\sigma]$已知)，杆所受外荷载的情况(可建立轴力与外荷载之间的关系)，杆的横截面情况(A 已知)，求杆件满足强度要求时，能够承担的最大荷载值，即许用荷载。满足强度时轴力的计算式为：$F_N\leqslant A[\sigma]$。求出满足强度要求时的轴力值后，再根据轴力与实际情况下外荷载的平衡关系，进一步求出许用荷载。

【例 5-6】　一直钢杆的受力情况如图 5-25 所示，直杆的横截面面积 $A=200\text{mm}^2$，材料的许用应力 $[\sigma]=160\text{MPa}$，试校核杆的强度。

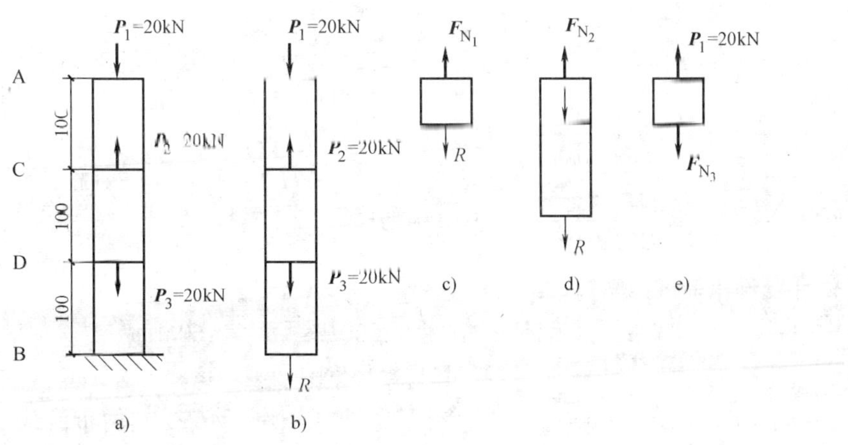

图　5-25

【解】 由于此杆为等直杆，产生最大内力的截面即为危险截面，所以首先需要计算各杆段的轴力。

（1）计算支座反力　如图5-25b所示，根据平衡条件，图示杆件的支座反力只有R，取整杆为研究对象，列平衡方程：$\sum F_y=0$

$$-R-20+20-20=0,\quad R=-20\text{kN}(\text{方向向上})$$

（2）求各杆段轴力

求BD段轴力：用1—1截面将杆件在BD段内截开，取下段为研究对象，如图5-25c所示，假设截面上轴力F_{N_1}为拉力，列平衡方程：

$$\sum F_y=0\quad -R+F_{N_1}=0,\quad F_{N_1}=-20\text{kN}(\text{压力})$$

求DC段轴力：用2—2截面将杆件在DC段内截开，取下段为研究对象，如图5-25d所示，假设截面上轴力F_{N_2}为拉力，列平衡方程：

$$\sum F_y=0\quad -R-20+F_{N_2}=0,\quad F_{N_2}=0$$

求AC段轴力：用3—3截面将杆件在AC段内截开，取上段为研究对象，如图5-25e所示，假设截面上轴力F_{N_3}为拉力，列平衡方程：

$$\sum F_y=0\quad -F_{N_3}-20=0,\quad F_{N_3}=-20\text{kN}(\text{压力})$$

（3）强度校核：

由强度条件得：$\sigma_{\max}=\dfrac{F_{\text{Nmax}}}{A}=\dfrac{20\times10^3}{200\times10^{-6}}=100\text{MPa}<[\sigma]$

强度满足要求。

【例5-7】 图5-26所示桁架，AB和AC杆均为钢杆，许用应力$[\sigma]=160\text{MPa}$，$A_1=200\text{mm}^2$，$A_2=250\text{mm}^2$，在节点处挂一重物P，求许用荷载$[P]$。

【解】（1）受力分析　取节点A为研究对象，设杆1、2的轴力分别为F_{N_1}和F_{N_2}，其方向如图5-26b所示，列平衡方程：

$$\sum F_y=0,\quad F_{N_1}\sin30-P=0$$

$$F_{N_1}=\frac{P}{\sin30^\circ}=2P(\text{拉力})$$

$$\sum F_x=0,\quad -F_{N_1}\cos30^\circ+F_{N_2}=0$$

$$F_{N_2}=F_{N_1}\cos30^\circ=\sqrt{3}P(\text{压力})$$

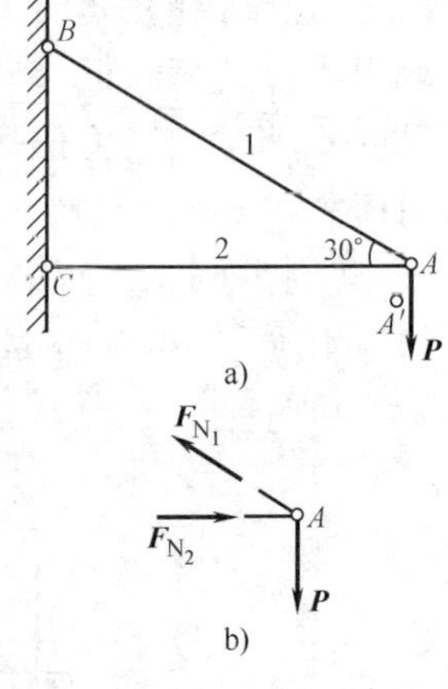

图　5-26

（2）计算杆件应力

杆件1：$\sigma_1=\dfrac{F_{N_1}}{A_1}=\dfrac{2P}{200\times10^{-6}}=1000P$

杆件2：$\sigma_2=\dfrac{F_{N_2}}{A_2}=\dfrac{\sqrt{3}P}{250\times10^{-6}}=6.93\times10^3P$

（3）计算许用荷载$[P]$

$$\sigma_{\max}=\max\{\sigma_1,\sigma_2\}=1000P\leqslant[\sigma]=160\text{MPa}$$

$$[P]\leqslant16\text{kN}$$

【例5-8】 图5-27为一雨篷的结构计算简图。水平梁AC受到均布荷载$q=10\text{kN/m}$的作用，C端用圆钢杆BC拉住，钢杆的许用应力$[\sigma]=160\text{MPa}$，试选择钢杆的直径。

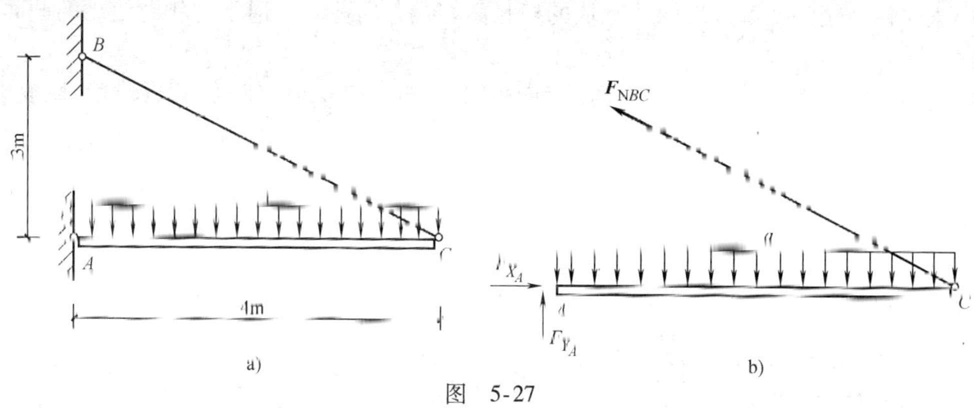

图 5-27

【解】（1）计算 BC 杆的轴力 F_{NBC}。

以 AC 杆为研究对象，画受力分析图如图 5-27b 所示。

根据平衡方程：

$$\sum M_A=0,\ F_{NBC}\times 4\times\frac{3}{5}-q\times 4\times\frac{4}{2}=0$$

$$F_{NBC}=33.3\text{kN}$$

（2）确定钢杆直径

由强度条件
$$\sigma=\frac{F_{NBC}}{A}\leqslant[\sigma]$$

得
$$A\geqslant\frac{F_{NBC}}{[\sigma]}=\frac{33.3\times 10^3}{160\times 10^6}=208\text{mm}^2$$

$$d\geqslant\sqrt{\frac{4A}{\pi}}\geqslant 16.3\text{mm}$$

可选 18mm 直径的钢杆。

5.7 剪切与挤压问题的实用计算

5.7.1 剪切概念及剪切强度的实用计算

剪切变形是杆件的基本变形之一，是指构件受到一对大小相等、方向相反、作用线相互平行且相距很近的横向外力作用时，在这两个作用力之间的截面上沿着力的方向产生相对错动，即剪切变形，如图 5-28 所示。工程上产生剪切变形的构件通常是一些连接件，如连接钢板的铆钉或螺栓，销轴连接中的销，焊接中的侧焊缝等。图 5-29a为用一个铆钉连接两块受拉钢板的情况，当钢板受到拉力 P 的作用时，如图 5-29b 所示，铆钉受到上、下钢板作用在它两个半圆柱表面上的力，每个半圆柱表面上力的合力都与外力 P 大小相等，且这两个力方向相反，如图 5-29c 所示，铆钉的上半部将沿力的方向向右移动，而下半部将沿力的方向向左移动，当外

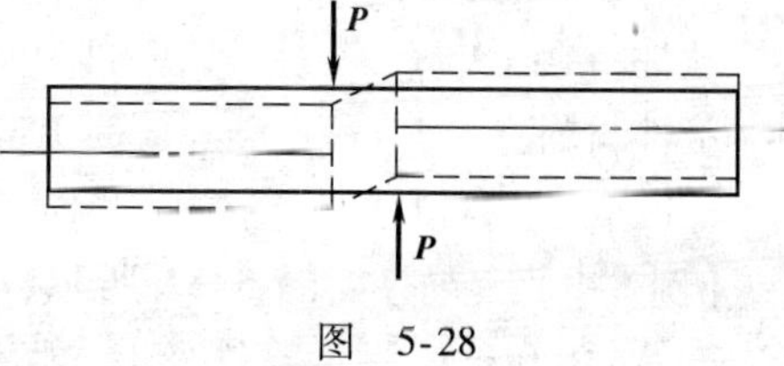

图 5-28

力足够大时，甚至将使铆钉沿两块钢块的接触面切线方向剪断，通常把相对错动的截面称为剪切面。

剪切面上的内力称为剪力，仍可用截面法求得。如图 5-30a 所示，以铆钉为研究对象，取截面 m—m 将铆钉分为上下两部分，以其中一部分为研究对象，用与该截面相切的内力 Q 表示另一部分对其的作用力，列平衡方程

$$\sum F_X = 0,\ F_S - P = 0$$

得

$$F_S = P$$

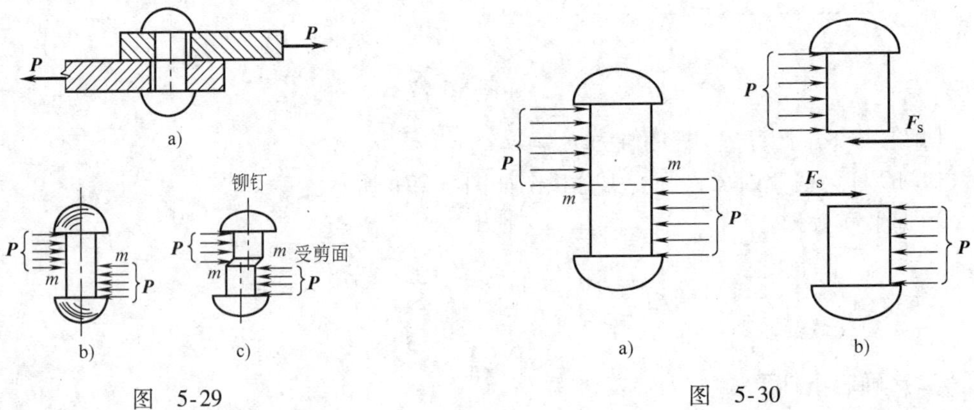

图 5-29

图 5-30

剪力在剪切面上的分布集度叫切应力，用 τ 来表示。切应力在剪切面上的分布比较复杂，工程上通常采用以实验等为基础的实用计算法来计算，即假设切应力在剪切面上是均匀分布的，所以切应力的计算公式为

$$\tau = \frac{F_S}{A} \tag{5-12}$$

式中 A——剪切面面积；

F_S——剪切面上的剪力。

为了保证构件不发生剪切破坏，要求剪切面上的切应力不超过材料的许用切应力。所以剪切强度条件为

$$\tau = \frac{F_S}{A} \leqslant [\tau] \tag{5-13}$$

式中 $[\tau]$——许用切应力。

工程中常用材料的切应力可以从有关设计手册中查得，也可按下面经验公式确定。

塑性材料： $[\tau] = (0.6 \sim 0.8)[\sigma_1]$

脆性材料： $[\tau] = (0.8 \sim 1.0)[\sigma_1]$

式中 $[\sigma_1]$——材料的许用拉应力。

【例 5-9】 夹剪如图 5-31 所示，用力 $F = 0.3\text{kN}$ 剪直径 $d = 5\text{mm}$ 的铁丝。已知 $a = 30\text{mm}$，$b = 100\text{mm}$，试计算铁丝上的切应力。

【解】 （1）计算剪力

设铁丝承受的剪力为 F_S，根据平衡条件得

$$F \times 100 - F_S \times 30 = 0,\ F_S = 1\text{kN}$$

(2) 计算切应力

$$\tau = \frac{F_S}{A} = \frac{1 \times 10^3}{\frac{1}{4}\pi d^2} = 50.9\text{MPa}$$

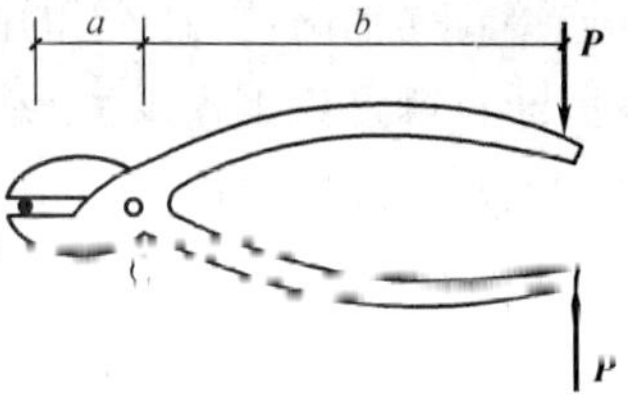

图 5-31

5.7.2 挤压的概念及挤压强度的实用计算

构件在受剪切时常伴随着挤压现象。如图5-32a所示，一中铆钉连接两块受拉钢板，相互接触的铆钉和钢板传递压力时，因接触面的面积较小，而传递的压力却比较大，致使接触表面产生局部的塑性变形，使钢板的圆孔变成椭圆形，或者使铆钉杆压扁，这些变形都会使连接部位松动，称为挤压破坏，如图5-32b所示。两构件相互接触的局部受压面称为挤压面，挤压面上的压力称为挤压力，由于挤压引起的应力称为挤压应力。

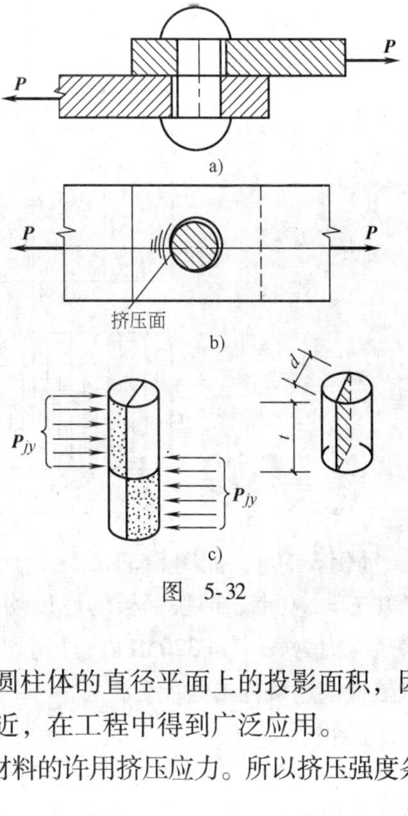

图 5-32

连接部位的挤压力同样可以通过截面法求得，如图5-32c中，铆钉承受的挤压力 $F_b = P$。挤压力在挤压面上的分布集度为挤压应力，用 σ_{bs} 来表示。挤压应力在挤压面上的分布规律同样比较复杂，工程上采用实用计算中，假定挤压应力均匀地分布在挤压面的计算面积上，求得的挤压应力称为计算挤压应力：

$$\sigma_{bs} = \frac{F_b}{A_b} \tag{5-14}$$

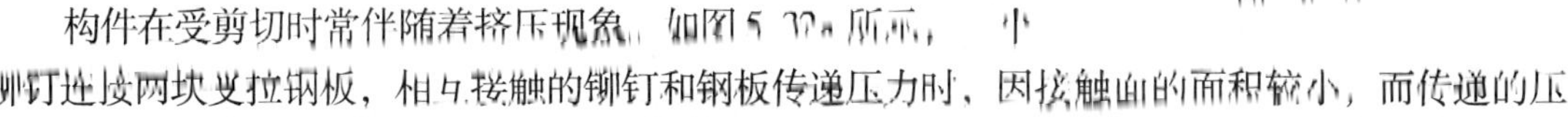

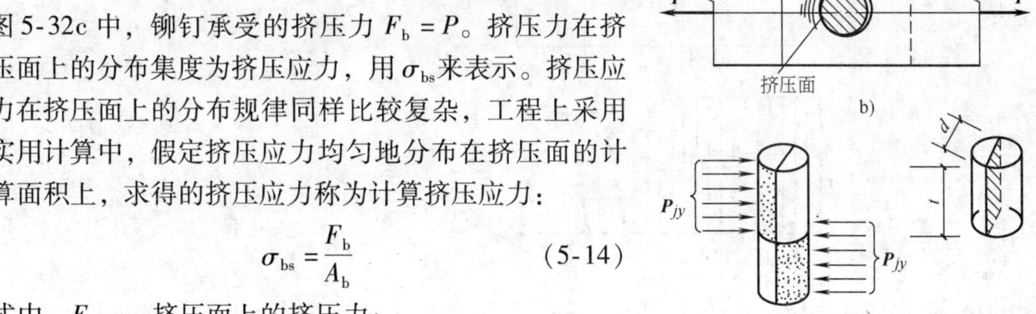

式中 F_b——挤压面上的挤压力；

A_b——挤压面的计算面积。

当挤压面为平面时，挤压计算面积与挤压面积相等；当挤压面为半圆柱面时，挤压计算面积为挤压面在圆柱体的直径平面上的投影面积，因为这样求得的计算挤压应力与实际最大挤压应力十分接近，在工程中得到广泛应用。

为了保证构件不发生挤压破坏，要求挤压应力不超过材料的许用挤压应力。所以挤压强度条件为

$$\sigma_{bs} = \frac{F_b}{A_b} \leqslant [\sigma_{bs}] \tag{5-15}$$

式中 $[\sigma_{bs}]$——材料的许用挤压应力，由试验测得。一般材料的许用挤压应力 $[\sigma_b]$ 比许用压应力 $[\sigma]$ 高1.7~2.0倍。

5.7.3 拉(压)杆及连接件强度实用计算的综合应用

在工程上，经常需要将一些受拉构件连接起来，如前所述，这些连接件就是受剪构件，它们在受剪的同时，往往还伴随着挤压的情况。因此，连接件的破坏形式除了剪切破坏外，还可能在构件表面引起挤压破坏，挤压与剪切是同时产生的，究竟哪个因素会使构件破坏，要根据具体情况而定。同时，要保证这个构件整体能正常使用，除了连接件满足剪切和挤压的强度要求外，还要求连接件所连接的受拉构件也满足强度要求。如图5-33所示，四个铆

钉连接着受轴向拉力作用的两块钢板，通过分析可以知道，此构件有三种破坏的可能：铆钉被剪断；铆钉或钢板发生挤压破坏；钢板在断面削弱处被拉断。要使构件安全使用，必须满足以上三个强度条件。

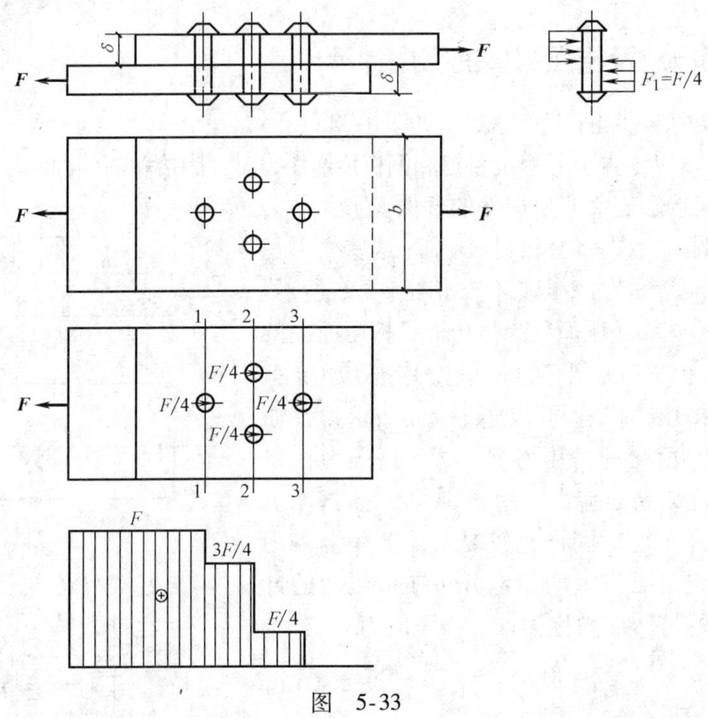

图 5-33

【例 5-10】 如图 5-33 所示，两块钢板用相同的四个铆钉搭接，受轴向拉力 F 的作用。已知 $F=160\text{kN}$，两块钢板的厚度均为 $\delta=12\text{mm}$，宽 $b=100\text{mm}$，铆钉直径 $d=20\text{mm}$，许用挤压应力为$[\sigma_{bs}]=320\text{MPa}$，许用切应力$[\tau]=140\text{MPa}$，钢板的许用拉应力$[\sigma]=170\text{MPa}$。试校核该连接件的强度。

【解】 如前所述，构件可能发生三种破坏，应从三个方面进行校核。

（1）铆钉的抗剪强度校核　连接件由四个相同的铆钉连接，且与外力作用线对称，则可认为每个铆钉所受作用力相等，即

$$F_d = F/4 = 40\text{kN}$$

每个铆钉所受剪力 $F_S = F_d = 40\text{kN}$

$$\tau = \frac{F_S}{A} = \frac{40\times10^3}{\dfrac{\pi d^2}{4}} = 127.4\text{MPa} < [\tau] = 140\text{MPa}$$

抗剪强度满足要求。

（2）挤压强度校核

每个铆钉所受挤压力　$F_b = 40\text{kN}$

$$\sigma_{bs} = \frac{F_b}{A_b} = \frac{40\times10^3}{d\delta} = \frac{40\times10^3}{20\times12\times10^{-6}} = 167\text{MPa} < [\sigma_{bs}] = 320\text{MPa}$$

挤压强度满足要求。

（3）板的抗拉强度校核

两块板受力开孔相同，只需校核其中的一块。取下面一块为研究对象，画出其受力图和轴力图，由轴力图可以看出，1—1 和2—2 截面都可能是危险截面，都有可能发生破坏，故对此二截面进行校核。

1—1 截面：$\sigma_{bs1}=\dfrac{F_{N_1}}{A_1}=\dfrac{F}{(b-d)\delta}=\dfrac{160\times10^3}{(100-20)\times12\times10^{-6}}=167\text{MPa}<[\sigma_{bs}]=170\text{MPa}$

2—2 截面：$\sigma_{bs2}=\dfrac{F_{N_2}}{A_2}=\dfrac{\frac{3F}{4}}{(b-2d)\delta}=\dfrac{\frac{3}{4}\times160\times10^3}{(100-2\times20)\times12\times10^{-6}}$

$=167\text{MPa}<[\sigma_{bs}]=170\text{MPa}$

钢板满足抗拉强度要求。

所以该构件满足强度条件要求。

本章小结

本章讨论了杆件在轴向拉压、剪切两种基本变形时的内力、应力、强度条件和变形的计算。介绍了两种应用广泛又具有典型力学性质的低碳钢和铸铁在轴向拉伸、压缩试验时的力学性质。

1. 内力

由于外力的作用，在构件相邻两部分之间产生的相互作用力叫作内力。

轴向拉(压)时横截面上的内力为轴力，它通过截面形心，与横截面相垂直。拉力为正，压力为负。

求截面内力的基本方法是截面法。其步骤是：先用假想的平面在要求内力的截面处将杆件分成两部分，取其中一部分为研究对象，并用一未知内力代替另一部分对研究部分的作用，再用平衡方程求解内力。

2. 应力

截面上任一点处的分布内力集度称为该点的应力。与截面相垂直的分量称为正应力，与截面相切的分量τ称为切应力。

轴向拉(压)杆的横截面上只有正应力，它在横截面上均匀分布，即：$\sigma=\dfrac{F_N}{A}$

等直杆的最大应力计算公式： $\sigma_{max}=\dfrac{F_{Nmax}}{A}$

剪切计算时的切应力 $\tau=\dfrac{F_S}{A}$

挤压计算时的挤压应力 $\sigma_{bs}=\dfrac{F_b}{A_b}$

3. 变形

（1）泊松比 $\nu=\left|\dfrac{\varepsilon_1}{\varepsilon}\right|$

(2) 胡克定律(适用范围为弹性范围)　　$\Delta l=\frac{Nl}{EA}$　或　$\sigma=E\varepsilon$

弹性模量 E 反映了材料抵抗变形的能力；抗拉、压刚度 EA 反映用某种材料制作的一定截面尺寸的杆件抵抗拉、压变形的能力，EA 越大，变形越小。

4. 强度条件

(1) 轴向拉(压)杆的强度计算

强度条件：

$$\sigma_{max}\leqslant[\sigma]$$

强度条件在工程中的三类应用：

1) 对杆进行强度校核。在已知材料、荷载、截面的情况下，判断 σ_{max} 是否不超过许用值$[\sigma]$，杆是否能安全工作。

2) 设计杆的截面。在已知材料、荷载的情况下，求截面的面积或有关尺寸。

3) 计算许用荷载。在已知材料、截面、荷载作用方式的情况下，计算杆件满足强度要求时荷载的最大值 F_N，再根据 F_N 与外荷载 F_P 的关系求出许用荷载$[F_P]$。

(2) 剪切变形的强度条件

工程上有许多连接件，它们在产生剪切变形的同时往往还伴随着挤压变形；所以校核连接件的强度一般既要校核剪切强度条件又要校核挤压强度条件。

抗剪强度条件

$$\tau=\frac{F_S}{A}\leqslant[\tau]$$

挤压强度条件

$$\sigma_{bs}=\frac{F_b}{A_b}\leqslant[\sigma_{bs}]$$

强度计算是本章的重点，应能灵活地运用强度条件解决工程中的三类问题。

5. 材料的力学性质

材料的力学性质是指材料在外力作用下所表现出来的强度和变形方面的特性，一般是通过实验来测定的。本章仅介绍了在常温、静荷载作用下两类代表性材料(塑性材料——低碳钢,脆性材料—铸铁)的性质。

低碳钢在拉伸和压缩时的应力-应变图大体上可以分为四个阶段：弹性阶段、屈服阶段、强化阶段和缩颈阶段。屈服点 σ_s 和强度极限 σ_b 是两个重要的强度指标；伸长率 δ 和断面收缩率 ψ 是两个重要的塑性指标。

低碳钢在拉伸和压缩时有相同的屈服点和弹性模量。

铸铁是典型的脆性材料，破坏前变形很小，拉伸时强度极限很低，适用于做为抗压材料。

6. 极限应力、许用应力与安全因数

材料固有的能承受应力的上限，用 σ° 表示。塑性材料取屈服极限为极限应力，即 $\sigma^{\circ}=\sigma_S$；脆性材料取强度极限为极限应力，即 $\sigma^{\circ}=\sigma_b$。

材料正常工作时容许采用的最大应力，称为许用应力。极限应力与许用应力的比值称为安全因数。

7. 应力集中

由于杆件截面的突然变化而引起局部应力急剧增大的现象，称为应力集中。

思 考 题

1. 简述轴向拉(压)杆的受力特点和变形特点；判断图5-34所示支架中，哪根属于轴向拉伸？不计自重。

2. 什么是剪切变形？什么是挤压变形？

3. 简述用截面法求内力的步骤。

4. 内力和应力有什么区别？两根材料不同，截面相同的杆，受相同的轴向拉伸作用，它们的内力和应力是否相同？

5. 力的可传性原理在研究杆件的变形时是否适用？如图5-35所示，直杆AB受轴向拉力P的作用，若将B点的力P移至C点，对直杆AB的内力和变形有无影响？

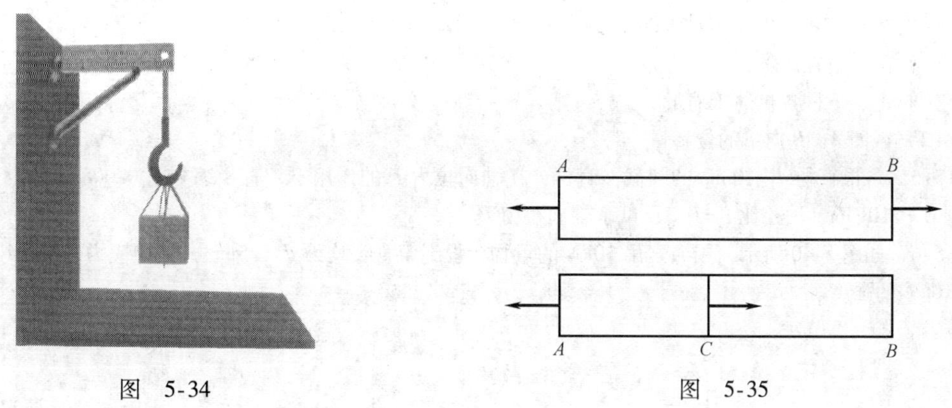

图 5-34　　　　图 5-35

6. 对于轴向拉(压)杆而言，轴力最大的截面一定是危险截面，这种说法对吗？

7. 低碳钢拉伸时的应力-应变图可分为哪四个阶段？每个阶段对应的特征应力极限值是什么？

8. 塑性材料与脆性材料的主要区别是什么？判断塑性材料与脆性材料的指标有哪些？

9. 极限应力和许用应力有什么区别？安全因数的选取主要考虑哪些因素？塑性材料和脆性材料的极限应力各指什么极限？

10. 材料经过冷作硬化处理后，其力学性能有何变化？

11. 什么是应力集中？应力集中对受力构件有何影响？

习　题

5-1　求图5-36中杆各段横截面上的轴力，并绘制杆的轴力图。

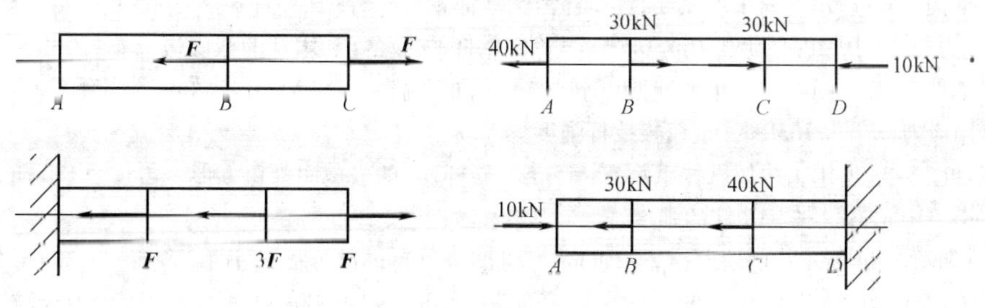

图 5-36

5-2　如图 5-37 所示，一阶梯形钢杆，$P_1=40\text{kN}$，$P_2=20\text{kN}$，AC 段的横截面面积 $A_1=500\text{mm}^2$，CD 段的横截面面积 $A_2=200\text{mm}^2$，求各杆段横截面上的内力和应力。

5-3　如图 5-38 所示，一受轴向拉力 $P=20\text{kN}$ 的等直杆，已知杆横截面面积 $A=100\text{mm}^2$，求 $\alpha=0°$，30°，60°，90°的各斜截面上的正应力和切应力。

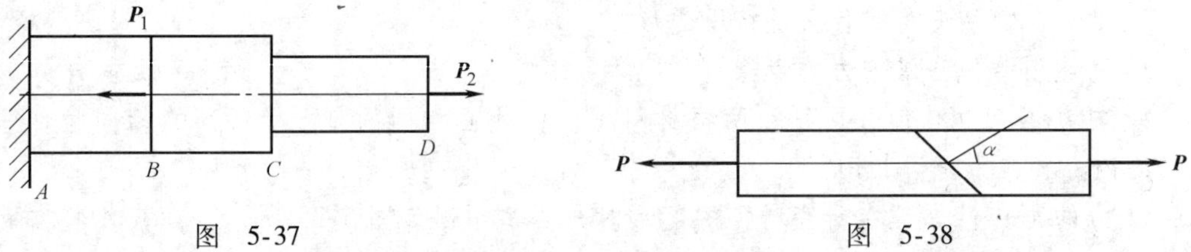

图　5-37　　　　图　5-38

5-4　如图 5-39 所示，截面为正方形的阶梯形砖柱，上柱高 4m，下柱高 5m，荷载 $P=40\text{kN}$，砖砌体的弹性模量 $E=3000\text{MPa}$，不考虑砖柱的自重，试计算：

（1）上、下柱的轴力和正应力。

（2）上、下柱各自的压缩量。

（3）截面 A、B 向下的位移量。

5-5　一根直径 $d=10\text{mm}$ 的圆截面直杆，在轴向拉力 P 的作用下，直径缩减了 0.005mm，材料的弹性模量 $E=210\text{GPa}$，泊松比 $\nu=0.3$，试求轴向拉力 P。

5-6　如图 5-40 所示，用绳索吊 10kN 的重物，设绳索直径均为 $d=25\text{mm}$，许用应力 $[\sigma]=10\text{MPa}$，试校核绳索的强度。

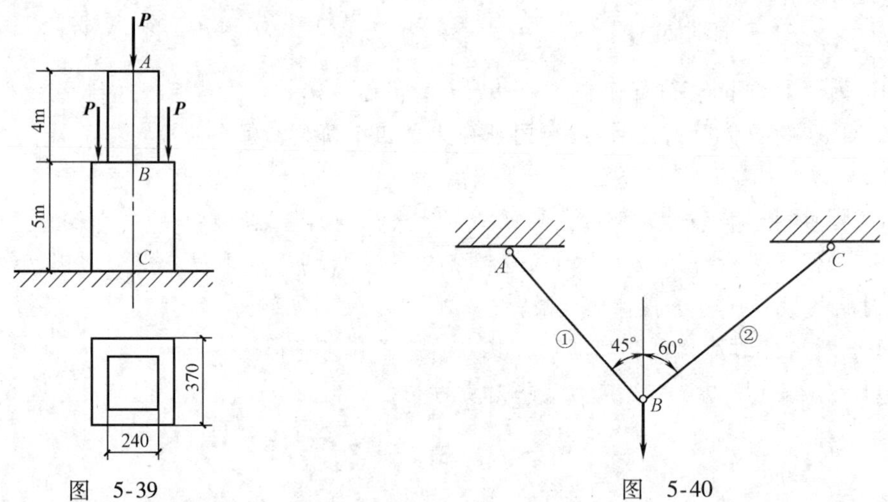

图　5-39　　　　图　5-40

5-7　如图 5-41 所示的三角形支架，BC 杆为圆截面钢杆，许用应力 $[\sigma]=160\text{MPa}$，AC 杆为正方形木杆，许用应力 $[\sigma]=10\text{MPa}$，荷载 $P=50\text{kN}$，试确定钢杆的直径 d 和木杆的截面边长 a。

5-8　如图 5-42 所示，一三角形屋架，承受竖向均布荷载 $q=10\text{kN/m}$，已知屋架的钢拉杆 AB 直径 $d=16\text{mm}$，许用应力 $[\sigma]=170\text{MPa}$，试校核拉杆强度。

5-9　如图 5-43 所示，构架悬挂重物 $Q=15\text{kN}$，斜杆 AB 的横截面为正方形，边长为 100mm，木材的许用应力 $[\sigma]=8\text{MPa}$，试校核 AB 杆的强度。

5-10　如图 5-44 所示，两块厚度 $t=10\text{mm}$，宽度 $b=70\text{mm}$ 的钢板，用两个直径 $d=20\text{mm}$ 的铆钉搭接在一起，钢板受拉力 $P=70\text{kN}$，已知：$[\tau]=140\text{MPa}$，$[\sigma_{bs}]=280\text{MPa}$，$[\sigma]=160\text{MPa}$，试校核其强度。

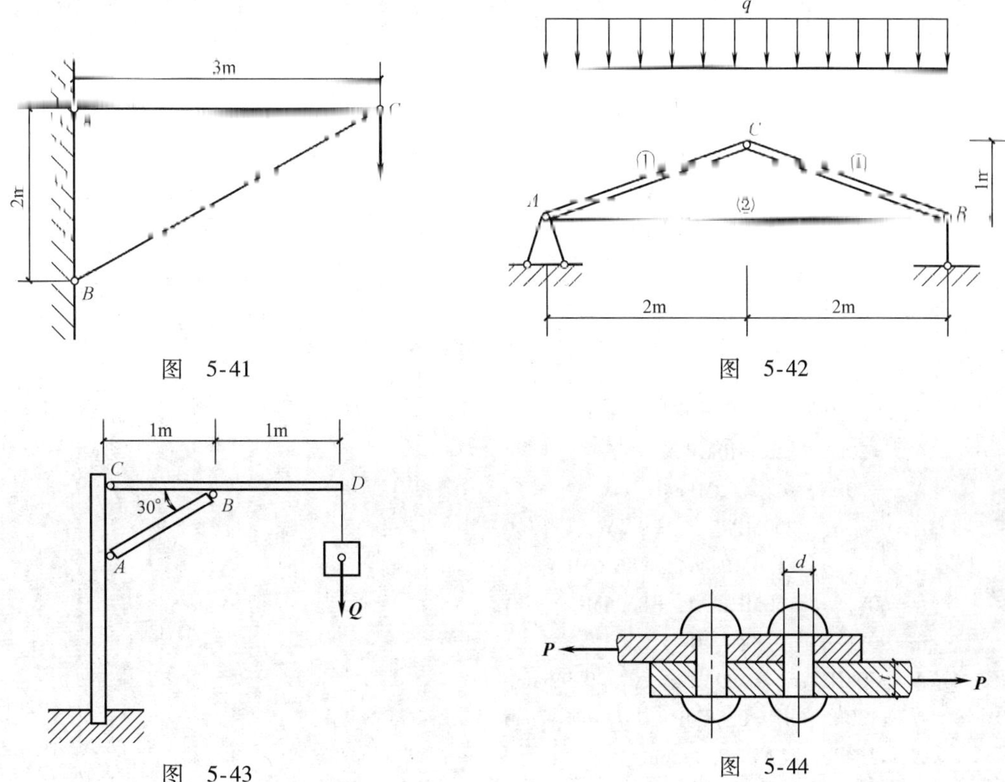

图 5-41

图 5-42

图 5-43

图 5-44

5-11 如图 5-45 所示，有一悬臂梁 AB，在其 A 处设有一拉杆 AC，截面为圆形，直径 $d=70\text{mm}$，许用应力$[\sigma]=170\text{MPa}$，在 AB 梁上作用一荷载 $P=200\text{kN}$，试问：荷载 P 作用于什么位置最危险？此时 AC 杆的强度是否能满足要求？

5-12 如图 5-46 所示，一木屋架的端接头，已知斜杆上的压力 $P=50\text{kN}$，木材的许用应力$[\tau]=1\text{MPa}$，$[\sigma_{bs}]=8\text{MPa}$，试确定其尺寸 l 和 h。

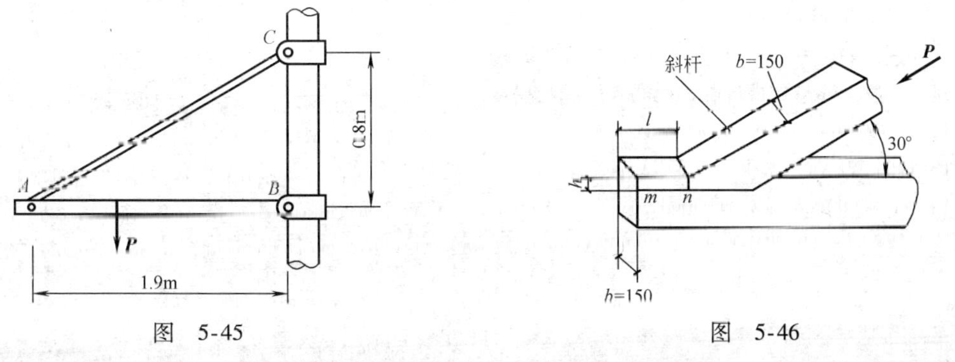

图 5-45

图 5-46

5-13 如图 5-47 所示，一阶梯形杆，其上端固定，下端与底面留有空隙 $\Delta=0.08\text{mm}$，上端为铜，$A_1=40\text{cm}^2$，$E_1=100\text{GPa}$；下端为钢，$A_2=20\text{cm}^2$，$E_2=200\text{GPa}$。试求力 P 等于多少时，下端空隙恰好消失。

5-14 如图 5-48 所示，两拉杆 1、2 均为钢杆，$[\sigma]=160\text{MPa}$，其中钢杆 1 长 $L_1=2\text{m}$，钢杆 2 长 $L_2=1.5\text{m}$，梁 AB 保持水平，试选择杆 1 和杆 2 的横截面面积。

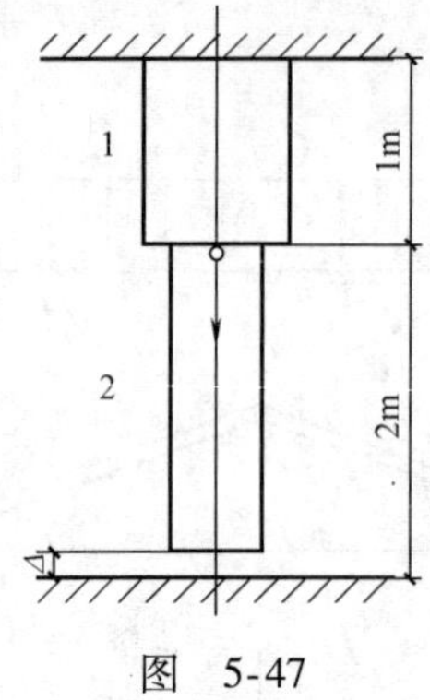

图 5-47

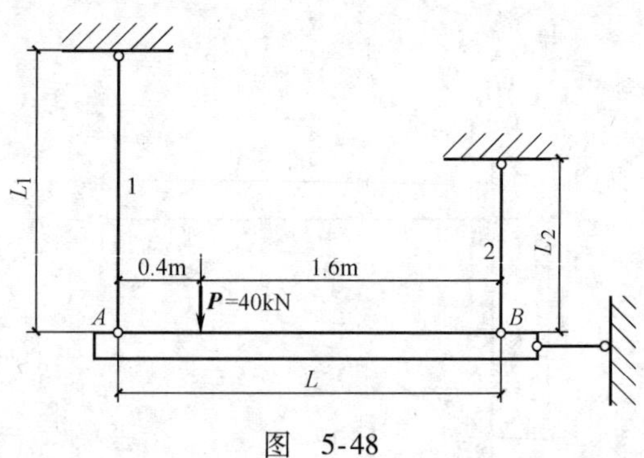

图 5-48

参考答案

5-2 $N_{AB} = -20\text{kN}$，$\sigma_{AB} = -40\text{MPa}$

$N_{BC} = 20\text{kN}$，$\sigma_{BC} = 40\text{MPa}$

$N_{CD} = 20\text{kN}$，$\sigma_{CD} = 40\text{MPa}$

5-3 $\alpha = 0°$，$\sigma_\alpha = 200\text{MPa}$ $\tau_\alpha = 0$

$\alpha = 30°$，$\sigma_\alpha = 150\text{MPa}$ $\tau_\alpha = 86.6\text{MPa}$

$\alpha = 60°$，$\sigma_\alpha = 50\text{MPa}$ $\tau_\alpha = 86.6\text{MPa}$

$\alpha = 90°$，$\sigma_\alpha = 0$ $\tau_\alpha = 0$

5-4 $N_1 = 40\text{kN}$，$\sigma_1 = 0.69\text{MPa}$，$\Delta l_1 = 0.92\text{mm}$

$N_2 = 120\text{kN}$，$\sigma_2 = 0.88\text{MPa}$，$\Delta l_2 = 1.47\text{mm}$

$\Delta_B = 1.47\text{mm}$，$\Delta_A = 2.39\text{mm}$

5-5 $P = 27.5\text{kN}$

5-6 不安全（$\sigma_{AB} = 18.27\text{MPa}$；$\sigma_{AC} = 14.92\text{MPa}$）

5-7 $d > 26.8\text{mm}$，取 27mm；$a > 87\text{mm}$，取 90mm

5-8 $\sigma = 99.5\text{MPa} < [\sigma] = 170\text{MPa}$，安全

5-9 $\sigma_1 = 6\text{MPa} < [\sigma] = 8\text{MPa}$，安全

5-10 （1）$\tau = 111.46\text{MPa} < [\tau] = 140\text{MPa}$，安全

（2）$\sigma_{jy} = 175\text{MPa} < [\sigma_{jy}] = 280\text{MPa}$，安全

（3）$\sigma_l = 140\text{MPa} < [\sigma_l] = 160\text{MPa}$，安全

5-11 P 位于 A 点处最危险，此时强度满足要求。

5-12 $l = 290\text{mm}$，$h = 35\text{mm}$

5-13 $P = 32\text{kN}$

5-14 $A_1 \geqslant 200\text{mm}^2$，$A_2 \geqslant 50\text{mm}^2$

第6章　扭　　转

知识目标：

1. 掌握扭转时圆轴横截面上扭矩的计算。
2. 熟悉扭转时圆轴横截面应力分布及其计算。
3. 熟悉圆轴扭转时的强度条件。

能力目标：

1. 能够绘制扭矩图。
2. 能够应用圆轴扭转时的强度条件设计或校核受扭杆件。

6.1　扭转的概念

工程中经常利用轴的转动来传递动力，如图6-1所示。这时的轴需要承受传递动力时作用其上的多个力偶，这些力偶将使轴的任意两横截面绕轴的轴线相对转动，或者说两横截面间产生相对转角，称为扭转角，这种变形为扭转变形，这种现象即为扭转现象，如图6-2所示。扭转变形是构件的基本变形形式之一。本章主要讨论圆截面直杆(统称圆轴)的扭转问题。

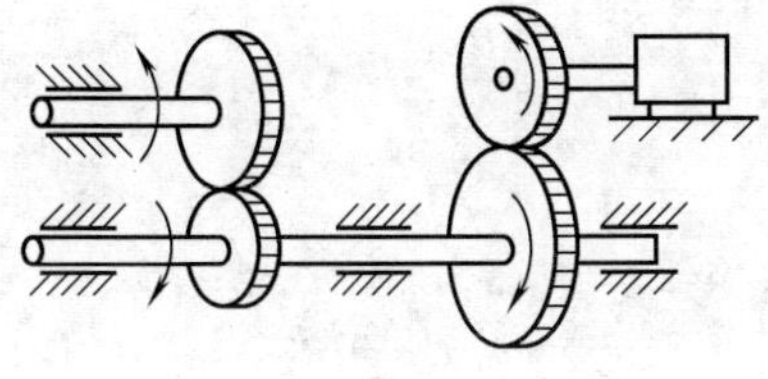

图　6-1

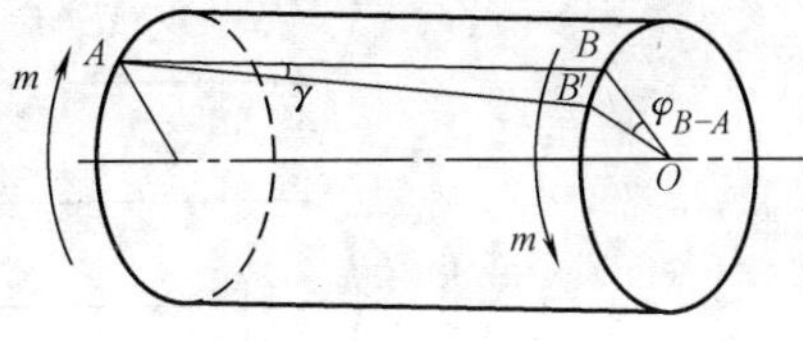

图　6-2

6.2　圆轴扭转时的扭矩及扭矩图

6.2.1　扭矩

如图6-3所示圆轴，在两端垂直于轴线的平面内作用一对力偶 M_e。采用截面法，假想从 $m—m$ 截面截开，取左边一段为分离体。

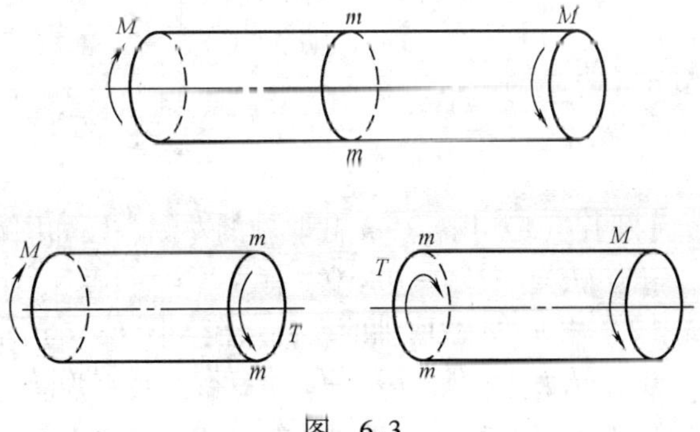

图　6-3

设截面上的内力为 T，由静力学中力偶系平衡条件 $\sum M_x = 0$ 有 $T = M_e$，即截面上的内力一定是一个力偶，我们将这个内力偶称为扭矩。

由于力偶有不同的转向，为了统一表达截面上不同转向的扭矩，对扭矩的转向和扭矩值正负号之间的关系规定：以右手四指指向扭矩的旋转方向，当右手大姆指指向横截面外法线方向时扭矩值为正，反之为负。该规定称为右手螺旋法则，如图 6-4 所示。

扭矩 T 的单位与力偶矩相同，常用牛［顿］米(N·m)或千牛［顿］米(kN·m)。

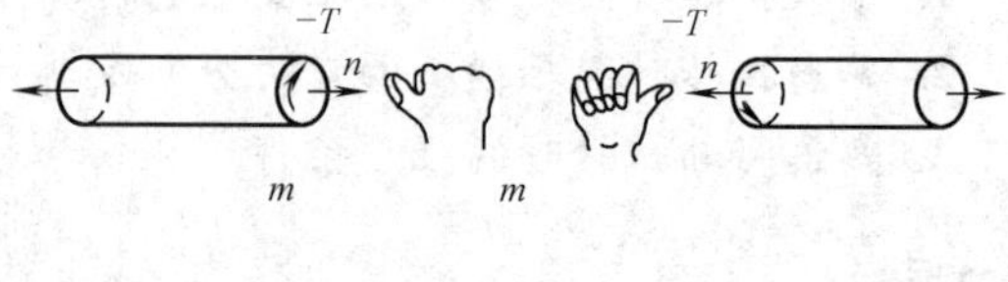

图 6-4

6.2.2 扭矩图

如果有多个外力偶分别作用于轴上不同的位置，则不同横截面上的扭矩值也不相同。我们将不同截面上的扭矩值计算出来，并将其值沿轴线画于图上，就形成了扭矩图，它是扭转问题的内力图。下面我们通过一个例子来说明扭矩图的画法。

【例 6-1】 一轴受三个外力偶 $M_1=10\text{kN}\cdot\text{m}$、$M_2=40\text{kN}\cdot\text{m}$、$M_3=30\text{kN}\cdot\text{m}$，其转向如图 6-5a 所示，试画出该轴的扭矩图。

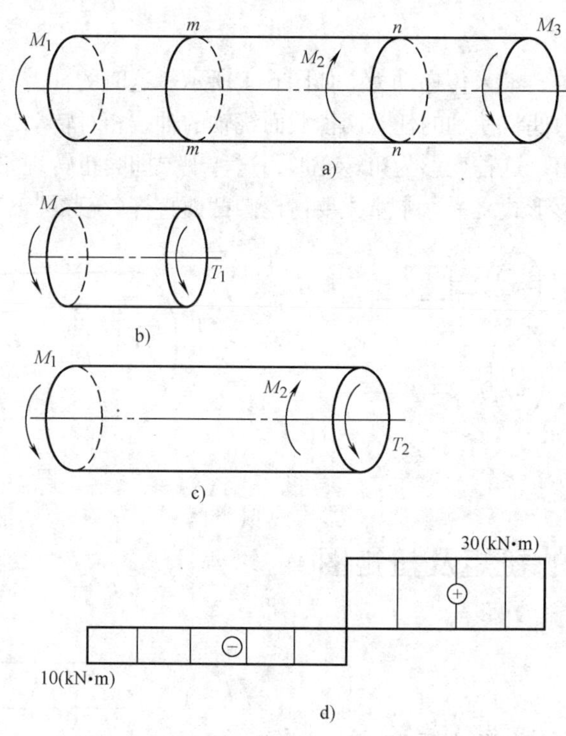

图 6-5

【解】 (1) 用 m—m 截取轴的左侧一段如图 6-5b 所示，

由 $\sum M_x=0$　$T_1+10=0$　有　$T_1=-10\text{kN}\cdot\text{m}$。

(2) 用 n—n 截取轴的左侧一段如图 6-5c 所示，

由 $\sum M_x=0$　$T_2+10-40=0$　有　$T_2=30\text{kN}\cdot\text{m}$。

(3) 将计算的扭矩值画于轴线上，如图 6-5d 所示。

6.3 圆轴扭转时的截面应力分布

为了分析圆轴扭转时横截面上应力分布规律，与分析受拉(压)杆件时一样，我们从实验入手。如图6-6a所示，设橡胶面，在一圆轴表面上标画许多平行的纵向线和圆周线，然后在两端加一对力偶，橡胶圆轴发生了变形，如图6-6b所示，我们观察到的结果是：

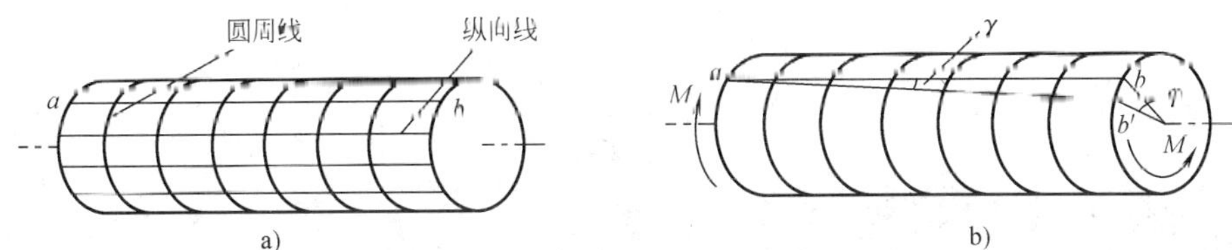

图 6-6

(1) 原来的纵向线都倾斜了同一个角度γ，变成螺旋线，原来的矩形格子都变成了平行四边形。

(2) 圆周线仍保持原来形状，各圆周线之间距离不变，只相对转动一个角度(即扭矩角)。

(3) 圆轴的直径没发生改变。

由此可以推出：

(1) 圆轴扭转后，纵向纤维没有伸长(缩短)，横截面上的正应力$\sigma=0$，由此我们假设任一横截面上的各点在变形前后仍处于同一个平面上。

(2) 表面上的小矩形变成平行四边形，表明相邻两横截面发生相互错动，属剪切变形。剪切变形的程度以γ角来表示，γ称为切应变。

(3) 由于圆轴的直径没发生改变，我们可以假设内部各点到轴线的距离变形前后保持不变，扭转变形时的各点只以各自到轴线的距离为半径沿圆周位移。

(4) 圆轴横截面上存在切应力，它的方向沿着圆周切线方向，即垂直于横截面圆半径。

通过大量材料的力学试验和统计分析得知：在弹性范围内，切应变γ与切应力τ之间存在直线比例关系。称为剪切胡克定律，即

$$\tau=G\gamma \tag{6-1}$$

式中，G称为切变模量。常用材料的G值也可从有关手册中查到。

横截面上的切应力τ的分布规律，可从分析横截面上各点的切应变γ着手。圆截面变形后仍为圆平面，平面上直径仍为一直线，只是由原来位置转过一个角度。如图6-7a所示，横截面外沿的圆周处的点移动得最大，也就是图6-7b所示表面上的切应变γ最大；圆心处(即轴线位置)的点没有移动，切应变γ为零；其余各点移动的大小与该点到圆心的距离成正比，即沿直径各点的切应变γ与该点到圆心距离ρ成正比。因此沿直径各点的切应力τ，由剪切胡克定律可知，也与该点到圆心距离ρ成正比，方向与半径垂直。实心圆轴的横截面上切应力分布如图6-7b所示，空心圆轴的横截面上切应力分布如图6-7c所示。

由此可推出圆截面上任一点切应力τ的计算公式(推导从略)可表达为

$$\tau_{\rho}=\frac{T\rho}{I_{\mathrm{p}}} \tag{6-2}$$

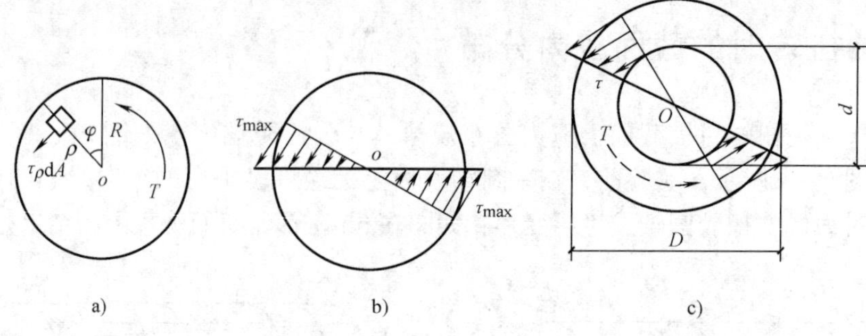

图 6-7

式中 T——横截面上所受扭矩；

ρ——横截面任一点至圆心的距离；

I_p——横截面对形心的截面二次极矩（极惯性矩）。它是一个只由截面尺寸和形状决定的几何常量，简单图形的截面二次极矩可从相关工具书中查到，对于实心圆轴，有

$$I_p = \frac{\pi D^4}{32} \approx 0.1D^4 \tag{6-3}$$

式中 D——圆截面直径。对于空心圆轴，有

$$I_p = \frac{\pi(D^4 - d^4)}{32} \approx 0.1D^4(1-\alpha^4) \tag{6-4}$$

式中 D、d——分别为空心圆截面的外径与内径；

α——内外径之比，即 $\alpha = d/D$。

I_P 的单位是长度四次方，即 mm^4。

由图 6-7 可知最大切应力 τ_{max} 在圆周处，即在 $\rho = R$ 处。R 为圆截面半径，$R = D/2$，于是

$$\tau_{max} = \frac{T\rho_{max}}{I_p} = \frac{TR}{I_p} \tag{6-5}$$

令 $W_p = I_P/R$，称为抗扭截面系数，上式可改写为

$$\tau_{max} = \frac{T}{W_p} \tag{6-6}$$

W_p 的单位为长度的三次方，即 mm^3，它是一个可以衡量截面尺寸和形状抗扭能力的参数，其值相关工具书中查到。直径为 D 的圆截面的计算公式为

$$W_p = \frac{\pi D^3}{16} \approx 0.2D^3 \tag{6-7}$$

6.4 圆轴扭转时的强度计算

为了保证圆轴安全正常工作，轴内最大切应力不应超过材料扭转许用切应力[τ]，即：

$$\tau_{max} = \frac{T}{W_p} \leqslant [\tau] \tag{6-8}$$

上式称为圆轴扭转时的强度条件。式中$[\tau]$为扭转许用切应力，可由相关工具书中查到。在静荷载作用下，同一材料扭转许用切应力$[\tau]$与其拉伸时的许用应力$[\sigma]$之间关系为：

对于塑性材料　$[\tau]=(0.5\sim0.6)[\sigma]$

对于脆性材料　$[\tau]=(0.8\sim1.0)[\sigma]$

应用强度条件式(6-8)可以进行以下三个方面的计算：

（1）对圆轴的强度进行校核。若扭转轴中的最大切应力$\tau_{max}\leqslant[\tau]$，则圆轴处于安全状态。

（2）当圆轴材料、截面尺寸为已知时，由$[M_e]\longleftrightarrow[T]\leqslant[W_p][\tau]$，可用来确定圆轴在安全状态下所能承受的最大许用荷载。

（3）当荷载和圆轴材料为已知时，可以确定圆轴截面尺寸(直径)。

由$W_p\geqslant\dfrac{T}{[\tau]}$确定的实心圆轴直径为

$$D\geqslant\sqrt[3]{\frac{16T}{\pi[\tau]}}\approx\sqrt[3]{\frac{1}{0.2}\times\frac{T}{[\tau]}} \tag{6-9}$$

确定的空心圆轴外径为

$$D\geqslant\sqrt[3]{\frac{16T}{\pi(1-\alpha^4)[\tau]}}\approx\sqrt[3]{\frac{1}{0.2}\times\frac{T}{(1-\alpha^4)[\tau]}} \tag{6-10}$$

【例6-2】 一实心圆轴直径为100mm，受三个外力偶$M_1=10\text{kN}\cdot\text{m}$、$M_2=40\text{kN}\cdot\text{m}$、$M_3=30\text{kN}\cdot\text{m}$，其转向如图6-8a所示，已知该轴所用材料的扭转许用切应力值$[\tau]=160\text{MPa}$，试计算它的最大应力值，并校核该轴强度。

【解】 根据本题条件可绘出其轴的扭矩图，如图6-8b所示。其最大应力值出现在到横截面外沿的圆周上，其切应力值的计算可用式(6-6)解出：

$$\tau_{max}=\frac{T_{max}}{W_p}\approx\frac{30\times10^3\times1000}{0.2\times100^3}\text{MPa}$$

$$=\frac{3\times10^7}{2\times10^5}\text{MPa}=150\text{MPa}$$

由公式(6-8)，有

$$\tau_{max}=\frac{T_{max}}{W_p}\approx150\text{MPa}\leqslant160\text{MPa}=[\tau]$$

该轴的强度符合要求。

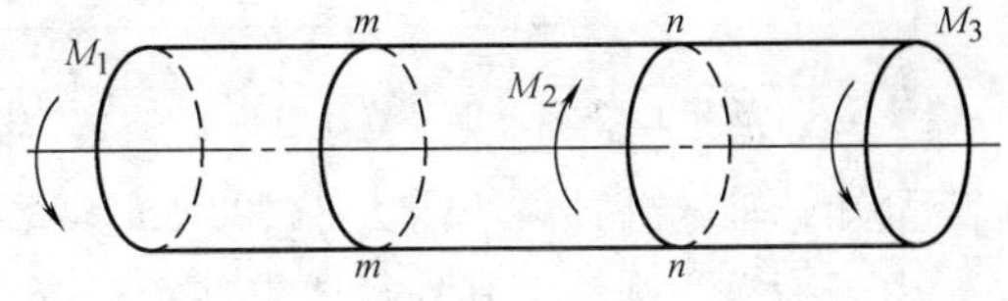

a)

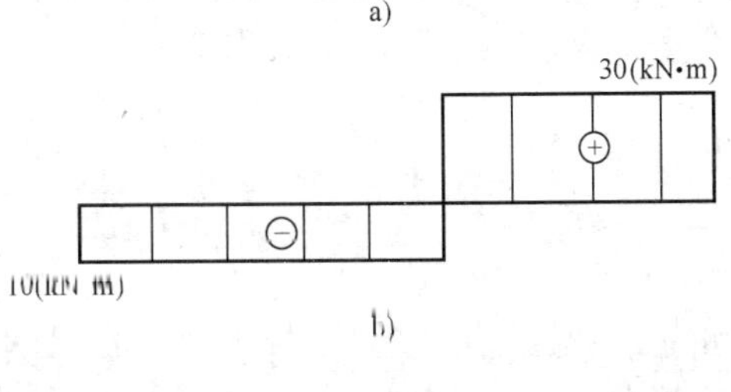

b)

图　6-8

请注意：

（1）计算式中列出的物理单位应为：

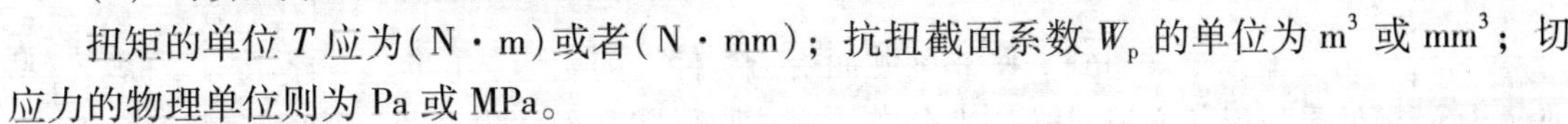

扭矩的单位T应为(N·m)或者(N·mm)；抗扭截面系数W_p的单位为m^3或mm^3；切应力的物理单位则为Pa或MPa。

（2）真正计算其切应力时，不必在中间过程内加注物理单位，只需在计算结果后加注切应力的物理单位Pa或MPa。

【例 6-3】 一实心圆轴直径为 100mm，受三个外力偶 $M_1=10\text{kN}\cdot\text{m}$、$M_2=40\text{kN}\cdot\text{m}$、$M_3=30\text{kN}\cdot\text{m}$，其转向如图 6-5(a)所示，试确定该轴的扭转许用切应力值[τ]。

【解】 本题受扭情况同上题，其轴的扭矩图如图 6-5b 所示，可由公式 6-8 计算：

由 $\tau_{\max}=\dfrac{T}{W_p}\leqslant[\tau]$，有

$$[\tau]\geqslant\tau_{\max}=\frac{T_{\max}}{W_p}\approx150\text{MPa}$$

所选轴的材料满足[τ]$\geqslant$150MPa。

【例 6-4】 一实心圆轴受三个外力偶 $M_1=10\text{kN}\cdot\text{m}$、$M_2=40\text{kN}\cdot\text{m}$、$M_3=30\text{kN}\cdot\text{m}$，其转向如图 6-5a 所示，已知该轴所用材料的扭转许用切应力值[τ] = 160MPa，试确定该轴的直径。

【解】 本题受扭情况同上题，其轴的扭矩图如图 6-5b 所示。其轴的直径可通过公式(6-9)计算：

$$D\geqslant\sqrt[3]{\frac{1}{0.2}\times\frac{T_{\max}}{[\tau]}}=\sqrt[3]{\frac{1}{0.2}\times\frac{30\times10^6}{160}}\text{mm}=97.87\text{mm}$$

因此，轴的直径应大于 97.87mm。

【例 6-5】 一空心圆轴受三个外力偶 $M_1=10\text{kN}\cdot\text{m}$、$M_2=40\text{kN}\cdot\text{m}$、$M_3=30\text{kN}\cdot\text{m}$，其转向如图 6-5a 所示，已知该轴的内外径之比为 0.5(即 $\alpha=r/R=0.5$)，所用材料的扭转许用切应力值[τ] = 160MPa，试确定该轴的外径，并与实心圆轴的结果进行比较。

【解】 本题受扭情况同上题，其轴的扭矩图如图 6-5b 所示。其轴的外径可通过公式(6-10)计算：

$$D\geqslant\sqrt[3]{\frac{16T}{\pi(1-\alpha^4)[\tau]}}\approx\sqrt[3]{\frac{1}{0.2}\times\frac{T}{(1-\alpha^4)[\tau]}}=\sqrt[3]{\frac{1}{0.2}\times\frac{30\times10^6}{(1-0.5^4)\times160}}\text{mm}=100\text{mm}$$

可知，轴的外径大小需大于 100mm。

由于为空心圆轴，其外径要求在荷载条件一样时(例 6-4、例 6-5)比实心圆轴的直径要大，但是，两轴的横截面积之比是：

$$\frac{S_{空}}{S_{实}}=\frac{\dfrac{\pi(D_{空}^2-d_{空}^2)}{4}}{\dfrac{\pi D_{实}^2}{4}}=\frac{100^2-50^2}{97.87^2}=0.783$$

可见，满足强度要求的前提下，空心圆轴比实心圆轴省材料 20% 以上(本题条件下)，其轴的自重也按该比率减少；当内外径之比 $\alpha=r/R$ 越大，省材料、减自重的效果越明显。

★6.5 非圆截面构件的扭转问题

我们在建筑工程中常遇到一些非圆截面受扭构件，如矩形、T 形、工字形等截面。这些非圆截面构件受扭后的变形以及应力分布情况与圆形截面构件的不同，并要复杂得多。

实验表明：非圆截面构件受扭后，横截面不再保持平面。如一矩形截面构件受扭转前，在其表面在画上横向线和纵向线如图 6-9a 所示。构件受扭转后，其表面上的横向线和纵向

线都变成曲线如图6-9b所示，原横截面后来发生了翘曲，变成一个曲面，在这种情况下平面假设不适用，因此，不能将用于圆轴扭转的应力计算公式应用于非圆截面构件的应力计算。

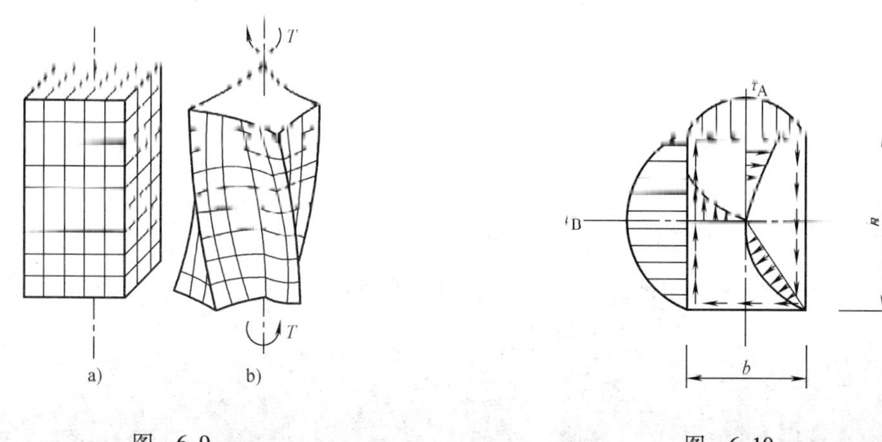

图 6-9　　图 6-10

非圆截面构件的扭转问题需要用弹性力学的理论和方法分析、计算。本节只以矩形截面构件的一些结果为例，简要说明横截面上切应力分布的情况。

矩形截面杆扭转后，横截面上切应力是按照如图6-10所示的分布规律分布的，切应力在矩形截面的外沿长边中点达到最大值，其计算公式为

$$\tau_{\max} = \frac{T}{W_n} = \frac{T}{ahb^2} \tag{6-11}$$

式中　W_n——抗扭截面系数，$W_n = ahb^2$；

　　a——一个与比值 h/b 有关的系数，可在有关手册中查到。

在承受相同扭矩的情况下，矩形截面构件的扭转最大切应力大于相同截面面积的圆截面构件的扭转最大切应力。通过进一步的分析得知，对仅受扭转的构件而言，圆截面是最合理的截面。

本 章 小 结

1. 圆轴扭转时的扭矩及扭矩图

（1）扭矩　采用截面法，取一段为分离体，由静力学中力偶系平衡条件 $\sum M_x = 0$ 可求出截面上的扭矩。对扭矩的转向和扭矩值正负号之间的关系按右手螺旋法则确定。扭矩的单位与力偶矩相同，常用(N·m)或(kN·m)。

（2）扭矩图　将不同截面上的扭矩值计算出来，并将其值沿轴线绘于图上，就形成了扭矩图。

2. 圆轴扭转时的截面应力分布

实心圆轴的横截面上切应力分布如图6-11a所示，空心圆轴的横截面上切应力分布如图6-11b所示。

切应力 τ 的计算公式为　$\tau_\rho = \dfrac{T\rho}{I_p}$

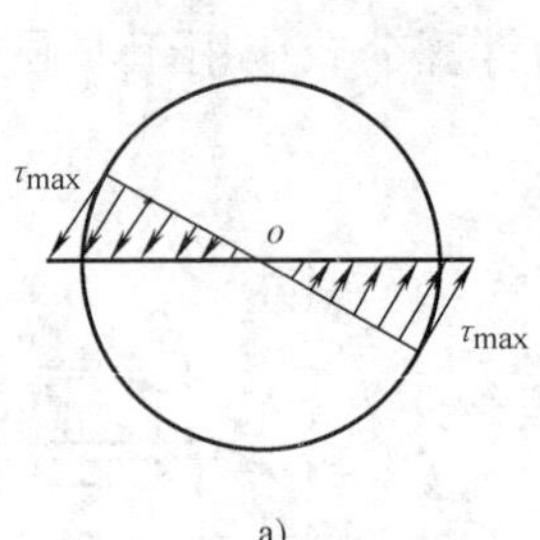

a)

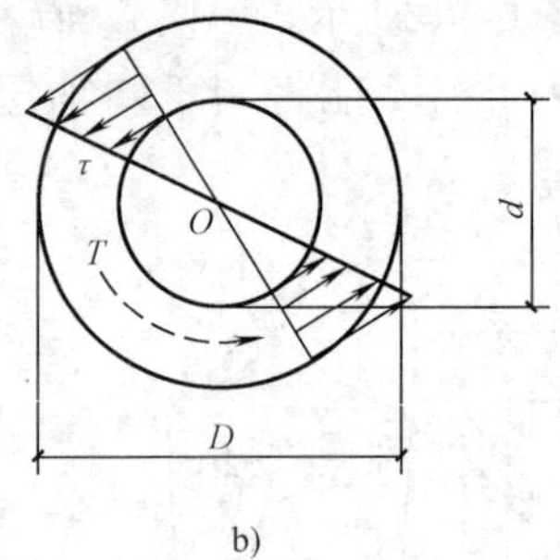

b)

图 6-11

对于实心圆轴 $I_p=\dfrac{\pi D^4}{32}\approx 0.1D^4$

对于空心圆轴 $I_p=\dfrac{\pi(D^4-d^4)}{32}\approx 0.1D^4(1-\alpha^4)$，其中，$\alpha=d/D$。

I_P 的单位常用 mm^4。

最大切应力τ_{max}在圆周处 $\tau_{max}=\dfrac{T\rho_{max}}{I_p}=\dfrac{TR}{I_p}$

令 $W_p=I_p/R$，称为抗扭截面系数，有$\tau_{max}=\dfrac{M_p}{W_p}$

直径为 D 的圆截面的计算公式为 $W_p=\dfrac{\pi D^3}{16}\approx 0.2D^3$

3. 圆轴扭转时的强度计算

强度条件 $\tau_{max}=\dfrac{T}{W_p}\leqslant[\tau]$

利用上式可以进行以下三个方面的计算：

(1) 对圆轴的强度进行校核。

(2) 已知材料、截面尺寸时，确定圆轴在安全状态下所能承受的最大许用荷载。

(3) 已知荷载和材料时，确定圆轴截面尺寸(直径)。

*4. 非圆截面构件的扭转问题

矩形截面杆扭转后，横截面上切应力是按照图 6-10 所示的分布规律分布的。切应力在矩形截面的外沿长边中点达到最大值，其计算公式为$\tau_{max}=\dfrac{T}{W_n}=\dfrac{T}{ahb^2}$，式中，$W_n=ahb^2$，称为抗扭截面系数；$a$ 为一个与比值 h/b 有关的系数，可在有关手册中查到。

在承受相同扭矩的情况下，矩形截面构件的扭转最大切应力大于相同截面面积的圆截面构件的扭转最大切应力。通过进一步的分析得知，对仅受扭转的构件而言，圆截面是最合理的截面。

思 考 题

1. 观察分析构件受扭转后的变形，证明圆轴横截面上沿圆半径各点切应力与该点到圆心距离成正比，方向与半径垂直。

2. 从强度观点分析，图 6-12 所示的两个传动轴，三个轮的位置哪个布置得比较合理？

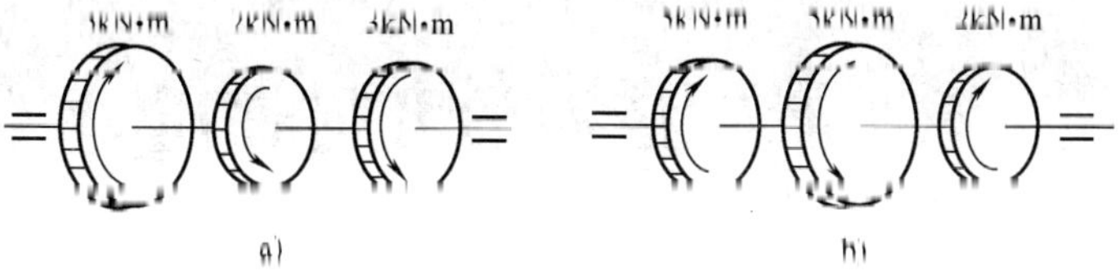

图 6-12

习 题

6-1 已知实心圆轴的直径为70mm，试求图6-12所示传动轴各段的截面上的最大切应力。

6-2 若上题圆轴的材料的扭转许用切应力$[\tau]=80\text{MPa}$，问此圆轴是否安全?

6-3 若上题中的圆轴为空心圆轴，$\alpha=d/D=0.5$，材料的扭转许用切应力$[\tau]=80\text{MPa}$，问此圆轴的外径为多大能确保安全?

参考答案

6-1 72.88MPa。

6-2 $\tau_{max}=72.88\text{MPa}<[\tau]=80\text{MPa}$，安全。

6-3 $D\geqslant 69.34\text{mm}$即可确保安全。

第7章　截面的几何性质

知识目标：

1. 掌握平面图形的形心和静矩、惯性矩和惯性积的概念。
2. 熟悉平面图形的形心和静矩、惯性矩和惯性积的几何性质。

能力目标：

能够计算规则的平面图形的形心、静矩、惯性矩和惯性积。

人们研究构件的扭转、弯曲等问题时发现，构件的强度、刚度不仅与其构件的截面尺寸、所用材料以及承受的荷载有关，还与该构件的截面形状有着密切的关系，这种关系经常以包含着截面上各尺寸的不同表达式显现出来。为了便于对不同变形情况的研究，人们将这种只跟截面几何尺寸有关、对构件强度和刚度有重要影响的各种几何量拿出来单独分析，再将其结果应用于构件的各种变形问题的研究中。

我们把这些只与截面图形几何形状和尺寸有关的几何量称之为截面图形的几何性质，它是纯粹的几何问题，与研究对象的力学性质无关，但它是影响构件承载力的重要因素。例如，在前两章介绍的应力和变形的计算公式中可以看出，应力和变形不仅与杆的内力有关，还与杆件截面的横截面积 A、截面二次极矩（极惯性矩）I_P、抗扭截面系数 W_P 等一些几何量密切相关，以后在弯曲等问题中我们还会遇到平面图形其他的一些几何性质。

7.1　形心和静矩

7.1.1　重心和形心

1. 简单图形的重心和形心

地球上的物体都受到重力（地球引力）的作用，如果把物体看成是由许多微小部分组成的，由于地球的半径远远大于一般物体的尺寸，可以近似地认为这些微小部分所受重力是一个空间同向的平行力系，这个平行力系合力就是物体的重力，其大小即为物体的总重量。实践证明：无论物体在空间怎样放置，物体重力的作用线总是通过物体上一个确定的点，这个点就是物体的重心。

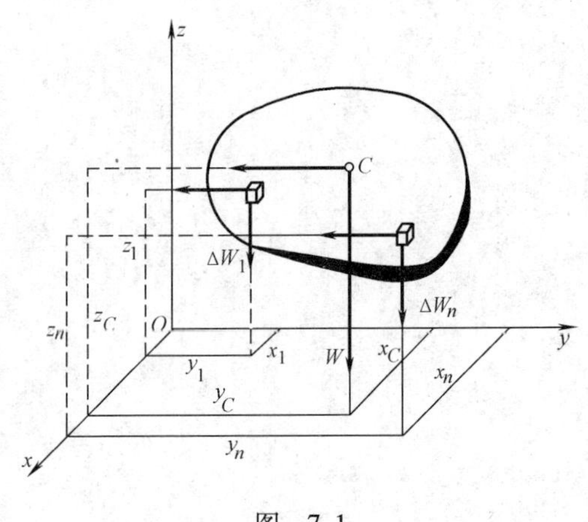

图　7-1

如图7-1所示，设组成物体的各微小部分所受的重力分别用 ΔW_1、ΔW_2、…、ΔW_n，则物体的总重力为：

$$W = \Delta W_1 + \Delta W_2 + \cdots + \Delta W_n$$

取空间直角坐标系 $Oxyz$，设各微小部分重力作用点的坐标分别为(x_1,y_1,z_1)、(x_2,y_2,z_2)、…、(x_n,y_n,z_n)，物体重心 C 点的坐标为(x_C,y_C,z_C)。

对 y 轴应用合力矩定理，有

$$M_y(W) = \sum M_y(\Delta W)$$

即 $$Wx_C = \Delta W_1 x_1 + \Delta W_2 x_2 + \cdots + \Delta W_n x_n$$

所以 $$x_C = \frac{\sum \Delta W_x}{W}$$

同理可得 $$y_c = \frac{\sum \Delta W_y}{W},\quad z_c = \frac{\sum \Delta W_z}{W}$$

因此，一般物体的重心坐标公式为

$$\left.\begin{aligned} x_c &= \frac{\sum \Delta Wx}{W} \\ y_c &= \frac{\sum \Delta Wy}{W} \\ z_c &= \frac{\sum \Delta Wz}{W} \end{aligned}\right\} \qquad (7\text{-}1)$$

若物体是匀质的，即物体的单位体积重量 γ 是常数。设物体的体积为 V，各微小部分的体积分别为 ΔV_1、ΔV_2、…、ΔV_n，则物体的重量 $W=\gamma\cdot V$，每一微小体积的重量 $\Delta W_i=\gamma\cdot\Delta V_i$，把此关系带入式(7-1)，并消去 γ，则得匀质物体的重心坐标公式为

$$\left.\begin{aligned} x_c &= \frac{\sum \Delta Vx}{V} \\ y_c &= \frac{\sum \Delta Vy}{V} \\ z_c &= \frac{\sum \Delta Vz}{V} \end{aligned}\right\} \qquad (7\text{-}2)$$

由此可见，匀质物体的重心位置与物体的重力无关，取决于物体的几何形状，与物体的形心重合。物体的形心就是它的几何中心，故式(7-2)也是体积形心的坐标公式。

对于厚度远比其他两个尺寸小得多的匀质薄平板，其厚度可以略去不计。薄平板的重心就在其所在的平面上，在薄平板平面内取直角坐标系 xoy，如图 7-2 所示，其重心坐标只有 x_c 和 y_c，故式(7-2)中的体积可用面积代换，所以薄平板重心的坐标公式为

$$\left.\begin{aligned} x_c &= \frac{\sum \Delta Ax}{A} \\ y_c &= \frac{\sum \Delta Ay}{A} \end{aligned}\right\} \qquad (7\text{-}3)$$

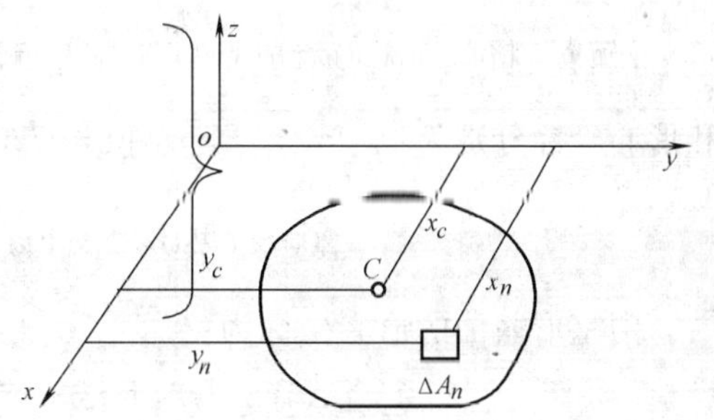

图 7-2

上式又可称为面积形心的坐标公式。

2. 组合图形的形心

若截面图形有对称面、对称轴或对称中心，则它的形心必在此对称面、对称轴或对称中心

上。若截面图形是一个组合图形，而且各简单图形(图 7-3a、b)的形心容易确定，则组合形体的形心可按式(7-3)求得，这种求形心的方法为分割法。另外有些组合图形(图 7-3c、d)，可看作为是从某个简单图形中挖去另一个简单图形而成。则求这类图形的形心，仍可用分割法，只是切去部分的面积(体积)应取负值，这种求形心的方法称为负面积法(负体积法)。

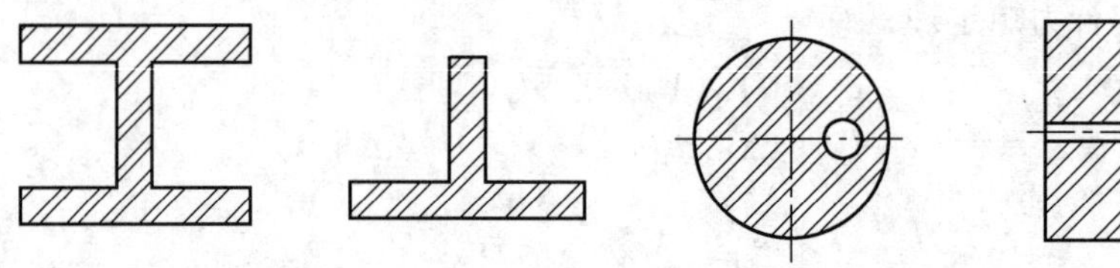

图 7-3

【例 7-1】 试求图 7-4 所示工字形截面的形心坐标。

【解】 将平面图形分割为三个矩形，每个图形的面积和形心坐标分别为

$$A_1 = 80 \times 40 = 3200,\ z_1 = 0,\ y_1 = 40 + 120 + 40/2 = 180$$

$$A_2 = 120 \times 40 = 4800,\ z_2 = 0,\ y_2 = 40 + 120/2 = 100$$

$$A_3 = 40 \times 120 = 4800,\ z_3 = 0,\ y_3 = 40/2 = 20$$

工字形截面的形心坐标为：

$$y_c = \frac{\sum \Delta A y}{A} = \frac{A_1 y_1 + A_2 y_2 + A_3 y_3}{A_1 + A_2 + A_3} = \frac{3200 \times 180 + 4800 \times 100 + 4800 \times 20}{3200 + 4800 + 4800} = 90$$

$$z_c = 0$$

【例 7-2】 试求图 7-5 所示门字形截面的形心坐标。

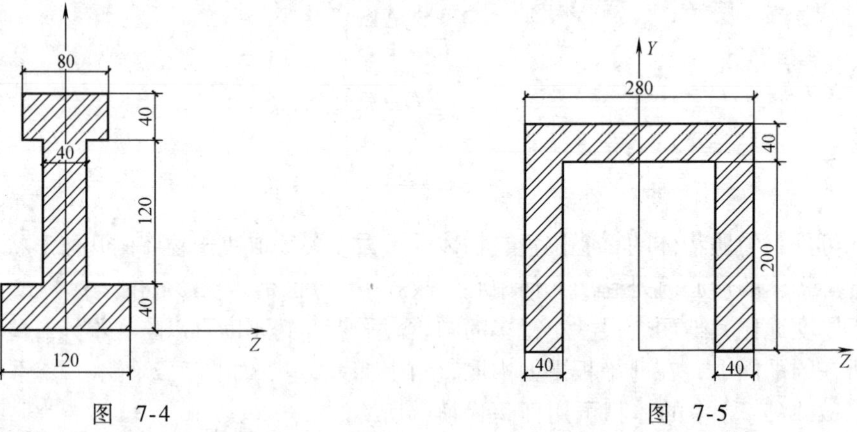

图 7-4　　图 7-5

【解】 将截面图形看成是从一个大矩形中挖去一个小矩形组合而成，每个矩形的面积和形心坐标分别为：　$A_1 = 280 \times 240 = 67200,\ z_1 = 0,\ y_1 = \dfrac{200 + 40}{2} = 120$

$$A_2 = 200 \times (280 - 2 \times 40) = 40000,\ z_2 = 0,\ y_2 = \frac{200}{2} = 100$$

门字形截面的形心坐标为：

$$y_c = \frac{\sum \Delta A y}{A} = \frac{A_1 y_1 + A_2 y_2}{A_1 + A_2} = \frac{67200 \times 120 - 40000 \times 100}{67200 - 40000} = 149.4$$

$$z_c = 0$$

7.1.2 静矩

1. 静矩的概念

截面图形对某轴的静矩，等于该图形面积与该图形的形心到轴的距离之乘积。

图 7-6 所示的截面对 z 轴(或 y 轴)的静矩，就等于该图形面积 A 与其形心坐标 y_C(或 z_C)的乘积。

截面图形的静矩的计算公式为

$$\left.\begin{aligned}S_z &= Ay_C\\ S_y &= Az_C\end{aligned}\right\} \tag{7-4}$$

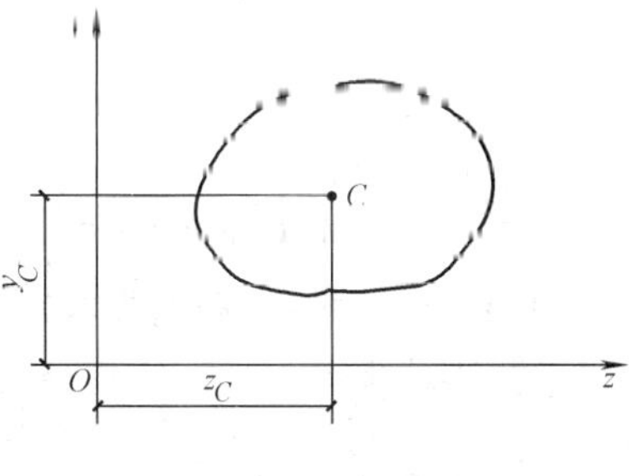

图 7-6

由式(7-4)可以推出：当坐标轴通过截面的形心时，其静矩为零；反之，若截面对某轴的静矩为零，则该轴必通过截面的形心。

截面图形的静矩是对指定的坐标轴而言的，是代数量，它的数值可能为正，可能为负，也可能等于零。常用单位是 m^3 或 mm^3。

2. 组合平面图形的静矩

在工程实际中，经常会遇到由简单几何图形组合而成的横截面构件，根据截面图形静矩的定义，组合图形对 z 轴(或 y 轴)的静矩等于各简单图形对同一轴静矩的代数和，即

$$\left.\begin{aligned}S_z &= A_1y_{C_1} + A_2y_{C_2} + \cdots + A_ny_{C_n} = \sum_{i=1}^{n} A_iy_{Ci}\\ S_y &= A_1z_{C_1} + A_2z_{C_2} + \cdots + A_nz_{C_n} = \sum_{i=1}^{n} A_iz_{Ci}\end{aligned}\right\} \tag{7-5}$$

式中 y_{Ci}、z_{Ci}、A_i——分别为各简单图形的形心坐标和面积；

n——组成组合图形的简单图形的个数。

【例 7-3】 计算如图 7-7 所示 T 形截面对 z 轴的静矩。

【解】 将 T 形截面分为两个矩形，每个矩形的面积和形心分别为

$$A_1 = 40\times200 = 8000,\ y_{C_1} = 40 + 200/2 = 140$$

$$A_2 = 200\times40 = 8000,\ y_{C_2} = 40/2 = 20$$

截面对 z 轴的静矩为：

$$S_{z1} = \sum A_i\cdot y_{C_i} = A_1y_{C_1} + A_2y_{C_2} = 8000\times140 + 8000\times20 = 1.28\times10^6$$

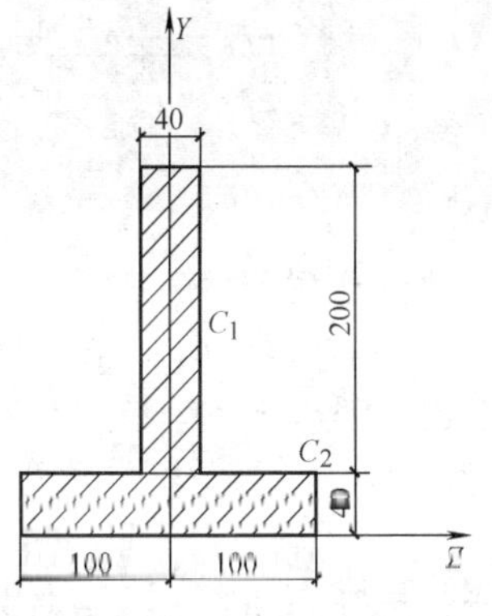

图 7-7

7.2 截面二次矩(惯性矩)和惯性积

7.2.1 截面二次矩和惯性半径

1. 截面二次矩

设任意截面如图 7-8 所示，面积为 A，在截面内任取一微面积 dA，其坐标为(z,y)。将乘积 y^2dA(或 z^2dA)称为微面积 dA 对 z 轴(或 y 轴)的截面二次矩。整个截面上各微面积对 z

轴（或 y 轴）截面二次矩的总和称为该截面对 z 轴（或 y 轴）的截面二次矩，用 I_z（或 I_y）表示。即

$$\left.\begin{aligned} I_z &= \int_A y^2 \mathrm{d}A \\ I_y &= \int_A z^2 \mathrm{d}A \end{aligned}\right\} \tag{7-6}$$

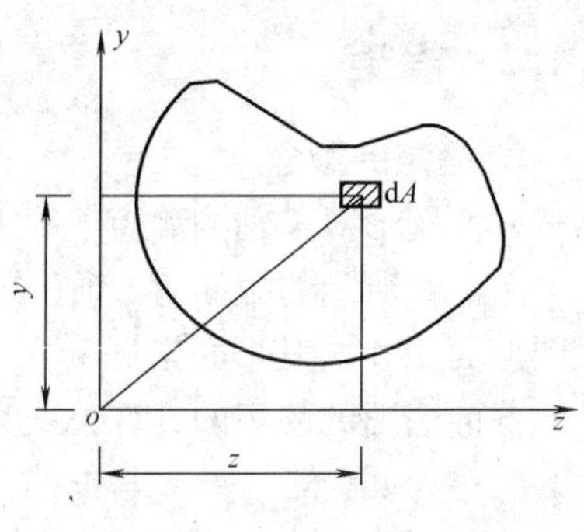

图 7-8

由此可见，截面二次矩也是对坐标轴而言的，恒为正值，常用单位为 m^4 或 mm^4。

2. 简单图形的截面二次矩

如图 7-9 所示，简单图形对形心轴的截面二次矩可通过上式积分求得：

矩形

$$I_z = \frac{bh^3}{12}, \quad I_y = \frac{hb^3}{12} \tag{7-7}$$

圆形
$$I_z = I_y = \frac{\pi}{64}D^4 \tag{7-8}$$

环形
$$I = \frac{\pi D^4}{64}(1 - \alpha^4), \quad \alpha = d/D \tag{7-9}$$

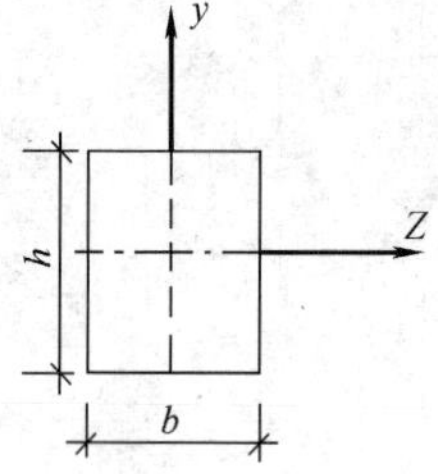

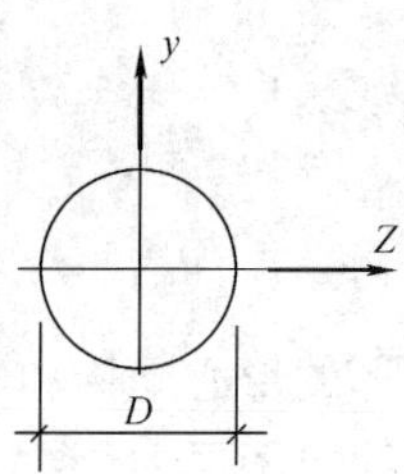

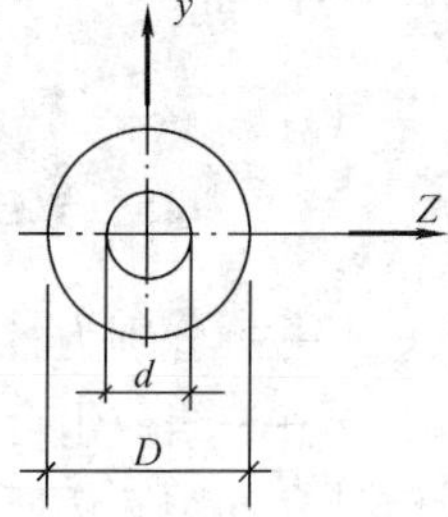

图 7-9

3. 惯性半径

在工程中为了计算方便，常将图形的截面二次矩表示为图形面积 A 与某一长度平方的乘积。即

$$I_z = i_z^2 A, \quad I_y = i_y^2 A$$

或改写成
$$i_z = \sqrt{\frac{I_z}{A}}, \quad i_y = \sqrt{\frac{I_y}{A}} \tag{7-10}$$

式中 i_z、i_y——分别称为平面图形对 z 轴、y 轴的惯性半径，也叫回转半径。它的单位为 m 或 mm。

矩形
$$i_z = \sqrt{\frac{I_z}{A}} = \sqrt{\frac{\frac{bh^3}{12}}{bh}} = \frac{h}{\sqrt{12}}$$

$$i_y = \sqrt{\frac{I_y}{A}} = \sqrt{\frac{\frac{hb^3}{12}}{bh}} = \frac{b}{\sqrt{12}}$$

圆形 $$i_z = i_y = \sqrt{\frac{\frac{\pi D^4}{64}}{\frac{\pi D^2}{4}}} = \frac{D}{4}$$

7.2.2 惯性积

在如图 7-8 所示的截面图形中，微面积 dA 与它的两个坐标 z、y 的乘积 zydA 称为微面积 dA 对 z、y 两轴的惯性积。整个图形上所有微面积对 z、y 两轴惯性积的总和称为该图形对 z、y 两轴的惯性积，用 I_{zy} 表示。即

$$I_{zy} = \int_A zy\mathrm{d}A \tag{7-11}$$

惯性积是截面图形对某两个正交坐标轴而言，由于坐标值 z、y 有正负，因此惯性积可能为正或负，也可能为零。它的单位为 m^4 或 mm^4。如果坐标轴 z 或 y 中有一个是图形的对称轴，则截面图形对 z、y 轴的惯性积必然为零。即

$$I_{zy} = \int_A zy\mathrm{d}A = 0$$

7.2.3 平行移轴公式

1. 截面二次矩的平行移轴公式

如前所述，截面二次矩是对坐标轴而言的，同一平面图形对互相平行的两对坐标轴的截面二次矩并不相同，但它们之间存在着一定的关系，利用这一关系可求出复杂平面图形的截面二次矩。

图 7-10 为一任意平面图形，图形面积为 A，设形心为 C，z_c、y_c 轴是通过图形形心的一对正交坐标轴，z、y 轴是分别与 z_c 轴、y_c 轴平行的另一对正交坐标轴，且距离分别为 a、b。已知图形对形心轴 z_c、y_c 的截面二次矩分别为 I_{zc}、I_{yc}，求该图形对 z、y 轴的截面二次矩和惯性积 I_z、I_y。

根据截面二次矩定义，图形对 z 轴的截面二次矩为

$$I_z = \int_A y_1^2 \mathrm{d}A = \int_A (y + a)^2 \mathrm{d}A$$
$$= \int_A y^2 \mathrm{d}A + 2a\int_A y\mathrm{d}A + a^2\int_A \mathrm{d}A$$

其中

$$\int_A y^2 \mathrm{d}A = I_{zc}$$
$$\int_A y\mathrm{d}A = S_z = 0$$
$$\int_A \mathrm{d}A = A$$

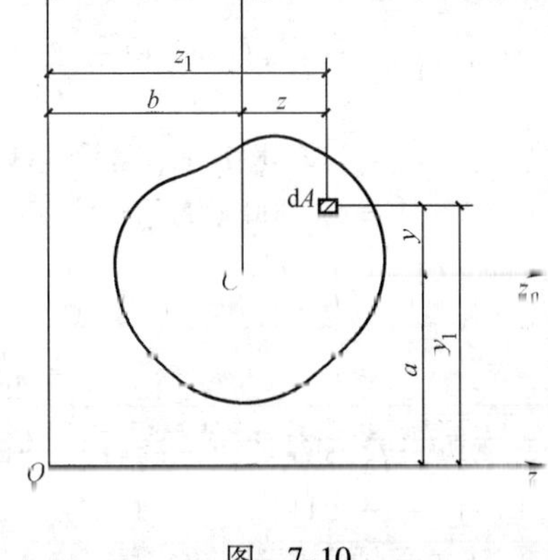

图 7-10

于是得到 $$I_z = I_{zc} + a^2 A$$
$$I_y = I_{yc} + b^2 A \tag{7-12}$$

式(7-12)称为截面二次矩的平行移轴公式。它表明，图形对任一轴的截面二次矩，等于图形对与该轴平行的形心轴的截面二次矩，再加上图形面积与两平行轴间距离平方的乘

积。由于 a^2（或 b^2）恒为正值，故在所有平行轴中，截面图形对形心轴的截面二次矩最小。

2. 组合图形截面二次矩的计算

在工程实际中，常会遇到一些组合图形。由截面二次矩定义可知，组合图形对任一轴的截面二次矩，等于组成组合图形的各简单图形对同一轴截面二次矩之和。即

$$\left.\begin{aligned} I_z &= I_{1z} + I_{2z} + \cdots + I_{nz} = \sum I_{iz} \\ I_y &= I_{1y} + I_{2y} + \cdots + I_{ny} = \sum I_{iy} \end{aligned}\right\} \tag{7-13}$$

在计算组合图形的截面二次矩时，首先应确定组合图形的形心位置，然后通过积分或查表求得各简单图形对自身形心轴的截面二次矩，再利用平行移轴公式，就可计算出组合图形对其形心轴的截面二次矩。

工程中大部分构件的截面形状是规则的，如矩形、圆形、T形、工字形等，这些形状的各几何量比较容易计算。对于工程中常用的标准型钢，其相关的几何量均可通过查表来获得。

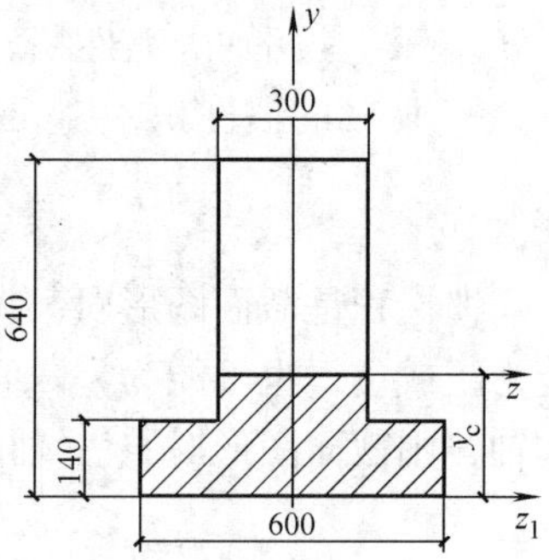

【例 7-4】 T 形截面如图 7-11 所示，求：

（1）截面图形的形心坐标。

（2）图中阴影部分对 z 轴的静矩；

（3）T 形截面对 y 轴的截面二次矩。

图 7-11

【解】 将 T 形截面分为两个矩形，在 z_1oy 坐标系中，每个矩形的面积和形心坐标分别为

（1）$A_1 = 300 \times (640 - 140) = 150000$，$y_1 = 140 + \dfrac{640 - 140}{2} = 390$

$A_2 = 140 \times 600 = 64000$，$y_2 = 140/2 = 70$

截面图形的形心坐标为

$$y_c = \frac{\sum \Delta A y}{A} = \frac{A_1 y_1 + A_2 y_2}{A_1 + A_2} = \frac{150000 \times 390 + 84000 \times 70}{150000 + 84000} = 275$$

（2）$S_z^* = \sum \Delta A y = 140 \times 600 \times (275 - 70) + 300 \times (275 - 140) \times \dfrac{(275 - 140)}{2} = 19953750$

（3）$I_y = I_{1y} + I_{2y} = \dfrac{(640 - 140) \times 300^3}{12} + \dfrac{140 \times 600^3}{12}$

$= 1125000000 + 2520000000$

$= 3645000000$

本 章 小 结

本章主要内容是研究与杆件的截面形状和尺寸有关的一些几何量的定义和计算方法，这些几何量统称为截面的几何性质。它们对杆件的强度、刚度有着极为重要的影响。

1. 本章的主要计算公式

（1）形心 $\left.\begin{aligned} x_c &= \frac{\sum \Delta A_x}{A} \\ y_c &= \frac{\sum \Delta A_y}{A} \end{aligned}\right\}$

（2）静矩 $\left.\begin{array}{l} S_z = A y_C \\ S_y = A z_C \end{array}\right\}$

（3）截面二次矩　$I_z = \int_A y^2 \mathrm{d}A = A i_z^2$，$I_y = \int_A z^2 \mathrm{d}A = A i_y^2$

（4）惯性积　$I_{zy} = \int_A yz \mathrm{d}A$

（5）平行移轴公式　$I_{z_1} = I_z + a^2 A$，$I_{y_1} = I_y + b^2 A$，$I_{z_1 y_1} = I_{zy} + abA$

截面的几何性质都是对确定的坐标轴而言的。静矩、截面二次矩和惯性半径是对一个坐标轴而言的；惯性积是对一对正交坐标轴而言的。对于不同的坐标系，它们的数值是不同的。截面二次矩、惯性半径恒为正；静矩和惯性积可为正或负，也可为零。

2. 组合图形

组合图形的形心可以用分割法或负面积法求得；组合图形对某轴的静矩等于各简单图形对同一轴静矩的代数和；组合图形对某轴的截面二次矩等于其各组成部分对于同一轴的截面二次矩之和。

3. 特殊图形的截面二次矩和惯性半径

矩形
$$I_z = \frac{bh^3}{12},\ I_y = \frac{hb^3}{12}$$

圆形
$$I_z = I_y = \frac{\pi}{64} D^4$$

环形
$$I = \frac{\pi D^4}{64}(1 - \alpha^4),\ \alpha = d/D$$

矩形
$$i_z = \sqrt{\frac{I_z}{A}} = \sqrt{\frac{\frac{bh^3}{12}}{bh}} = \frac{h}{\sqrt{12}}$$

$$i_y = \sqrt{\frac{I_y}{A}} = \sqrt{\frac{\frac{hb^3}{12}}{bh}} = \frac{b}{\sqrt{12}}$$

圆形
$$i_z = i_y = \sqrt{\frac{\frac{\pi D^4}{64}}{\frac{\pi D^4}{4}}} = \frac{D}{4}$$

思考题

1. 重心、形心分别是什么？它们之间有何关系？

2. 静矩和截面二次矩有何异同点？已知截面对其形心轴的静矩 $S_z = 0$，问该截面的截面二次矩 I_z 是否也为零？为什么？

3. 为什么截面图形对于包括对称轴在内的一对正交坐标轴的惯性积一定为零？

习题

7-1　试求图 7-12 所示各图形的形心坐标。

7-2　求图 7-13 所示图形对 z_1 轴的静矩。

7-3　图7-14为由两个20a号槽钢组成的截面，若要使 $I_z=I_y$，间距 a 应为多少？

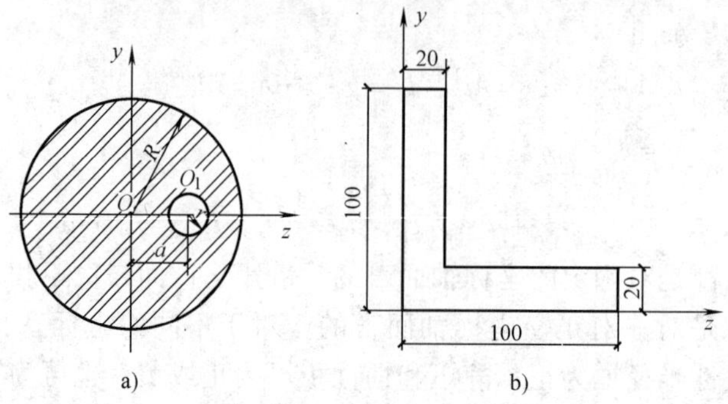

图　7-12

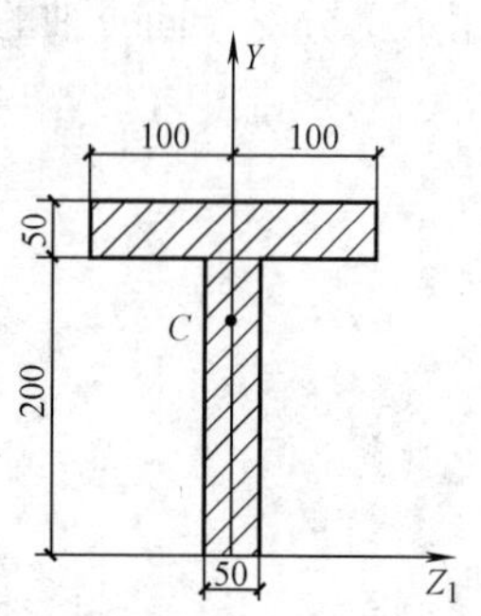

图　7-13

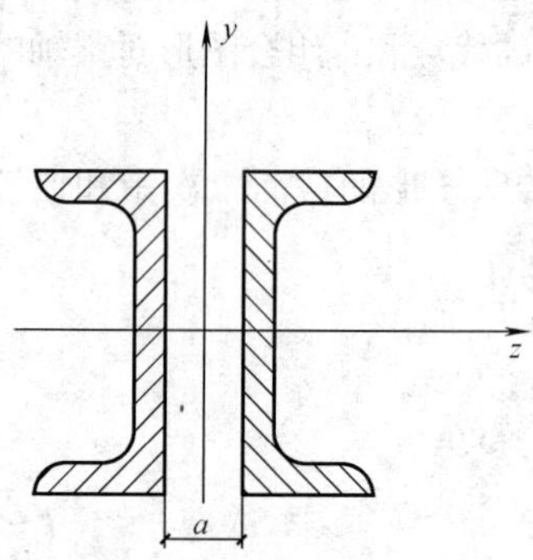

图　7-14

7-4　计算图7-15所示各截面图形对形心轴 z 的截面二次矩。

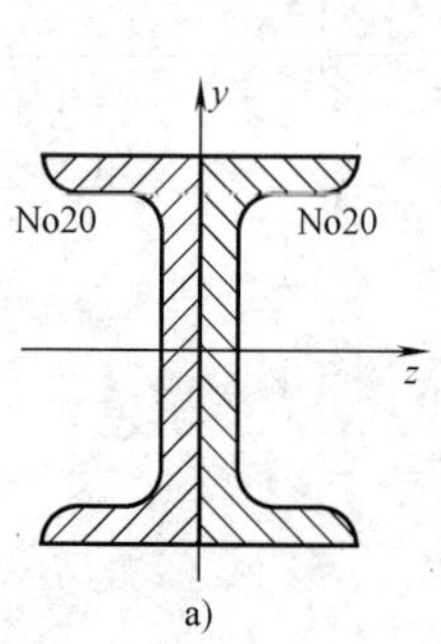

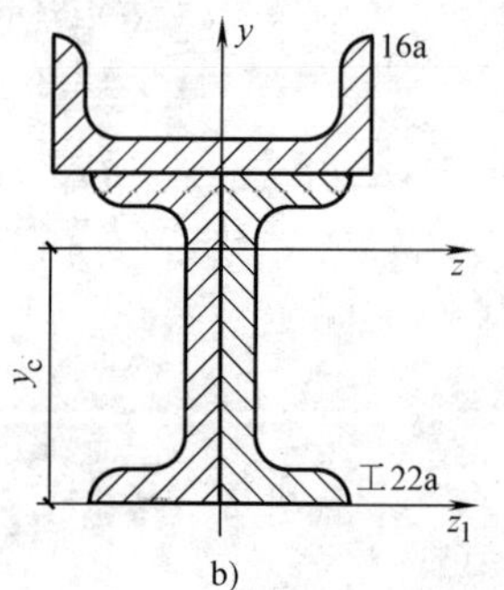

图　7-15

参考答案

7-1　图7-12a：$y_c=0$，$z_c=\dfrac{-ar^2}{R^2-r^2}$

　　图7-12b：$y_c=32.2$，$z_c=32.2$

7-2　$S_{Z_1}=3.25\times106$

7-3　$a=112.5\text{mm}$

7-4　图7-15a：$I_Z=38.3\times10^6\text{mm}^4$，图7-15b：$I_Z=58.37\times10^6\text{mm}^4$

第 8 章　梁的弯曲问题的强度计算

知识目标：

1. 掌握弯曲变形的基本概念。
2. 熟悉弯曲变形的内力计算。
3. 熟悉梁的弯曲强度条件及其计算。

能力目标：

1. 能够绘制剪力图、弯矩图。
2. 能够应用梁的弯曲强度条件设计或校核受弯构件。

8.1　平面弯曲的概念以及工程实例

8.1.1　平面弯曲的概念

建筑结构中很多杆件承受的荷载都是一组作用线垂直于杆件轴线的力(称这种力为横向力)，或者是通过杆件轴线平面内的外力偶。在这些外力的作用下，杆件的横截面要发生相对的转动，杆件的轴线也要变弯，这种变形称为弯曲变形。以弯曲变形为主要变形的构件，通常称为梁。

梁的轴线方向称为纵向，垂直于轴线的方向称为横向。梁的横截面是指垂直于梁轴线的截面，一般都具有对称性，存在着至少一个对称轴。常见的横截面形状有圆形、矩形、工字形和 T 形等。梁的纵平面是指通过梁轴线的平面，有无数个，这里只讨论有纵向对称面的梁。所谓纵向对称面，是指梁的横截面的对称轴与梁的轴线这两条正交直线所构成的平面。如果梁的外力和外力偶都作用在梁的纵向对称面内，那么梁的轴线变形后所形成的曲线仍在该平面(即纵向对称面)内。这样的弯曲变形，称之为平面弯曲，如图 8-1 所示。产生平面弯曲变形的梁，称为平面弯曲梁。本章只讨论平面弯曲梁。

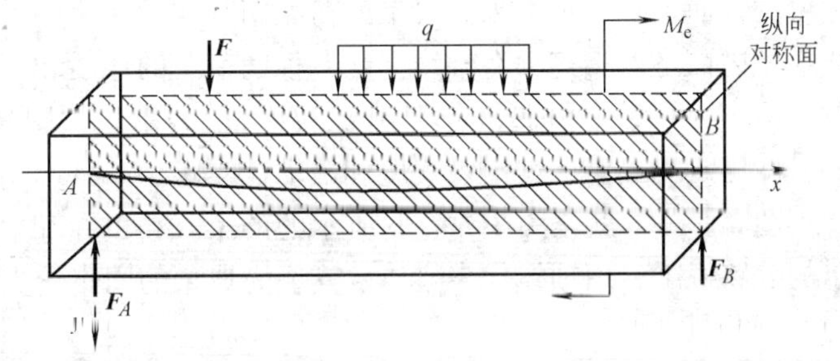

图　8-1

如果梁只受集中力的作用，不受集中力偶的作用，且集中力的作用线都垂直于梁的轴线，这些外力称为横向外力。平面弯曲梁在横向外力作用下发生的弯曲变形称为剪力弯曲，如图 8-2a 所示。如果平面弯曲梁只受平面力偶的作用，且平面力偶都作用在梁的纵平面内，这时梁的变形称为纯弯曲，如图8-2b 所示。

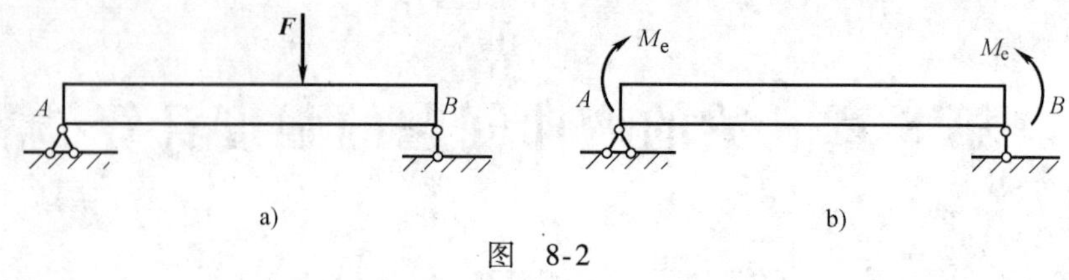

图 8-2

8.1.2 工程实例

梁是在工程结构中应用的非常广泛的一种构件，例如，图 8-3a、b、c 所示的梁式桥的主梁、火车车轴、房屋建筑中的梁等，它们的主要变形就是弯曲变形。

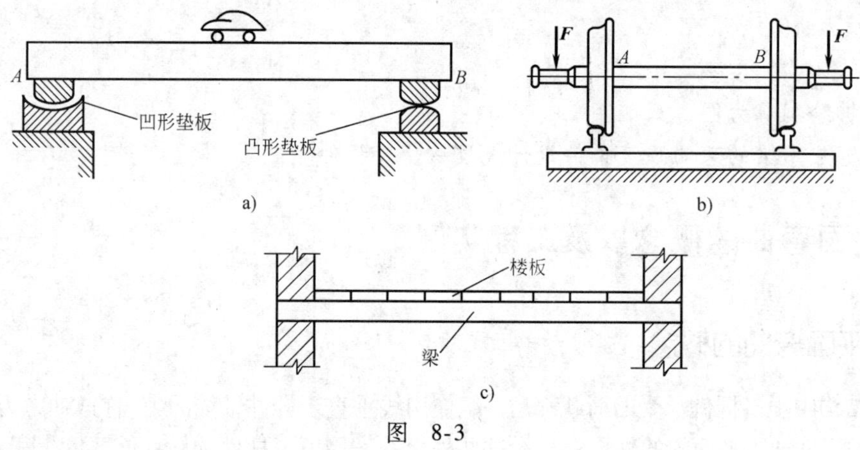

图 8-3

8.1.3 梁的计算简图

在进行梁的工程分析和受力计算时，不必把梁的复杂工程图按实际画出来，而是以能够代表梁的结构、荷载情况及作用效果的简化图形来代替，这种简化后的图形称为梁的计算简图。

梁的计算简图也可称为梁的受力图。在计算简图上应包括梁的本身、梁的荷载、支座或支座反力。梁的本身可用其轴线来表示，但要在图上标明梁的结构尺寸数据，有时也需要把梁的截面尺寸表示出来。梁上的荷载因其作用在梁的纵向对称面内，可以认为就作用在轴线上，因而可以直接画在轴线上，并标明荷载的性质和大小。一般来讲，梁的荷载有均布荷载、集中力和集中力偶，分别用 q、F、M_e 表示，如图 8-4 所示。梁的支座最常见的有三种，即固定端支座、固定铰支座和活动铰支座。

图 8-5a、b 就是图 8-3a、b 所示的的梁式桥的主梁、火车车轴的计算简图。图 8-5a 表示的公路桥梁，用轴线代表梁体。支座为典型的固定铰支座和活动铰支座，梁的自重简化为

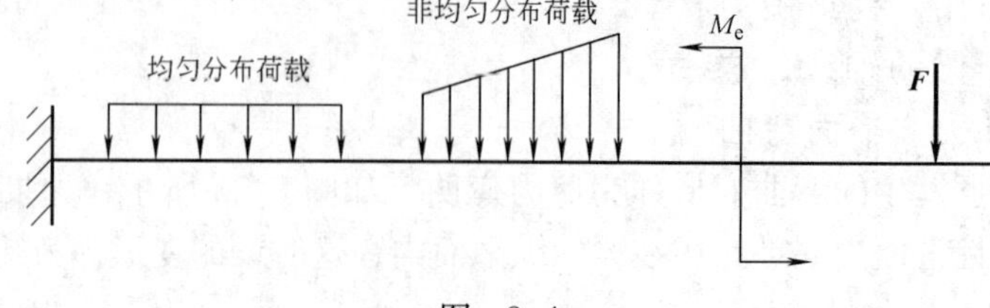

图 8-4

均布荷载，汽车前后轮对路面的作用力简化为集中力。图 8-5b 表示的火车车轴，因主要承受横向荷载，可当作梁看，用轴线代表车轴。为了反映钢轨能对车轴产生横向约束和轴向约束，梁的支座用一个固定铰支座和一个活动铰支座表示。

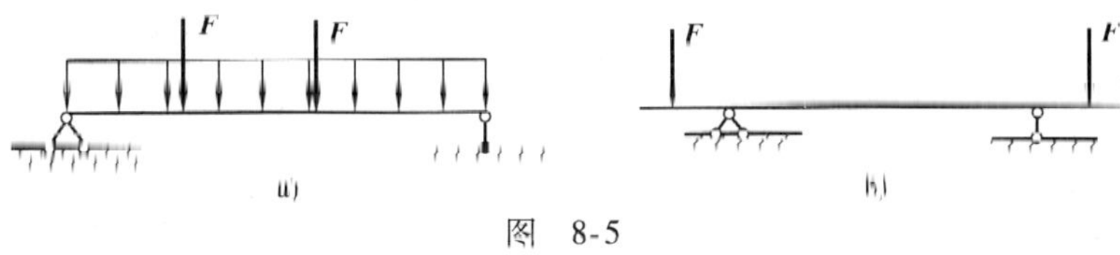

图 8-5

8.1.4 静定梁的基本形式

作为工程中主要承受弯曲的构件，梁有多种形式。如果只从梁的支座反力(即约束)的个数与梁的静力平衡方程的个数之间的关系上来划分梁，梁可以分为静定梁和超静定梁。

1. 静定与超静定的基本概念

一般来讲，梁上的荷载和支座反力构成的是一个平面一般力系，至多有三个静力平衡方程（如果梁上的荷载和支座反力构成了平面平行力系或平面汇交力系，则只有两个静力平衡方程)。如果梁的支座反力的数目等于梁的静力平衡方程的数目，就可以由静力平衡方程来完全确定支座反力，这样的梁称为静定梁，如图 8-6a 所示。反之，如果梁的支座反力的数目多于梁的静力平衡方程的数目，就不能完全用静力平衡方程来确定支座反力，这样的梁称为超静定梁，如图 8-6b 所示。本章所讨论的主要是静定的平面弯曲梁。

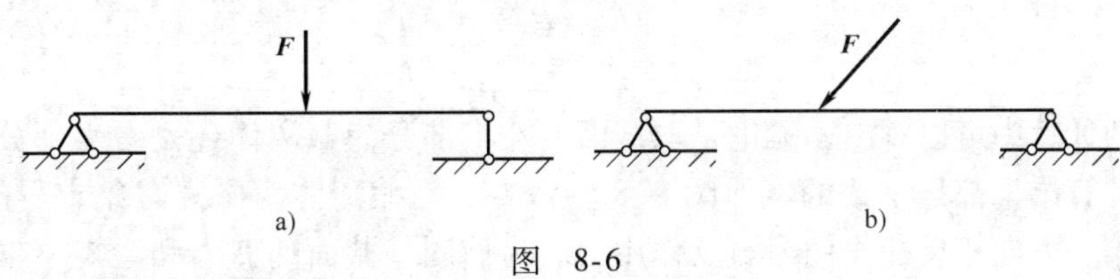

图 8-6

2. 静定梁的三种基本形式

工程上常用的梁按支座对其约束情况可分为三种结构形式：简支梁、外伸梁和悬臂梁，其计算简图如图 8-7a、b、c 所示。

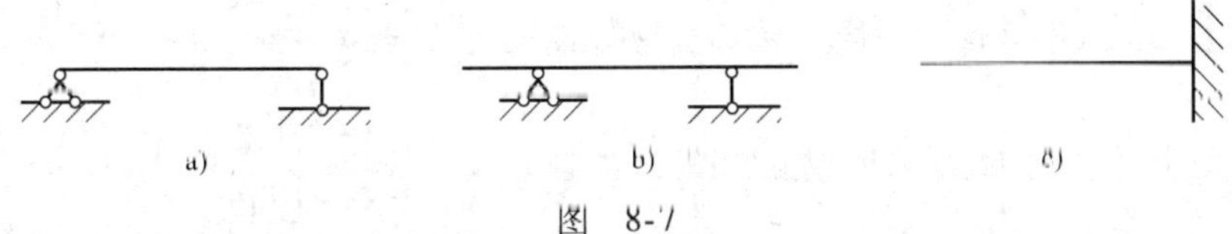

图 8-7

8.2 梁的弯曲内力

8.2.1 剪力与弯矩的概念

梁在横向荷载作用下，将同时产生变形和内力。梁横截面处的内力是指横截面以左、以右梁段的相互作用，内力专指横截面上分布内力的合力。当作用在梁上的外力(荷载和支座反力）已知时，可用截面法求梁某截面处的内力。以图 8-8a 所示简支梁为例，梁上作用有集中力荷载，现利用截面法求任意截面 m—m 的内力。

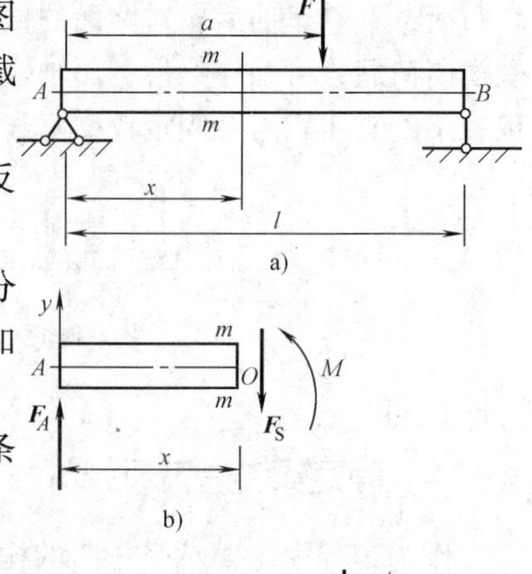

a)

第一步，取梁整体为截离体，求出两端支座的约束反力 F_A 和 F_B。

第二步，用 m—m 截断杆件，取左半部分或右半部分为截离体，并在截离体上以正的方向标出截面的内力，如图 8-8b、c 所示。

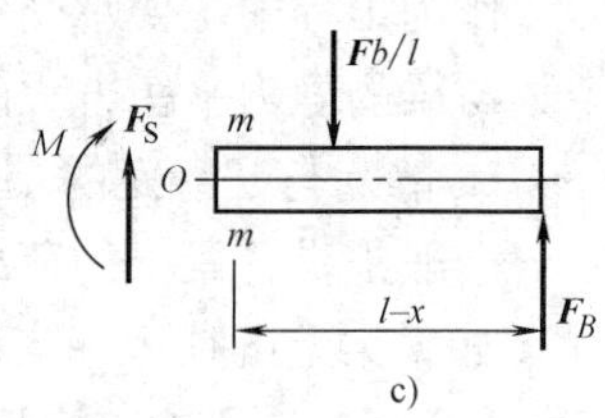

b)

c)

图 8-8

第三步，在截离体上建立平衡方程，根据静力平衡条件求出截面的内力。

取左半部分为截离体，可求得

$$\sum F_Y = 0 \qquad F_A - F_S = 0$$

得

$$F_S = F_A$$

F_S 称为剪力，是作用在截离体相应截面上分布内力向截面形心简化的主矢。

$$\sum M_o = 0 \qquad M - F_A x = 0$$

得

$$M = F_A x$$

力偶矩称为弯矩，是作用在截离体相应截面上分布内力向截面形心简化的主矩。

取右半部分为截离体，可求得

$$F_S = F_A$$

$$M = F_A x$$

从上述的计算中可以看出，无论是取截面的左半部分为截离体还是右半部分为截离体，截面内力的计算结果都是一致的。但图 8-8 中取左、右截离体为研究对象求得的剪力和弯矩是大小相等、方向相反的作用力与反作用力。为使同一截面的剪力和弯矩不仅大小相等，而且正负号一致，根据变形规定剪力和弯矩的正负号，如图 8-9 所示。

剪力使截离体产生顺时针方向旋转时为正，反之为负；弯矩使截离体产生上侧纤维受压、下侧纤维受拉，即截离体的轴线产生上凹下凸的变形时为正，反之为负。

图 8-9

【例 8-1】 求图 8-10a 所示简支梁 C、D 截面的剪力和弯矩。

【解】（1）求支座反力　取梁整体为截离体，建立静力平衡方程。

$$\sum M_A = 0 \qquad F_B \times 7 - 7 \times 2 \times 3 = 0$$

$$F_B = 6\text{kN}$$

$$\sum F_Y = 0 \qquad F_A + F_B - 7 \times 2 = 0$$

$$F_A = 7 \times 2 - 6 = 8\text{kN}$$

（2）求 C 截面的剪力和弯矩　假想沿 C 截面把梁截成两段，取受力较简单的左段为研究对象，如图 8-10b 所示。

$$\sum F_Y = 0 \qquad F_A - F_{SC} = 0$$
$$\sum M = 0 \qquad M_C - F_A \times 2 = 0$$

得 $$F_{SC} = 8\text{kN}$$
$$M_C = 8 \times 2\text{kN} \cdot \text{m} = 16\text{kN} \cdot \text{m}$$

计算结果表明，截面的剪力和弯矩为正值，与图中所画的方向相同。

（3）求 D 截面的剪力和弯矩　假想沿 D 截面把梁截成两段，取受力较简单的右段为研究对象，如图 8-10c 所示。

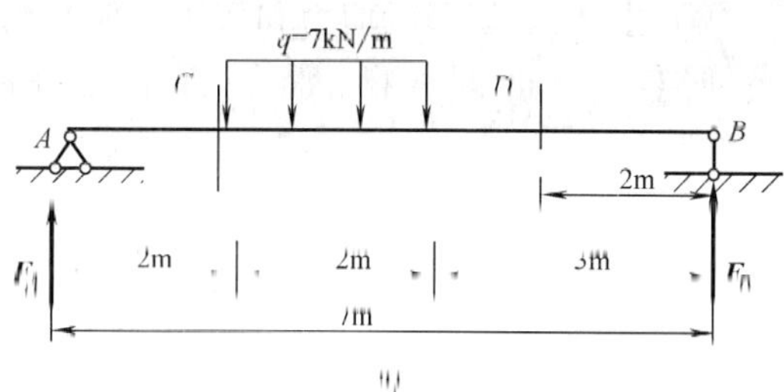

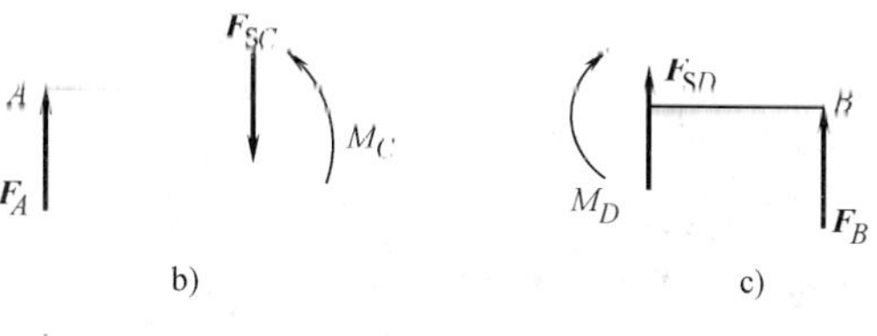

图　8-10

$$\sum F_Y = 0 \qquad F_B + F_{SD} = 0$$
$$\sum M = 0 \qquad F_B \times 2 - M_D = 0$$

得 $$F_{SD} = -6\text{kN}$$
$$M_D = 6 \times 2\text{kN} \cdot \text{m} = 12\text{kN} \cdot \text{m}$$

计算结果表明，截面的弯矩为正值，与图中所画的方向相同，截面的剪力为负值，与图中所画的方向相反。

【例 8-2】　求图 8-11a 所示简支梁 1—1、2—2 截面的剪力和弯矩。

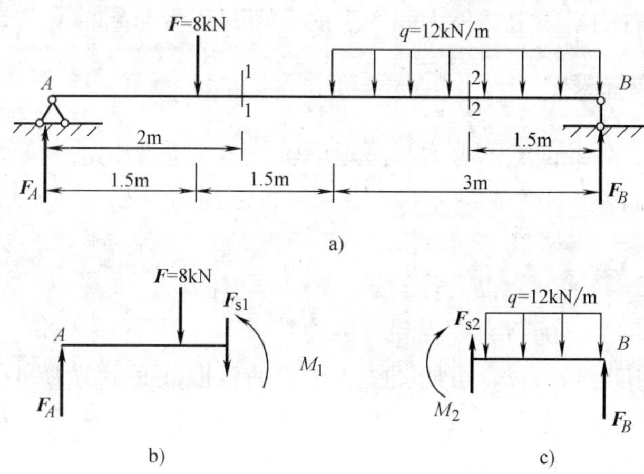

图　8-11

【解】　（1）求支座反力　取梁整体为截离体，建立静力平衡方程。

$$\sum M_A = 0 \qquad F_B \times 6 - 8 \times 1.5 - 12 \times 3 \times 4.5 = 0$$
$$F_B = 29\text{kN}$$
$$\sum F_Y = 0 \qquad F_A = (8 + 12 \times 3 - 29)\text{kN} = 15\text{kN}$$

（2）求 1—1 截面的剪力和弯矩　假想沿 1—1 截面把梁截成两段，取受力较简单的左段为研究对象，如图 8-11b 所示。

$$\sum F_Y = 0 \qquad F_A - 8 - F_{s1} = 0$$
$$\sum M = 0 \qquad M_1 - F_A \times 2 + 8 \times 0.5 = 0$$

得 $$F_{s1} = 7\text{kN}$$
$$M_1 = (15 \times 2 - 8 \times 0.5)\text{kN} \cdot \text{m} = 26\text{kN} \cdot \text{m}$$

计算结果表明，截面的剪力和弯矩为正值，与图中所画的方向相同。

（3）求2—2截面的剪力和弯矩　假想沿2—2截面把梁截成两段，取受力较简单的右段为研究对象，如图8-11c所示。

$$\sum F_Y=0 \qquad F_B+F_{S2}-12\times1.5=0$$

$$\sum M=0 \qquad F_B\times1.5-12\times1.5\times0.75-M_2=0$$

得

$$F_{S2}=(12\times1.5-29)\text{kN}=-11\text{kN}$$

$$M_2=(29\times1.5-12\times1.5\times0.75)\text{kN}\cdot\text{m}=30\text{kN}\cdot\text{m}$$

计算结果表明，截面的弯矩为正值，与图中所画的方向相同，截面的剪力为负值，与图中所画的方向相反。

综上所述可知：

（1）横截面上的剪力在数值上等于截面左侧或右侧梁段上外力的代数和。左侧梁段上向上的外力或右侧梁段上向下的外力将产生正值的剪力；反之，则产生负值的剪力。

（2）横截面上的弯矩在数值上等于截面左侧或右侧梁段上外力对该截面形心的力矩之代数和。

1）不论在左侧梁段上或右侧梁段上，向上的外力均将产生正值的弯矩，而向下的外力则产生负值的弯矩。

2）截面左侧梁段上顺时针转向的外力偶产生正值的弯矩，而逆时针转向的外力偶则产生负值的弯矩；截面右侧梁段上的外力偶产生的弯矩其正负与之相反。

8.2.2　剪力图和弯矩图

梁在外力作用下，各截面上的剪力和弯矩沿轴线方向是变化的。如果用横坐标 x（其方向可以向左也可以向右）表示横截面沿梁轴线的位置，则剪力和弯矩都可以表示为坐标 x 的函数，即

$$F_S=F_S(x) \qquad M=M(x)$$

这两个方程分别称为梁的剪力方程和弯矩方程。

与绘制轴力图或扭矩图一样，可用图线表示梁的各横截面上剪力和弯矩沿梁轴线的变化情况，称为剪力图和弯矩图。剪力图的绘制与前面章节中所讲的轴力图和扭矩图的绘制方法基本相同，正剪力画在 x 轴的上方，负剪力画在 x 轴的下方，并标明正负号。弯矩图绘制规定：弯矩画在梁的受拉侧，即正弯矩画在 x 轴的下方，负弯矩画在 x 轴的上方，而不须标明正负号。

下面举例说明建立剪力方程、弯矩方程以及绘制剪力图、弯矩图的方法。

【例8-3】　绘制图8-12a所示简支梁的剪力图和弯矩图。

【解】（1）求支座反力

$$\sum M_A=0 \qquad F_B=\frac{Fa}{l}$$

$$\sum M_B=0 \qquad F_A=\frac{Fb}{l}$$

（2）列剪力方程和弯矩方程　取图中的 A 点为坐标原点，建立 x 坐标轴。

因为 AC、CB 段的内力方程不同，所以应分别列出。两段的内力方程分别为：

AC 段：

$$F_S(x)=F_A=\frac{Fb}{l}\qquad(0<x<a)$$

$$M(x)=F_Ax=\frac{Fb}{l}x\qquad(0\leqslant x\leqslant a)$$

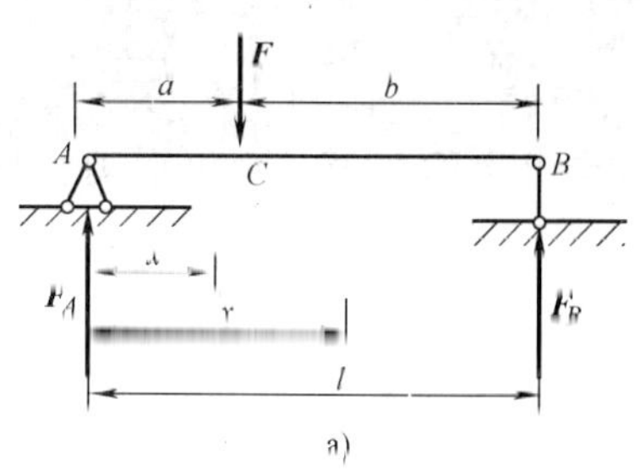

CB 段：

$$F_S(x)=F_A-F=-\frac{Fa}{l}\qquad(a<x<l)$$

$$M(x)=F_Ax-F(x-a)=\frac{Fb}{l}x-F(x-a)\qquad(a\leqslant x\leqslant l)$$

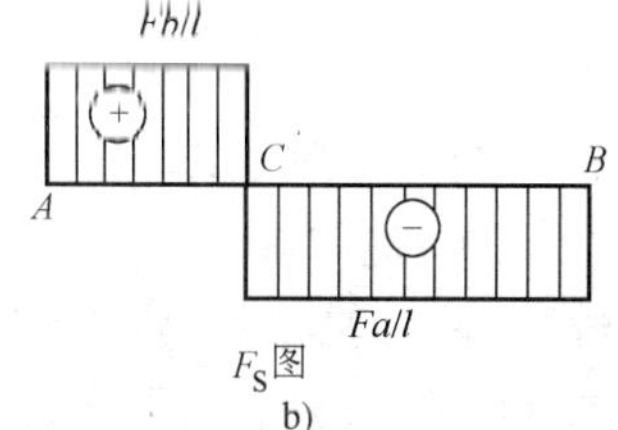

（3）画剪力图和弯矩图　由剪力方程和弯矩方程中可以看出，C 点是分段函数的分界点，也是剪力图和弯矩图的分界点。剪力图是两条水平线，在集中力 F 作用点 C 处剪力图产生突变，突变值等于集中力的大小，弯矩图是两条斜率不同的斜直线，在集中力 F 的作用点 C 处相交，形成向下凸的尖角。梁剪力图和弯矩图分别如图 8-12b、c 所示。

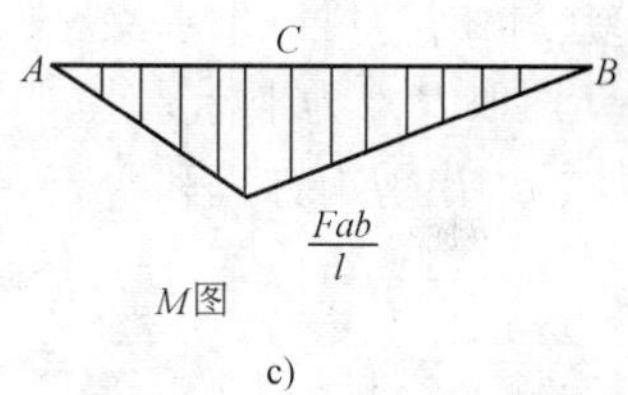

图　8-12

如果 $a<b$，最大剪力发生在集中力 F 的左侧一段梁内，$|F_S|_{max}=\frac{Fb}{l}$；最大弯矩发生在集中力 F 的作用点 C 处，$M_{max}=\frac{Fab}{l}$。

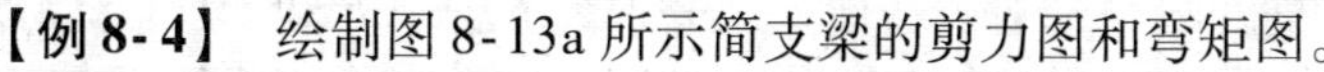

【例 8-4】　绘制图 8-13a 所示简支梁的剪力图和弯矩图。

【解】　（1）求支座反力　取梁整体为截离体，建立平衡方程。

$$\sum M_A=0\qquad F_B=\frac{ql}{2}$$

$$\sum M_B=0\qquad F_A=\frac{ql}{2}$$

（2）列剪力方程和弯矩方程　取图中的 A 点为坐标原点，建立 x 坐标轴，取 x 的左侧截面为截离体，列出剪力方程和弯矩方程

$$F_S(x)=F_A-qx=\frac{ql}{2}-qx\qquad(0<x<l)$$

$$M(x)=F_Ax-q\frac{x^2}{2}=\frac{ql}{2}x-\frac{q}{2}x^2\qquad(0\leqslant x\leqslant l)$$

（3）画剪力图和弯矩图　由剪力方程可以看出，该梁的剪力图是一条直线，只要算出两个点的剪力值就可以画出；弯矩图是一条二次抛物线，要算出三个点的弯矩值才能画出。计算各值如下：

$$F_{SA}=\frac{q}{2}l\qquad F_{SB}=-\frac{q}{2}l$$

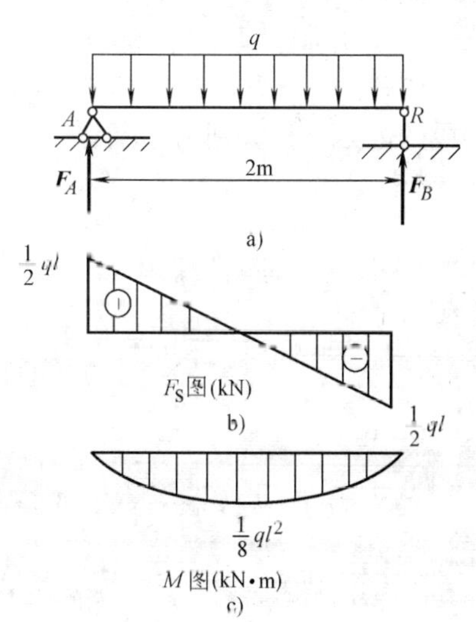

图　8-13

$$M_A = 0 \qquad M_B = 0 \qquad M_C = \frac{ql^2}{8}$$

根据求出的各值，画出梁剪力图和弯矩图分别如图 8-13b、c 所示。

最大剪力发生在 A、B 两支座的内侧截面上，$|F_S|_{max} = \frac{1}{2}ql$，而该处的弯矩为 0；最大弯矩发生在梁的中点截面上，$M_{max} = \frac{1}{8}ql^2$，而该处的剪力为 0。

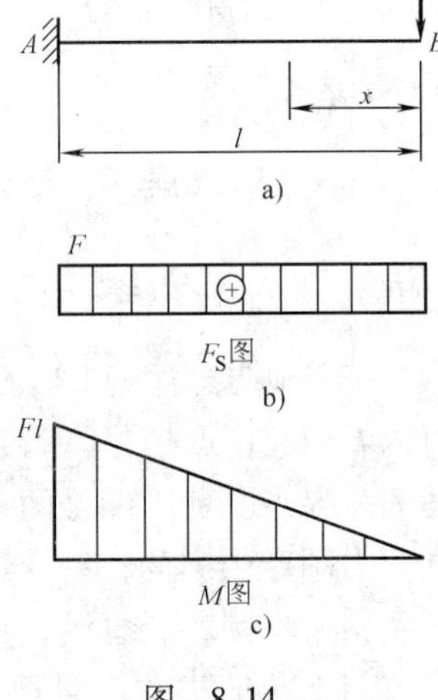

图 8-14

【例 8-5】 绘制图 8-14a 所示悬臂梁的剪力图和弯矩图。

表 8-1 可供绘制内力图时参考。

【解】 此题是悬臂梁承受端部集中荷载的问题。悬臂梁问题的求解有一定的特殊性，这是因为悬臂梁有自由端存在，在进行受力分析时，可以不求支座反力，而从自由端直接计算。

（1）取 B 点为坐标原点，以 x 为坐标轴，取 x 的右侧截面为截离体，列出剪力方程和弯矩方程

$$F_S(x) = F \qquad (0 < x < l)$$

$$M(x) = -Fx \qquad (0 \leqslant x \leqslant l)$$

（2）画剪力图和弯矩图　从内力方程可以看出，剪力图是一条水平线，弯矩图是一条斜线。梁的剪力图和弯矩图分别如图 8-14b、c 所示。

最大剪力和最大弯矩发生在悬臂端 A 的右侧截面上，分别为 $F_{Smax} = F$ 和 $|M|_{max} = Fl$。

【例 8-6】 绘制图 8-15a 所示简支梁的剪力图和弯矩图。

【解】（1）求支座反力

$$F_A = \frac{M_e}{l} \qquad F_B = \frac{M_e}{l}$$

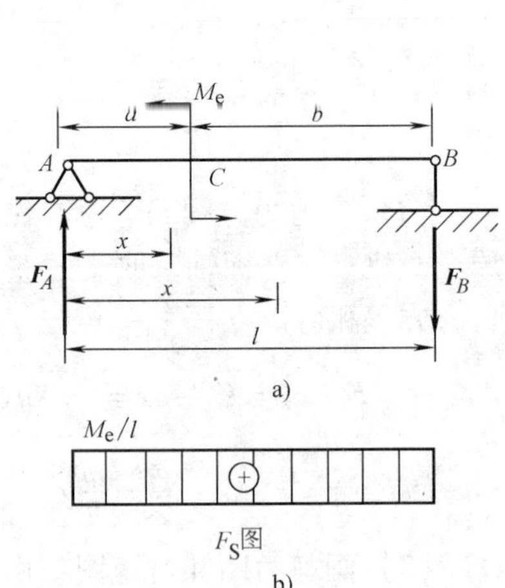

（2）列剪力方程和弯矩方程　取图中的 A 点为坐标原点，建立 x 坐标轴。

因为 AC、CB 段的内力方程不同，所以应分别列出。两段的内力方程分别为：

AC 段：

$$F_S(x) = F_A = \frac{M_e}{l} \qquad (0 < x \leqslant a)$$

$$M(x) = F_A x = \frac{M_e}{l}x \qquad (0 \leqslant x < a)$$

CB 段：

$$F_S(x) = F_A = \frac{M_e}{l} \qquad (a \leqslant x < l)$$

$$M(x) = F_A x - M_e = \frac{M_e}{l}(x - l) \qquad (a < x \leqslant l)$$

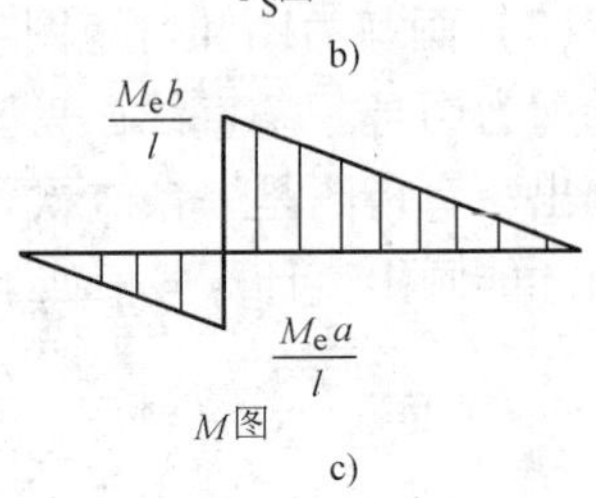

图 8-15

（3）画剪力图和弯矩图　从剪力方程中可以看出，剪

力图是一条与 x 轴平行的直线。从弯矩方程中可以看出，C 点是分段函数的分界点，也是弯矩图的分界点，弯矩图是两条互相平行的斜直线，C 点处弯矩出现突变，突变值等于力偶矩的大小。梁剪力图和弯矩图分别如图 8-15b、c 所示。

如果 $a<b$，最大弯矩发生在集中力偶 M_e 的作用处稍右的截面上，$|M|_{max}=\frac{M_e b}{l}$。不管集中力偶 M_e 作用在梁的任何截面上，梁的剪力都与图 8-15b 一样，$|F_S|_{max}=\frac{M_e}{l}$。

由以上例题可总结出弯矩、剪力和荷载集度之间的关系，从而得出剪力图和弯矩图的分布规律：

（1）梁上无均布荷载作用的区段，即 $q(x)=0$ 的区段，当 $F_S(x)=0$ 时，弯矩图为水平直线(如果左边不存在集中力偶时，$M(x)=0$)；F_S 图为一条平行于梁轴线的水平直线，M 图为一斜直线，其斜直线的斜率值等于剪力值，并且：a)当 $F_S(x)>0$ 时，弯矩图为向右下倾斜的直线；b)当 $F_S(x)<0$ 时，弯矩图为向右上倾斜的直线。

（2）梁上有均布荷载作用的区段，即 $q(x)$ = 常数 $\neq 0$ 的区段，剪力图为斜直线，M 图为二次抛物线。当 $q(x)>0$(荷载向上)时，剪力图为向右上倾斜的直线，弯矩图为向上凸的抛物线；当 $q(x)<0$(荷载向下)，剪力图为向右下倾斜的直线，弯矩图为向下凸的抛物线。

（3）梁上有按线性规律分布的荷载作用的区段，即 $q(x)$ 为一次线性函数的区段，F_S 图为二次抛物线，M 图为三次抛物线。

（4）在集中力作用点处，F_S 图出现突变，其方向和大小与集中力的方向和大小相同，而 M 图没有突变，但由于 F_S 值的突变，在集中力的作用点处形成了尖点（出现折角）；并且，M 图中，F_S 值的突变值（取正值），就等于在集中力作用点处左边的切线斜率与作用点处右边的切线斜率差值的绝对值，突变成的尖角与集中力的箭头同向。

（5）在集中力偶作用处，F_S 图没有变化，M 图发生突变，顺时针力偶向下突变，逆时针力偶向上突变，其差值即为该集中力偶，但两侧 M 图的切线应相互平行。

（6）剪力为零的截面上，弯矩值为极值。

根据上述结论，结合 8.2.1 结尾处的“综上所述”内容，我们在绘制梁的内力图时，不必写出梁的内力方程，直接由梁的荷载图即可绘制出梁的剪力图和弯矩图。具体绘制内力图时，可以将梁按荷载的分布情况分成若干段，利用 $q(x)$、$F_S(x)$、$M(x)$ 三者之间的关系判断各段梁的剪力图和弯矩图的形状，计算特殊截面上的剪力值和弯矩值，进而可以绘制整个梁的剪力图和弯矩图。

表 8-1 可供绘制内力图时参考。

表 8-1　内力图

受力图	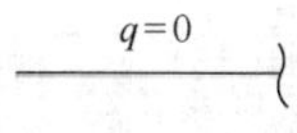 $q=0$	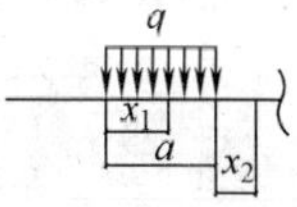 q，x_1，a，x_2	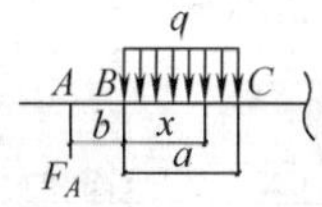 q，A B C，b x，a，F_A	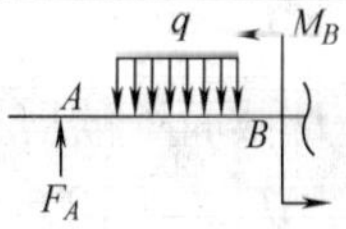 q，M_B，A，B，F_A
剪力图	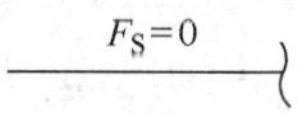 $F_S=0$	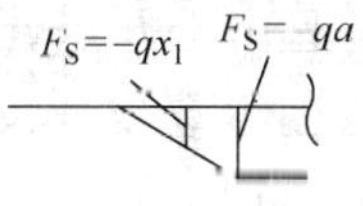 $F_S=-qx_1$　$F_S=-qa$	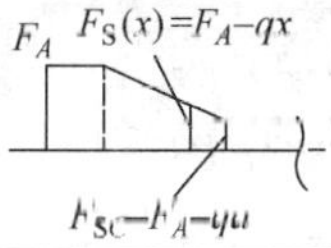 F_A　$F_S(x)=F_A-qx$　$F_{SC}=F_A-qa$	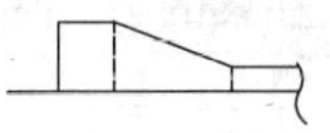

（续）

F_S 说明		某截面 F_S 值为均布荷载 q 在该点左边的图形面积的负值	出现集中力时，F_S 值发生突变，其突变值为集中力值；某截面 F_S 值为该截面左边的集中力值之和（向上为正，向下为负），再减去均布荷载 q 在该点左边的图形面积	某截面出现弯矩值突变时，其 F_S 值不受影响
弯矩图	$M=0$	$M(x_1)=\frac{1}{2}qx_1^2$ $M(a)=\frac{1}{2}qa^2$ $M(x_2)=\frac{1}{2}qa^2+\frac{1}{2}qax_2$	$M(x)=F_Ab+\frac{1}{2}qx^2$ $M_B=F_Ab$ $M_C=F_Ab+\frac{1}{2}qa^2$	M_B
M 说明		某截面 M 值为 F_S 图在该点左边的图形面积值	某截面 M 值为 F_S 图在该点左边的图形面积值	某截面出现集中力偶时，M 值发生突变，其突变值为集中力偶值（顺时针为正，逆时针为负）

【例 8-7】 简支梁在中间部分受均布荷载 $q=100\text{kN/m}$ 作用，如图 8-16a 所示。试绘制简支梁的剪力图和弯矩图。

【解】 （1）求支座反力。此梁的荷载及约束力均与跨中对称，故反力 F_A、F_B 为

$$F_A=F_B=\frac{1}{2}\times100\times2\text{kN}=100\text{kN}$$

（2）绘剪力图根据梁的荷载情况，将梁分成 AC、CD 和 DB 三段。该梁的 AC 段内无荷载，根据规律可知，AC 段内的剪力图应当是水平直线，该段内梁的横截面上剪力的值显然为

$$F_S=F_A=100\text{kN}$$

在该梁的 CD 段上分布荷载 q 为常量，因荷载向下，即 $q(x)<0$，剪力图为向右下倾斜的直线。由于 C 点处无集中力作用，剪力图在该处无突变，故斜直线左端的剪力值，即

$$F_{SC}=F_A=100\text{kN}$$

D 截面处的剪力值为

$$F_{SD}=(100-100\times2)\text{kN}=-100\text{kN}$$

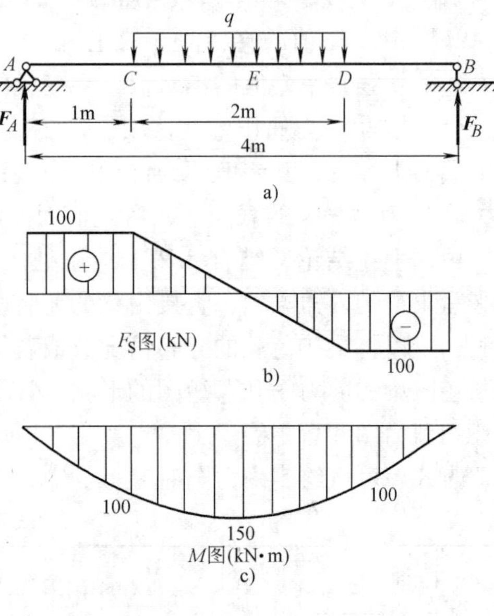

图 8-16

在梁的 DB 段上无荷载，剪力图为水平直线；且由于 B 点处无集中力作用，剪力图在该处无突变，故该水平直线的剪力值为 -100kN。截面 B 受支座反力 F_B 作用，剪力图向上突变，突变值为 F_B 的大小。梁的剪力图如图 8-16b 所示。

(3) 绘弯矩图。梁的 AC 段内无荷载，且 $F_S(x)>0$ 时，弯矩图为向右下倾斜的直线。支座 A 处横截面上的弯矩为零。C 截面处的弯矩为

$$M_C = M_A + (100\times1)\,\text{kN}\cdot\text{m} = 100\text{kN}\cdot\text{m}$$

式中 100×1 为 AC 段剪力图的面积(两截面之间的弯矩差值等于该段剪力图的面积)。

梁的 CD 段有均布荷载作用且 $q(x)<0$(荷载向下)，则弯矩图为向下凸的抛物线。因为梁上 C 点处无集中力偶作用，故弯矩图在 C 截面处没有突变；在剪力为零的跨中截面 E 处弯矩有极限值，其值为

$$M_E = M_C + \frac{1}{2}\times100\times1 = (100+50)\,\text{kN}\cdot\text{m} = 150\text{kN}\cdot\text{m}$$

D 点的弯矩为

$$M_D = M_E + \frac{1}{2}\times(-100)\times1 = [150+(-50)]\,\text{kN}\cdot\text{m} = 100\text{kN}\cdot\text{m}$$

梁的 DB 段，由于剪力为负值的常量，故弯矩图应为向右上倾斜的的斜直线。因为梁上 D 点处无集中力偶作用，故弯矩图在 D 截面处不应有突变，B 支座处弯矩为零。梁的弯矩图如图 8-16c 所示。

【例 8-8】 如图 8-17a 所示简支梁，试绘制其剪力图和弯矩图。

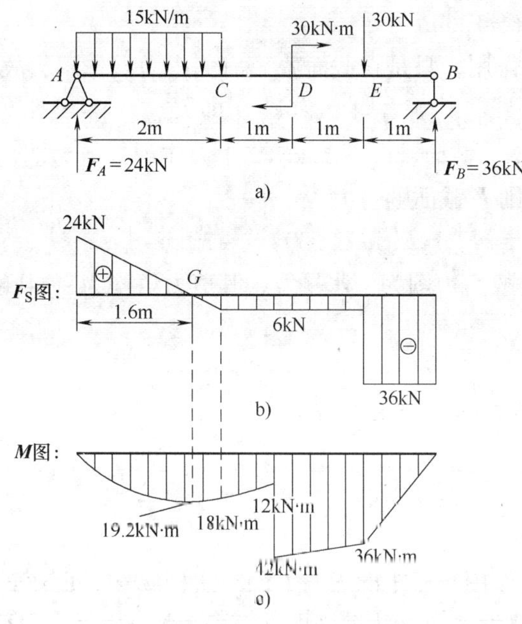

	A点	AC段	CD段	D点	DE段	E点	BE段	B点
Q图	突变			左右相等		突变		突变
M图	0			突变		左右相等 产生折角		0

d)

图 8-17

【解】 （1）求支座反力。

对梁 AB 作受力分析，列两个力矩平衡方程：

$$\sum M_A(F) = 5F_B - 15\times2\times1 - 30\times4 - 30 = 0$$

$$\sum M_B(F) = -5F_A + 15\times2\times4 + 30\times1 - 30 = 0$$

求解出支座反力：

$$F_A = 24\text{kN},\quad F_B = 36\text{kN}$$

(2)将简支梁分段。

根据简支梁 AB 所受集中力、集中力偶和分布荷载作用位置情况，将简支梁分为 AC、CD、DE 和 EB 四段。

(3)作剪力图。

在支座反力 F_A 作用的截面 A 上，剪力值等于 F_A 的大小为 24kN，即 $F_{SA}^{R}=F_A=24\text{kN}$。

梁段 AC 受向下均布荷载作用，剪力图为向下倾斜的直线。由剪力值与荷载集度 q 的面积关系，可得截面 C 上的剪力为

$$F_{SC}=F_{SA}^{R}-15\times2=-6\text{kN}$$

并且，由：

$$F_{SA}^{R}-10x=16-10x=0$$

得剪力为 0 的截面 G 的位置 $x=1.6\text{m}$。

梁段 CD 和 DE 上无荷载作用，只是在截面 D 上有集中力偶作用，故由 C 经 D 到 E 的一段梁段 CE 的剪力图为一水平线，其剪力均为 -6kN，即 $F_{S\,CDE}=-6\text{kN}$。

在截面 E 上，$F_{SE}^{L}=-6\text{kN}$，截面受向下 20kN 集中力作用，剪力图向下发生突变。突变值等于集中力的大小 30kN，则 E 截面上：

$$F_{SA}^{R}=F_{SE}^{L}+(-30)=-30\text{kN}$$

梁段 EB 上无荷载作用，故剪力图为一水平线，其剪力值均为 -24kN。

截面 B 上的剪力为

$$F_{SB}^{L}=-F_B=-30\text{kN}$$

依此分析画出整个简支梁的剪力图，如图 8-17b 所示。

(4)作弯矩图。

截面 A 上的弯矩为

$$M_A=0$$

梁段 AC 受向下均布荷载作用，弯矩图为向上凹二次抛物线。由弯矩值与剪力图的面积关系得知，截面 G 上的弯矩值为 G 点左边剪力图（三角形）的面积。即

$$M_G=M_A+\frac{1}{2}\times24\times1.6=19.2\text{kN}\cdot\text{m}$$

同理，可得截面 C 上的弯矩为

$$M_C=M_G-\frac{1}{2}\times6\ (2-1.6)\ =18\text{kN}\cdot\text{m}$$

梁段 CD 上无荷载作用，且剪力为负，故弯矩图为向上倾斜的直线。D 点稍左截面上的弯矩为

$$M_D^L = M_C - 6 \times 1 = 12\text{kN} \cdot \text{m}$$

由于截面 D 作用的集中力偶为顺时针方向，其大小为 30kN·m，弯矩图在该点处向下突变，突变值等于集中力偶矩值的大小 30kN·m，故在 D 点右侧截面上的弯矩为

$$M_D^R = M_D^L + 30 = 42\text{kN} \cdot \text{m}$$

梁段 DE 上也无荷载作用，且剪力也为负，故弯矩图也为向上倾斜的直线。由弯矩值与剪力图的面积关系，截面 E 上的弯矩为

$$M_E = M_D^R - 6 \times 1 = 36\text{kN} \cdot \text{m}$$

梁段 EB 上也无荷载作用，且剪力也为负，故弯矩图也为向上倾斜的直线。同样，由弯矩值与剪力图的面积关系，截面 B 上的弯矩为

$$M_B = M_E - 36 \times 1 = 0$$

依据上述计算值，可画出整个简支梁的弯矩图，如图 8-17c 所示。

由图可见，该简支梁的最大剪力发生在 EB 段各横截面上，其值为 $F_{\text{Smax}} = 36\text{kN}$（负值）；最大弯矩发生在 D 点右侧截面上，其值为 $M_{\max} = 42\ \text{kN} \cdot \text{m}$（正值）。

8.2.3 应用叠加法绘制内力图

1. 叠加原理

在小变形和线弹性假设的基础上，梁上任一荷载所产生的内力不受其他荷载的影响。也就是说，认为各荷载的作用及作用效应是相互独立、互不干扰的。可以先分别计算出各荷载单独作用下的效应，再求出它们的代数和。这种方法可以归纳为一个带有普遍性的原理，即叠加原理，其内容可以表述为：由几个外力所产生的某一参数（包括内力、应力、位移等），其值等于各个外力单独作用时所产生的该参数的值之总和。

可以利用叠加原理绘制梁的弯矩图，即先分别作出梁在各项荷载单独作用下的弯矩图，然后将其相对应的纵坐标线性叠加，就可得出梁在所有荷载共同作用下的弯矩图。

事实上，对梁的整体运用叠加原理来绘制弯矩图是比较繁琐的，并不实用。如果先对梁进行分段处理，然后再在每一个区段上运用叠加原理进行弯矩图的线性叠加，这种方法常称为区段叠加法。

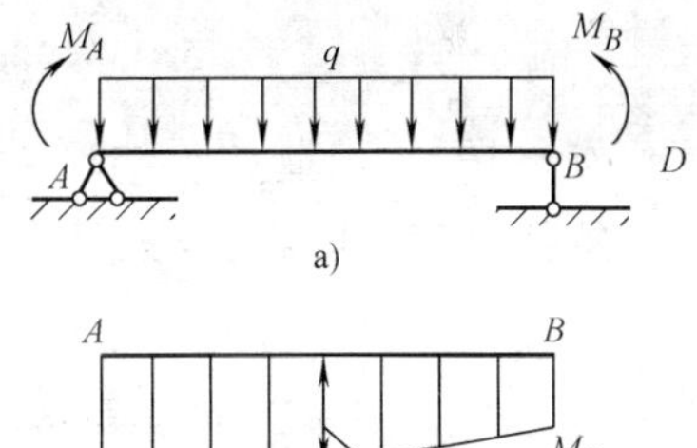

2. 区段叠加法绘制梁的弯矩图

首先讨论图 8-18a 所示简支梁弯矩图的绘制。

如图 8-18a 所示，简支梁上作用的荷载分两部分：跨间均布荷载 q 和端部集中力偶荷载 M_A 和 M_B。当端部力偶荷载 M_A 和 M_B 单独作用时，梁的弯矩图为一直线，如图 8-18b 所示。当跨间均布荷载 q 单独作用时，梁的弯矩图为一条二次抛物线，如图 8-18c 所示。当跨间均布荷载 q 和端部集中力偶 M_A 和 M_B 共同作用时，梁的弯矩图如图 8-18d 所示，是图 8-18b 和图 8-18c 两个图形的叠加。

值得注意的是：弯矩图的叠加是指纵坐标的叠加，即在图 8-18d 中，纵坐标垂直于杆轴线 AB，而不垂直图中虚线。

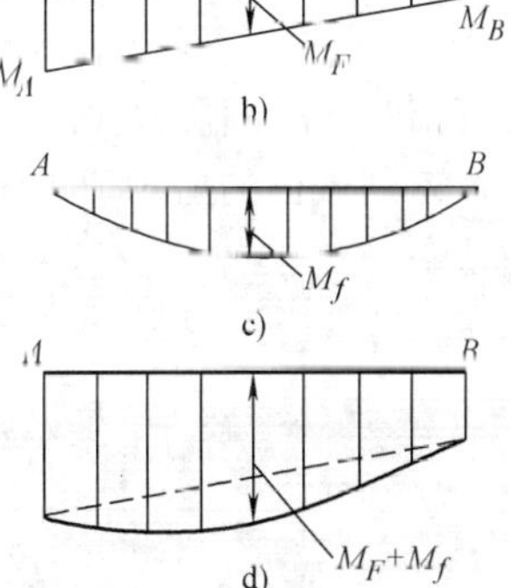

图 8-18

采用区段叠加法绘制梁的弯矩图，可归结成如下的两个主要步骤：

(1) 在梁上选定外力的不连续点（如集中力作用点、集中力偶作用点、分布荷载作用的起点和终点等）作为控制截面，并求出控制截面的弯矩值。

(2) 区段叠加法画弯矩图。如控制截面间无荷载作用时，用直线连接两控制截面的弯矩值就作出了此段的弯矩图。如控制截面间有均布荷载作用时，先用虚直线连接两控制截面的弯矩值，然后以此虚直线为基线，叠加上该段在该均布荷载单独作用下的相应的简支梁的弯矩图，从而绘制出该段的弯矩图。

【例 8-9】 用叠加法绘制如图 8-19a 所示外伸梁的弯矩图。

【解】 外伸梁的弯矩图等于集中力(图 8-19b)和均布荷载(图 8-19c)单独作用下的弯矩图叠加。集中力作用下弯矩图如图 8-19e 所示，均布作用下弯矩图如图 8-19f 所示。两个弯矩图相应的纵坐标相加，得到所求外伸梁的弯矩图，如图 8-19d 所示。

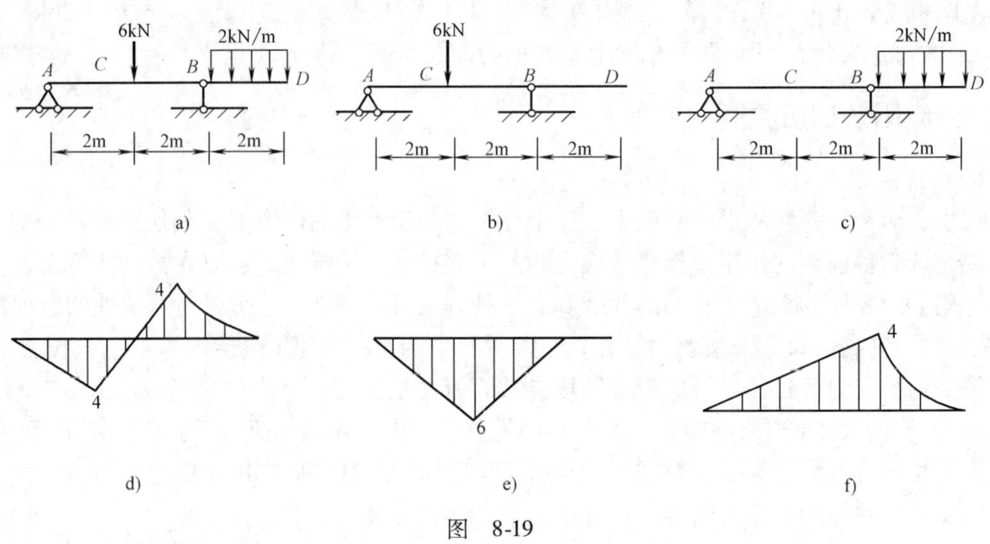

图 8-19

【例 8-10】 绘制如图 8-20a 所示简支梁的弯矩图。

【解】 (1) 求支座反力 由梁的静力平衡方程可以求出支座反力为

$$\sum M_A = 0 \qquad F_B = 5.5\text{kN}$$

$$\sum F_Y = 0 \qquad F_A = 4.5\text{kN}$$

(2) 作 F_S 图 根据荷载作用的情况，可以把整个梁分成 AC、CD 和 DB 三段。AC 和 CD 段无荷载作用，F_S 为常数，F_S 图为一水平直线。DB 段有均布荷载作用，F_S 图是一条斜直线。各控制截面的剪力值如下：

$$F_{SA} = 4.5\text{kN}$$

$$F_{SC}^{L} = 4.5\text{kN}$$

$$F_{SC}^{R} = 4.5 - 6 = -1.5\text{kN}$$

$$F_{SD} = -1.5\text{kN}$$

$$F_{SB} = -1.5 - 2 \times 2 = -5.5\text{kN}$$

依次在 F_S 图上定出各点，绘制梁剪力图如图 8-20b 所示。

(3) 绘制 M 图 选择 A、C、D 和 B 作为控制截面，求出各控制截面的弯矩值如下：

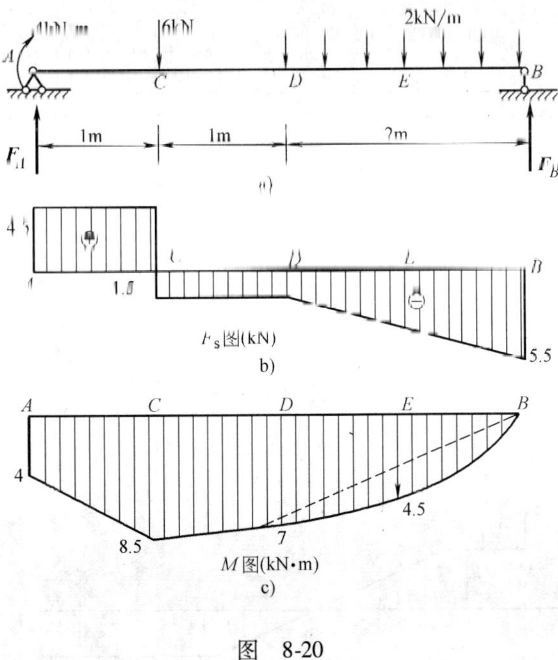

图 8-20

$$M_A = 4\text{kN} \cdot \text{m}$$

$$M_C = (4 + 4.5 \times 1)\text{kN} \cdot \text{m} = 8.5\text{kN} \cdot \text{m}$$

$$M_D = (4 + 4.5 \times 2 - 6 \times 1)\text{kN} \cdot \text{m} = 7\text{kN} \cdot \text{m}$$

$$M_B = 0$$

依次在 M 图上定出各点。在 AC 和 CD 无荷载作用段连直线，而在有均布荷载作用的段，先连虚线，再叠加上相应简支梁在均布荷载 q 作用下的弯矩图，就可以作出 DB 段的弯矩图。整个梁的弯矩图如图 8-20c 所示。而截面 E 的弯矩值为：

$$M_E = \left(\frac{7}{2} + \frac{1}{8} \times 2 \times 2^2\right)\text{kN} \cdot \text{m} = 4.5\text{kN} \cdot \text{m}$$

【例 8-11】 试绘制图 8-21a 所示简支梁的弯矩图。

【解】 （1）求支座反力　由梁的静力平衡方程求得支座反力为

$$\sum M_A = 0 \qquad F_G = 7\text{kN}$$

$$\sum F_y = 0 \qquad F_A = 17\text{kN}$$

（2）计算控制截面的弯矩值　选择 A、B、C、E、F 和 G 作为控制截面，求出各控制截面的弯矩值为

$$M_A = M_G = 0$$

$$M_B = (17 \times 1)\text{kN} \cdot \text{m} = 17\text{kN} \cdot \text{m}$$

$$M_C = (17 \times 2 - 8 \times 1)\text{kN} \cdot \text{m} = 26\text{kN} \cdot \text{m}$$

$$M_E = (7 \times 2 + 16)\text{kN} \cdot \text{m} = 30\text{kN} \cdot \text{m}$$

$$M_F^L = (7 \times 1 + 16)\text{kN} \cdot \text{m} = 23\text{kN} \cdot \text{m}$$

$$M_F^R = 7 \times 1\text{kN} \cdot \text{m} = 7\text{kN} \cdot \text{m}$$

（3）绘制弯矩图　依次在 M 图上定出以上各点，在 AB、BC、EF 和 FG 各无荷载作用

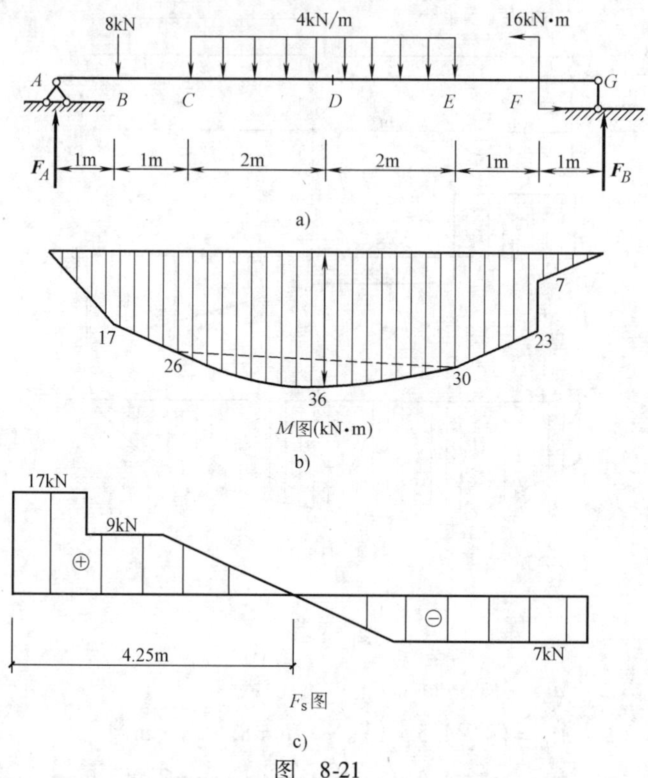

图 8-21

段连直线即为弯矩图；而在有均布荷载作用的 CE 段，先连虚线，再叠加上以 CE 为跨度的相应简支梁在均布荷载 q 作用下的弯矩图，就可以作出 CE 段的弯矩图。整个梁的弯矩图如图 8-21b 所示。而梁的正中间截面 D 的弯矩值为：

$$M_D = \left(\frac{26+30}{2} + \frac{1}{8} \times 4 \times 4^2\right)\text{kN} \cdot \text{m} = 36\text{kN} \cdot \text{m}$$

此时，M_D 不是弯矩的极大值。如果要求出弯矩极大值，可先画出剪力图(如图 8-21c 所示)，剪力为零截面上的弯矩为弯矩极大值，其值大小为 36.125kN · m。

可见，梁的正中间截面 D 的弯矩值与弯矩极大值非常接近。

8.3 梁的弯曲应力

8.3.1 梁的弯曲正应力及正应力强度条件

1. 梁的弯曲正应力

在平面弯曲梁的横截面上，存在着两种内力——剪力和弯矩。横截面上既有弯矩又有剪力的弯曲称为剪力弯曲。如果梁横截面上只有弯矩而无剪力，这种弯曲称为纯弯曲。

只有切向分布的内力才能构成剪力，只有法向分布的内力才能构成弯矩，因而在梁的横截面上同时存在着切应力 τ 和正应力 σ。

(1) 纯弯曲梁横截面上的正应力计算　图8-22所示的简支梁的 CD 段，因其只有弯矩存

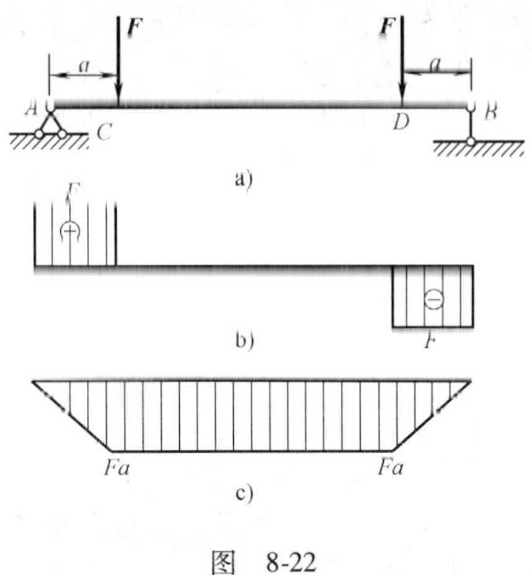

图 8-22

在而无剪力存在，是一种纯弯曲变形情况，这是弯曲中最基本的情况，纯弯曲梁横截面上的正应力计算公式可以推广到横力弯曲中使用，研究弯曲正应力从纯弯曲开始。

1）纯弯曲变形　首先要进行变形实验，观察变形情况。假设梁的横截面为矩形，受力前在梁侧面画上与轴线平行的纵向直线和与轴线垂直的横向直线，如图 8-23a、b 所示。受力后，梁上的纵向线（包括轴线）都弯曲成相互平行的曲线，靠近凹侧一边的纵向线缩短，而靠近凸侧一边的纵向线伸长。梁上的横向直线仍为直线，各横线间发生相对转动，不再相互平行，但仍与梁弯曲后的轴线垂直。

根据观察到的表面现象，对梁的内部变形情况进行推断，做出如下假设：

① 梁的横截面在变形后仍然为一平面，并且与变形后梁的轴线正交，只是绕截面内某一轴线刚性地转了一个角度，该假设称为梁弯曲变形的平面假设。

② 把梁看成是由许多纵向纤维组成。变形后，由于纵向直线与横向直线保持正交，即直角没有改变，可以认为纵向纤维没有受到横向剪切和挤压，只受到单方向的拉伸或压缩，即靠近凹面纤维受压缩，靠近凸面纤维受拉伸。

根据假设，靠近凹面纤维受压缩，靠近凸面纤维受拉伸。由于变形的连续性，纵向纤维从受压缩到受拉伸的变化之间，必然存在着一层既不受压缩、又不受拉伸的纤维，这一层纤维称为中性层。中性层与横截面的交线称为中性轴，如图 8-23c 所示。因此，梁纯弯曲变形可以看成是各横截面绕各自中性轴转过一角度。

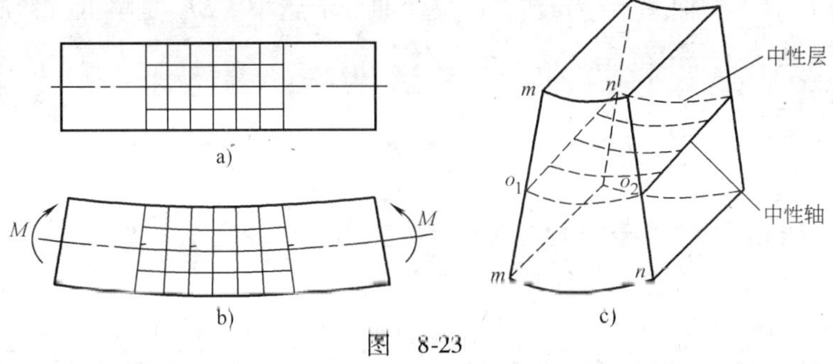

图 8-23

2）纯弯曲梁正应力公式推导　根据纯弯曲梁的变形特点，下面从几何方面、物理方面和静力学方面来推导纯弯曲正应力公式。

① 几何方面。如图 8-24 所示 dx 微段，其中 x 轴为假设的中性轴（待确定），所以 O_1O_2 在变形前后长度不变，而变形后的弧段 O_1O_2 的转角为 dθ，考虑线段 ab 在变形后的线应变：

$$\varepsilon = \frac{ab - \overline{ab}}{\overline{ab}} = \frac{(\rho + y)\mathrm{d}\theta - \rho\mathrm{d}\theta}{\rho\mathrm{d}\theta} = \frac{y}{\rho} \tag{8-1}$$

式（8-1）是变形的几何关系式，也称变形协调条件或变形协调方程。它表明梁横截面上任意一点处的纵向线应变与该点到中性轴的距离成正比。

② 物理方面。由于纵向纤维只受单方向的拉伸或压缩，当材料在线弹性范围内工作时，根据胡克定律有

$$\sigma = E\varepsilon$$

则式(8-1)变换成为

$$\sigma = E\frac{y}{\rho} \tag{8-2}$$

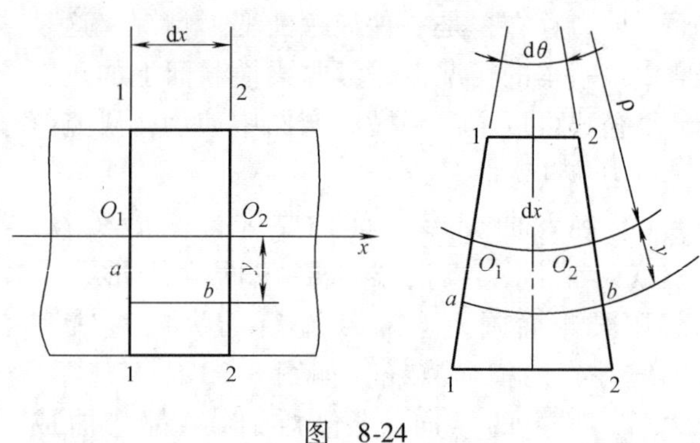

图 8-24

式(8-2)尚不能用来计算弯曲正应力。因为式中ρ为变形后中性层的曲率半径还没有求出，y为所求纵向纤维到中性层的距离，虽然y值已知，但中性层或者中性轴的位置也还没有确定，还需要用静力学的方程来共同求解。

③ 静力学方面。纯弯曲梁的横截面上只有正应力而无切应力，即$\sigma \neq 0$，$\tau = 0$。横截面上的法向分布内力$\sigma \mathrm{d}A$组成了一个空间的平行力系，该力系对截面形心的矩等于该截面上的弯矩M，该力系在截面法线方向上的合力等于该截面上的轴力$F_{\mathrm{N}} = 0$。

通过数学推导得知：中性轴一定通过横截面的形心。

根据弯矩和轴力的关系可得出梁弯曲时中性层的曲率表达式为

$$\frac{1}{\rho} = \frac{M}{EI_Z} \tag{8-3}$$

式中 M——横截面上弯矩；

I_Z——横截面对中性轴的截面二次矩。

式(8-3)是梁弯曲变形的一个基本公式。弯矩M越大，梁弯曲变形越大，中性层的曲率半径ρ越小；EI_Z越大，曲率半径ρ越大，梁弯曲变形越小。EI_Z是梁抵抗弯曲变形的能力，称为梁的抗弯刚度。

将(8-3)式代入式(8-2)，得：

$$\sigma = \frac{My}{I_Z} \tag{8-4}$$

式(8-4)称为纯弯曲梁横截面上正应力计算公式。

式中 y——横截面上所求应力点至中性轴的距离。

几点说明：

① 公式(8-4)的适用范围为线弹性范围。

② 计算应力时可以用弯矩M和距离y的绝对值代入式中计算出正应力的数值，再根据变形形状来判断是拉应力还是压应力。

③ 在应力计算公式中没有弹性模量E，说明正应力的大小与材料无关。

3）横截面上正应力的分布规律和最大正应力　从式(8-4)可以看出，梁横截面某点的正应力σ与该横截面上弯矩M和该点到中性轴的距离y成正比，与该横截面对中性轴的截面二次矩成反比。当横截面上弯矩M和截面二次I_Z为定值时，弯曲正应力σ与y成正比。当$y=0$时，$\sigma=0$，中性轴各点正应力为零，即中性层纤维不受拉伸和压缩。中性轴两侧，

一侧受拉，另一侧受压，距离中性轴越远，正应力越大。到上下边缘 $y=y_{max}$ 正应力最大，一侧为最大拉应力 σ_{tmax}，而另一侧为最大压应力 σ_{cmax}。正应力分布规律如图 8-25 所示，横截面上 y 值相同的各点正应力相同。

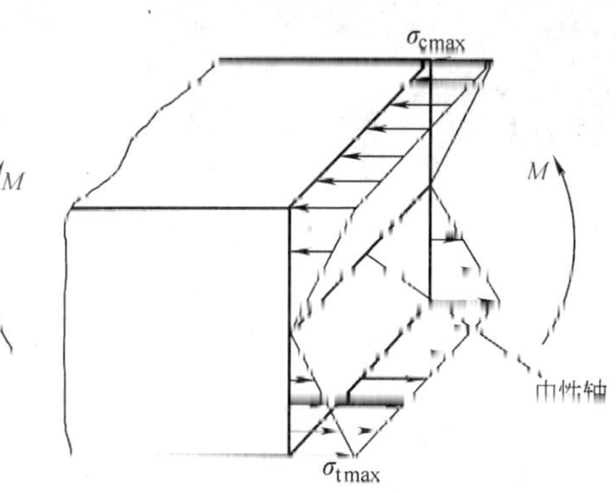

图 8-25

最大应力值为：

$$\sigma_{max}=\frac{My_{max}}{I_Z}=\frac{M}{\dfrac{I_Z}{y_{max}}}=\frac{M}{W_Z} \tag{8-5}$$

式中 $W_Z=\dfrac{I_Z}{y_{max}}$——抗弯截面系数，它仅与横截面的形状尺寸有关，是衡量截面抗弯能力的几何参数，常用单位是 mm^3 或 m^3。

对于高为 h，宽为 b 的矩形截面(图 8-26a)：

$$I_Z=\frac{bh^3}{12} \qquad W_Z=\frac{bh^2}{6}$$

对于直径为 d 的圆形截面(图 8-26b)：

$$I_Z=\frac{\pi D^4}{64} \qquad W_Z=\frac{\pi D^3}{32}$$

对于空心圆形截面(图 8-26c)：

$$I_Z=\frac{\pi D^4}{64}(1-\alpha^4) \qquad W_Z=\frac{\pi D^3}{32}(1-\alpha^4) \qquad \alpha=\frac{d}{D}$$

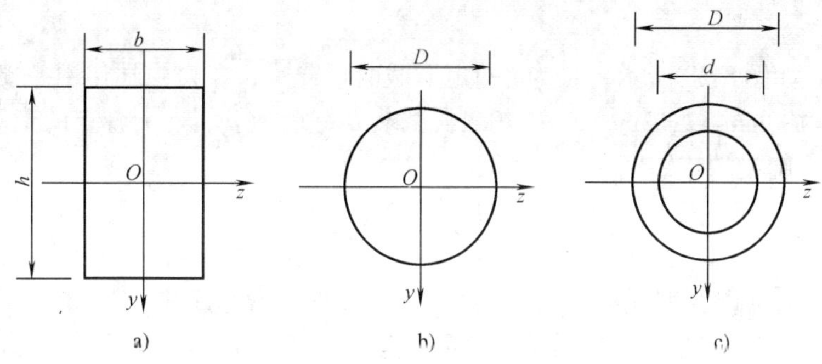

图 8-26

各种常用型钢的截面二次矩和抗弯截面系数可从型钢表中查取。

当梁的横截面不对称于中性轴时，截面上的最大拉应力和最大压应力并不相等，如图 8-27 所示中的 T 形截面，这时应把 y_1 和 y_2 分别代入公式，计算截面上的最大正应力。

最大拉应力为

$$\sigma_{\text{tmax}} = \frac{My_1}{I_Z}$$

最大压应力为

$$\sigma_{\text{cmax}} = \frac{My_2}{I_Z}$$

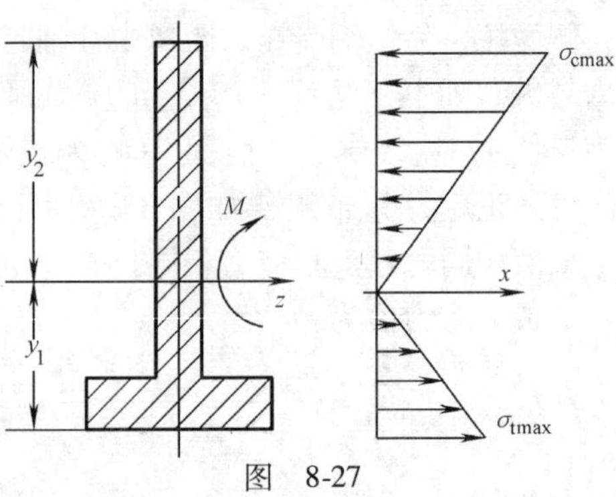

图 8-27

（2）剪力弯曲梁横截面上的正应力计算　剪力弯曲时，由于横截面上存在切应力，所以弯曲时横截面将发生翘曲，使横截面不再能保持为平面（平面假设不适用），特别是当剪力随截面位置变化时，相邻两截面的翘曲程度也不一样。按平面假设推导出的纯弯曲梁横截面上正应力计算公式，用于计算剪力弯曲梁横截面上的正应力是有一些误差的，但是当梁的跨度和梁高比 l/h 大于 5 时，其误差在工程上是可以接受的。这时可以采用纯弯曲时梁横截面上的正应力公式近似计算。

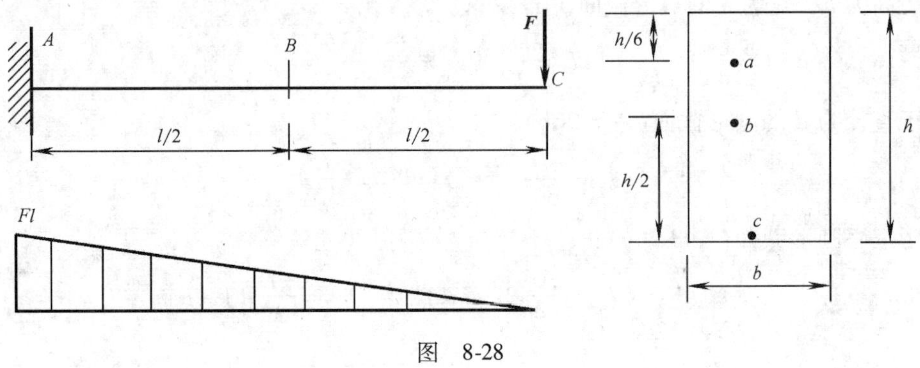

图 8-28

【例 8-12】　如图 8-28 所示，长为 l 的矩形截面悬臂梁，在自由端作用一集中力 F，已知 $b=120\text{mm}$，$h=180\text{mm}$、$l=2\text{m}$，$F=1.6\text{kN}$，试求 B 截面上 a、b、c 各点的正应力。

【解】（1）画梁的弯矩图

$$M_B = \frac{1}{2}Fl = 1.6\text{kN} \cdot \text{m}$$

（2）计算横截面的几何参数

$$I_Z = \frac{bh^3}{12} = \frac{120 \times 180^3}{12}\text{mm}^4 = 5.832 \times 10^7\text{mm}^4$$

$$W_Z = \frac{bh^2}{6} = \frac{120 \times 180^2}{6}\text{mm}^3 = 6.48 \times 10^5\text{mm}^3$$

（3）计算各点正应力

$$\sigma_a = \frac{M_B y}{I_Z} = \frac{1.6 \times 10^6 \times 180/3}{5.832 \times 10^7}\text{MPa} = 1.65\text{MPa}（拉应力）$$

$$\sigma_b = 0$$

$$\sigma_c = \frac{M_B}{W_Z} = \frac{1.6 \times 10^6}{6.48 \times 10^5}\text{MPa} = 2.47\text{MPa}（压应力）$$

2. 正应力强度条件

对于等截面直梁，梁最大弯曲正应力发生在最大弯矩所在的横截面上距中性轴最远的各点处。最大弯矩所在的横截面称为正应力的危险截面。在该危险截面上，离中性轴最远的各点其弯曲正应力的值最大，称为正应力的危险点。

梁弯曲正应力危险点上有梁的最大弯曲正应力 σ_{max}，若梁的许用应力为$[\sigma]$，则弯曲正应力强度条件为

$$\sigma_{max} \leqslant [\sigma] \tag{8-6}$$

等截面直梁的弯曲正应力强度条件为

$$\sigma_{max} = \frac{M_{max}}{W_Z} \leqslant [\sigma] \tag{8-7}$$

对于抗拉和抗压强度不同的脆性材料，由于$[\sigma_t] \neq [\sigma_c]$，因此弯曲正应力强度条件分别为

$$\sigma_{tmax} \leqslant [\sigma_t] \tag{8-8}$$

$$\sigma_{cmax} \leqslant [\sigma_c] \tag{8-9}$$

式中 σ_{tmax} 和 σ_{cmax} 分别表示梁的最大弯曲拉应力和最大弯曲压应力。

【例 8-13】 梁的荷载如图 8-29 所示。已知截面对形心轴的截面惯性矩 $I_Z = 4.03 \times 10^7 \text{mm}^4$，材料的抗拉强度$[\sigma_t] = 50\text{MPa}$，抗压强度$[\sigma_c] = 100\text{MPa}$，试按正应力强度条件校核梁的强度。

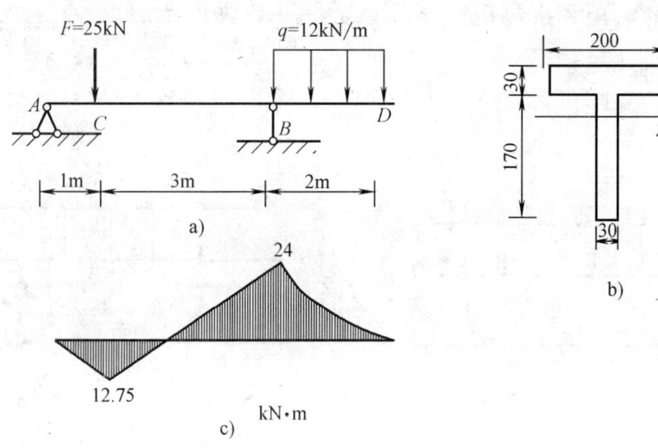

图 8-29

【解】 （1）绘制梁的弯矩图(如图 8-29c 所示)。梁的最大正弯矩发生在 C 截面上，梁的最大负弯矩发生在 B 截面上，最大正、负弯矩的值分别为

$$M_C = 12.75\text{kN} \cdot \text{m} \qquad M_D = 24\text{kN} \cdot \text{m}$$

（2）计算 C 截面的最大拉应力和最大压应力

$$\sigma_{tC} = \frac{M_C y}{I_Z} = \frac{12.75 \times 10^6 \times 139}{4.03 \times 10^7}\text{MPa} = 43.9\text{MPa}$$

$$\sigma_{cC} = \frac{M_C y}{I_Z} = \frac{12.75 \times 10^6 \times 61}{4.03 \times 10^7}\text{MPa} = 19.3\text{MPa}$$

（3）计算 B 截面的最大拉应力和最大压应力

$$\sigma_{tB}=\frac{M_B y}{I_Z}=\frac{24\times10^6\times61}{4.03\times10^7}\text{MPa}=36.3\text{MPa}$$

$$\sigma_{cB}=\frac{M_B y}{I_Z}=\frac{24\times10^6\times139}{4.03\times10^7}\text{MPa}=82.8\text{MPa}$$

根据计算结果知，最大拉应力 $\sigma_{\text{tmax}}=\sigma_{tC}=43.9\text{MPa}$，在 C 截面下侧。最大压应力 $\sigma_{\text{cmax}}=\sigma_{cB}=82.8\text{MPa}$，在 B 截面下侧。

$$\sigma_{\text{tmax}}=43.9\text{MPa}<50\text{MPa}$$

$$\sigma_{\text{cmax}}=82.8\text{MPa}<100\text{MPa}$$

满足要求。

8.3.2 提高梁抗弯强度的措施

梁的抗弯强度主要取决于梁的弯曲正应力强度条件，即

$$\sigma_{\max}=\frac{M_{\max}}{W_Z}\leqslant[\sigma]$$

根据弯曲正应力强度条件，具体有如下措施：

（1）尽量降低梁的弯矩。

（2）提高梁的抗弯截面模量。

（3）同时降低梁的弯矩和提高抗弯截面系数——等强度梁。

1. 合理布置梁的支座及荷载

（1）合理布置梁的支座(图 8-30)

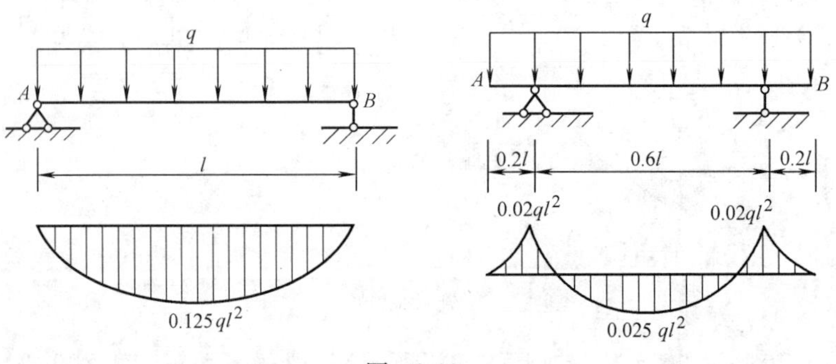

图 8-30

弯矩的降低幅值 $\dfrac{0.125-0.025}{0.125}\times100\%=80\%$

（2）合理布置荷载

1）使集中荷载尽量靠近支座(图 8-31)

弯矩的降低幅值 $\dfrac{0.25-0.1875}{0.25}\times100\%=25\%$

2）尽可能把较大的集中力分散为较小的力，或者改变成分布荷载(图 8-32)。

2. 选择合理的截面形状

最合理的截面形状是用最少的材料获得最大的抗弯截面系数的截面，为了比较各种截面

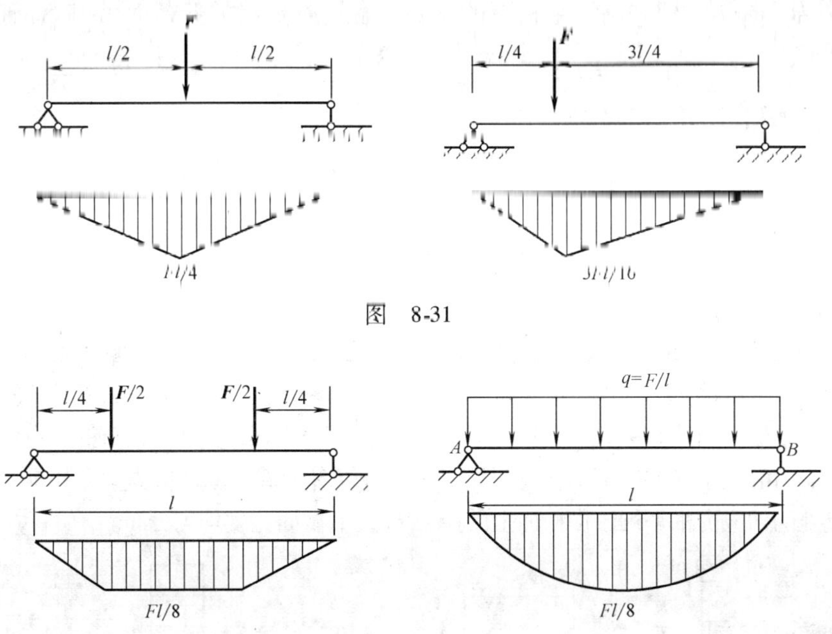

图 8-31

图 8-32

的经济程度，可用抗弯截面系数 W_Z 与截面面积 A 的比值 W_Z/A 作为衡量标准。W_Z/A 越大就越经济。表 8-2 列出了五种截面的 W_Z/A 值。

表 8-2　截面的 W_Z/A 值

截面形状	矩　形	圆　形	圆 环 形	槽　钢	工 字 钢
W/A	$0.167h$	$0.125h$	$0.205h$	$(0.27\sim0.31)h$	$(0.27\sim0.31)h$

表中 h 代表截面高度，圆环形截面的内径用 d 表示（$d=0.8h$）。

从表中数据可知，实心圆截面最不经济，矩形截面次之，空心圆截面较好，槽钢和工字钢截面最佳。显然，这和梁弯曲时横截面上的正应力分布有关。在离中性轴最远处的正应力达到许用应力时，在中性轴附近处的正应力仍然很小，也就是说，中性轴附近的材料没有充分利用。为了提高材料的利用率，应当尽可能将材料放置在离中性轴较远的地方。

对于抗压强度大于抗拉强度的脆性材料，即 $[\sigma_c]>[\sigma_t]$ 的材料，例如铸铁，如果采用对称于中性轴的横截面，则由于弯曲拉应力达到材料许用拉应力 $[\sigma_t]$ 时，弯曲压应力没有达到许用压应力 $[\sigma_c]$，在受压一侧材料没有充分利用。因此，应采用不对称于中性轴的截面，并使中性轴偏向受拉的一侧，使最大拉压应力达到材料的许用应力值。

3. 采用等强度梁

按正应力设计梁的截面时，是以梁的最大弯矩为依据的。对于等截面梁，当梁危险截面危险点的应力值达到许用应力时，其余弯矩小的截面上的材料没有充分利用。为提高材料的利用率、提高梁的强度，可以设计成各截面应力值均同时达到许用应力值的“等强度梁”。其抗弯截面系数 W_Z，可按下式确定：

$$W_Z(x)=\frac{M(x)}{[\sigma]}$$

工程中为了加工方便和满足结构上的需要，常用阶梯状的变截面梁(阶梯轴)来代替理论上等强度梁。

8.3.3 梁的弯曲切应力及切应力强度条件

梁在剪力弯曲时，梁的横截面上同时有弯矩 M 和剪力 F_S。因此，横截面上不仅有弯矩 M 对应的 σ，还有剪力 F_S 对应的切应力 τ。本节主要研究等截面直梁切应力 τ 的计算及切应力强度条件。

1. 矩形截面梁的切应力

(1) 公式推导　图8-33所示的矩形截面梁高度为 h，宽度为 b，沿截面的对称轴 y 截面上有剪力 F_S。因为梁的侧面没有切应力，根据切应力互等定理，在横截面上靠近两侧面边缘的切应力方向一定平行于横截面的侧边。一般矩形截面梁的宽度相对于高度是比较窄的，可以认为沿截面宽度方向切应力的大小和方向都不会有明显变化，所以对横截面上切应力分布作如下的假设：横截面上各点处的切应力都平行于横截面上的剪力 F_S，沿截面宽度均匀分布。

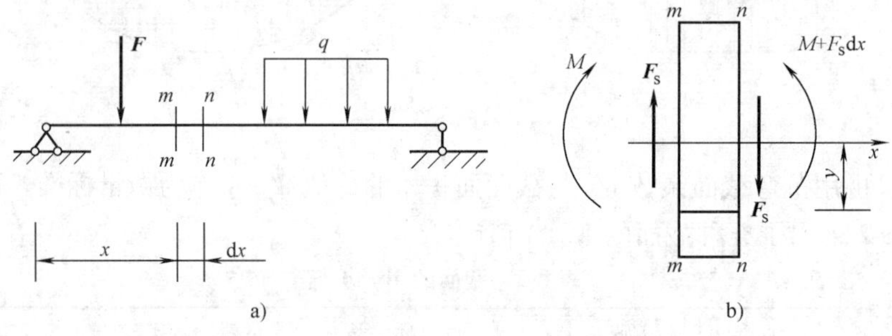

图　8-33

用相距 dx 的两个横截面 m—m 和 n—n 从梁中切一微段(图8-33a)。为研究方便，设在微段上无横向外力作用，则由弯矩、剪力和荷载集度间的关系可知：横截面 m—m 上和 n—n 上剪力相等，均为 F_S。但弯矩不同，分别为 M 和 $M+F_S\mathrm{d}x$(图8-33b)。由平衡方程 $\sum X=0$，导出(过程从略)矩形截面梁横截面上切应力公式

$$\tau=\frac{F_S S_Z^*}{I_Z b} \tag{8-10}$$

式中　F_S——横截面上的剪力；

I_Z——整个截面对中性轴的截面二次矩；

S_Z^*——横截面上求切应力处的水平线以下(以上)部分面积 A^* 对中性轴的静矩；

b——矩形截面宽度。

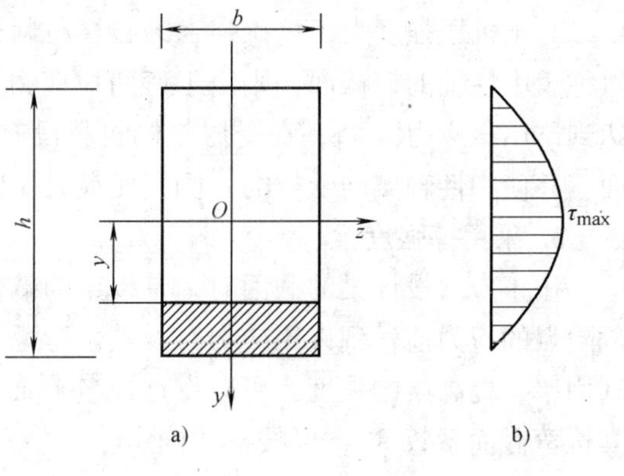

图　8-34

(2) 切应力分布规律及最大应力　对于矩形截面(图8-34)，求得距中性轴 y 处横线上的切应力 τ 为

$$\tau_y=\frac{3}{2}\times\frac{F_S}{bh}\left(1-\frac{4y^2}{h^2}\right) \tag{8-11}$$

由式(8-11)看出矩形截面弯曲切应力沿截面高度按抛物线规律变化(图8-34)。

在上、下边缘 $y=\pm\frac{h}{2}$，　　$\tau=0$

在中性轴处($y=0$)

$$\tau_{max}=\frac{3}{2}\cdot\frac{F_S}{bh} \tag{8-12}$$

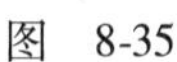

图　8-35

2. 其他形状截面的切应力

(1) 工字形截面梁　工字形梁的横截面由上、下翼缘和中间腹板组成(图8-35)。腹板是矩形截面，所以腹板的切应力计算可按式(8-10)进行，翼板上的切应力的数值比腹板上切应力的数值小许多，一般忽略不计。其切应力分布如图8-35所示。

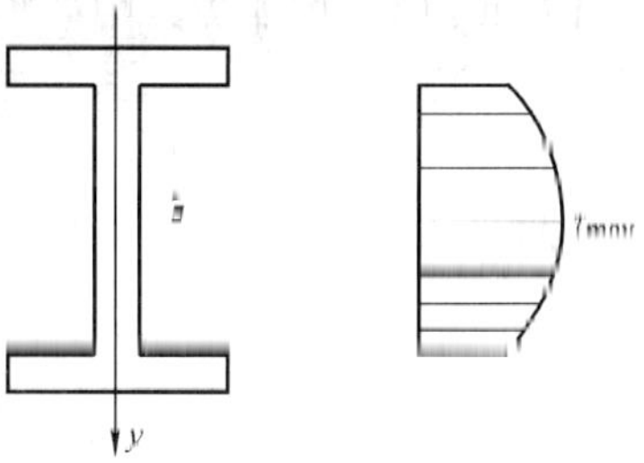

最大切应力仍然在中性轴处。在腹板与翼板交接处，由于翼板面积对中性轴的静矩仍然有一定值，所以切应力较大。

$$\tau_{max}=\frac{F_S S_{zmax}^*}{I_z b}$$

式中　S_{zmax}^*——半个截面对中性轴的静矩。

(2) 圆形截面梁和圆环形截面梁

圆形截面梁和和圆环形截面梁如图8-36所示，它们的最大切应力均发生在中性轴处，沿中性轴均匀分布，计算公式分别为

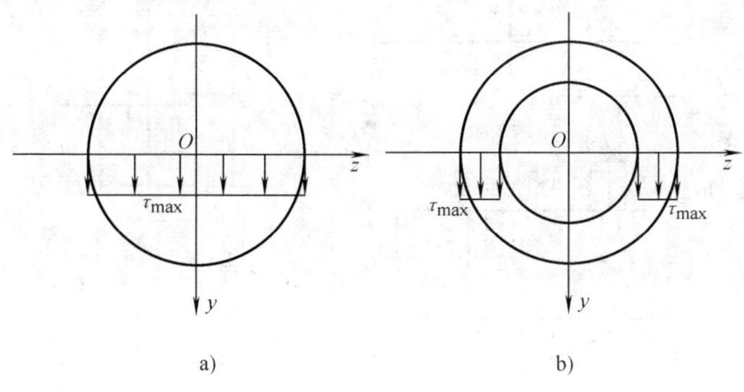

a)　　b)

图　8-36

圆形截面

$$\tau_{max}=\frac{4}{3}\times\frac{F_S}{A} \tag{8-13}$$

圆环形截面

$$\tau_{max}=2\times\frac{F_S}{A} \tag{8-14}$$

式中　F_S——横截面上的剪力；

A——横截面面积。

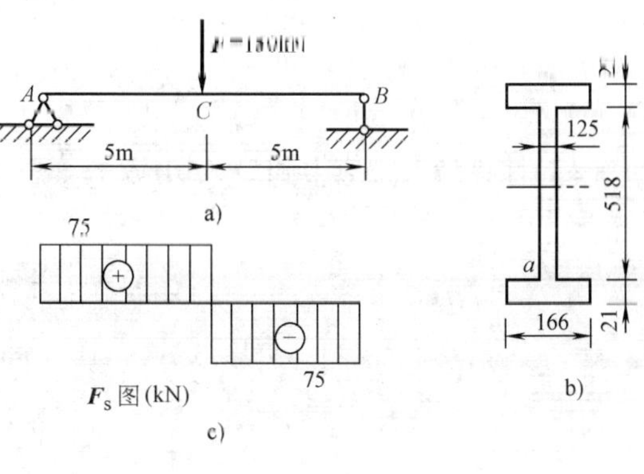

图　8-37

【例8-14】　如图8-37所示，56a号工字钢制成的简支梁，试求梁的横截面上的最大切应力τ_{max}和同一横截面上腹板A点处的切

应力τ_a，梁的自重不计。

【解】（1）绘制剪力图如图 8-37 所示。

$$F_{Smax}=75\text{kN}$$

存在于除两个端截面A、B和集中荷载F的作用点处C以外的所有横截面上。

（2）计算最大弯曲切应力　由型钢表查得 56a 号工字钢截面的尺寸如图 8-37b 所示，根据型钢表有 $I_x=65586\text{cm}^4$ 和$I_x/S_x=47.73\text{cm}$。前者就是前面一些公式中的I_Z，而后者就是求τ_{max}公式中的I_Z/S^*_{zmax}，则最大弯曲切应力为

$$\tau_{max}=\frac{F_{Smax}S^*_{zmax}}{I_Z b}=\frac{F_{Smax}}{\left(\dfrac{I_Z}{S^*_{zmax}}\right)b}=\frac{75\times10^3}{(47.73\times10)\times12.5}\text{MPa}=12.6\text{MPa}$$

（3）计算A点切应力

$$S^*_{zA}=166\times21\times\left(\frac{560}{2}-\frac{21}{2}\right)\text{mm}^3=940\times10^3\text{mm}^3$$

$$\tau_A=\frac{F_{Smax}S^*_{zA}}{I_Z b}=\frac{(75\times10^3)(940\times10^3)}{(65586\times10^4)\times12.5}\text{MPa}=8.6\text{MPa}$$

【例 8-15】 图 8-38 所示矩形截面简支梁，跨中受集中力作用。求最大正应力σ_{max}和最大切应力τ_{max}，并进行比较。

【解】（1）绘制剪力图和弯矩图，并求得

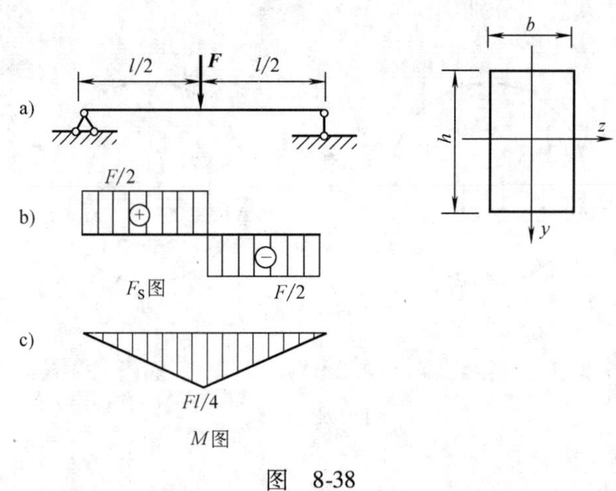

图 8-38

$$F_{Smax}=\frac{F}{2}\qquad M_{max}=\frac{Fl}{4}$$

（2）计算最大正应力和最大切应力

$$\sigma_{max}=\frac{M_{max}}{W_Z}=\frac{\dfrac{Fl}{4}}{\dfrac{1}{6}bh^2}=\frac{3Fl}{2bh^2}$$

$$\tau_{max}=\frac{3}{2}\frac{F_S}{A}=\frac{3\dfrac{F}{2}}{2bh}=\frac{3F}{4bh}$$

（3）比较最大正应力和最大剪应力

$$\frac{\sigma_{\max}}{\tau_{\max}}=\frac{\dfrac{3Fl}{2bh^2}}{\dfrac{3F}{4bh}}=\frac{2L}{h}$$

当梁的跨度 l 与梁的高度 h 之比大于5时，梁的最大正应力与最大切应力之比大于10。在一般情况下梁的跨度远大于其高度，所以梁的主要应力是正应力。

3. 梁的切应力强度条件

梁的切应力危险点上有梁的最大切应力 $\tau_{\max}$，若梁的许用应力［τ］，则剪应力强度条件为

$$\tau_{\max}\leqslant[\tau] \tag{8-15}$$

对于等截面直梁

$$\tau_{\max}=\frac{F_{S\max}S_{z\max}}{I_Z b}\leqslant[\tau] \tag{8-16}$$

对于一般的跨度与横截面高度比值较大的梁，其主要应力是弯曲正应力（见例8-14），因此只需进行梁的弯曲正应力强度条件计算。但是，对于薄壁截面梁，例如，自行焊接的工字形截面梁、或者弯矩较小而剪力较大的梁、跨度与横截面高度比值较小的短粗梁和集中荷载作用在支座附近的梁等，应该进行切应力强度计算。

【例8-16】 图8-39所示工字形截面外伸梁，已知材料的许用应力［σ］=160MPa，［τ］=100MPa，截面为20a号工字钢型号，试校核该梁的强度。

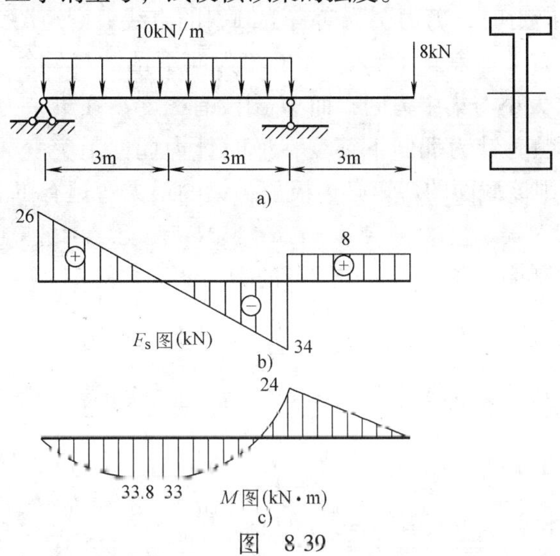

图 8-39

【解】（1）绘制剪力图和弯矩图 由图可知，最大剪力和最大弯矩分别为

$$F_{S\max}=34\text{kN}\qquad M_{\max}=33.8\text{kN}\cdot\text{m}$$

（2）截面几何特性 查型钢表，20a型钢，$W_Z=237\text{cm}^3$，I_X：$S_X=17.2\text{cm}$，$b=7\text{mm}$（腹板宽度）

（3）正应力强度校核

$$\sigma_{max} = \frac{M_{max}}{W_Z} = \frac{33.8 \times 10^6}{237 \times 10^3}\text{MPa} = 142.6\text{MPa} \leqslant [\sigma] = 160\text{MPa}$$

满足要求。

（4）切应力强度校核

$$\tau_{max} = \frac{F_{Smax}S_z}{I_Z b} = \frac{34 \times 10^3}{172 \times 7}\text{MPa} = 28.2\text{MPa} < [\tau] = 100\text{MPa}$$

满足要求。

本 章 小 结

（1）梁横向弯曲时横截面上有两个内力分量——剪力和弯矩　剪力位于梁的横截面内，对梁有剪切作用；弯矩位于梁的纵向对称面内，由于它的作用而使梁发生弯曲变形。

（2）弯矩和剪力正、负规定　剪力使截离体产生顺时针方向旋转时为正，反之为负；弯矩使截离体产生上侧纤维受压、下侧纤维受拉，即截离体的轴线产生上凹下凸的变形时为正，反之为负。

（3）截面法是确定横截面上的剪力和弯矩的基本方法　在掌握截面法的基础上列出梁的剪力方程和弯矩方程，从而绘制剪力图和弯矩图。

（4）剪力图和弯矩图的分布规律　梁上无均布荷载作用的区段，F_S 图为一条平行于梁轴线的水平直线，M 图为一斜直线；梁上有均布荷载作用的区段，剪力图为斜直线，M 图为二次抛物线。当荷载向上时，剪力图为向右上倾斜的直线，弯矩图为向上凸的抛物线，当荷载向下，剪力图为向右下倾斜的直线，弯矩图为向下凸的抛物线；在集中力作用点处，F_S 图出现突变，方向、大小与集中力同，而 M 图没有突变；在集中力偶作用处，F_S 图没有变化，M 图发生突变，顺时针力偶向下突变，逆时针力偶向上突变，其差值即为该集中力偶。某截面剪力为零，则该截面的弯矩必为极值，梁的最大弯矩有可能发生在剪力为零的截面上。

（5）利用叠加法绘制梁在各种荷载作用下的剪力图和弯矩图。

（6）梁弯曲时的正应力计算公式为：$\sigma = \frac{My}{I_Z}$，计算正应力之前，必须弄清楚需求的是哪个截面、哪一点的应力，从而确定截面的弯矩、截面二次矩和计算点到中性轴的距离。在中性轴上正应力为零，在梁的上、下边缘正应力最大，计算公式为：$\sigma_{max} = \frac{M_{max}}{W_Z}$，需要注意不对称截面最大拉应力和最大压应力的计算和判定。

（7）梁弯曲时的切应力计算公式为：$\tau = \frac{F_S S_z^*}{I_Z b}$，计算切应力之前，必须弄清楚需求的是哪个截面、哪一点的应力，从而确定截面的剪力、截面二次矩和计算点处的水平线以下（或以上）部分面积对中性轴的静矩。矩形截面上的切应力沿截面高度呈二次抛物线规律分布，在梁的上、下边缘切应力为零，一般情况下，在中性轴上切应力最大，计算公式为 $\tau_{max} = \frac{F_S S_{zmax}^*}{I_Z b}$。

(8) 梁的弯曲强度条件 $\sigma_{max}=\dfrac{M_{max}}{W_Z}\leqslant[\sigma]$，$\tau_{max}=\dfrac{F_{Smax}S_{zmax}}{I_Zb}\leqslant[\tau]$，最大正应力和最大切应力通常发生在不同截面、不同点处，计算时需分别对待。

(9) 通过合理布置梁的支座及荷载，选择合理的截面形状，采用等强度梁等措施来提高梁的弯曲强度，达到节约材料的目的。

习　题

8-1　求图 8-40 所示截面的剪力和弯矩。

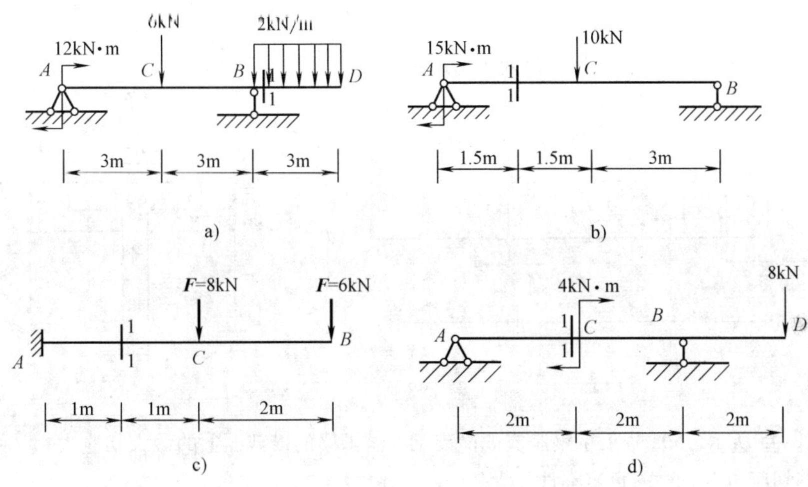

图　8-40

8-2　列出图 8-41 所示各梁的剪力方程和弯矩方程，并绘制剪力图和弯矩图。

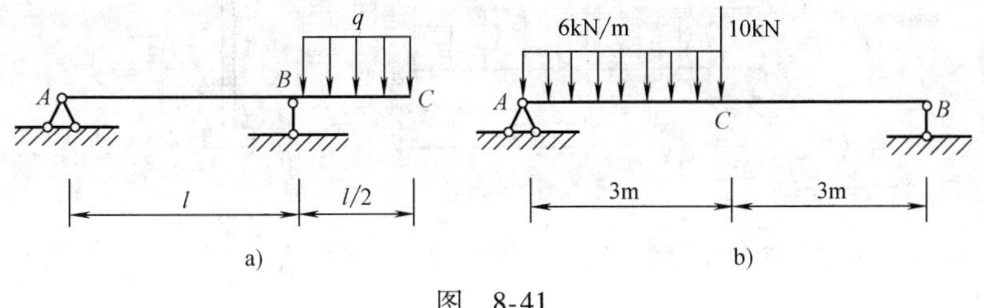

图　8-41

8-3　绘制图 8-42 所示各梁的剪力图和弯矩图。

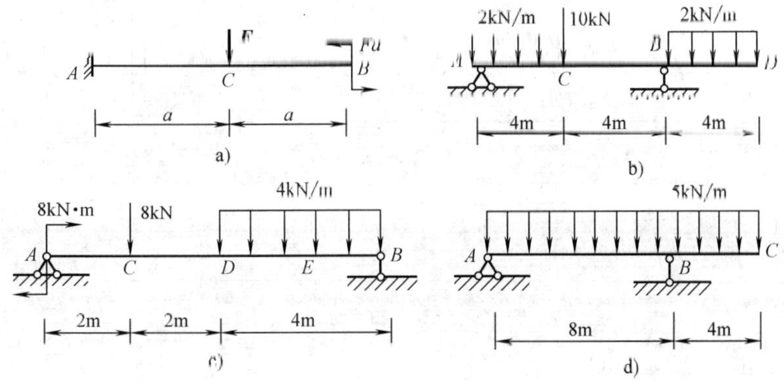

图　8-42

8-4　如图 8-43 所示，跨度为 5m 的矩形截面简支梁，跨中作用均布荷载 q，已知 $b = 150\text{mm}$，$h = 300\text{mm}$，试求跨中截面上 a、b、c 各点的正应力。

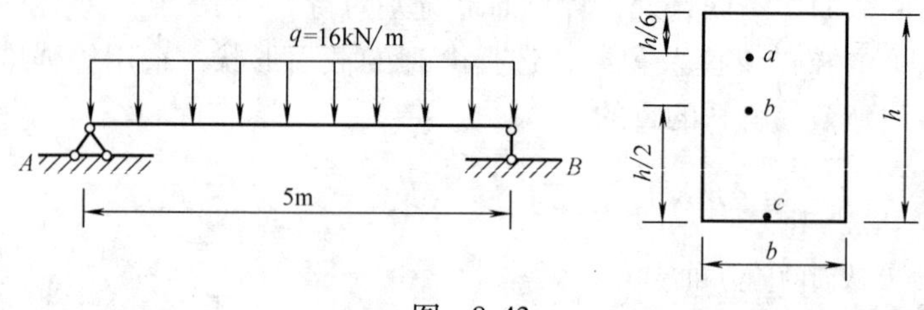

图　8-43

8-5　如图 8-44 所示外伸梁，已知截面对形心轴的截面二次矩 $I_Z = 4.03 \times 10^7 \text{mm}^4$，求梁的最大拉应力和最大压应力。

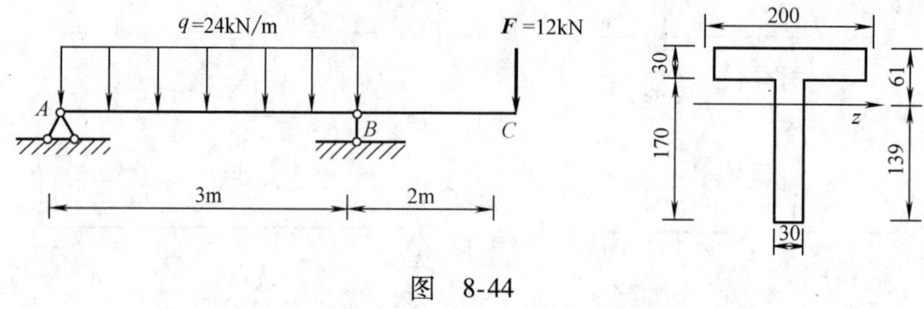

图　8-44

8-6　如图 8-45 所示，50a 号工字钢制成的简支梁，试求梁的横截面上的最大切应力 τ_{max} 和同一横截面上腹板 a 点处的切应力 τ_a，梁的自重不计。

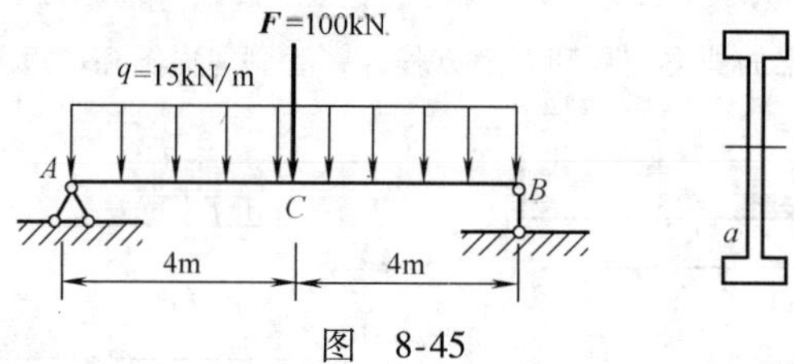

图　8-45

8-7　如图 8-46 所示工字形截面外伸梁，已知材料的许用应力 $[\sigma] = 160\text{MPa}$，$[\tau] = 100\text{MPa}$，试选择工字钢型号。

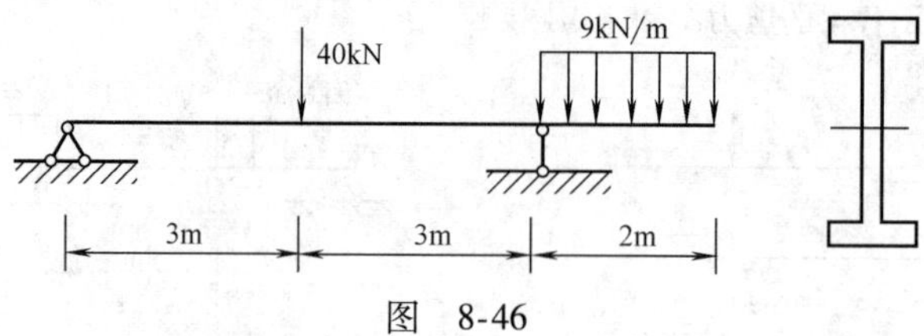

图　8-46

8-8　求习题 8-5 梁的最大切应力。

参考答案

8-1　a）$F_S = 6\text{kN}$　　$M = -9\text{kN} \cdot \text{m}$

　　b）$F_S = 2.5\text{kN}$　　$M = 18.75\text{kN} \cdot \text{m}$

c) $F_S = 14\text{kN}$ $M = -26\text{kN}\cdot\text{m}$

d) $F_S = -5\text{kN}$ $M = -10\text{kN}\cdot\text{m}$

8-2 a) AB 段：$F_S(x) = -\frac{1}{8}ql \quad (0 < x < l)$

$M(x) = -\frac{1}{8}qlx \quad (0 \leqslant x \leqslant l)$

BC 段：$F_S(x) = q\left(\frac{3}{2}l - x\right) \quad \left(l < x \leqslant \frac{3}{2}l\right)$

$M(x) = \frac{1}{2}q\left(\frac{3}{2}l - x\right)^2 \quad \left(l \leqslant x \leqslant \frac{3}{2}l\right)$

b) AC 段：$F_S(x) = 18.5 - 6x \quad (0 < x < 3)$

$M(x) = 18.5x - 3x^2 \quad (0 \leqslant x \leqslant 3)$

CB 段：$F_S(x) = -9.5 \quad (3 < x < 6)$

$M(x) = 57 - 9.5x \quad (3 \leqslant x \leqslant 6)$

8-3 a) $F_{SA} = F$ $M_A = 0$

b) $F_{SC}^L = 1\text{kN}$ $F_{SC}^R = F_{SB}^L = -9\text{kN}$ $F_{SB}^R = 8\text{kN}$

$M_C = 20\text{kN}\cdot\text{m}$ $M_B = -8\text{kN}\cdot\text{m}$

c) $F_{SC}^L = 9\text{kN}$ $F_{SC}^R = 1\text{kN}$ $F_{SD} = 1\text{kN}$

$M_C = 26\text{kN}\cdot\text{m}$ $M_B = 28\text{kN}\cdot\text{m}$

d) $F_{SB}^L = -25\text{kN}$ $F_{SB}^R = 20\text{kN}$

$M_B = -40\text{kN}\cdot\text{m}$

8-4 $\sigma_a = 14.8\text{MPa}$（压应力） $\sigma_b = 0$ $\sigma_c = 22.2\text{MPa}$（拉应力）

8-5 $\sigma_{tmax} = 56.3\text{MPa}$ $\sigma_{cmax} = 82.8\text{MPa}$

8-6 $\tau_{max} = 21.4\text{MPa}$ $\tau_a = 15.0\text{MPa}$

8-7 选择 22b 工字钢

8-8 $\tau_{max} = 10.55\text{MPa}$

第 9 章　应 力 状 态

知识目标：

1. 了解一点上不同方向的应力分析方法。
2. 熟悉受弯杆件上主应力迹线的分析方法。

能力目标：

能够分析并绘出受弯杆件上主应力迹线。

9.1　应力状态的概念

在分析轴向拉(压)杆的应力时我们就知道，斜截面上的应力不同于横截面上的应力，且不同方位斜截面上的应力也是不同的。杆件弯曲的分析结果表明，杆件内各点的应力不同，其应力值是相应点的坐标函数，且与所取截面的方位有关。下面来分析一点的应力状态。

要想知道杆件内一点处的应力状态，就要分析包含该点的单元体。现以等截面直杆的拉伸为例，如图 9-1a 所示，在杆内任意一点 A 处截取各边长极小的一立方体，称该立方体为单元体(图 9-1b)。该立方体为微立方体，单元体各侧面上的应力可近似看成均匀分布，且每一对平行侧面上的应力均相等。由于该单元体的前、后侧面上的应力为零，可以将单元体图用平面图形 9-1c 代替，称这种前后侧面无应力的单元体处于平面应力状态。该单元体的左、右两侧面是杆件横截面的一部分，其应力为 $\sigma = P/A$；该单元体的上、下侧面因平行于轴线的纵向平面，平面上没有应力，这种有四个侧面无应力的单元体，称其处于单向应力状态。如按图 9-1d 的方式截取单元体，使其四个侧面成为斜截面，则在这四个面上，均有正应力和切应力。其应力值也随所取斜截面的方位不同而不同。

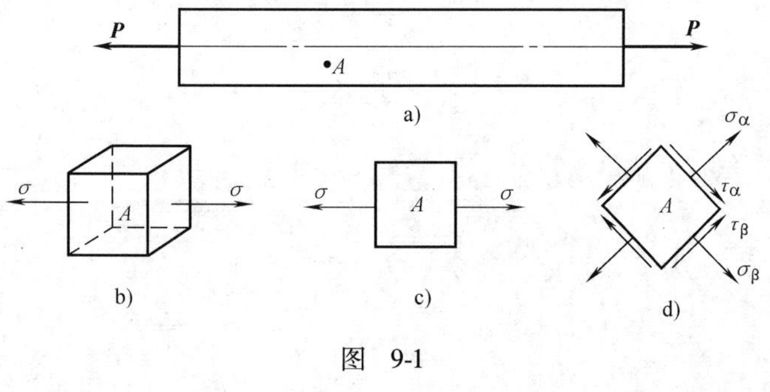

图　9-1

本章主要介绍平面应力状态情况。

9.2　平面应力分析

现取一处于平面应力状态的微单元体，如图 9-2a 所示，其应力分量：σ_x 和 τ_{xy} 是外法线与 x 轴平行的两个面上的正应力和切应力。σ_y 和 τ_{yx} 是外法线与 y 轴平行的两个面上的正应力和切应力。σ_x 和 σ_y 的角标分别表示与轴 x 和轴 y 同向。τ_{xy}（或 τ_{yx}）有两个角标：第一个角标表示切应力作用平面的外法线方向；第二个角标则表示切应力的方向平行于该轴。应力分量 σ_x、σ_y、τ_{xy} 均为已知。

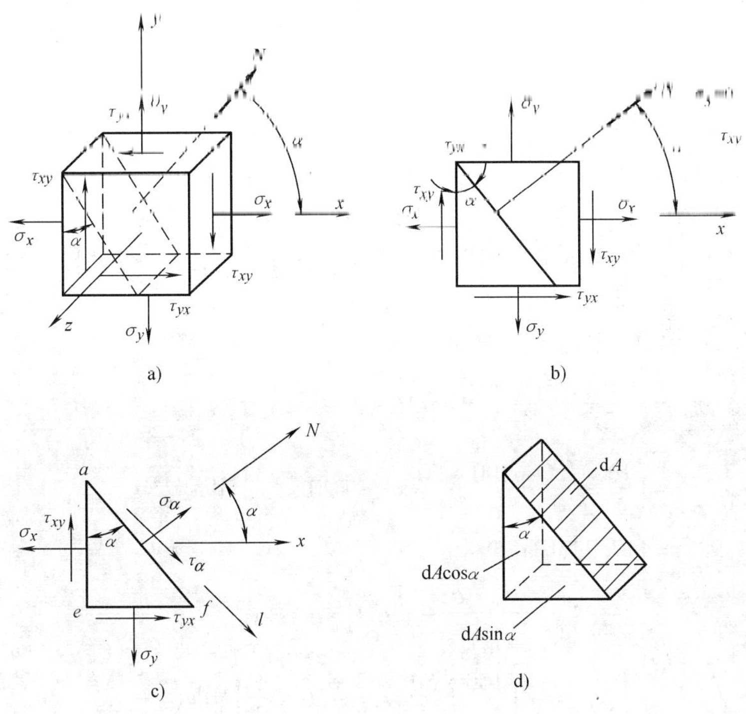

图 9-2

考虑应力的方向性，应力分量的正负号规定为：正应力以拉应力为正、压应力为负；切应力对单元体内作用以使单元体顺时针转向为正，反之为负。照此规定，图 9-2a 中，σ_x、σ_y、τ_{xy} 均为正，而 τ_{yx} 为负。

9.2.1 斜截面上的应力分析

为体现一般性，取一法线 N 垂直于 y 轴的任意斜截面 af，其外法线 N 与 x 轴的夹角为 α，α 角以由 x 轴逆时针转向外法线 N 者为正。截面 af 把单元体分成两部分，取图 9-2c 的部分为研究对象来求任意斜截面上的应力 σ_α 和 τ_α，斜截面 af 上的应力由正应力 σ_α 和切应力 τ_α 来表示。设 af 面的面积为微元面积 dA，见图 9-2d，则 ef 面和 ae 面的面积分别是 $dA\cdot\sin\alpha$ 和 $dA\cdot\cos\alpha$，把作用于 aef 部分上的力投影于 af 面的外法线 N 轴上和切线方向 l 轴上，可得

$$\sum N=0$$

$$\sigma_\alpha \mathrm{d}A+\tau_{xy}(\mathrm{d}A\cos\alpha)\sin\alpha-\sigma_x(\mathrm{d}A\cos\alpha)\cos\alpha+\tau_{yx}(\mathrm{d}A\sin\alpha)\cos\alpha-\sigma_y(\mathrm{d}A\sin\alpha)\sin\alpha=0$$

$$\sum l=0$$

$$\tau_\alpha \mathrm{d}A-\tau_{xy}(\mathrm{d}A\cos\alpha)\cos\alpha-\sigma_x(\mathrm{d}A\cos\alpha)\sin\alpha+\tau_{yx}(\mathrm{d}A\sin\alpha)\sin\alpha+\sigma_y(\mathrm{d}A\sin\alpha)\cos\alpha=0$$

由于 $|\tau_{xy}|=|\tau_{yx}|$（切应力互等定理，推导从略），联立解得上述两个平衡方程，最后得

$$\sigma_\alpha = \sigma_x \cos^2\alpha + \sigma_y \sin^2\alpha - 2\tau_{xy}\sin\alpha\cos\alpha$$

$$= \frac{\sigma_x + \sigma_y}{2} + \frac{\sigma_x - \sigma_y}{2}\cos 2\alpha - \tau_{xy}\sin 2\alpha \tag{9-1}$$

$$\tau_\alpha = \frac{\sigma_x - \sigma_y}{2}\sin 2\alpha + \tau_{xy}\cos 2\alpha \tag{9-2}$$

式(9-1)、式(9-2)是斜截面应力的一般公式。

由上可见，对于一个微单元体，当 σ_x、σ_y 和 τ_{xy} 已知时，其斜截面的应力 σ_α 和 τ_α 随 α 角的改变而改变，即 σ_α 和 τ_α 是角 α 的函数。所以，一点的应力状态可由该点处单元体上的已知应力值 σ_x、σ_y 和 τ_{xy} 确定。

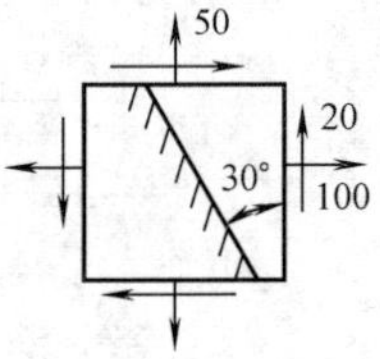

【例 9-1】 一单元体各面应力如图 9-3 所示，试求斜截面上的应力 σ_α 和 τ_α。

50
20
30°
100

图 9-3

【解】 已知 $\sigma_x = 100\text{MPa}$、$\sigma_y = 50\text{MPa}$，$\tau_{xy} = -\tau_{yx} = -20\text{MPa}$

$$\sigma_\alpha = \frac{\sigma_x + \sigma_y}{2} + \frac{\sigma_x - \sigma_y}{2}\cos 2\alpha - \tau_{xy}\sin 2\alpha$$

$$= \left(\frac{100+50}{2} + \frac{100-50}{2} \times \frac{1}{2} + 20 \times \frac{\sqrt{3}}{2}\right)\text{MPa}$$

$$= 117.32\text{MPa}$$

$$\tau_\alpha = \frac{\sigma_x - \sigma_y}{2}\sin 2\alpha + \tau_{xy}\cos 2\alpha$$

$$= \left(\frac{100-50}{2} \times \frac{\sqrt{3}}{2} - 20 \times \frac{1}{2}\right)\text{MPa}$$

$$= (21.65 - 10)\text{MPa} = 11.65\text{MPa}$$

9.2.2 主应力与主平面

因为 σ_α 是 α 的函数，所以 σ_α 肯定存在极大值和极小值，σ_α 的极大值和极小值均称为主应力，记作 $\sigma_i(i=1,2,3)$，主应力的作用面则称为主平面。设 α_0 面为主平面，经过数学推导有

$$\tan 2\alpha_0 = -\frac{2\tau_{xy}}{\sigma_x - \sigma_y} \tag{9-3}$$

由公式(9-3)可以求出相差 90°的两个角度 α_0，可见两个主平面互相垂直。式(9-3)为确定主平面方位的公式。

两个互相垂直主平面上的正应力，一个为最大，记为 σ_{max}，一个为最小，记为 σ_{min}，其值分别由式(9-4)计算。

$$\begin{cases} \sigma_{max} = \dfrac{\sigma_x + \sigma_y}{2} + \dfrac{1}{2}\sqrt{(\sigma_x - \sigma_y)^2 + 4\tau_{xy}^2} \\ \sigma_{min} = \dfrac{\sigma_x + \sigma_y}{2} - \dfrac{1}{2}\sqrt{(\sigma_x - \sigma_y)^2 + 4\tau_{xy}^2} \end{cases} \tag{9-4}$$

两个互相垂直主平面上的切应力为零，即

$$\tau_{\alpha_0} = 0 \tag{9-5}$$

在使用这些公式时，如 $\sigma_x > \sigma_y$，则式(9-3)确定的两个角度 α_0 中，用绝对值小的 α_0 角

度来决定 σ_{max} 所在的平面。

9.2.3 切应力极大值、极小值及其所在平面

通过推导，同样可以确定最大和最小切应力（即切应力极值）以及它们所在的平面。假设 $\alpha=\alpha_1$ 时，平面上的切应力达到极值，则有

$$\tan 2\alpha_1=\frac{\sigma_x-\sigma_y}{2\tau_{xy}} \tag{9-6}$$

式(9-6)中的 α_1 应有相差 90°的两个值，说明切应力的最大值和最小值所在平面亦为两个互相垂直的平面。由式(9-6)及式(9-3)有

$$\tan 2\alpha_0 \tan 2\alpha_1=-1$$

因此可以推出

$$\alpha_1=\alpha_0+\frac{\pi}{4}$$

也就是说，最大切应力平面和最小切应力平面与主平面之间为 45°的夹角，将式(9-6)代入式(9-2)，切应力极值为

$$\tau_1=\pm\frac{1}{2}\sqrt{(\sigma_x-\sigma_y)^2+4\tau_{xy}^2} \tag{9-7}$$

即

$$\begin{cases}\tau_{max}=\dfrac{\sigma_{max}-\sigma_{min}}{2}\\ \tau_{min}=-\dfrac{\sigma_{max}-\sigma_{min}}{2}\end{cases} \tag{9-8}$$

需要指出的是：τ_{max} 和 τ_{min} 是两个数值相等，而正负号不同的切应力。

在最大切应力的作用面上，其正应力值一般不为零。

【例 9-2】 求图 9-4a 所示梁内 K 点处的主应力与主平面，最大切应力及其作用面，并在单元体上画出。已知此点处的 $\sigma_x=-60\text{MPa}$，$\sigma_y=0$，$\tau_{xy}=-30\text{MPa}$。

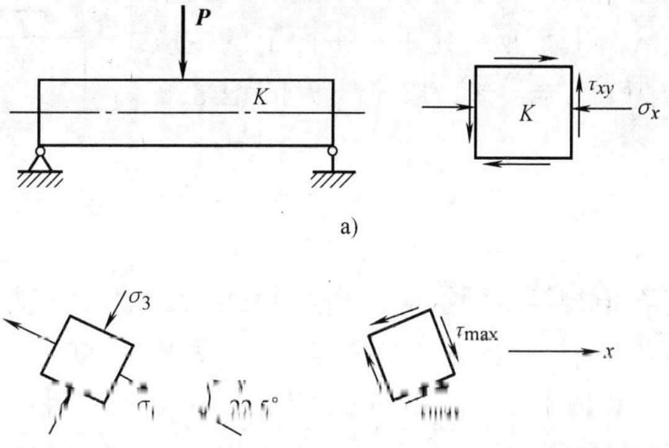

图 9-4

【解】 (1) 确定 K 点单元体的主平面，由式(9-3)，得

$$\tan 2\alpha_0=-\frac{2\tau_{xy}}{\sigma_x-\sigma_y}=\frac{2(-30)}{-60-0}=-1$$

$$\alpha_0=-22.5°,\ \alpha_0+90°=67.5°$$

(2) 计算主应力，由式(9-4)，得

$$\begin{cases}\sigma_{max}=\dfrac{\sigma_x+\sigma_y}{2}+\dfrac{1}{2}\sqrt{(\sigma_x-\sigma_y)^2+4\tau_{xy}^2}\approx(-30+42.5)\text{MPa}=12.5\text{MPa}\\ \sigma_{min}=\dfrac{\sigma_x+\sigma_y}{2}-\dfrac{1}{2}\sqrt{(\sigma_x-\sigma_y)^2+4\tau_{xy}^2}\approx(-30-42.5)\text{MPa}=-72.5\text{MPa}\end{cases}$$

即，三个主应力分别为：

$\sigma_1 = 12.5\text{MPa}$，$\sigma_2 = 0$，$\sigma_3 = -72.5\text{MPa}$ 单元体如图 9-4b 所示，最大主应力 σ_1 沿 67.5° 方向。

(3) 最大切应力可由式(9-8)直接得出

$$\tau_{\max} = \left|\frac{\sigma_1 - \sigma_3}{2}\right| = \left|\frac{12.5 - (-72.5)}{2}\right| \text{MPa} = 42.5\text{MPa}$$

$\tau_{\max}$的作用面与主平面互呈 45°，$\tau_{\max}$的方向应使单元体有沿 σ_1 方向产生拉伸变形的趋势，具体如图 9-4b 所示。

【例 9-3】 讨论圆轴扭转时的应力状态，并分析铸铁试件受扭时的破坏现象。

【解】 圆轴扭转时，横截面的边缘处切应力为最大，其数值为

$$\tau_{\max} = \frac{T}{W_n}$$

在圆轴的表层，按图 9-5a 所示方式取出单元体 $ABCD$，纯剪切状态下单元体各面上的应力如图 9-5b 所示，其中 $\sigma_x = \sigma_y = 0$，$\tau_{xy} = -\tau_{yx} = \tau$，把上式代入式(9-4)，得

$$\begin{cases} \sigma_{\max} = \dfrac{\sigma_x + \sigma_y}{2} + \dfrac{1}{2}\sqrt{(\sigma_x - \sigma_y)^2 + 4\tau_{xy}^2} = \tau \\ \sigma_{\min} = \dfrac{\sigma_x + \sigma_y}{2} - \dfrac{1}{2}\sqrt{(\sigma_x - \sigma_y)^2 + 4\tau_{xy}^2} = -\tau \end{cases}$$

$$\tan 2\alpha_0 = -\frac{2\tau_{xy}}{\sigma_x - \sigma_y} = -\infty$$

$$\alpha_0 = 45°\text{和} 135°$$

以上结果表明，从 x 轴为起点量起，由 $\alpha_0 = 45°$(顺时针方向)所确定的主平面上的主应力为 $\sigma_{\max} = \tau$，而由 $\alpha_0 = 135°$所确定的主平面上的主应力为 $\sigma_{\min} = -\tau$，按主应力的记号规定，有

$$\sigma_1 = \sigma_{\max} = \tau,\ \sigma_2 = 0,\ \sigma_3 = \sigma_{\min} = -\tau$$

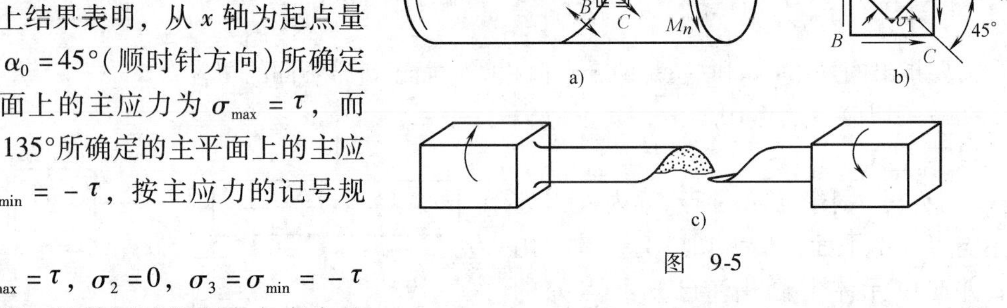

图 9-5

所以，纯剪切时的两个主应力的绝对值相等，即切应力τ，但其中一个为拉应力，一个为压应力。

圆截面铸铁试件扭转时，表面各点 $\sigma_{\max}$所在的主平面连成倾角为 45° 的螺旋面(图 9-5a)，由于铸铁抗拉强度低，试件将沿这一螺旋面拉伸而发生断裂破坏，如图 9-5c 所示。

9.3 梁的主应力和主应力迹线

图 9-6a 所示矩形截面梁，设任意截面 n—n 上的 $M_z > 0$，$F_S > 0$，取出五个点 1、2、3、4、5，可求出 n—n 截面上五个点的正应力 σ_x 和切应力τ_{xy}，这五个点的单元体如图 9-6b 所示。其中 1、5 两点为主应力状态，其余三点为非主应力状态，通过式(9-3)、式(9-4)可求出它们的主应力和主平面，如图 9-6c 所示。

由于梁上各点处均存在由正交的主拉应力和主压应力构成的主应力状态，在全梁内形成主应力场。为了能直观地表示梁内各点上应力的方向，可以用两组互为正交的曲线描述主应力场。其中一组曲线上每一点的切线方向是该点处主拉应力方向(用实线表示)，而另一组曲线上每一点的切线方向是该点处主压应力方向(用虚线表示)。这两组曲线称为梁的主应力迹线，前者为主拉应力迹线，后者为主压应力迹线。

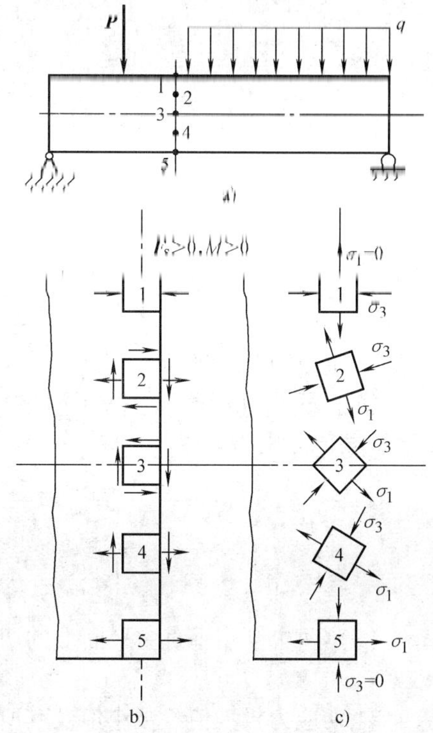

图 9-6

主应力迹线使复杂的应力状况形象化了，如受均布荷载的矩形截面简支梁，它的主应力迹线具有下述特点：

(1) 梁顶与梁底处，$\sigma_x \neq 0$，$\tau_{xy}=\tau_{yx}=0$

梁顶(受压)处：$\sigma_1=\sigma_{max}=0$，$\alpha_{01}=90°$(实线铅垂)

梁底(受拉)处：$\sigma_3=\sigma_{min}=0$，$\alpha_{02}=90°$(虚线铅垂)

(2) 中性轴处，只有$\tau_{xy}=\tau$，$\sigma_x=0$，有两种情况(取 y 轴朝下时)：

1) 当截面上 $Q>0$，有 $\sigma_1=\sigma_{max}=\tau$，$\alpha_{01}=45°$(实线)；$\sigma_3=\sigma_{min}=-\tau<0$，$\alpha_{02}=135°$(虚线)

2) 当截面上 $Q<0$，有 $\sigma_1=\sigma_{max}=\tau$，$\alpha_{01}=135°$(实线)；$\sigma_3=\sigma_{min}=-\tau<0$，$\alpha_{02}=45°$(虚线)

(3) 从图 9-7 可知，主拉应力迹线(实线)必垂直于梁顶而平行于梁底；主压应力迹线(虚线)必垂直于梁底而平行于梁顶。

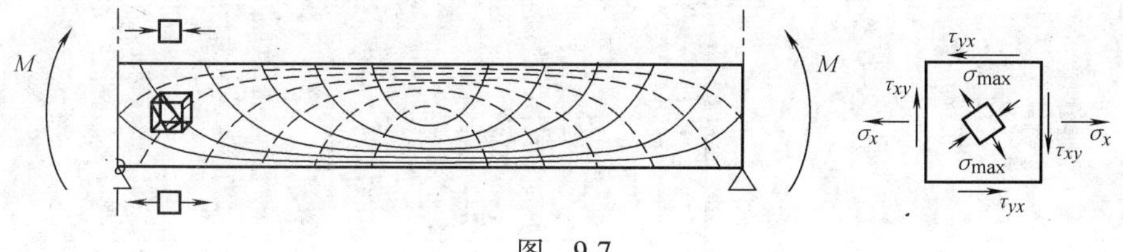

图 9-7

主应力迹线分析在工程设计中是有实用价值的，如钢筋混凝土梁内的主要受力钢筋大致上是按主拉应力迹线配置的，如图 9-8 所示。

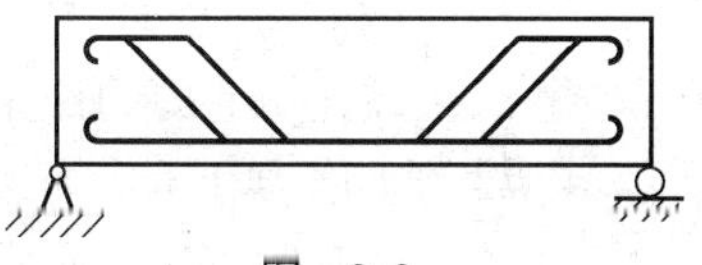
图 9-8

由于荷载和约束的不同，梁的主应力迹线也完全不一样。图 9-9 给出了几种荷载作用下梁的主应力迹线。

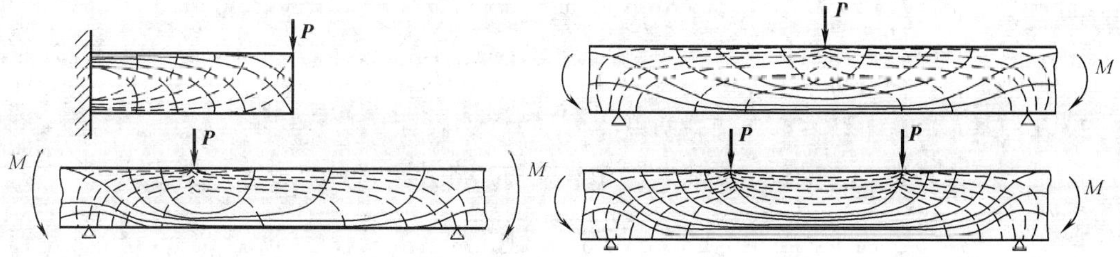

图 9-9

本 章 小 结

1. 平面应力状态：斜截面应力的一般公式

$$\sigma_\alpha = \sigma_x \cos^2\alpha + \sigma_y \sin^2\alpha - 2\tau_{xy}\sin\alpha\cos\alpha$$

$$= \frac{\sigma_x + \sigma_y}{2} + \frac{\sigma_x - \sigma_y}{2}\cos2\alpha - \tau_{xy}\sin2\alpha$$

$$\tau_\alpha = \frac{\sigma_x - \sigma_y}{2}\sin2\alpha + \tau_{xy}\cos2\alpha$$

2. 主应力与主平面

（1）两个互相垂直主平面上的正应力，一个为最大，记为 σ_{max}，一个为最小，记为 σ_{min}，其值分别为

$$\begin{cases}\sigma_{max} = \dfrac{\sigma_x + \sigma_y}{2} + \dfrac{1}{2}\sqrt{(\sigma_x - \sigma_y)^2 + 4\tau_{xy}^2} \\ \sigma_{min} = \dfrac{\sigma_x + \sigma_y}{2} - \dfrac{1}{2}\sqrt{(\sigma_x - \sigma_y)^2 + 4\tau_{xy}^2}\end{cases}$$

（2）两个互相垂直主平面上的切应力为零，即

$$\tau_{\alpha_0} = 0$$

3. 切应力极大值、极小值及其所在平面

（1）最大切应力平面和最小切应力平面与主平面之间为45°的夹角。

（2）切应力极值为

$$\tau_1 = \pm\frac{1}{2}\sqrt{(\sigma_x - \sigma_y)^2 + 4\tau_{xy}^2}$$

即

$$\begin{cases}\tau_{max} = \dfrac{\sigma_{max} - \sigma_{min}}{2} \\ \tau_{min} = -\dfrac{\sigma_{max} - \sigma_{min}}{2}\end{cases}$$

（3）τ_{max}和τ_{min}是两个数值相等而正负号不同的切应力。

（4）在最大切应力的作用面上，其正应力值一般不为零。

4. 梁的主应力和主应力迹线

主拉应力迹线（实线）必垂直于梁顶而平行于梁底；主压应力迹线（虚线）必垂直于梁底而平行于梁顶，如图 9-9 所示。

思 考 题

1. 什么是一点的应力状态？
2. 什么是单向应力状态和平面应力状态？
3. 梁受剪力弯曲时，梁顶、梁底、梁轴线处的点各处于何种应力状态？

习 题

9-1 图 9-10 所示应力状态，试求出指定斜截面上的应力（单位为 MPa）。

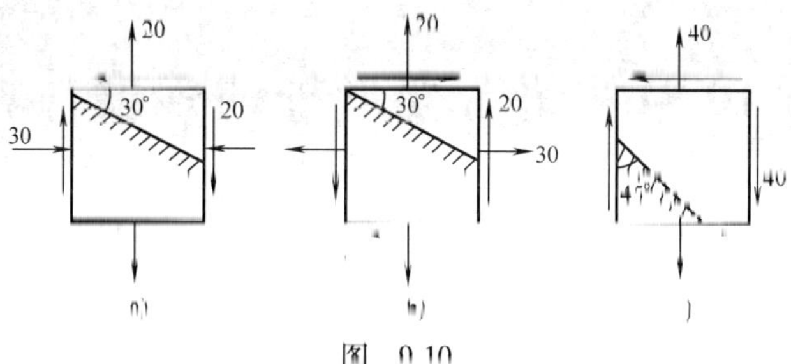

图 9-10

9-2 对图 9-11 所示各单元体，试求主应力的方向以及相应方向上的主应力值。

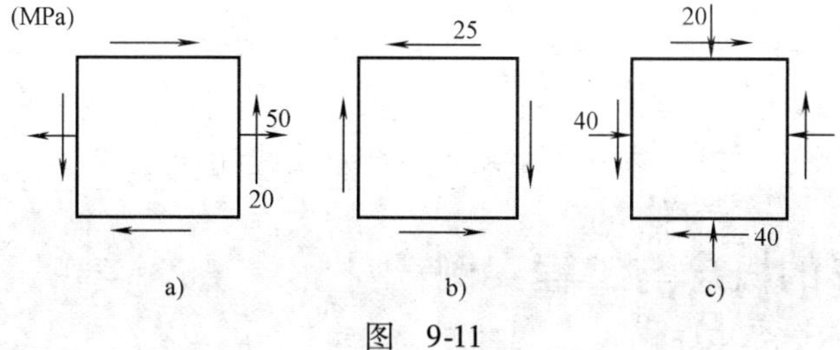

图 9-11

参考答案

9-1 图 9-10a：$\sigma_\alpha = -34.82\text{MPa}$，$\tau_\alpha = 31.65\text{MPa}$；

图 9-10b：$\sigma_\alpha = 44.82\text{MPa}$，$\tau_\alpha = -5.67\text{MPa}$；

图 9-10c：$\sigma_\alpha = -20\text{MPa}$，$\tau_\alpha = -20\text{MPa}$。

9-2 图 9-11a：$\alpha_0 = 19.33°$，$\sigma_{max} = 27.02\text{MPa}$；$\alpha_0 = -70.67°$，$\sigma_{min} = -37.02\text{MPa}$；

图 9-11b：$\alpha_0 = -45°$，$\sigma_{max} = 25\text{MPa}$；$\alpha_0 = 45°$，$\sigma_{min} = -25\text{MPa}$；

图 9-11c：$\alpha_0 = -37.98°$，$\sigma_{max} = 11.23\text{MPa}$；$\alpha_0 = 50.02°$，$\sigma_{min} = -71.23\text{MPa}$。

第 10 章　组合变形杆的强度计算

知识目标：

1. 掌握组合变形的概念和截面核心的概念。
2. 熟悉斜弯曲、偏心压缩（拉伸）、弯扭组合变形内力和应力分析方法。

能力目标：

能够运用组合变形应力分析方法设计或校核相应受力构件。

10.1　组合变形的概念与工程实例

前面各章讨论了杆件在荷载作用下产生的几种基本变形：轴向拉伸(压缩)、扭转、平面弯曲，但在实际工程中，所有杆件受力后往往产生的变形不是单一的基本变形，而是同时由两种及两种以上基本变形组成的复杂变形，称构件的这类变形为组合变形。

构件的复杂变形中，如果其中一种变形形式是主要的，由它引起的应力(或变形)比其他的变形形式所引起的应力(或变形)大很多(大一个数量级以上)，则构件可按主要的变形形式进行基本变形计算；如果几种变形形式所对应的应力(或变形)属于同一数量级，就必须按照组合变形的理论进行计算。

组合变形在实际工程中常常遇到。例如图 10-1a 所示烟囱的变形，除自重引起的轴向压缩外，还有因水平方向的风力而引起的弯曲；图 10-1b 所示的机械中的齿轮传动轴在外力作用下，将同时发生扭转变形及在水平平面和垂直平面内的弯曲变形；图 10-1c 所示的有起重机的厂房中，立柱受到由吊车梁传来的具有偏心距 e 的竖向荷载，立柱将同时发生轴向压缩和弯曲变形。

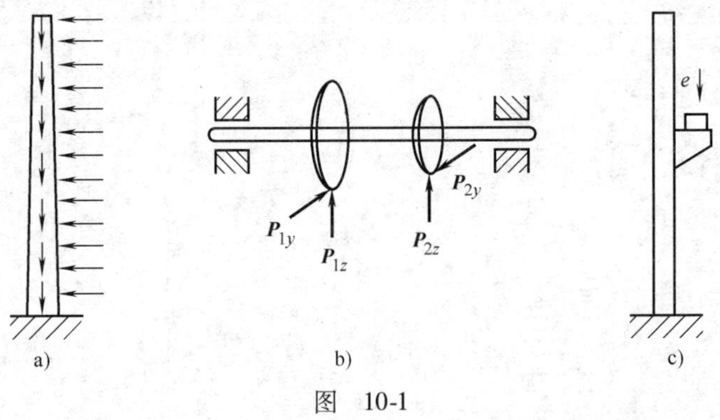

图　10-1

对于组合变形下的构件，在小变形和胡克定律适用的前提下，可以应用叠加原理来处理杆件的组合变形问题。

组合变形杆件的强度计算，通常按照下述步骤进行：

（1）将作用于组合变形杆件上的外力分解或简化为基本变形的受力方式。

（2）应用以前各章的知识对这些基本变形进行应力计算。

（3）将各基本变形同一点处的应力叠加，以确定组合变形时各点的应力。

（4）分析确定危险点的应力，建立强度条件。

本章着重讨论工程中常遇到的下列几种组合变形：

（1）斜弯曲。

（2）偏心压缩（拉伸）。

（3）弯曲与扭转的组合。

10.2　斜弯曲杆

在研究梁平面弯曲时的应力和应变的过程中，梁上的外力是横向力或力偶，并且作用在梁的同一个纵向对称平面内，弯曲后梁的挠曲线仍在此对称平面内，即梁的挠曲线所在平面与外力作用平面相重合，且力平面与中性轴垂直。如果梁上的外力虽然通过截面形心，但是并没有在纵向对称平面内，而是与截面的某一对称轴夹一角度，则梁变形后的挠曲线就不会在外力作用平面内，即不再是平面弯曲，这种弯曲称为斜弯曲。

10.2.1　斜弯曲杆的内力和应力

现以图 10-2 所示的矩形截面悬臂梁为例来分析斜弯曲时梁的强度计算问题。设在梁的自由端处平面内作用一个垂直于梁轴、并通过截面形心且与形心轴 y 成角度 ϕ 的外力 P，由此可知，该梁将发生斜弯曲。为便于说明问题，通常设外力 P 所在象限为选定坐标系的第一象限。

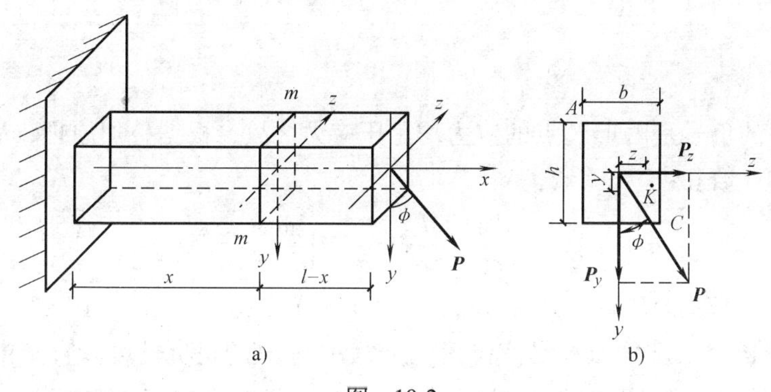

图　10-2

1. 外力分析

根据组合变形的计算方法，首先将力 P 沿 y 轴和 z 轴方向分解，得到力 P 在梁的两个纵（横）向对称平面内的分力（图 10-2b）。

$$P_y = P\cos\varphi \quad P_z = P\sin\varphi$$

将力 P 用与之等效的 P_y 和 P_z 代替后，P_y 只引起梁在 xy 平面内的平面弯曲，P_z 只引起梁在 xz 平面内的平面弯曲。由此可知，斜弯曲实质是梁在两个相互垂直方向平面弯曲的组合，故又称双向弯曲。

2. 内力分析

在 P_y、P_z 作用下，横截面上的内力有剪力和弯矩两种内力，一般情况下，特别是实体截面梁时，剪力引起的切应力数值较小，常常忽略不计，斜弯曲梁的强度主要是由正应力控制，故通常只计算弯矩的作用。

在距固定端为 x 的横截面 $m—m$ 截面上，由 P_y 和 P_z 分别引起的弯矩为：

P_y 产生的弯矩：$M_z = P_y(l-x) = P\cos\varphi(l-x) = M\cos\varphi$

P_z 产生的弯矩：$M_y = P_z(l-x) = P\sin\varphi(l-x) = M\sin\varphi$

式中，$M = P(l-x)$ 为力 P 引起的 $m—m$ 截面上产生的总弯距，且 $M = \sqrt{M_z^2 + M_y^2}$，所以 M_z、M_y 也可以看作总弯矩 M 在两个形心轴 z、y 轴上的分量。

3. 应力分析

应用叠加原理，可以求得 $m—m$ 截面上任意一点 $K(y,z)$ 处的应力。先分别计算两个平面弯矩在 K 点产生的应力：

M_z 引起的应力为：$\sigma' = -\dfrac{M_z y}{I_z} = -M\dfrac{\cos\varphi \cdot y}{I_z}$

M_y 引起的应力为：$\sigma'' = -\dfrac{M_y z}{I_y} = -\dfrac{M\sin\varphi \cdot z}{I_y}$

由 M_z、M_y 分别引起的应力分布、组合应力分布如图 10-3 所示。

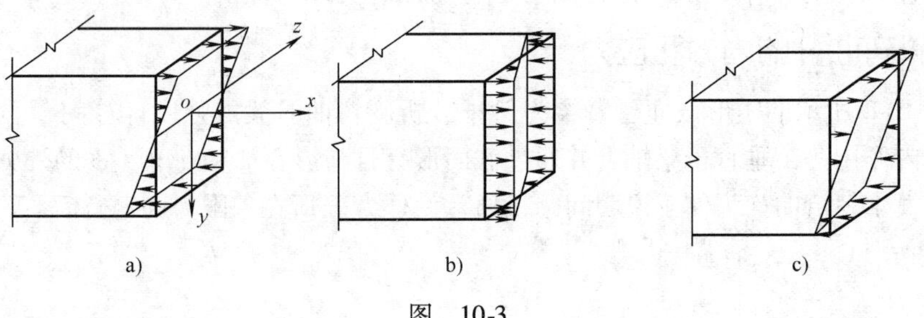

图　10-3

以上两式中的负号是由于 K 点的应力均是压应力之故，根据叠加原理，K 点处的应力 σ 便是以上两式的代数和：

$$\sigma = \sigma' + \sigma'' = -\frac{M_z y}{I_z} - \frac{M_y z}{I_y} = -M\left(\frac{\sin\varphi \cdot z}{I_y} + \frac{\cos\varphi \cdot y}{I_z}\right) \tag{10-1}$$

这就是斜弯曲时梁内任意一点 K 处的正应力计算公式。应用式(10-1)计算任意一点处的应力时，M_z、M_y、y、z 均以绝对值代入，应力 σ' 与 σ'' 的正负号可以直接由变形情况来判断。图 10-2 中的 $m—m$ 截面在 M_z 单独作用时，上半截面为拉应力区，下半截面为压应力区，在 M_y 单独作用下，左半截面为拉应力区，右半截面为压应力区，故图示的 K 点应力均为压应力。

工程中常用的矩形、工字形等截面具有两个对称轴，最大正应力必定发生在棱角点上。将离中性轴最远的几个点的坐标代入式(10-1)，便可求得任意截面上的最大正应力值。对于等截面梁而言，产生最大弯矩的截面就是危险截面。危险截面上 $|\sigma_{max}|$ 所处的位置即为危险点。

如图 10-2 所示悬臂梁的固定端截面弯矩最大，截面棱角点 A 处具有最大拉应力，棱角点 C 处具有最大压应力。$|y_A| = |y_C| = y_{max}$，$|z_A| = |z_C| = z_{max}$，所以 $|\sigma_{max}| = |\sigma_{min}|$。危险点的应力为

$$|\sigma_{\max}| = \frac{M_{z\max} y_{\max}}{I_z} + \frac{M_{y\max} z_{\max}}{I_y} = \frac{M_{z\max}}{W_z} + \frac{M_{y\max}}{W_y} \tag{10-2}$$

式中　$W_z = \frac{I_z}{y_{\max}}$ ——截面对 z 轴的抗弯截面系数；

$W_y = \frac{I_y}{z_{\max}}$ ——截面对 y 轴的抗弯截面系数；

$M_{z\max} = Pl\cos\varphi$；

$M_{y\max} = Pl\sin\varphi$。

10.2.2　斜弯曲杆的强度计算

假定材料的抗拉和抗压强度相等，则梁斜弯曲时危险点处于单向应力状态，则强度条件为

$$|\sigma_{\max}| = \frac{M_{z\max}}{W_z} + \frac{M_{y\max}}{W_y} \leqslant [\sigma] \tag{10-3}$$

或写为

$$|\sigma_{\max}| = M\left(\frac{\cos\varphi}{W_z} + \frac{\sin\varphi}{W_y}\right) \leqslant [\sigma] \tag{10-4}$$

根据这一强度条件同样可以进行斜弯曲杆的强度校核、截面设计和确定许用荷载三类问题的计算。但是，在设计截面尺寸的时候，要遇到 W_z 和 W_y 两个未知量，可先假定一个$\frac{W_z}{W_y}$的比值，根据前面各式计算出所需的 W_z 值，从而计算出 W_y 值及确定截面的尺寸，再按照式(10-4)进行强度校核。通常矩形截面取$\frac{W_z}{W_y}=1.2\sim2$；工字形截面取$\frac{W_z}{W_y}=8\sim10$；槽形截面取$\frac{W_z}{W_y}=6\sim8$。

【例 10-1】　图 10-4 所示图形为一 No32a 工字钢截面简支梁，跨长 $l=4\text{m}$，跨中受集中力作用，$P=30\text{kN}$，P 的作用线与横截面铅垂对称轴 y 之间的夹角 $\varphi=17°$，若材料的许用应力$[\sigma]=170\text{MPa}$，试校核该梁的正应力强度。

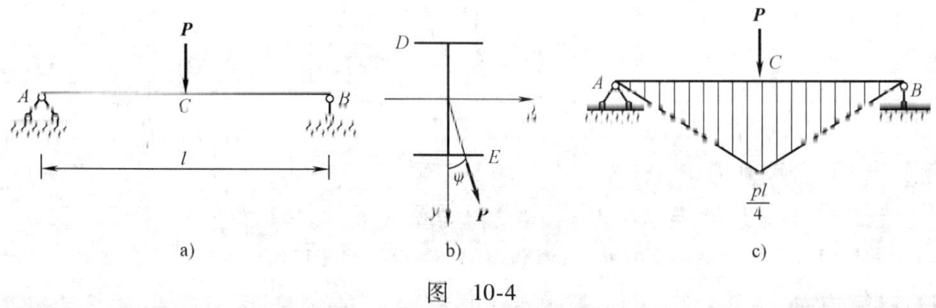

图　10-4

【解】　(1) 分解外力

$$P_y = P\cos\varphi = 30 \times \cos17°\text{kN} = 28.69\text{kN}$$
$$P_z = P\sin\varphi = 30 \times \sin17°\text{kN} = 8.77\text{kN}$$

(2) 计算内力

在 xoy 平面内，P_y 引起的 M_{zmax} 在跨中截面(见图 10-4c)

$$M_{zmax}=\frac{P_y l}{4}=\frac{28.69\times 4}{4}\text{kN}\cdot\text{m}=28.69\text{kN}\cdot\text{m}$$

在 xoz 平面内，P_z 引起的 M_{ymax} 仍在跨中截面

$$M_{ymax}=\frac{P_z l}{4}=\frac{8.77\times 4}{4}\text{kN}\cdot\text{m}=8.77\text{kN}\cdot\text{m}$$

（3）计算应力

显然，危险截面在跨中，危险点为 D、E，D 点处的拉应力最大，E 点处的压应力最大，且其值相等。

根据型钢表查得 No32a 工字钢的有关参数为：$W_y=70.8\text{cm}^2$，$W_z=692.2\text{cm}^2$，将此数据代入式(10-3)，得危险点处的正应力为

$$\sigma_{max}=\frac{M_{ymax}}{W_y}+\frac{M_{zmax}}{W_z}=\left(\frac{8.77\times 10^6}{70.8\times 10^3}+\frac{28.69\times 10^6}{692.2\times 10^3}\right)\text{MPa}$$
$$=(123.9+41.4)\text{MPa}=165.3\text{MPa}<[\sigma]$$

若外力不偏离纵向对称平面，即 $\varphi=0°$，则跨中截面上的最大正应力为

$$\sigma_{max}=\frac{\frac{1}{4}\times 30\times 4\times 10^6}{692.2\times 10^3}\text{MPa}=43.3\text{MPa}$$

由以上计算结果分析可知：由于力 P 偏离了 $\varphi=15°$，而最大正应力就由 43.3MPa 变成了 165.3MPa，增加了 2.8 倍。这是由于工字钢截面的 W_y 远小于 W_z 的缘故，所以应注意使外力尽可能作用在梁的形心主惯性平面 xoy 内。

【例 10-2】 如图 10-5 所示屋面结构的檩条，跨长 $l=3\text{m}$，受集度为 $q=1\text{kN/m}$ 的均布荷载作用。檩条采用高宽比 $h/b=1/1$ 的矩形截面，均布荷载的作用线与横截面铅垂对称轴 y 之间的夹角 $\varphi=30°$，许用应力 $[\sigma]=10\text{MPa}$，试选择其截面尺寸。

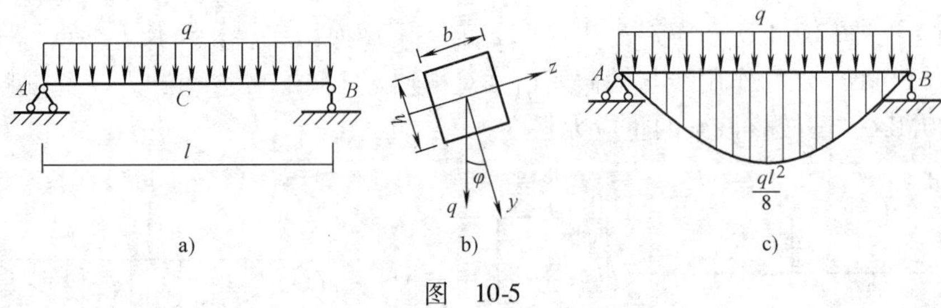

图 10-5

【解】 （1）分解外力

$$q_y=q\cos 30°=1000\times 0.866\text{N/m}=866\text{N/m}$$
$$q_z=q\sin 30°=1000\times 0.5\text{N/m}=500\text{N/m}$$

（2）计算内力

$$M_{ymax}=\frac{q_z l^2}{8}=\frac{500\times 3^2}{8}\text{N}\cdot\text{m}=562.5\text{N}\cdot\text{m}$$

$$M_{zmax}=\frac{q_y l^2}{8}=\frac{866\times 3^2}{8}\text{N}\cdot\text{m}=974.25\text{N}\cdot\text{m}$$

(3) 设计截面

根据定义可知 $W_y = \frac{hb^2}{6}$，$W_z = \frac{bh^2}{6}$，从而$\frac{W_z}{W_y} = \frac{h}{b} = \frac{1}{1}$

代入强度条件式(10-3)

$$\frac{M_{zmax}}{W_z} + \frac{M_{ymax}}{W_y} \leqslant [\sigma]$$

$$\frac{1}{W_z}\left(M_{zmax} + \frac{W_z M_{ymax}}{W_y}\right) \leqslant [\sigma]$$

得
$$W_z \geqslant \frac{M_{ymax} + M_{zmax}}{[\sigma]} = \frac{(562.5 + 974.25) \times 10^3}{10} = 153.7 \times 10^3$$

又
$$W_z = \frac{bh^2}{6} = \frac{bb^2}{6} = 0.167b^3 \geqslant 153.7 \times 10^3$$

故可得
$$b \geqslant 97.3\text{mm}$$
$$h = b = 97.3\text{mm}$$

根据以上的计算结果，可以选择截面的类型为：10cm×10cm。

10.3 偏心受压(拉)杆

前面章节讨论的轴向压缩(拉伸)杆件的受力特点是压力作用线与杆件的轴线相重合，这时截面上每一点的应力大小相等且方向相同。当杆件所受到的外力作用线和杆轴线平行，但是不重合时，杆件的截面上各点的应力大小将发生变化，应力方向甚至发生改变，这种因外力作用线与杆件轴线不重合导致杆件截面上的应力大小和方向的变化称为偏心压缩(拉伸)。

10.3.1 偏心受压(拉)杆的内力和应力

1. 单向偏心受力时的内力和应力

如图 10-6a 所示，一矩形截面杆有一偏心压力 P 作用，P 作用在 y 轴的 K 点处，K 点到形心 O 的距离称之为偏心距 e，将力 P 向杆端截面形心 O 简化(图 10-6b)，得到一个轴向力 P 和力偶矩 $M = P \cdot e$。杆内任意一个横截面 1—1(图 10-6c)上存在有两种内力：轴向压力 $F_N = P$，弯矩 $M = P \cdot e$。分别引起轴向压缩和平面弯曲，即偏心压缩实际上是轴向压缩和平面弯曲的组合变形。

既然偏心受力是轴向受力和平面弯曲的组合变形，那么可以在小变形、弹性假设条件下分别按照轴心受力和平面弯曲两种基本变形来求解各自的内力和应力，然后采用叠加原理来求相应的内力和应力。

按照上述的思路，对点 K 处的应力，可先分别考虑轴向压缩和平面弯曲两种基本变形在 K 点处的应力(如图 10-6d 所示)。

轴向压缩时，截面上各点处的应力均相等，压应力的大小为

$$\sigma' = -\frac{P}{A}$$

平面弯曲时，截面上 K 点的应力为压应力，其值为

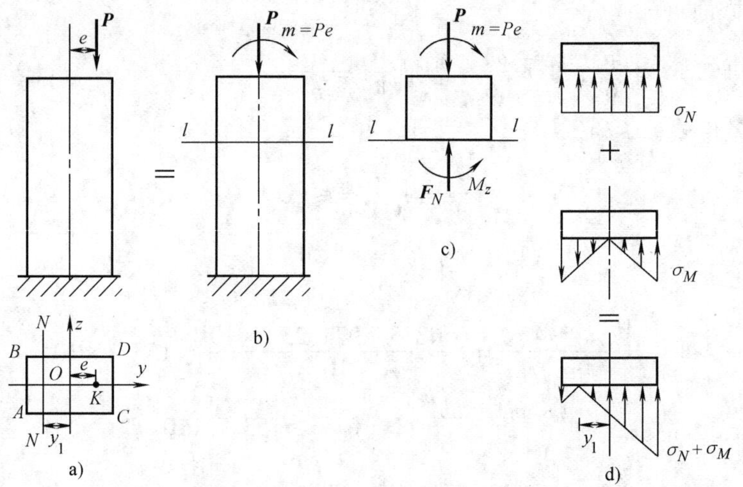

图 10-6

$$\sigma'' = -\frac{M_z y}{I_z}$$

故 K 点的总应力为:

$$\sigma = \sigma' + \sigma'' = -\frac{P}{A} - \frac{M_z y}{I_z} \tag{10-5}$$

式中 A——横截面面积;

I_z——截面对 z 轴的惯性矩;

y——所求应力点到 z 轴的距离，计算时代入绝对值。

分析式(10-5)可以看出，偏心受压杆截面某点 K 的总应力符号与 σ'、σ''两者的相对大小有关，但是应力 σ 的分布规律仍呈线性(如图 10-5d 所示)，横截面上正应力为零的点组成的直线 N—N(如图 10-5a 所示)，称为零应力线，即中性轴。截面上最大拉应力和最大压应力分别发生在 AB 边缘及 CD 边缘处，其值为

$$\left.\begin{aligned}\sigma_{\max} &= -\frac{P}{A} + \frac{M_z}{W_z}\\ \sigma_{\min} &= -\frac{P}{A} - \frac{M_z}{W_z}\end{aligned}\right\} \tag{10-6}$$

截面上各点均处于单向应力状态，强度条件为

$$\left.\begin{aligned}\sigma_{\max} &= -\frac{P}{A} + \frac{M_z}{W_z} \leqslant [\sigma_t]\\ \sigma_{\min} &= -\frac{P}{A} - \frac{M_z}{W_z} \leqslant [\sigma_c]\end{aligned}\right\} \tag{10-7}$$

对于矩形截面的偏心压缩杆，由于 $W_z = \frac{bh^2}{6}$，$A = bh$，$M_z = Pe$，代入式(10-6)可写成

$$\begin{matrix}\sigma_{\max}\\ \sigma_{\min}\end{matrix} = -\left(\frac{P}{bh} \mp \frac{6Pe}{bh^2}\right) = -\frac{P}{bh}\left(1 \mp \frac{6e}{h}\right) \tag{10-8}$$

AB 边缘上最大拉应力 σ_{max} 的正负号，由式(10-8)中 $\left(1-\dfrac{6e}{h}\right)$ 确定，可能出现三种情况：

(1) 当 $e<\dfrac{h}{6}$ 时，$\sigma_{max}<0$，整个截面上均为压应力。

(2) 当 $e=\dfrac{h}{6}$ 时，$\sigma_{max}=0$，整个截面上均为压应力，且一个边缘处应力为零。

(3) 当 $e>\dfrac{h}{6}$ 时，整个截面上有拉应力和压应力，两种应力同时存在。

可见，偏心距 e 的大小决定着横截面上有无拉应力，而 $e=\dfrac{h}{6}$ 成为有无拉应力的分界线。

2. 双向偏心受力时的内力和应力

当压力 P 不是作用在对称轴上，而是作用在端截面上任意位置 K 点处(见图 10-7a)，距 z 轴的偏心距为 e_1，距 y 轴的偏心距为 e_2，这种受力情况称为双向偏心压缩。双向偏心压缩的计算方法和步骤与前面的单向偏心压缩类似。

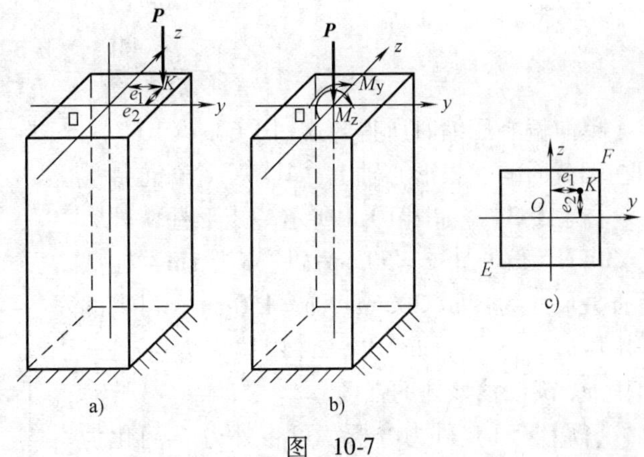

图 10-7

将力 P 向端截面形心 O 简化得到轴向压力 P(见图 10-7b)，对 z 轴的力偶距 $M_z=P\cdot e_1$ 及对 y 轴的力偶距 $M_y=P\cdot e_2$。由此可见，双向偏心压缩实质上是压缩和两个方向的纯弯曲的组合，或压缩与斜弯曲的组合变形。

根据叠加原理，可得杆件横截面上任意一点 $C(y,z)$ 处的应力分为三部分应力的叠加：

轴向压力 P 在 C 点处引起的应力为

$$\sigma'=-\frac{P}{A}$$

M_z 引起的 C 点处的应力为

$$\sigma''=-\frac{M_z y}{I_z}$$

M_y 引起的 C 点处的应力为

$$\sigma'''=-\frac{M_y z}{I_y}$$

C 点处的总应力为

$$\sigma=\sigma'+\sigma''+\sigma'''=-\frac{P}{A}-\frac{M_z y}{I_z}-\frac{M_y z}{I_y} \tag{10-9}$$

式中 A——构件截面面积；

I_z——截面对 z 轴的截面二次矩；

I_y——截面对 y 轴的截面二次矩；

y——所求应力点到 z 轴的距离，计算时代入绝对值；

z——所求应力点到 y 轴的距离，计算时代入绝对值。

应力的正负号仍然是根据截面上的内力情况及所求点的位置，由观察变形情况而确定，拉应力为正，压应力为负，对图 10-7c 所示的截面分析可知，最大拉应力点产生在 E 点处，最大压应力点产生在 F 点处，其值为

$$\left.\begin{aligned}\sigma_{\max} &= -\frac{P}{A}+\frac{M_z y}{I_z}+\frac{M_y z}{I_y}\\ \sigma_{\min} &= -\frac{P}{A}-\frac{M_z y}{I_z}-\frac{M_y z}{I_y}\end{aligned}\right\} \tag{10-10}$$

最大应力点处于单向应力状态，强度条件为

$$\left.\begin{aligned}\sigma_{\max} &= -\frac{P}{A}+\frac{M_z y}{I_z}+\frac{M_y z}{I_y}\leqslant[\sigma_1]\\ \sigma_{\min} &= -\frac{P}{A}-\frac{M_z y}{I_z}-\frac{M_y z}{I_y}\leqslant[\sigma_c]\end{aligned}\right\} \tag{10-11}$$

单向偏心压缩时所得的式(10-6)、(10-7)，实际上是式(10-11)的特殊情况，即压力作用在端截面的一根形心轴上，其中一个偏心距为零。

【例 10-3】 如图 10-8 所示一矩形柱，外力 $P=30\text{kN}$，偏心距 $e=50\text{mm}$，柱高为 1m，柱截面有关尺寸为：$h=200\text{mm}$，$b=150\text{mm}$。材料的许用压应力$[\sigma_c]=13\text{MPa}$，许用拉应力$[\sigma_t]=10\text{MPa}$，试校核该柱的强度。

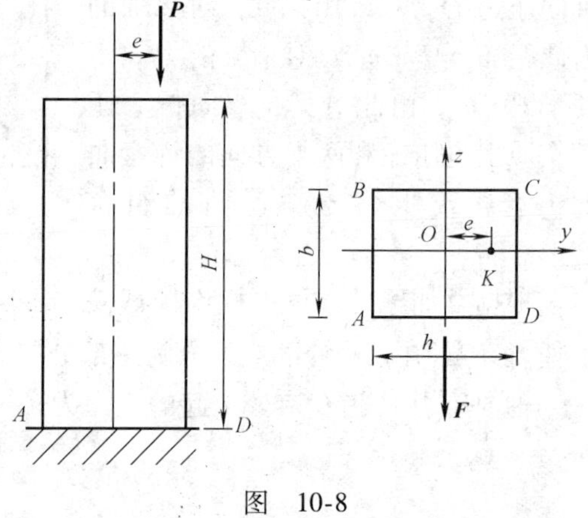

图 10-8

【解】 (1) 外力分析　可将外力 P 简化为一轴心压力 P 和一绕 z 轴的力偶矩 $M=P\cdot e$。

(2) 内力分析　任意截面上轴力和弯矩相等，且其大小为：

轴力　$F_N=P=-30\text{kN}$

弯矩　$M_z=M=30\times0.05\text{kN}\cdot\text{m}=1.5\text{kN}\cdot\text{m}$

(3) 应力分析　由分析可知 AB 边上的拉应力最大，CD 边上的压应力最大，利用公式(10-6)可得其值分别为：$\sigma_t=-\frac{P}{A}+\frac{M_z}{W_z}=\left(-\frac{30\times10^3}{200\times150}+\frac{6\times1.5\times10^6}{150\times200^2}\right)\text{MPa}=0.5\text{MPa}$

$$\sigma_c=\left|-\frac{P}{A}-\frac{M_z}{W_z}\right|=\left|-\frac{30\times10^3}{200\times150}-\frac{6\times1.5\times10^6}{150\times200^2}\right|\text{MPa}=2.5\text{MPa}$$

(4) 强度校核　按照公式(10-7)可知，该柱的抗拉、抗压强度能满足要求。

【例 10-4】 条件同例 10-3，此外在柱顶端沿 z 轴方向且通过截面中心 O 点尚有一水平力 F 作用(见图 10-8)，$F=7\text{kN}$，试校核其强度。

【解】 (1) 外力分析　除轴向压力 P 和一等效力偶 M 外，还有 F 引起的绕 y 轴的力

偶矩。

(2) 内力分析　在 P 和 M 作用下各截面内力相同，但在 F 作用下柱底截面上的弯矩最大，故柱底截面为危险截面，面上的力为

轴力　$F_N = P = 30\text{kN}$

弯矩　$M_z = M = 30 \times 0.05\text{kN} \cdot \text{m} = 1.5\text{kN} \cdot \text{m}$

$M_y = F \times H = 7 \times 1.0\text{kN} \cdot \text{m} = 10\text{kN} \cdot \text{m}$

(3) 应力分析

B 点处：

$$\sigma_t = -\frac{P}{A} + \frac{M_z}{W_z} + \frac{M_y}{W_y} = \left(-\frac{30 \times 10^3}{200 \times 150} + \frac{6 \times 1.5 \times 10^6}{150 \times 200^2} + \frac{6 \times 7 \times 10^6}{200 \times 150^2}\right)\text{MPa} = 9.83\text{MPa}$$

D 点处：

$$\sigma_c = \left| -\frac{P}{A} - \frac{M_z}{W_z} - \frac{M_y}{W_y} \right| = \left| -\frac{30 \times 10^3}{200 \times 150} - \frac{6 \times 1.5 \times 10^6}{150 \times 200^2} - \frac{6 \times 7 \times 10^6}{200 \times 150^2} \right| \text{MPa} = 11.83\text{MPa}$$

故该柱能满足强度要求。

10.3.2　截面核心概念

本章前面曾分析指出过，偏心受压杆件截面上是否出现拉应力与偏心距的大小有关。若外力作用在截面形心附近的某一个区域，使得杆件整个截面上全为压应力而无拉应力，这个外力作用的区域就称之为截面核心。下面将分别简述矩形截面和圆形截面的截面核心。

1. 矩形截面的截面核心

矩形截面上不出现拉应力的强度条件是公式中的拉应力等于或者小于零，即

$$\sigma_{max} = -\frac{P}{A} + \frac{M_z}{W_z} + \frac{M_y}{W_y} = P\left(-\frac{1}{A} + \frac{e_y}{W_z} + \frac{e_z}{W_y}\right) \leqslant 0$$

将矩形截面的 $W_y = \dfrac{bh^2}{6}$，$W_z = \dfrac{hb^2}{6}$及 $A = bh$ 代入上式，化简得到

$$-1 + \frac{6}{b}e_z + \frac{6}{h}e_y \leqslant 0$$

上式即是以 E 点的坐标 e_y、e_z 表示的直线方程。分别令 e_y 或者 e_z 等于零，可得出此直线在 z 轴上和 y 轴上的截距 e_z、e_y，即

$$e_y \leqslant \frac{h}{6} \quad e_z \leqslant \frac{b}{6}$$

这表明当力 P 作用点的偏心距位于 y 轴和 z 轴上 1/6 的矩形尺寸之内时，可使杆件截面所有点上均不产生拉应力；由于截面的对称性，可得另一对偏心距，这样可以在坐标轴上确定四个点(1、2、3、4)，这四个点称之为核心点。因为直线方程 $-1 + \dfrac{6}{b}e_z + \dfrac{6}{h}e_y \leqslant 0$ 中 e_y、e_z 是线性关系，可以用直线连接这四点，得到一个区域，这个区域即为矩形截面上的截面核心。若压力 P 作用在这个区域之内，截面上的任何部分都不会出现拉应力。

2. 圆形截面的截面核心

由于圆形截面是极对称的，所以截面核心的边界是个圆，按照上面相类似的思路，可以

证明其截面核心的半径是 $e=\dfrac{d}{8}$。

★10.4 弯-扭组合变形杆

10.4.1 弯-扭组合变形杆的内力、应力

除了上述的斜弯曲、偏心受压(拉)外，工程中还有弯-扭组合变形也较为常见。对于图10-9所示的水平曲拐，等直圆杆 AB 直径为 d，A 端固定，B 端具有与 AB 呈直角的刚臂 BC，并承受铅垂力 P 的作用，将 P 力向 AB 杆右端截面的形心 B 简化(图10-9b)，简化后的静力等效力系为一作用在杆端的横向力 P 和一作用在杆 B 端的力偶 Pa。可见，杆 AB 将发生弯曲和扭转的组合变形。分别作杆的弯矩图和扭矩图(图10-9c、d)，由内力图可见，杆的危险截面为固定端，其内力分量为

$$M=Pl,\ T=m=Pa$$

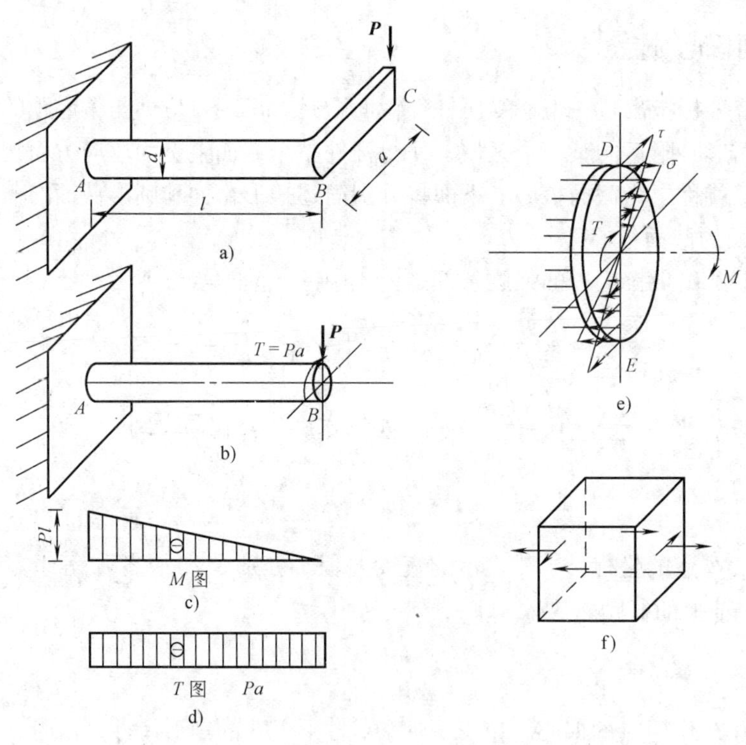

图 10-9

由弯曲和扭转的应力变化规律可知，危险截面上的最大弯曲正应力 σ 发生在铅垂直径的上、下两端点 D、E 处(图10-9c)，而最大扭转切应力 τ 发生在截面周边的各点处，应力状态如图10-9f所示。危险截面上的危险点为 D 和 E，其最大弯曲正应力和最大扭转切应力分别为

$$\sigma=\frac{M}{W},\ \tau=\frac{T}{W_p} \tag{10-12}$$

10.4.2 弯-扭组合变形杆的强度计算

因危险点处于二向应力状态，对于塑性材料制成的构件，可通过强度理论来建立强度条件。由第三、第四强度理论建立的强度条件为

$$
\left.\begin{aligned}
\sigma_{r3} &= \sqrt{\sigma^2 + 4\tau^2} \leqslant [\sigma] \\
\sigma_{r4} &= \sqrt{\sigma^2 + 3\tau^2} \leqslant [\sigma]
\end{aligned}\right\} \tag{10-13}
$$

对于圆形杆件，强度条件的表达式为

$$
\left.\begin{aligned}
\sigma_{r3} &= \frac{1}{W}\sqrt{M^2 + T^2} \leqslant [\sigma] \\
\sigma_{r4} &= \frac{1}{W}\sqrt{M^2 + 0.75T^2} \leqslant [\sigma]
\end{aligned}\right\} \tag{10-14}
$$

【例 10-5】 图 10-10 为一两端铰支、杆中点为一转轮的手摇卷扬机示意图。已知机轴直径 = 30mm，转轮直径 $R = 200\text{mm}$，$l = 1000\text{mm}$，材料的许用应力 $[\sigma] = 160\text{MPa}$，试按第三强度理论确定手摇卷扬机的最大起重量 P。

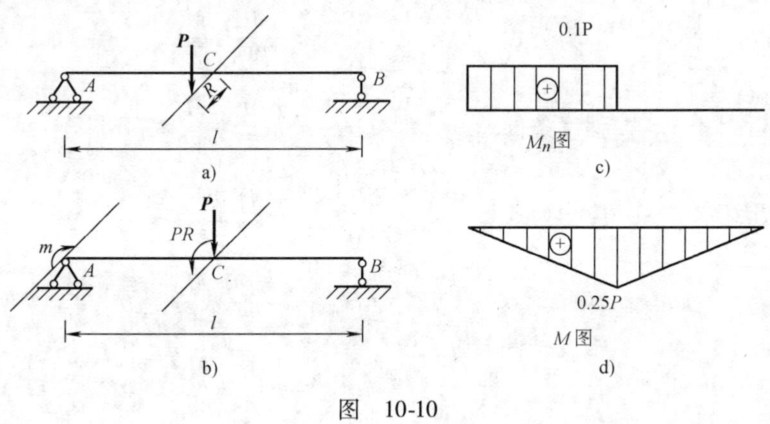

图 10-10

【解】 （1）外力分析　将 P 向轴心 C 简化，得到一竖向力 P 和力偶距 PR。AC 段有弯-扭组合变形。

（2）内力分析　扭矩 $M_n = PR = 0.1P$

弯矩　$M = 0.25P \times 1.0 = 0.25P$

圆轴的抗弯截面系数　$W_z = \dfrac{\pi d^3}{32} = \dfrac{3.14 \times 30^3}{32}\text{mm}^3 = 2650\text{mm}^3$

（3）强度计算　根据公式(10-14)可得

$$
\frac{1}{2.65 \times 10^{-6}}\sqrt{(0.1P)^2 + (0.25P)^2} \leqslant 160 \times 10^6
$$

解得　$P \leqslant 1.58\text{kN}$

本章小结

本章在各种基本变形的基础上，主要讨论了斜弯曲、偏心压缩(拉伸)和弯-扭组合变形

杆三种组合变形的强度计算和截面核心的概念。

组合变形的应力计算仍采用基于小变形假设的叠加原理。分析组合变形构件强度问题的关键在于对于任意作用的外力进行分解或简化。只要能将组成组合变形的几个基本变形找出，便可应用熟知的基本变形计算知识来解决。

组合变形杆件强度计算的一般步骤如下：

(1) 外力分析　首先将作用在构件上的外力向截面形心处简化，使其产生几种基本变形形式。

(2) 内力分析　分析构件在每一种基本变形时的内力，从而确定出危险截面的位置。

(3) 应力分析　根据内力的大小和方向找出危险截面上的应力分布规律，确定出危险点的位置并计算其应力。

(4) 强度计算　根据危险点的应力进行强度计算。

斜弯曲与偏心压缩的强度条件为

$$\sigma_{\max} \leqslant [\sigma]$$

本章主要的应力强度计算公式及强度条件为：

斜弯曲	应力公式	$\left.\begin{matrix}\sigma_{\max}\\ \sigma_{\min}\end{matrix}\right\} = \pm\dfrac{M_z}{W_z} \pm \dfrac{M_y}{W_y}$
	强度条件	$\sigma_{\max} = +\dfrac{M_z}{W_z} + \dfrac{M_y}{W_y} \leqslant [\sigma]$
单向偏心压缩	应力公式	$\left.\begin{matrix}\sigma_{\max}\\ \sigma_{\min}\end{matrix}\right\} = -\dfrac{P}{A} \pm \dfrac{M_z}{W_z}$
	强度条件	$\sigma_{\max} = -\dfrac{P}{A} + \dfrac{M_z}{W_z} \leqslant [\sigma_1]$ $\sigma_{\min} = -\dfrac{P}{A} - \dfrac{M_z}{W_z} \leqslant [\sigma_y]$
双向偏心压缩	应力公式	$\left.\begin{matrix}\sigma_{\max}\\ \sigma_{\min}\end{matrix}\right\} = -\dfrac{P}{A} \pm \dfrac{M_z}{W_z} \pm \dfrac{M_y}{W_y}$
	强度条件	$\sigma_{\max} = -\dfrac{P}{A} + \dfrac{M_z y}{I_z} + \dfrac{M_y z}{I_y} \leqslant [\sigma_t]$ $\sigma_{\min} = -\dfrac{P}{A} - \dfrac{M_z y}{I_z} - \dfrac{M_y z}{I_y} \leqslant [\sigma_c]$
弯-扭组合	应力公式	$\sigma = \dfrac{M}{W}，\tau = \dfrac{T}{W_p}$
	强度条件	$\sigma_{r3} = \sqrt{\sigma^2 + 4\tau^2} \leqslant [\sigma]$ $\sigma_{r4} = \sqrt{\sigma^2 + 3\tau^2} \leqslant [\sigma]$
圆轴弯扭组合	强度条件	$\sigma_{r3} = \dfrac{1}{W}\sqrt{M^2 + T^2} \leqslant [\sigma]$ $\sigma_{r4} = \dfrac{1}{W}\sqrt{M^2 + 0.75T^2} \leqslant [\sigma]$

偏心压缩的杆件，若外力作用在截面形心附近的某一个区域内，杆件整个横截面上只有压应力而无拉应力，则截面上的这个区域称为截面核心。截面核心是工程中很重要的概念，应学会确定工程实际中常见简单图形的截面核心。

习　题

10-1　矩形截面的悬臂梁承受荷载如图 10-11 所示。已知材料的许用应力[σ]=10MPa，试设计矩形截面的尺寸 b 和 h(设 $h/b=2$)。

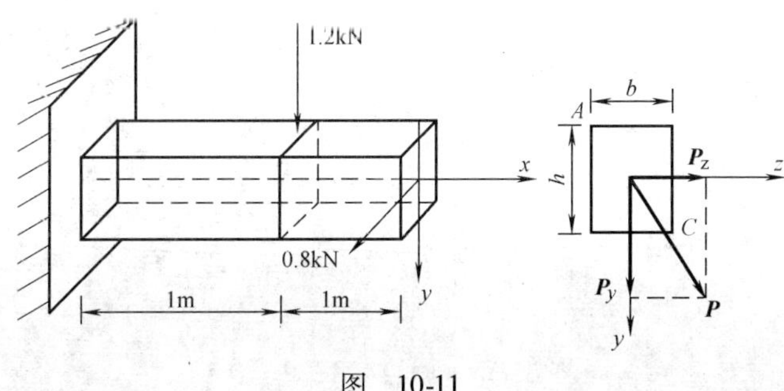

图　10-11

10-2　如图 10-12 所示，受集度为 q 的均布荷载作用的矩形截面简支梁，其荷载作用面与梁的纵向对称面间的夹角为 30°。已知该梁材料的弹性模量 $E=10$GPa，梁的尺寸为 $l=4$m，$h=160$mm，$b=120$mm；许用应力[σ]=12MPa，试校核该梁的强度。

10-3　一框架结构钢筋混凝土矩形截面方柱，已知截面尺寸为 $b=h=0.6$m，所受外部偏心压力 $P=500$kN(作用在对称轴上)，偏心距 $e=10$cm，许用压应力[σ_c]=10MPa，试校核该柱的强度。

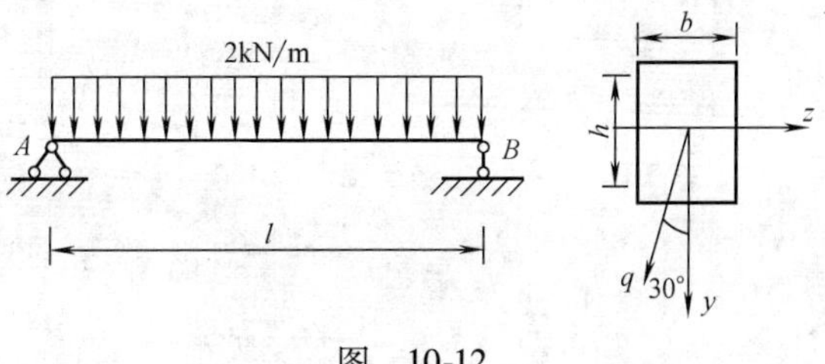

图　10-12

10-4　一圆形截面直杆受偏心拉力作用，偏心距 $e=20$mm，杆的直径 $d=70$mm，许用拉应力[σ]=120MPa，试求此杆的许用偏心拉力值。

10-5　试确定图 10-13 所示各截面的截面核心边界。

10-6　直径 $d=40$mm 的实心钢圆轴，在某一横截面上的内力分量为 $N=100$kN，$M_x=0.5$kN·m，$M_y=0.3$kN·m，如图 10-14 所示，已知此轴的许用应力[σ]=150MPa，试按第四强度理论校核该轴的强度。

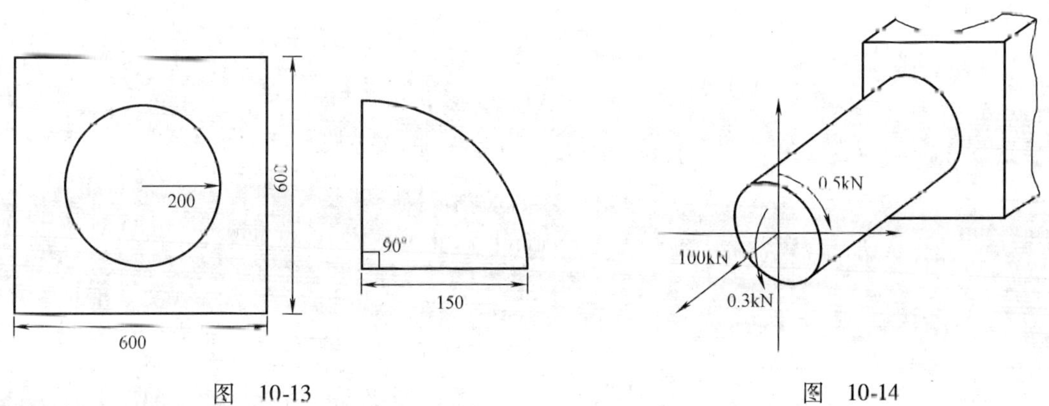

图　10-13　　　　图　10-14

参考答案

10-1 $b = 87.1\text{mm}$ $h = 174.2\text{mm}$

10-2 $\sigma_{max} = 12\text{MPa}$

10-3 $\sigma_c = 2.78\text{MPa} < [\sigma] = 10\text{MPa}$

10-4 $[P] = 140.5\text{kN}$

10-5 略

10-6 $\sigma_{r4} = 144.8\text{MPa}$

第11章　压 杆 稳 定

知识目标：

1. 掌握压杆稳定的概念。
2. 熟悉压杆的临界力-欧拉公式。
3. 熟悉压杆临界应力计算和压杆稳定的实用计算。

能力目标：

1. 能够运用压杆临界应力计算和压杆稳定的实用计算方法校核受压构件的稳定性。
2. 能够运用压杆临界应力计算和压杆稳定的实用计算方法设计受压构件。

11.1　压杆稳定的概念

工程中把承受轴向压力的直杆称为压杆。前面各章中我们从强度的观点出发，认为轴向受压杆只要其横截面上的正应力不超过材料的极限应力，就不会因其强度不足而失去承载能力。但实践告诉我们，对于细长的杆件，在轴向压力的作用下，当杆内应力并没有达到材料的极限应力，甚至还远低于材料的比例极限 σ_P 时，就会引起侧向屈曲而破坏。杆的破坏并非抗压强度不足，而是杆件的突然弯曲，改变了它原来的变形性质，即由压缩变形转化为压弯变形(图11-1所示)，杆件此时的荷载远小于按抗压强度所确定的荷载。我们将细长压杆所发生的这种情形称为“丧失稳定”，简称“失稳”，而把这一类性质的问题称为“稳定问题”。所谓压杆的稳定，就是指受压杆件其平衡状态的稳定性。

为了说明平衡状态的稳定性，我们取细长的受压杆来进行研究。图11-2a为一细长的理想轴心受压杆件，两端为铰支且作用压力 P，并使杆在微小横向干扰力作用下弯曲。当 P 较小时，撤去横向干扰力以后，杆件便来回摆动，最后仍恢复到原来的直线位置上保持平衡(图11-2b)，因此，可以说杆件在轴向压力 P 的作用下处于稳定平衡状态。

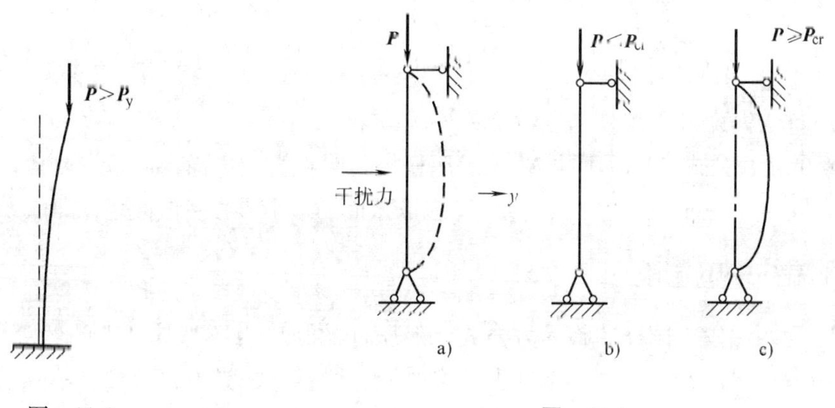

图　11-1　　　　图　11-2

增大压力 P，只要 P 小于某个临界值 P_{cr}，杆件受到干扰后，总能恢复到它原来的直线位置上保持平衡。但如果继续增加荷载，当轴向压力等于某个临界值，即 $P=P_{cr}$时，杆件虽然暂时还能在原来的位置上维持直线平衡状态，但只要给一轻微干扰，就会立即发生弯曲并停留在某一新的位置上，变成曲线形状的平衡（图 11-2c）。因此，可以认为杆件在$P=P_{cr}$的作用下处在临界平衡状态，这时的压杆实质上是处于不稳定平衡状态。

继续增大压力 P，当轴向压力 P 略大于 P_{cr}时，由于外界不可避免地给予压杆侧向的干扰作用（例如轻微的振动，初偏心存在，材料的不均匀性，杆件制作的误差等），该杆件将立即发生弯曲，甚至折断，从而使杆件失去承载能力。

综上所述，作用在细长压杆上的轴向压力 P 的量变，将会引起压杆平衡状态稳定性的质变。也就是说，对于一根压杆所能承受的轴向压力 P，总存在着一个临界值 P_{cr}，当 $P<P_{cr}$时，压杆处于稳定平衡状态；当 $P>P_{cr}$时，压杆处于不稳定平衡状态；当 $P=P_{cr}$时，压杆处于临界平衡状态。我们把与临界平衡状态相对应的临界值 P_{cr}称为临界力。工程中要求压杆在外力作用下应始终保持稳定平衡，否则将会导致建筑物的倒塌。

11.2 压杆的临界力——欧拉公式

11.2.1 两端铰支细长压杆的临界力

两端铰支的细长压杆受轴向压力 P 的作用，当 $P=P_{cr}$时，若在轻微的侧向干扰力解除后压杆处于微弯形状的平衡状态（图 11-3a 所示），设压杆距离铰 A 为 x 的任意横截面上的位移为 y，则该截面上的弯矩为 $M(x)=-P_{cr}y$（图 11-3a 所示）。将弯矩 $M(x)$ 代入压杆的挠曲线近似微分方程

$$EI\frac{d^2y}{dx^2}=M(x)=-P_{cr}y$$

利用压杆两端已知的变形条件（边界条件）即 $x=0$ 时，$y=0$；$x=1$ 时，$y=0$，可推导出临界力公式

$$P_{cr}=\frac{\pi^2EI}{l^2} \qquad (11\text{-}1)$$

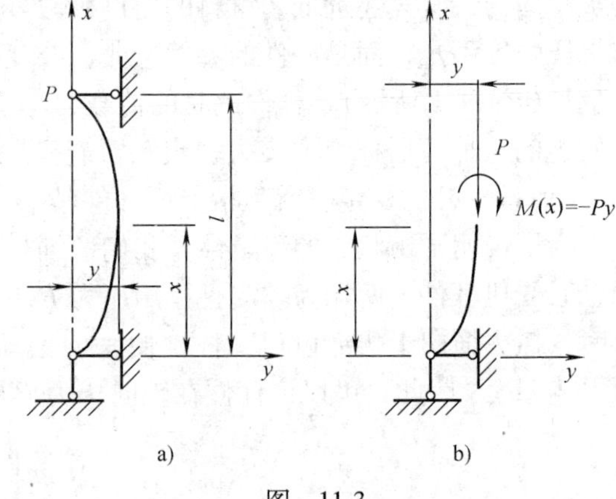

图 11-3

式（11-1）称为两端铰支压杆的欧拉公式。

应当注意的是，公式（11-1）中的 EI 表示压杆失稳时在弯曲平面内的抗弯刚度。压杆总是在它抗弯能力最小的纵向平面内失稳，所以 I 应取截面的最小形心主惯性矩，即取 $I=I_{min}$。

11.2.2 杆端约束的影响

式（11-1）为两端铰支压杆的临界力公式，但压杆的临界力还与其杆端的约束情况有关。因为杆端的约束情况改变了，边界条件也随之改变，所得的临界力也就具有不同的结果。表 11-1 为几种不同杆端约束情况下细长杆件的临界力公式，可以看出，各临界力公式中，只

是分母中 l^2 前的因数不同，因此可将它们写成下面的统一形式：

$$P_{cr}=\frac{\pi^2 EI}{(\mu l)^2}=\frac{\pi^2 EI}{l_0^2} \tag{11-2}$$

式(11-2)中的 $l_0=\mu l$，称为压杆的计算长度，而 μ 称为长度因数，按不同的杆端约束情况，归纳压杆的长度因数如下：

两端铰支： $\mu=1$

一端固定，另一端自由： $\mu=2$

两端固定： $\mu=0.5$

一端固定，另一端铰支： $\mu=0.7$

对于杆端约束情况不同的各种压杆，只要引入相应的长度因数 μ，就可按式(11-2)来计算临界力。

表 11-1 各种约束情况下等截面细长杆的临界力

杆端约束情况	两端铰支	一端固定，另一端自由	两端固定（允许 B 端上下位移）	一端固定，另一端铰支
压杆失稳时挠曲线形状	P；l；$\mu l=l$	l；$\mu l=2l$	l；$\mu l=0.5l$	l；$\mu l=0.7l$
临界力	$P_{cr}=\frac{\pi^2 EI}{l^2}$	$P_{cr}=\frac{\pi^2 EI}{(2l)^2}$	$P_{cr}=\frac{\pi^2 EI}{(0.5l)^2}$	$P_{cr}=\frac{\pi^2 EI}{(0.7l)^2}$
长度因数	$\mu=1$	$\mu=2$	$\mu=0.5$	$\mu=0.7$

11.3 压杆的临界力计算

11.3.1 临界应力

所谓临界应力，就是在临界力作用下，压杆横截面上的平均正应力。假定压杆的横截面的面积为 A，由欧拉公式所得的临界应力为

$$\sigma_{cr}=\frac{P_{cr}}{A}=\frac{\pi^2 EI}{(\mu l)^2 A}$$

令 $\frac{I}{A}=i^2$，则

$$\sigma_{cr}=\frac{\pi^2 E}{(\mu l)^2}\times i^2=\frac{\pi^2 E}{\left(\frac{\mu l}{i}\right)^2}=\frac{\pi^2 E}{\lambda^2} \tag{11-3}$$

式中，i 称为惯性半径，$i=\sqrt{\frac{I}{A}}$，$\lambda=\frac{\mu l}{i}$称为压杆的长细比(或柔度)。λ 综合反映了压杆杆端的约束情况(μ)、压杆的长度、尺寸及截面形状等因素对临界应力的影响。λ 越大，杆越细长，其临界应力 σ_{cr}就越小，压杆就越容易失稳。反之，λ 越小，杆越粗短，其临界应力就越大，压杆就越稳定。

11.3.2 欧拉公式的适用范围

欧拉临界力公式是以压杆的挠曲线近似微分方程式为依据而推导得出的，而这个微分方程式只是在材料服从胡克定律的条件下才成立。因此只有在压杆内的应力不超过材料的比例极限时，才能用欧拉公式来计算临界力，即应用欧拉公式的条件可表达为：

$$\sigma_{cr}=\frac{\pi^2E}{\lambda^2}\leqslant\sigma_p$$

亦即

$$\lambda\geqslant\sqrt{\frac{\pi^2E}{\sigma_p}}=\pi\sqrt{\frac{E}{\sigma_p}} \tag{11-4}$$

式(11-14)是欧拉公式试用范围用压杆的长细比(柔度)λ 来表示的形式，即只有当压杆的柔度大于或等于极限值 $\lambda_p=\pi\sqrt{\frac{E}{\sigma_p}}$时，欧拉公式才是正确的，也就是说，欧拉公式的适用条件是 $\lambda\geqslant\lambda_p$。工程中把 $\lambda\geqslant\lambda_p$ 的压杆称为细长压杆，即只有细长压杆才能应用欧拉公式来计算临界力和临界应力。

11.3.3 超过材料比例极限时压杆的临界力

当临界力超过比例极限时或 $\lambda<\lambda_p$ 时，材料将处于弹塑性阶段，此类压杆的稳定称为弹塑性稳定。对这类压杆，其临界应力一般运用由实验所得到的经验公式来计算，我国在建筑上目前采用抛物线形经验公式：

$$\sigma_{cr}=\sigma_s\left[1-\alpha\left(\frac{\lambda}{\lambda_c}\right)^2\right] \tag{11-5}$$

式中 σ_s——钢材的屈服点；

α——与材料力学性能有关的常数；

λ_c——压杆的长细比，$\lambda\leqslant\lambda_c$。

对于 Q235 钢及 16Mn 钢，常数 $\alpha=0.43$，$\lambda_c=\sqrt{\frac{\pi^2E}{0.57\sigma_s}}$，若用 $E=200\text{GPa}$，$\sigma_s=235\text{MPa}$ 代入 λ_c 式，可得 Q235 钢的 $\lambda_c=123$。

因此得以下简化形式的抛物线公式：

对于 Q235 钢($\sigma_s=235\text{MPa},E=200\text{GPa}$)：

$$\sigma_{cr}=235-0.00668\lambda^2，\lambda\leqslant\lambda_c=123$$

对于 16Mn 钢($\sigma_s=343\text{MPa},E=200\text{GPa}$)：

$$\sigma_{cr}=343-0.0142\lambda^2，\lambda\leqslant\lambda_c=102$$

还有一类柔度很小的粗短压杆，称为小柔度压杆，当它受到压力作用时，不可能丧失稳定，这类粗短压杆的破坏原因主要由于杆件的压应力达到屈服点或强度极限而引起，属于强度破坏，以强度计算为主。

11.4 压杆稳定的实用计算

11.4.1 压杆的稳定许用应力和折减因数 φ

当压杆的实际工作应力达到其临界应力时，压杆将丧失稳定。因此，正常工作的压杆，其横截面上的应力应小于临界应力。为了安全地工作，应确定一个适当的低于临界应力的许用应力，也就是应选择一个稳定安全因数 n_{st}。由于工程实际中的受压杆件都不同程度的存在着某些缺陷，如杆件的初弯曲、压力的初偏心、材质欠均匀等，都严重地影响了压杆的稳定性，降低了临界力的数值。因此，稳定安全因数 n_{st} 一般规定得比强度安全因数 n 要高，压杆的稳定许用应力 $[\sigma_{cr}]$ 为

$$[\sigma_{cr}] = \frac{\sigma_{cr}}{n_{st}}$$

为计算方便，令 $\dfrac{\sigma_{cr}}{[\sigma_{cr}]n_{st}} = \varphi$

则：

$$[\sigma_{cr}] = \frac{\sigma_{cr}}{n_{st}} = \varphi[\sigma]$$

式中，$[\sigma]$ 为强度计算时的许用应力，φ 称为折减因数，其值小于 1，并随 λ 而异。几种常用材料的折减因数列于表 11-2 中。

表 11-2　压杆的折减因数 φ

长细比 $\lambda = \mu l/i$	φ 值			
	Q235 钢	16 锰钢	铸铁	木材
0	1.000	1.000	1.00	1.000
10	0.995	0.993	0.97	0.971
20	0.981	0.973	0.91	0.932
30	0.958	0.940	0.81	0.883
40	0.927	0.895	0.69	0.822
50	0.888	0.840	0.57	0.757
60	0.842	0.776	0.44	0.668
70	0.789	0.705	0.34	0.575
80	0.731	0.627	0.26	0.470
90	0.669	0.546	0.20	0.370
100	0.604	0.462	0.16	0.300
110	0.536	0.384	—	0.248

（续）

长细比 $\lambda = \mu l / i$	φ 值			
	Q235 钢	16 锰钢	铸铁	木材
120	0.466	0.325	—	0.208
130	0.401	0.279	—	0.178
140	0.349	0.242	—	0.153
150	0.306	0.213	—	0.133
160	0.272	0.188	—	0.117
170	0.243	0.168	—	0.104
180	0.218	0.151	—	0.093
190	0.197	0.136	—	0.083
200	0.180	0.124	—	0.075

11.4.2 压杆的稳定条件

压杆的稳定条件，就是考虑压杆的实际工作压应力应小于或等于稳定许用应力 $[\sigma_{cr}]$，即

$$\sigma = \frac{P}{A} \leqslant [\sigma_{cr}]$$

引用折减因数 φ 进行压杆的稳定计算时，其稳定条件是：

$$\sigma = \frac{P}{A} \leqslant [\sigma_{cr}] = \varphi[\sigma] \tag{11-6}$$

式中 $\sigma = \dfrac{P}{A}$ ——压杆的工作应力；

P——工作压力。

与前面强度条件一样，应用式(11-6)的稳定条件，可以用来解决以下三类问题：

（1）验算压杆的稳定性　即验算给定的压杆在已知的工作压力作用下是否满足稳定条件。为此，首先按压杆给定的约束情况确定 μ 的值，然后由已知的横截面形状和尺寸计算面积 A、截面二次矩 I、长细比 λ，再根据压杆的材料及 λ 值，从表 11-2 中查出 φ 值，最后验算是否满足 $\sigma = \dfrac{P}{A} \leqslant [\sigma_{cr}]$ 这一稳定条件。

（2）确定许用荷载(稳定承载能力)　首先根据压杆的支承情况、截面形状和尺寸，确定 μ 值，计算 A、I、i、λ 的值，然后根据材料和 λ 值，查表得 φ 值。最后按稳定条件计算 $P = \varphi[\sigma]A$，进而确定许用荷载值，即稳定承载能力。

（3）选择截面　当杆的长度、所用材料、杆端约束情况及压杆的工作压力已知时，按稳定条件选择杆的截面尺寸。由于设计截面时，稳定条件式中的 A、φ 都是未知的，所以需采用试算法进行计算。即先假定一个 φ_1 值(一般取 $\varphi_1 = 0.5$)，根据工作压力 P 和许用应力值 $[\sigma]$，由稳定条件算出截面面积的第一次近似值 A_1，并根据 A_1 值初选一个截面，然后计

算 I_1、i_1 和 λ_1，再由表查出相应的 φ 值。如果查得的 φ 值与原先假定的 φ_1 值相差较大，可在二者之间再假定一个 φ_2 值，并重新计算一次。重复上述的计算，直到从表查得的 φ 值与假定值非常接近时为止，这样便可得到满足压杆稳定条件的结果。

【例 11-1】 两端铰支的圆截面木柱，高为6m，直径为20cm，承受轴向压力 $P=50\text{kN}$。已知木材的许用应力 $[\sigma]=10\text{MPa}$，试校核其稳定性。

【解】 计算圆截面的惯性半径和长细比：

$$i=\sqrt{\frac{I}{A}}=\frac{d}{4}=5\text{cm}$$

$$\lambda=\frac{ul}{i}=1\times 6/(5\times 10^{-2})=120$$

查表得 $\varphi=0.208$

稳定校核：

$$\sigma=\frac{P}{A}=\frac{50\times 10^{3}}{\frac{\pi}{4}\times 200^{2}}\text{MPa}=1.59\text{MPa}$$

$\varphi[\sigma]=0.208\times 10\text{MPa}=2.08\text{MPa}$

$\sigma<\varphi[\sigma]$，满足稳定性要求。

【例 11-2】 I40a 的型钢压杆，材料为 16Mn 钢，许用应力 $[\sigma]=230\text{MPa}$，杆长 $l=5.6\text{m}$，在 oxz 平面内失稳时杆端约束情况接近于两端固定，则长度因数可取为 $\mu_y=0.65$；在 oxy 平面内失稳时为两端铰支，$\mu_z=1.0$，截面形状如图 11-4 所示。试计算压杆所允许承受的轴向压力 $[P]$。

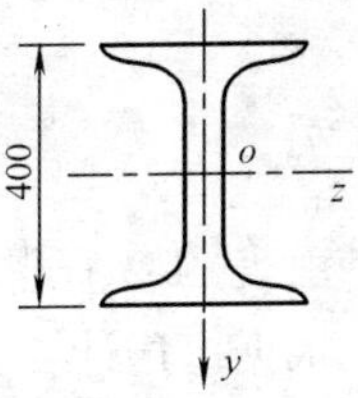

图 11-4

【解】 查型钢表 I40a 得：$A=86.1\text{cm}^2$，$i_y=2.77\text{cm}$，$i_z=15.9\text{cm}$

计算长细比：$\lambda_y=\mu_y l/i_y=0.65\times 5.6\times 10^2/2.77=131.4$

$\lambda_z=\mu_z l/i_z=1\times 5.6\times 10^2/15.9=35.2$

在 λ_y 与 λ_z 中应取大的长细比 $\lambda_y=131.4$ 来确定折减因数 φ，查表 11-2，并用线性插入法求得：

$\varphi=0.279+(1.4/10)\times(0.242-0.279)=0.274$

压杆许用轴向压力为

$[P]=A\varphi[\sigma]=86.1\times 10^{-4}\times 0.274\times 230\times 10^6\text{kN}=543\text{kN}$

【例 11-3】 试确定图 11-5 所示的木屋架中 AB 杆的截面尺寸。已知 AB 杆受到的轴向压力 $P=25\text{kN}$ 的作用，其长度为 $l=3.61\text{m}$，截面为正方形，材料许用应力 $[\sigma]=10\text{MPa}$。

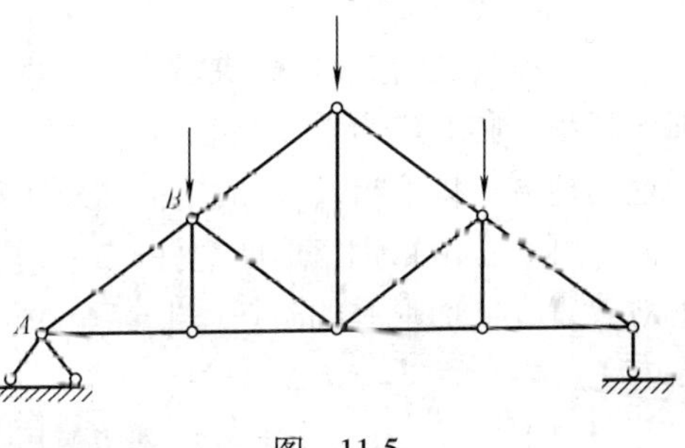

图 11-5

【解】 （1）假设 $\varphi_1=0.5$，则：

$$A_1=P/\varphi_1[\sigma]=25\times 10^3/(0.5\times 10\times 10^6)=5\times 10^{-3}\text{m}^2$$

正方形截面的边长为 $a_1=\sqrt{5\times 10^{-3}}\text{m}=0.0707\text{m}$，取 $a_1=0.08\text{m}$，

则
$$i_1=\sqrt{I_1/A_1}=\sqrt{\frac{\frac{a_1^4}{12}}{a_1^2}}=\frac{a_1}{\sqrt{12}}=\frac{0.08}{\sqrt{12}}\text{m}=0.023\text{m}$$

由于 AB 两端为铰支，所以取 $\mu=1$

$$\lambda_1=\mu l/i_1=1\times3.61/0.023=156$$

由表 11-2 查得：$\varphi_1'=0.13$，与假设的 φ_1 相差较大，应重新计算。

（2）假设 $\varphi_2=(\varphi_1+\varphi_1')/2=(0.5+0.13)/2=0.31$，则有

$$A_2=P/\varphi_2[\sigma]=25\times10^3/(0.31\times10\times10^6)\text{m}^2=8.06\times10^{-3}\text{m}^2$$

$$a_2=\ 8.06\times10^{-3}\text{m}=0.09\text{m}$$

$$i_2=\sqrt{I_2/A_2}=\frac{a_2}{\sqrt{12}}=\frac{0.09}{\sqrt{12}}=0.026\text{m}$$

$$\lambda_2=\mu l/i_2=1\times3.61/0.026=138$$

由表 11-2 查得：$\varphi_2'=0.16$，与假设的 $\varphi_2=0.31$ 相差较大，还应重新计算。

（3）假设 $\varphi_3=(\varphi_2+\varphi_2')/2=(0.31+0.16)/2=0.24$，则有

$$A_3=P/\varphi_3[\sigma]=25\times10^3/(0.24\times10\times10^6)\text{m}^2=10.4\times10^{-3}\text{m}^2$$

$$a_3=10.4\times10^{-3}\text{m}=0.102\text{m}，取\ a_3=0.11\text{m}$$

$$i_3=\sqrt{I_3/A_3}=\frac{a_3}{\sqrt{12}}=\frac{0.11}{\sqrt{12}}\text{m}=0.0317\text{m}$$

$$\lambda_3=\mu l/i_3=1\times3.61/0.0317=114$$

由表 11-2 查得：$\varphi_3'=0.24$，与假设的 $\varphi_3=0.24$ 相符。

根据上述计算，确定 AB 杆正方形截面的边长为 $a=0.11\text{m}=110\text{mm}$。

11.5 提高压杆稳定性的措施

影响压杆稳定性的因素有：压杆的截面形状，压杆的长度，材料的性质，杆端的约束条件等。提高压杆稳定性的措施应从这些因素考虑。

1. 选择合理的截面形状

从欧拉公式看，截面二次矩 I 越大，则临界压力 P_{cr} 也越大；从临界应力的公式看，长细比越小，临界应力也越高。因此，在一定的截面面积下，应设法把材料分布在离截面形心较远的地方，以取得较大的截面二次矩 I 和惯性半径 i，减小长细比 λ，从而提高压杆的临界力。例如，由角钢组成的立柱，角钢应分散放置在截面的四角（图 11-6a 所示），而不是集中地放置在截面形心的附近（图 11-6b）。

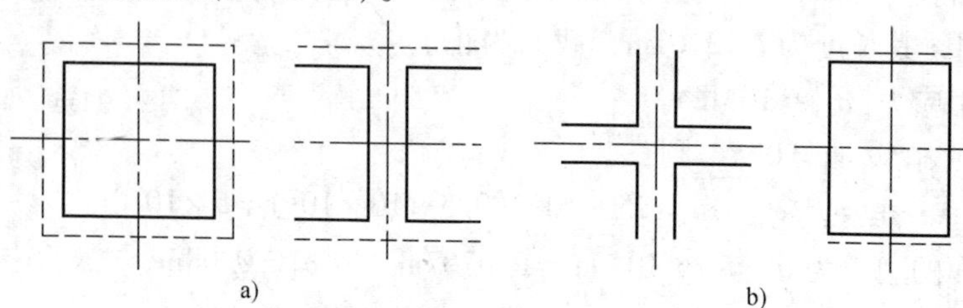

图 11-6

当压杆在各个弯曲平面内的约束条件相同，即μl相同时，则应使截面对任一主形心轴的惯性半径i相等或相近，这样，杆件在任一纵向平面内的长细比(柔度)λ都相等或相近，压杆在任一纵向平面内有相同或相近的稳定性，因此采用圆形、环形或正方形等截面为好。

如果压杆在两个弯曲平面内的约束条件不同，则可采用两个方向的截面二次矩不等的截面来与相应的约束条件相配合。在具体确定截面尺寸时，要尽可能使两个相互垂直的平面内的长细度相等或相近，从而达到两个方向上抵抗失稳的能力相等或相近。

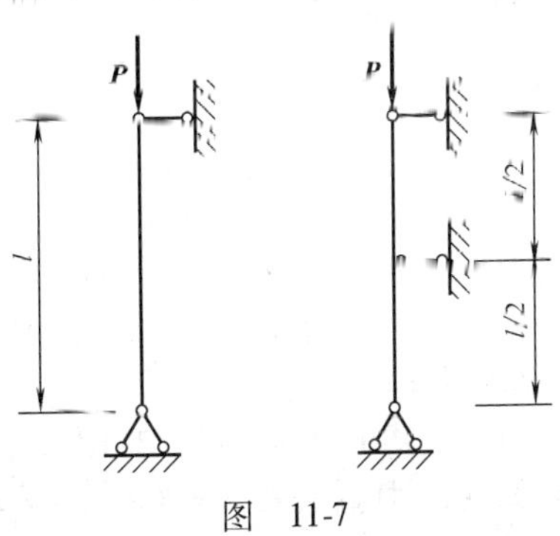

图 11-7

2. 减小杆的长度

在其他条件相同的情况下，杆长l越短，则λ越小，临界应力就越高。如图11-7所示，两端铰支的细长压杆，若在中点增加一支承，则其计算长度为原来的一半，长细比即为原来的一半，而临界应力却是原来的四倍。

3. 改善压杆的支承条件

改善压杆的支承长度能直接影响临界力的大小。因压杆两端固定得越紧，μ值就越小，计算长度μl就小，长细比λ也就小，其临界应力就大。故应尽量采用μ值小的支承形式，可以提高压杆的稳定性。

本章小结

（1）杆件在轴向压力的作用下，经微小的横向干扰后，如果仍能恢复到原来的位置保持直线平衡，就可以说杆件处于稳定平衡状态。反之，如果在微小的横向干扰后，不能恢复到原来的位置保持直线平衡，而是发生弯曲并停留在某一新的位置上，就可以认为杆件处于不稳定平衡状态，即杆件就要失稳。

（2）确定压杆的临界力是计算稳定问题的关键，临界力是压杆在一定条件下所具有的反映其承载能力的一个标志，它的大小与压杆的长度、截面的形状和尺寸、两端的支承约束情况及材料的性质有关。

（3）欧拉公式是计算压杆临界力的基本公式。由于杆端的支承方式对压杆临界力的数值影响很大，因此对工程实际中的压杆进行计算时，必须仔细分析支承情况，正确地选用长度因数。

（4）φ因数法是压杆稳定的实用计算方法。应用其稳定条件可以用来解决三类问题：

1）验算压杆的稳定性。

2）确定容许荷载(稳定承载能力)。

3）进行截面设计。

（5）提高压杆稳定性的措施应从压杆的截面形状、压杆的长度、材料的性质、杆端的约束条件等因素考虑。

思考题

1. 欧拉公式在什么范围内适用？

2. 若两根压杆的材料相同，长细比相等，这两根压杆的临界应力是否一定相等？临界力是否一定相等？为什么？

3. 压杆的稳定许用应力$[\sigma_{cr}]$是如何确定的？

习　题

11-1　两端铰支的压杆，长度 $l=5\text{m}$，截面为 22a 工字钢。材料的比例极限 $\sigma_p=200\text{MPa}$，$E=2\times10^5\text{MPa}$，求此压杆的临界力。

11-2　截面为 100mm × 150mm 矩形的松木柱，长 $l=4\text{m}$，一端固定，另一端为铰支座，材料的 $E=10\text{GPa}$，$\lambda_p=110$，试求此柱的临界力。

11-3　图 11-8 所示刚性杆 AB，在 C 点处由 Q235 钢制成的杆支撑，已知杆的直径 $d=50\text{mm}$，$l=3\text{m}$，材料的 $\sigma_p=200\text{MPa}$，$E=200\text{GPa}$，试问 A 处能施加的最大荷载 P 为多少？

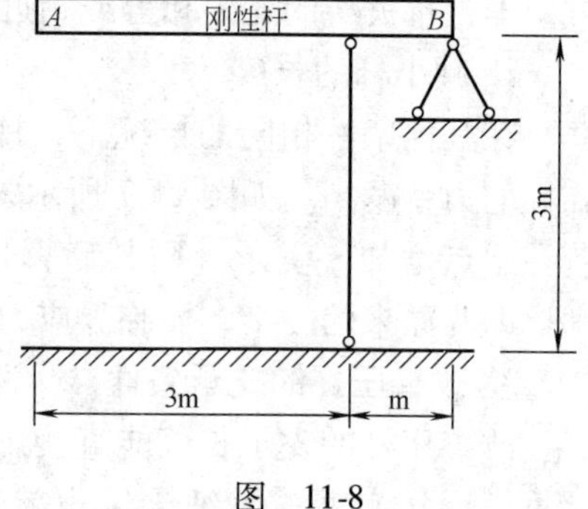

图　11-8

11-4　图 11-9 所示结构中，AB 和 AC 两杆都为圆形截面，直径 $d=80\text{mm}$，材料为 Q235 钢，其弹性模量 $E=2\times10^5\text{MPa}$，许用应力$[\sigma]=160\text{MPa}$。

（1）求此结构的极限荷载。

（2）求此结构的许用荷载。

11-5　图 11-10 所示简单构架承受均布荷载 $q=50\text{kN/m}$，撑杆 AB 为圆截面木柱，材料的$[\sigma]=11\text{MPa}$，试设计 AB 杆的直径。

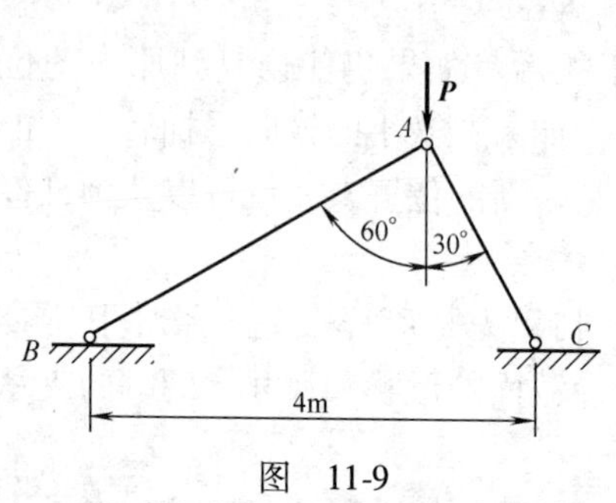

图　11-9

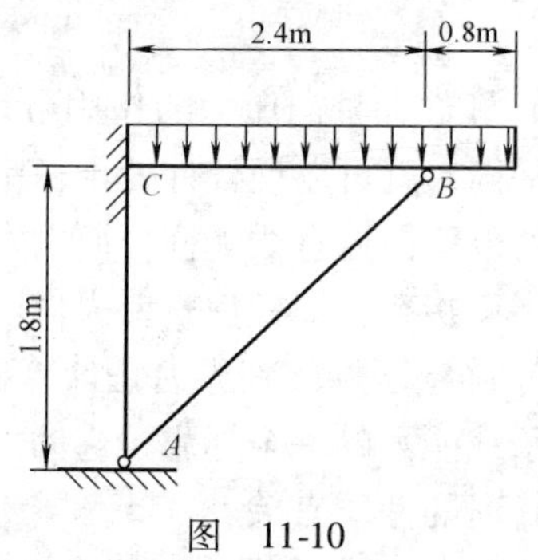

图　11-10

参 考 答 案

11-1　$P_{cr}=178\text{kN}$

11-2　$P_{cr}=157\text{kN}$

11-3　$P=16.8\text{kN}$

11-4　$P_{max}=662\text{kN}$；$[P]=370\text{kN}$

11-5　$d=180\text{mm}$

第3篇　结构力学

本篇主要介绍结构的几何组成规律、结构内力和位移的计算方法。

结构的内力和位移计算有多种方法。本篇将学习用于计算静定结构位移的单位荷载法的实用性成果——图乘法及其运用，超静定结构内力计算的几个基本方法——力法、位移法和力矩分配法。这些方法的掌握，不仅有助于解决大量工程实际问题，也为学生后续课程的学习奠定了必要的基础。

第12章　平面杆件体系的几何组成分析

知识目标：

1. 了解平面体系几何组成分析的基本概念。
2. 掌握几何不变体系的基本组成规则。
3. 熟悉结构的简化方法和结构计算简图的分类。
4. 掌握超静定结构的概念及超静定次数的确定方法。

能力目标：

1. 能够灵活运用几何不变体系的基本组成规则，对平面体系进行几何组成分析。
2. 能够确定超静定结构的超静定次数。

12.1　平面体系几何组成分析的目的

12.1.1　几何不变体系和几何可变体系

结构是由构件相互连接而组成的体系，其主要作用是承受并传递荷载，但并不是无论怎样连接都能作为工程结构使用，例如图12-1a所示的体系，在受到任意荷载作用时，若不考虑材料的应变，该体系的几何形状和位置均保持不变，可以作为工程结构使用。但如果从该体系中去掉中间的斜杆，形成如图12-1b所示的体系，则在很小的荷载作用下，它也不能保持原有的几何形状和位置。显然，图12-1b所示的体系不能作为工程结构使用。

由图12-1可以看出，体系可以分为两类：

1. 几何不变体系

在不考虑材料应变的条件下，几何形状和位置保持不变的体系称为几何不变体系。

2. 几何可变体系

在不考虑材料应变的条件下，几何形状和位置可以改变的体系称为几何可变体系。

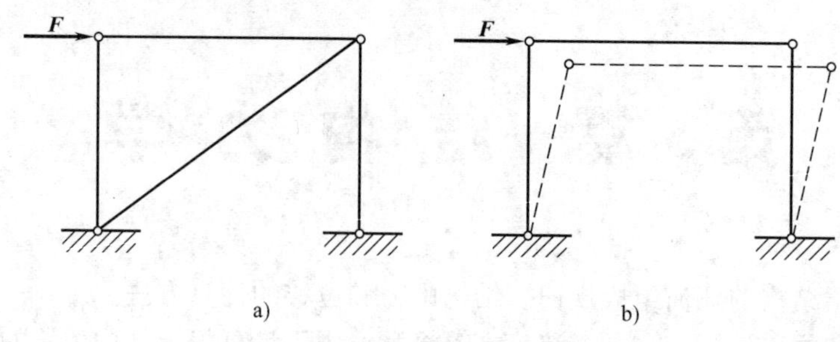

图 12-1

12.1.2 平面体系几何组成分析的目的

工程结构必须是几何不变体系。在对结构进行分析计算时，首先必须分析判别它是不是几何不变体系，这种分析判别的过程称为体系的几何组成分析，其目的在于：

（1）判别某一体系是否几何不变，从而决定它能否作为结构。

（2）根据体系的几何组成，确定结构是静定的还是超静定的，从而选择相应的计算方法。

（3）明确结构中各部分之间的联系，从而选择结构受力分析的顺序。

在对体系进行几何组成分析时，由于不考虑材料的应变，因此体系中的某一杆件或已知是几何不变的部分，均可视为刚体。在平面体系中又将刚体称为刚片。

12.2 平面体系的自由度和约束

12.2.1 自由度

对平面体系进行几何组成分析时，判别一个体系是否几何不变可先计算它的自由度。所谓自由度是指确定体系位置所必需的独立坐标的个数；也可以说是一个体系运动时，可以独立改变其位置的几何参数的个数。

平面内的一个点，要确定它的位置，需要有 x，y 两个独立的坐标（图 12-2a），因此，一个点在平面内有两个自由度。

确定一个刚片在平面内的位置则需要有三个独立的几何参数。如图 12-2b 所示，在刚片上先用 x，y 两个独立坐标确定 A 点的位置，再用倾角 φ 确定通过 A 点的任一直线 AB 的位置，这样，刚片的位置便完全确定了。因此，一个刚片在平面内有三个自由度。

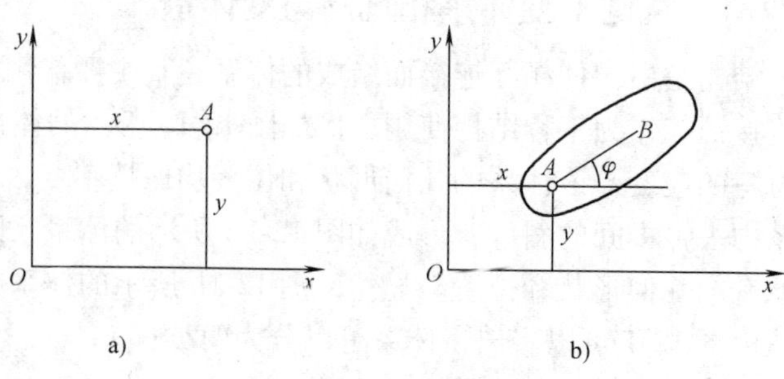

图 12-2

凡体系的自由度大于零，则体系是可以发生运动的，即自由度大于零的体系是几何可变体系；几何不变体系则是自由度小于或等于零的体系。

12.2.2 约束

在刚片之间加入某些连接装置，可以减少它们的自由度。能使体系减少自由度的装置称为约束(或称联系)。减少一个自由度的装置，称为一个约束，减少 n 个自由度的装置，称为 n 个约束。下面分析几种连接装置的约束作用。

1. 连杆

图 12-3a 表示用一根连杆将一个刚片与基础相连接，此时刚片可随连杆绕 C 点转动又可绕 A 点转动。刚片的位置可以用如图 12-3a 所示的两个独立的参数 φ_1 和 φ_2 确定，其自由度由 3 减少为 2。可见一根连杆可减少一个自由度，故一根连杆相当于一个约束。

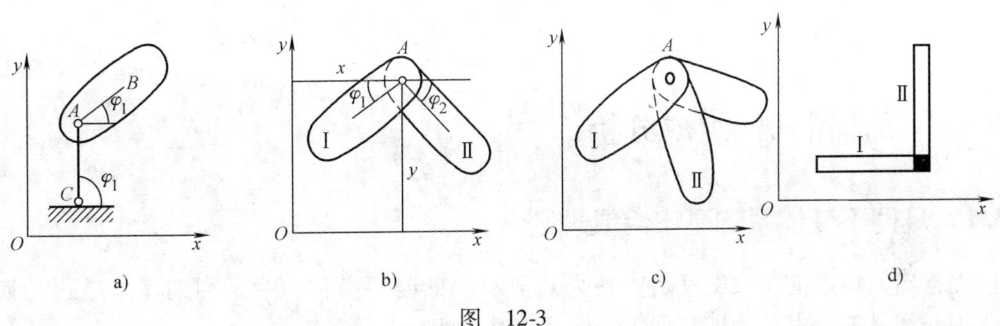

图 12-3

2. 铰

连接两个刚片的铰称为单铰。图 12-3b 表示刚片Ⅰ和Ⅱ用一个铰 B 连接。未连接前，两个刚片在平面内共有 6 个自由度。用铰 B 连接后，若认为刚片Ⅰ的位置由 A 点坐标 x、y 及倾角 φ_1 确定，而刚片Ⅱ则只能绕铰 B 作相对转动，其位置可再用一个独立的参数 φ_2 即可确定，因此减少了两个自由度。两刚片用一个铰连接后其自由度由 6 减少为 4，故单铰的作用相当于两个约束，或相当于两根连杆的作用。

连接两个以上刚片的铰称为复铰。图 12-3c 为三个刚片用复铰 A 相连，设刚片Ⅰ的位置已确定，则刚片Ⅱ、Ⅲ都只能绕 A 点转动，从而各减少了两个自由度。因此，连接三个刚片的复铰相当于两个单铰的作用。由此可知，连接 n 个刚片的复铰相当于 $(n-1)$ 个单铰。

3. 刚性连接

所谓刚性连接如图 12-3d 所示，它的作用是使两个刚片不能有相对的移动及转动。未连接前，刚片Ⅰ和Ⅱ在平面内共有 6 个自由度。刚性连接后，刚片Ⅰ仍有 3 个自由度，而刚片Ⅱ相对于刚片Ⅰ既不能移动也不能转动。可见，刚性连接能减少 3 个自由度，相当于 3 个约束。

工程实际中，对于常见的由若干个刚片彼此用铰相连并用支座连杆与基础相连而组成的平面体系，设其刚片数为 m，单铰数为 h，支座连杆数为 r，则理论上该体系的自由度为

$$W = 3m - 2h - r$$

但因体系中各构件的具体位置不同，致使每个约束不一定都能减少一个自由度，即 W 不一定为体系的真实自由度，故将 W 称为体系的计算自由度。

如果 $W>0$，则表明体系缺少足够的约束，因此体系是几何可变的。

如果 $W\leqslant 0$，体系却不一定就是几何不变的。如图 12-4 和图 12-5 所示的体系，虽然两

者的 W 均为零，但前者是几何不变体系，而后者是几何可变体系。由此可知，$W\leqslant0$ 只是体系为几何不变的必要条件。

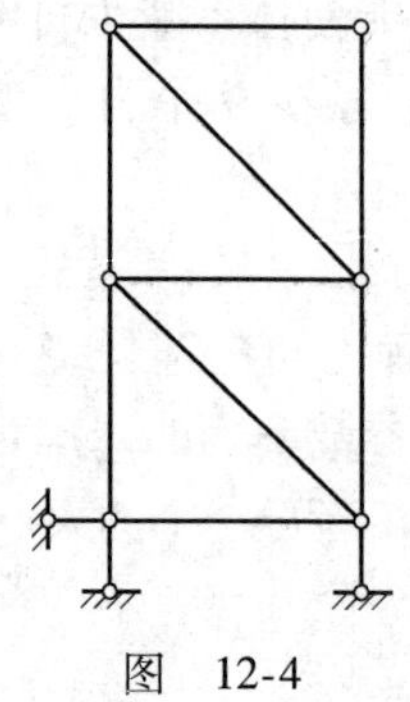

图　12-4

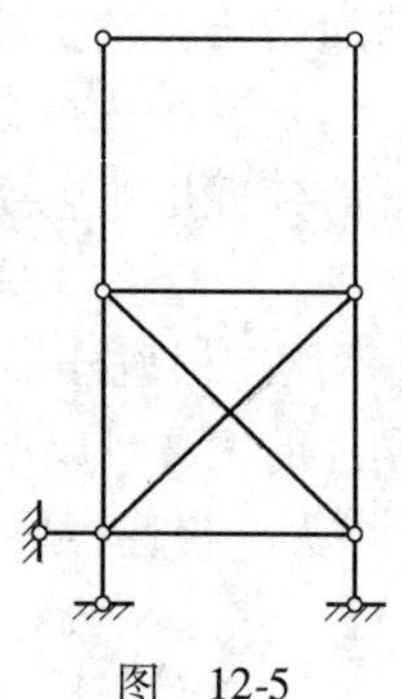

图　12-5

12.3　平面体系几何组成分析

12.3.1　几何不变体系的基本组成规则

前面指出，体系的 $W\leqslant0$ 只是体系为几何不变的必要条件，为了判别体系是否几何不变，下面介绍其充分条件，即几何不变体系的基本组成规则。

1. 三刚片规则

三个刚片用不共线的三个铰两两相连，组成的体系是几何不变的。

在图 12-6 所示的铰接三角形中，每根杆件均为一个刚片，假定刚片Ⅰ不动，则刚片Ⅱ上的 C 点只能在以 A 点为圆心以 AC 为半径的圆弧上运动；刚片Ⅲ上的 C 点只能在以 B 点为圆心以 BC 为半径的圆弧上运动。但刚片Ⅱ和刚片Ⅲ又用铰 C 相连，铰 C 不可能同时沿两个不同方向的圆弧运动，故只能在两个圆弧的交点处固定不动。于是各刚片间不可能发生任何相对运动。因此，这样组成的体系是几何不变的。

2. 二元体规则

在一个刚片上增加一个二元体，仍为几何不变体系。

所谓二元体是指由两根不在一直线上的连杆连接一个新结点的构造。

图 12-7 所示为在一刚片上增加二元体后的情形，显然它是几何不变的。由图 12-7 不难看出二元体规则与三刚片规则实际上是相同的，只是将三刚片规则中的任意两个刚片分别代之以连杆而已。

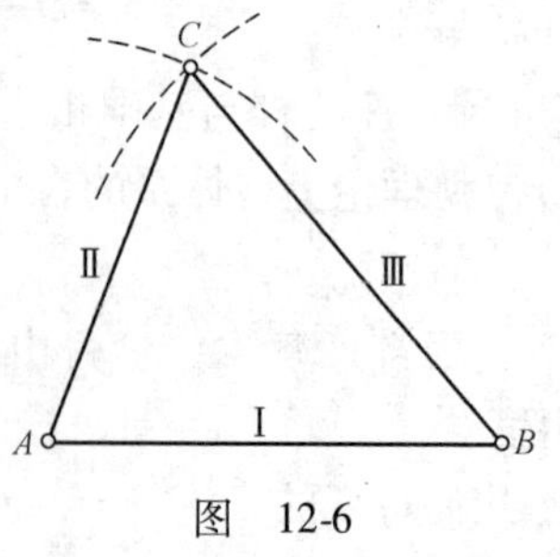

图　12-6

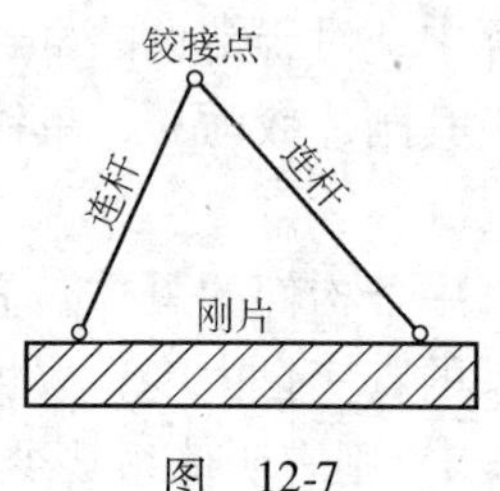

图　12-7

3. 两刚片规则

两个刚片用一个铰和一根不通过此铰的连杆相连，所组成的体系是几何不变的；或者两个刚片用三根不全平行也不交于一点的连杆相连，所组成的体系是几何不变的。

此规则的前一种叙述，实际是将三刚片规则中的任意一个刚片代之以连杆，如图 12-8 所示，显然体系是几何不变的。这里需要对后一种叙述作一说明：在图 12-9 中，刚片Ⅰ和Ⅱ用两根不平行的连杆 AB 和 CD 相连。假定刚片Ⅰ不动，则刚片Ⅱ可绕 AB 与 CD 两杆的延长线的交点 O 转动，因此，连接两刚片的两根连杆的作用相当于在其交点的一个铰，但这个铰的位置是随着连杆的位置变动而变动的，这种铰称为虚铰。图 12-10 为两个刚片用三根不全平行也不交于一点的连杆相连的情形。此时可把连杆 AB、CD 看作是在其交点 O 处的一个铰，则两刚片就相当于用铰 O 和连杆 EF 相连，且连杆不通过铰 O，故为几何不变体系。

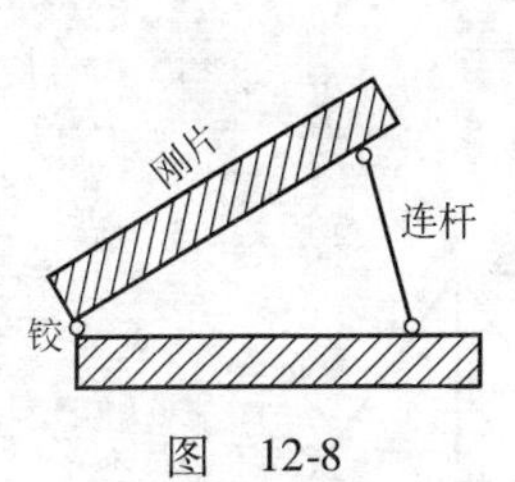

图　12-8

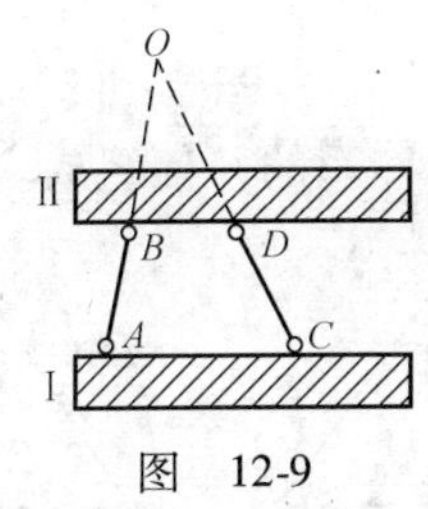

图　12-9

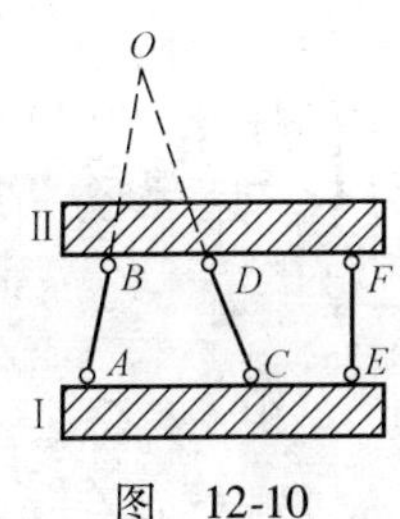

图　12-10

12.3.2　瞬变体系

在上述三刚片规则中要求三个铰不共线，若三个铰共线，如图 12-11 所示的情形：铰 C 可沿图示两圆弧公切线作微小移动，因而是几何可变的。不过一旦发生微小移动后，三个铰将不再共线，即又转化成一个几何不变体系。这种原为几何可变，经微小位移后即转化为几何不变的体系，称为瞬变体系。瞬变体系是几何可变体系的特殊情况，不能作为工程结构使用。为区别起见，又将经微小位移后仍能继续发生运动产生大位移的几何可变体系称为常变体系(图 12-11)。

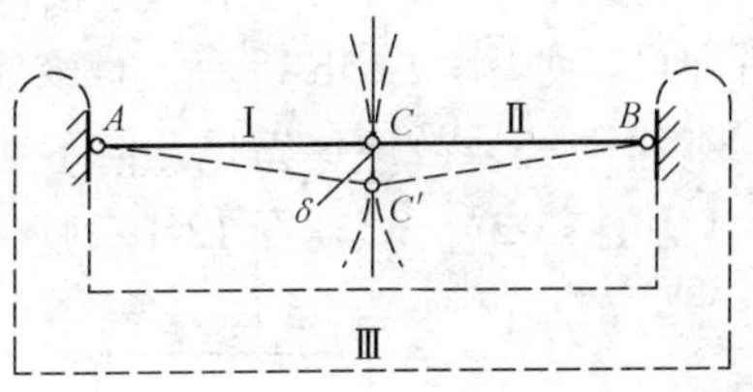

图　12-11

当两刚片用交于一点或相互平行的三根连杆相连时，则所组成的体系或是常变体系(图 12-12)；或是几何瞬变体系(图 12-13)。

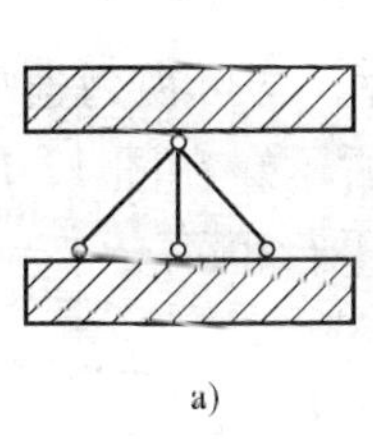
a)

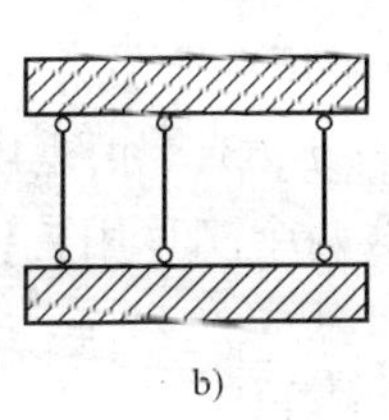
b)

图　12-12

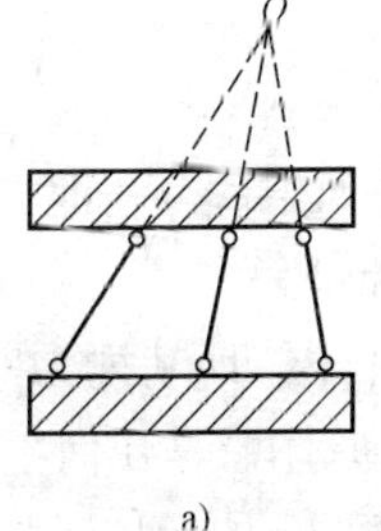

a)

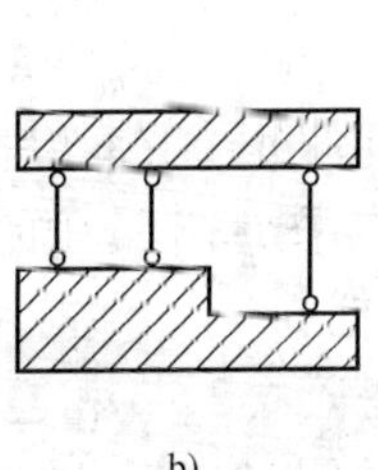
b)

图　12-13

12.3.3 平面体系几何组成分析示例

前面介绍了几何不变体系的几个基本组成规则，下面举例说明如何应用这些规则对平面体系进行几何组成分析。

【例 12-1】 试对图 12-14 所示体系进行几何组成分析。

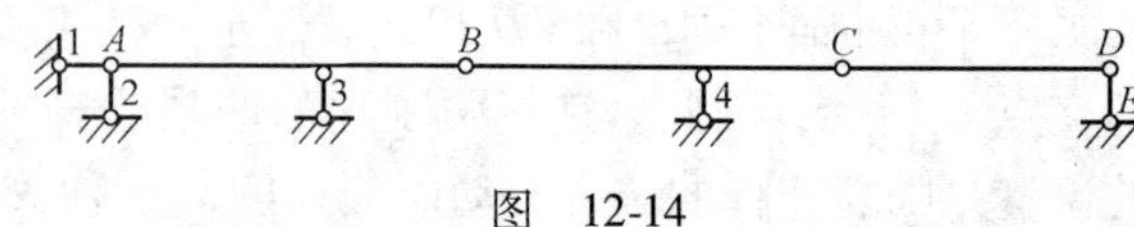

图 12-14

【解】 先取地基为一刚片，杆 *AB* 与地基是用连杆 1、2、3 按两刚片规则相连组成一几何不变体系，于是可把杆 *AB* 与地基一起看作是一扩大了的刚片Ⅰ。再把杆 *BC* 看作是刚片Ⅱ，刚片Ⅰ与刚片Ⅱ用铰 *B* 和连杆 4 按两刚片规则相连，这又组成了一个更大的刚片，最后在此刚片上增加一个二元体 *C*—*D*—*E* 组成整个体系。故此体系为几何不变体系。

【例 12-2】 试分析图 12-15a 所示体系的几何组成。

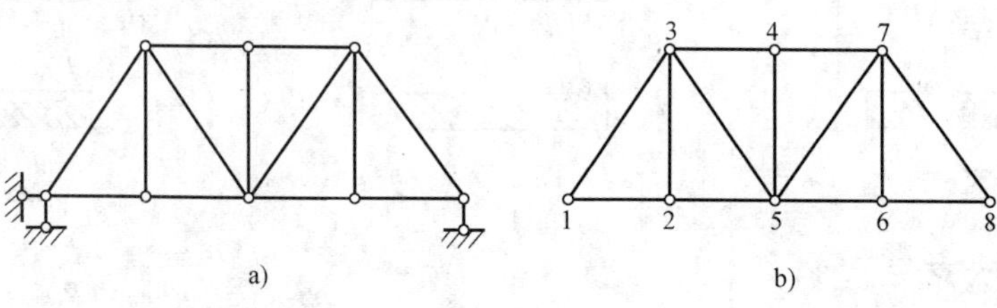

图 12-15

【解】 体系本身与地基是按两刚片规则相联的，因此只需对体系本身进行几何组成分析即可。如图 12-15b 所示，对该部分可按结点 1、2、3…的顺序依次减去二元体，最后只剩下刚片 7—8。故原体系是几何不变体系。

【例 12-3】 试对图 12-16a 所示体系进行几何组成分析。

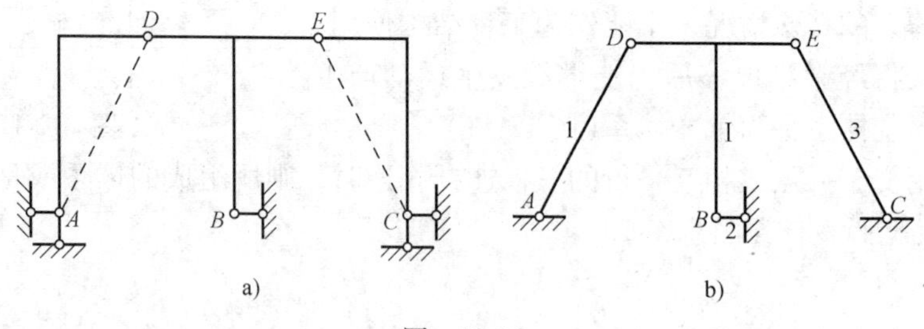

图 12-16

【解】 对体系进行几何组成分析时，体系中凡是用两个铰连接的刚片，均可视为连杆。因此，图 12-16a 中的刚片 *AD*、*CE* 可分别视为连杆 1、3，如图 12-16b 所示。在图 12-16b 中，把 *BDE* 部分视为刚片Ⅰ、地基视为刚片Ⅱ，这两个刚片用三根不全平行也不交于一点的连杆 1、2、3 相连，故原体系是几何不变体系。

【例 12-4】 试对图 12-17 所示体系进行几何组成分析。

【解】 此体系中的 *ACD* 部分和 *BCE* 部分是两个铰接三角形，均为几何不变体系，故可将其分别视为刚片Ⅰ和刚片Ⅱ；支座 *F* 可视为加在地基上的二元体并与地基组成刚片Ⅲ。

刚片Ⅰ与刚片Ⅲ用连杆 1、2 相连，这相当于用虚铰 A 相连，同理刚片Ⅱ与刚片Ⅲ相当于用虚铰 B 相连，而刚片Ⅰ、Ⅱ用铰 C 相连，因 A、B、C 三个铰共线，故此体系是一瞬变体系。

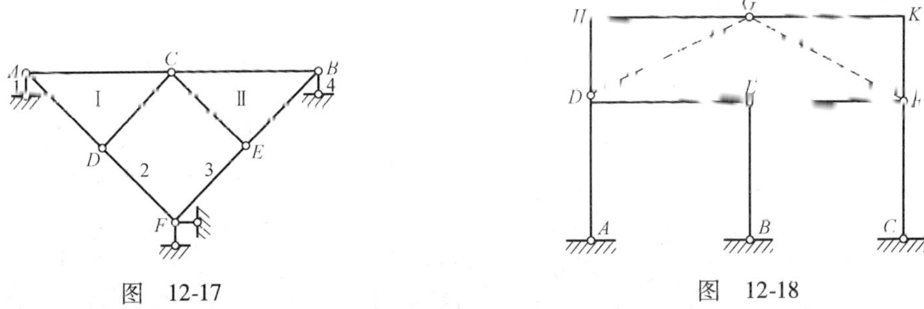

图 12-17　　图 12-18

【例 12-5】 试对图 12-18 所示体系进行几何组成分析。

【解】 首先，将体系中折杆 DHG 与 FKG 分别视为连杆 DG、FG（图 12-18 中虚线所示），然后依次拆除二元体 $D—G—F$、$E—F—C$，再将剩下的折杆 ADE、杆 BE 和地基分别视为刚片，这三个刚片用不共线的三个铰 A、E、B 两两相连，组成几何不变体系，故原体系是几何不变的。

12.4 静定结构与超静定结构

12.4.1 静定结构与超静定结构的概念

结构可分为静定结构和超静定结构。如果结构的全部反力和内力都可由平衡条件确定，这种结构称为静定结构；而只由平衡条件不能确定全部反力和内力的结构，称为超静定结构。

如图 12-19a 所示的梁有三个反力，这三个反力可由平面力系的三个平衡方程确定，并进一步由截离体的平衡条件确定其任意截面的内力，因而此梁是静定结构。图 12-19b 所示的梁有四个反力，而独立的平衡方程仍只有三个，显然只由这三个方程不能将四个反力全部确定，所以此梁是超静定结构。

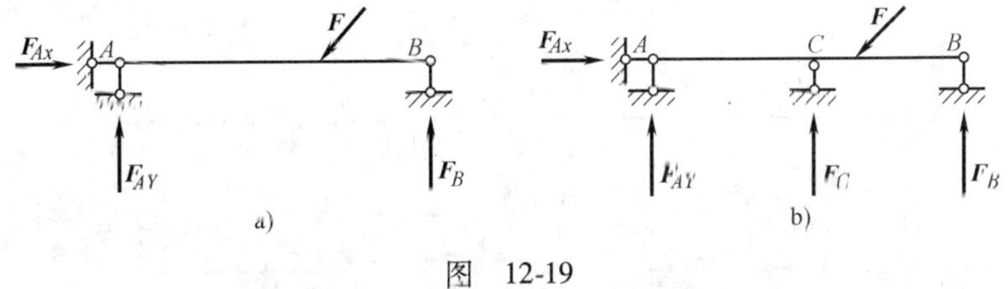

图 12-19

从几何组成上分析，图 12-19a 所示的梁是无多余约束的几何不变体系，图 12-19b 所示的梁是有多余约束的几何不变体系，因此，静定结构的几何特征是几何不变且无多余约束，超静定结构的几何特征是几何不变且有多余约束。

12.4.2 超静定结构超静定次数的确定方法

超静定结构中多余约束的数目称为超静定次数。确定超静定次数的方法一般是：去掉多余约束使原结构变成静定结构，所去掉的多余约束的数目即为原结构的超静定次数。

从超静定结构中去掉多余约束的方式通常有以下几种：

（1）去掉一根支座连杆或切断一根连杆，相当于去掉一个约束，如图 12-20 所示。

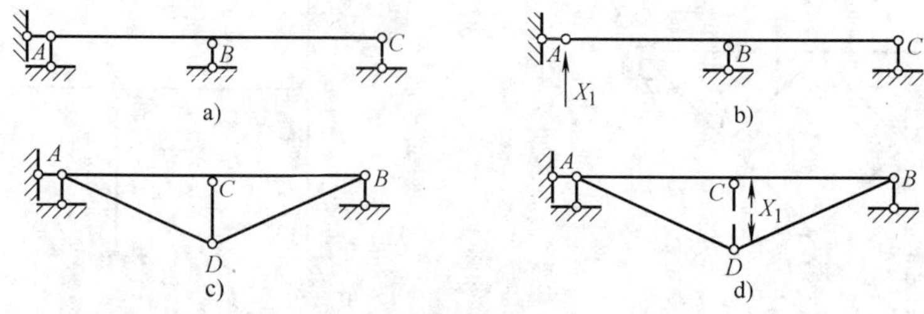

图　12-20

（2）去掉一个铰支座或拆开连接两刚片的单铰，相当于去掉两个约束，如图 12-21 所示。

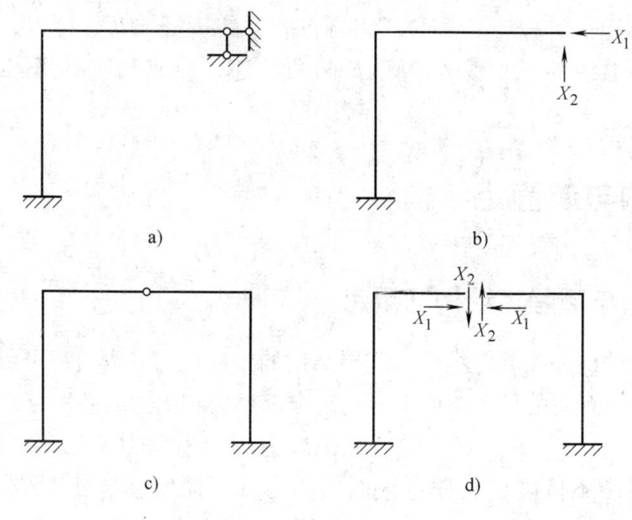

图　12-21

（3）将固定端支座改成铰支座或将刚性连接改成单铰连接，相当于去掉一个约束，如图 12-22 所示。

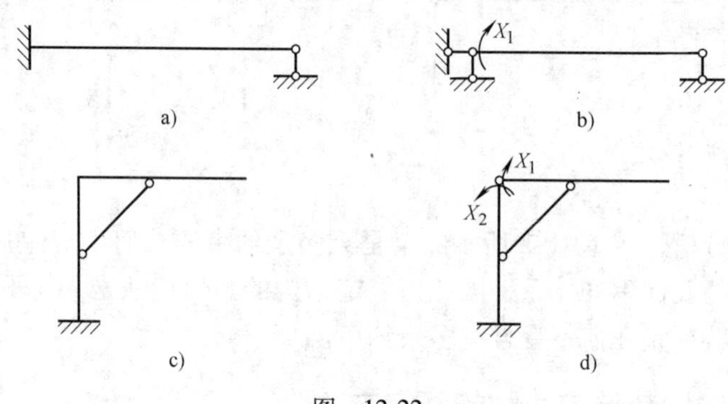

图　12-22

（4）去掉一个固定端支座或切开刚性连接，相当于去掉 3 个约束，如图 12-23 所示。

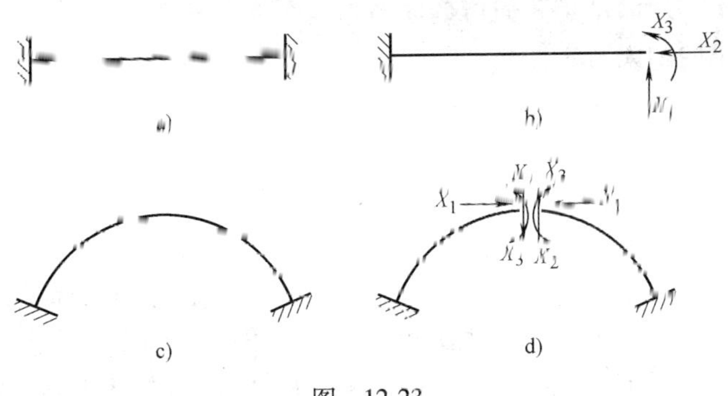

图　12-23

利用上述方法，按所去掉多余约束的数目即可确定超静定结构的超静定次数。一个超静定结构，如果去掉了 n 个多余约束才可变成静定结构，则这个超静定结构称为 n 次超静定结构。由此可知：图 12-20 和图 12-22 所示的结构是一次超静定结构、图 12-21 所示的结构是二次超静定结构、图 12-23 所示的结构是三次超静定结构。

对于同一个超静定结构，可以采取不同的方式去掉多余约束，而得到不同的静定结构，但是所去掉多余约束的数目是相同的。如对图 12-24a 所示的超静定结构，可以在截面 C 处切开刚性连接，得到如图 12-24b 所示的静定结构；也可以把刚性连接改成单铰连接，再将固定端支座改成固定铰支座，得到如图 12-24c 所示的静定结构。显然，利用上述两种方式得到了两种不同的静定结构，但它们都是去掉了三个多余约束。

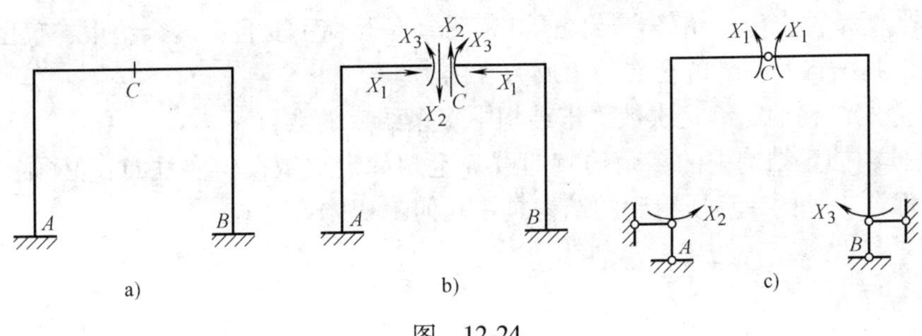

图　12-24

在去掉超静定结构的多余约束时，应特别注意：去掉多余约束后的结构必须是几何不变体系，即为了保证结构的几何不变性，结构中某些约束是绝对不能去掉的。如图 12-20a 中支座 A 处的水平连杆就不能作为多余约束去掉，否则将得到一几何可变体系。

本 章 小 结

1. 平面体系的分类及特性

- 平面体系
  - 几何不变体系 ⇒可用于工程结构
    - 无多余约束（静定结构）
    - 有多余约束（超静定结构）
  - 几何可变体系 ⇒不能用于工程结构
    - 常变体系
    - 瞬变体系

2. 自由度和约束

（1）自由度大于零的体系是几何可变体系。

（2）工程中常见的约束及其性质：

1）一个连杆相当于一个约束。

2）一个单铰或铰支座相当于两个约束。

3）一个刚性连接或固定端相当于三个约束。

（3）几何不变体系的组成规则

1）三刚片规则　三个刚片用不共线的三个铰两两相连，组成的体系是几何不变的。

2）二元体规则　在一个刚片上增加一个二元体，仍为几何不变体系。

3）两刚片规则　两个刚片用一个铰和一根不通过此铰的连杆相连，所组成的体系是几何不变的；两个刚片用三根不全平行也不交于一点的连杆相连，所组成的体系是几何不变的。

3. 几何不变体系的一般判别方法

（1）先找出几何不变部分作为刚片，在刚片的基础上按二元体或两刚片规则逐步扩大刚片范围，形成整体，如例 12-1。

（2）拆除不影响几何构造性质的部分，使原来的体系得到简化，如例 12-2 和例 12-5。

（3）利用等效代换的概念使问题简化：例如对只用两个铰连接的刚片，可用连杆来代替(如例 12-3)；一个几何不变部分，可用刚片来代替(如例 12-4)等。

4. 静定结构与超静定结构

（1）静定结构的几何特征是几何不变且无多余约束，其结构及构件的约束反力和内力均可由静力平衡条件求出；超静定结构的几何特征是几何不变且有多余约束，仅由静力平衡条件不能求出其结构及构件的全部约束反力和内力。

（2）超静定结构的超静定次数等于结构中多余约束的数目。

（3）去掉超静定结构中的多余约束即可确定超静定次数，但要注意：必须去掉全部多余约束，且保证去掉约束后所得到的结构是一几何不变体系。

思　考　题

1. 什么叫体系的几何组成分析？为什么要对体系进行几何组成分析？

2. 什么叫几何不变体系、几何可变体系和瞬变体系？什么样的体系不能用于工程结构？

3. 几何不变体系的三个基本组成规则中各有什么限制条件？这三个规则实质上是否是同一规则？

4. 在对体系进行几何组成分析时，如何进行等效代换而使问题得到简化？

5. 什么叫静定结构和超静定结构？它们有何异同点？

6. 如何确定超静定结构的超静定次数？

习　　题

12-1　试对图 12-25 所示体系进行几何组成分析。

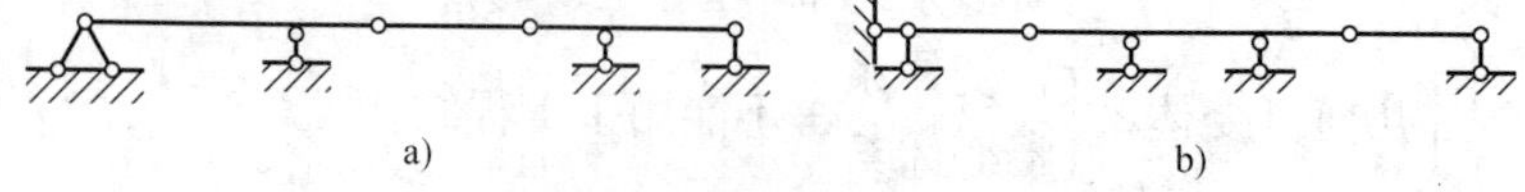

a)　　　b)

图　12-25

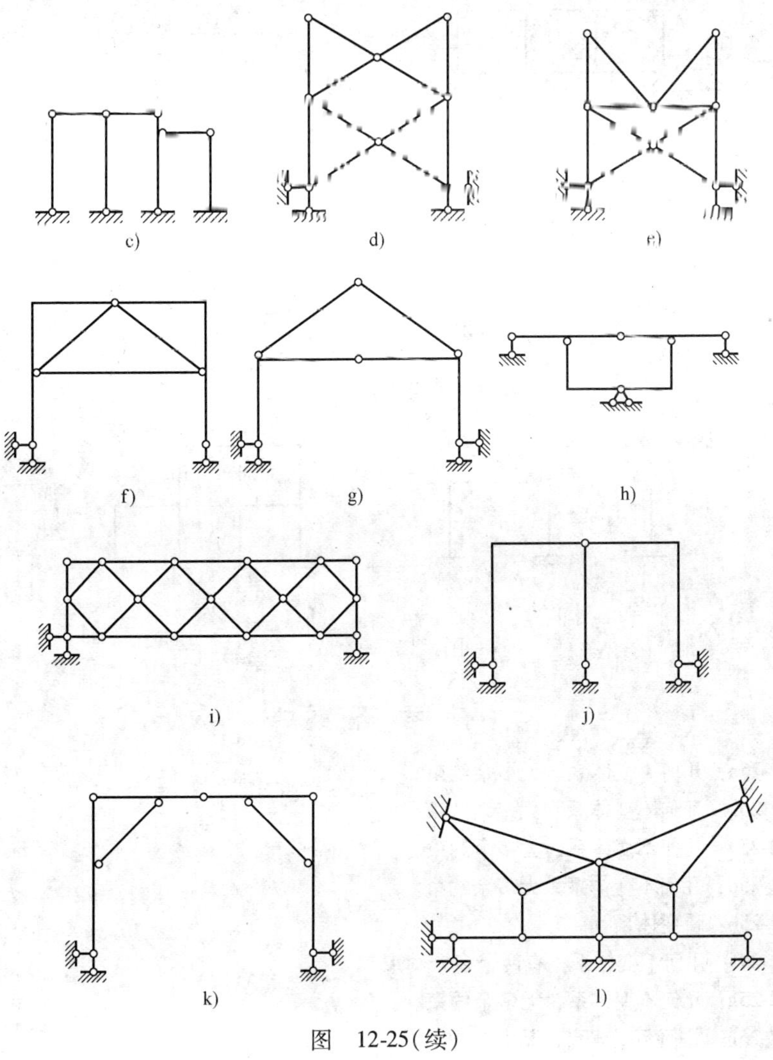

图 12-25(续)

12-2 试确定图 12-26 所示各结构的超静定次数。

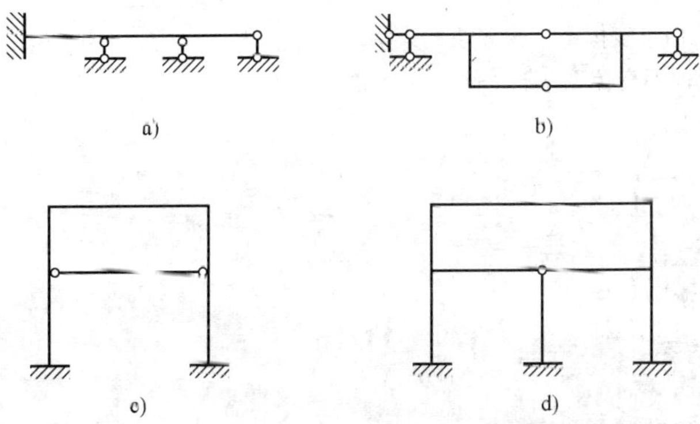

图 12-26

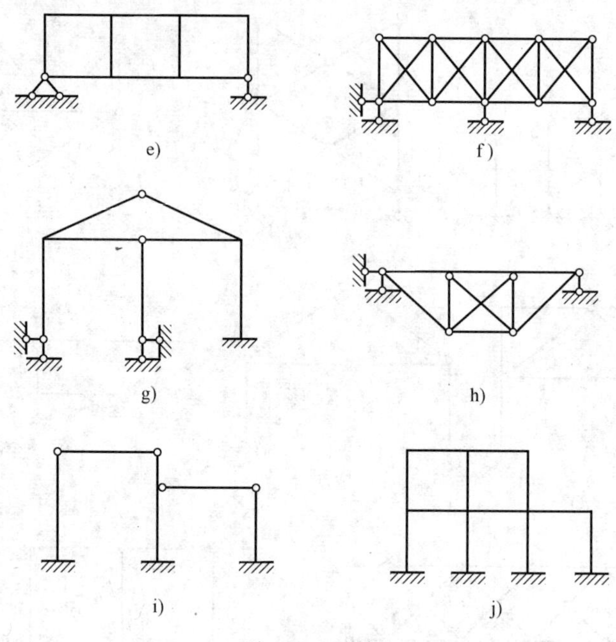

图 12-26(续)

参 考 答 案

12-1 图 12-25a：几何不变体系，无多余约束。

图 12-25b：几何不变体系，无多余约束。

图 12-25c：几何不变体系，无多余约束。

图 12-25d：几何不变体系，无多余约束。

图 12-25e：瞬变体系。

图 12-25f：几何不变体系，有两个多余约束。

图 12-25g：几何不变体系，无多余约束。

图 12-25h：几何不变体系，无多余约束。

图 12-25i：常变体系。

图 12-25j：瞬变体系。

图 12-25k：几何不变体系，无多余约束。

图 12-25l：几何不变体系，有一个多余约束。

12-2 图 12-26a：3 次。

图 12-26b：1 次。

图 12-26c：4 次。

图 12-26d：7 次。

图 12-26e：9 次。

图 12-26f：5 次。

图 12-26g：4 次。

图 12-26h：3 次。

图 12-26i：2 次。

图 12-26j：15 次。

第 13 章　静定结构的内力计算

知识目标：

1. 了解静定结构内力计算的基本原理和方法。

2. 掌握多跨静定梁、静定平面刚架、静定平面桁架等静定结构的受力特点及内力计算方法。

3. 了解三铰拱的受力特点和合理拱轴线的概念。

4. 熟悉多跨静定梁、静定平面刚架、静定平面桁架等静定结构的内力图形特征及内力图的绘制方法。

能力目标：

1. 能够计算多跨静定梁、静定平面刚架、静定平面桁架等静定结构任一截面的内力。

2. 能够绘制多跨静定梁、静定平面刚架、静定平面桁架等静定结构的内力图。

13.1　多跨静定梁

多跨静定梁是由若干根梁用铰相连，并用若干支座与基础相连而组成的结构，常见的桥梁和房屋中的檩条均属于此类结构。图 13-1a 为一房屋檩条，图 13-1b 为其计算简图。

13.1.1　多跨静定梁的几何组成

从几何组成上看，多跨静定梁的各部分可分为基本部分和附属部分。如上述多跨静定梁，其 AC 部分是用三根不完全平行也不交于一点的支座链杆与支承物相连，组成一几何不变体系，称为基本部分；DG 和 HJ 部分在竖向荷载作用下，也可以独立维持平衡，故在竖向荷载作用下，也可将它们当作基本部分；而 CD、GH 两部分是支承在基本部分上，需依靠基本部分才能维持其几何不变性，故称为附属部分。当荷载作用于基本部分上时，只有基本部分受力而不影响附属部分；当荷载作用于附属部分时，不仅附属部分直接受力，而且与之相连的基本部分也承受由附属部分传来的力。为了清楚地表示这种传力关系，可以把基本部分画在下层，而把附属部分画在上层，如图 13-1c 所示，称为层次图。

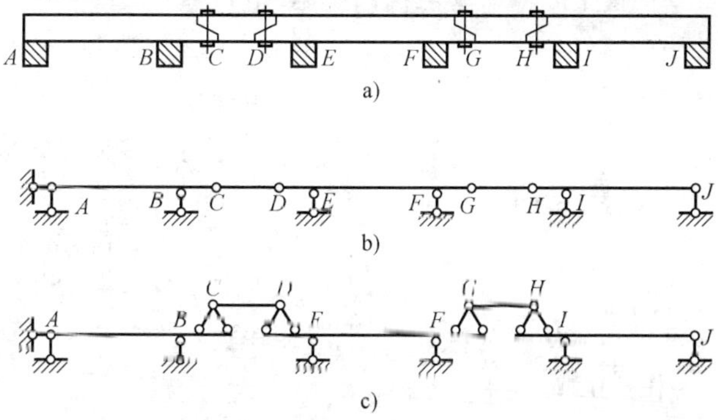

A　B　C　D　E　F　G　H　I　J

a)

A　B　C　D　E　F　G　H　I　J

b)

A　B　C　D　E　F　G　H　I　J

c)

图　13-1

多跨静定梁有两种基本形式，第一种如图 13-1b 所示，其特点是基本部分与附属部分交互排列；第二种基本形式如图 13-2a 所示，其特点是顺序排列，除左边第一跨为基本部分外，其余各跨均分别为其左边部分的附属部分，其层次图如图 13-2b 所示。

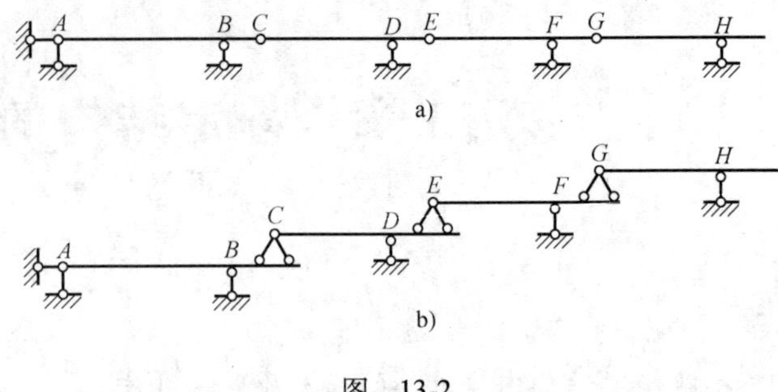

图 13-2

13.1.2 多跨静定梁的内力计算

由上述基本部分与附属部分的传力关系可知，计算多跨静定梁的顺序应该是先计算附属部分，后计算基本部分。具体计算时，应首先分析、绘制多跨静定梁的层次图，然后按照“先附属、后基本”的顺序计算各部分的约束反力，亦即各段梁的约束反力，然后绘制各段梁的内力图，最后将各段梁的内力图连成一体，即为多跨静定梁的内力图。

【例 13-1】 绘制图 13-3a 所示多跨静定梁的内力图。

【解】 (1) 根据传力途径绘制层次图，如图 13-3b 所示。

(2) 计算各段梁的约束反力。先从高层次的附属部分开始，逐层向下计算：

1) 取 EF 段为截离体(图 13-3c)

由 $\sum M_E = 0$ 得

$$F_F \times 4\text{m} - 10\text{kN} \times 2\text{m} = 0$$
$$F_F = 5\text{kN}$$

由 $\sum F_Y = 0$ 得

$$F_E + F_F - 10\text{kN} = 0$$
$$F_E = 5\text{kN}$$

2) 取 CE 段为截离体(图 13-3d)

由 $\sum M_C = 0$ 得

$$F_D \times 4\text{m} - 25\text{kN} \times 5\text{m} - 4\text{kN/m} \times 4\text{m} \times 2\text{m} = 0$$
$$F_D = 39.25\text{kN}$$

由 $\sum F_Y = 0$ 得

$$F_C + F_D - 4\text{kN/m} \times 4\text{m} - 25\text{kN} = 0$$
$$F_C = 1.75\text{kN}$$

3) 取 KH 段为截离体(图 13-3e)

由 $\sum M_H = 0$ 得

$$F_G \times 4\text{m} - 5\text{kN} \times 5\text{m} - 3\text{kN/m} \times 4\text{m} \times 2\text{m} = 0$$
$$F_G = 12.25\text{kN}$$

由 $\sum F_Y = 0$ 得

$$F_H + F_G - 5\text{kN} - 3\text{kN/m} \times 4\text{m} = 0$$
$$F_H = 4.75\text{kN}$$

4) 取 AC 段为截离体(图 13-3f)

由 $\sum M_A = 0$ 得

$$F_B \times 4\text{m} - 1.75\text{kN} \times 5\text{m} - 4\text{kN/m} \times 5\text{m} \times 2.5\text{m} = 0$$

$$F_B = 14.69\text{kN}$$

由 $\sum F_y = 0$ 得

$$F_A + F_B - 4\text{kN/m} \times 5\text{m} - 1.75\text{kN} = 0$$

$$F_A = 7.06\text{kN}$$

（3）计算内力并绘制内力图　各段梁的约束反力求出后，求出其各控制截面的内力，然后绘制各段梁的内力图，如图 13-3g、h、i、j 所示。最后将它们连成一体，得到多跨静定梁的弯矩图(图 13-3k)和剪力图(图 13-3l)。

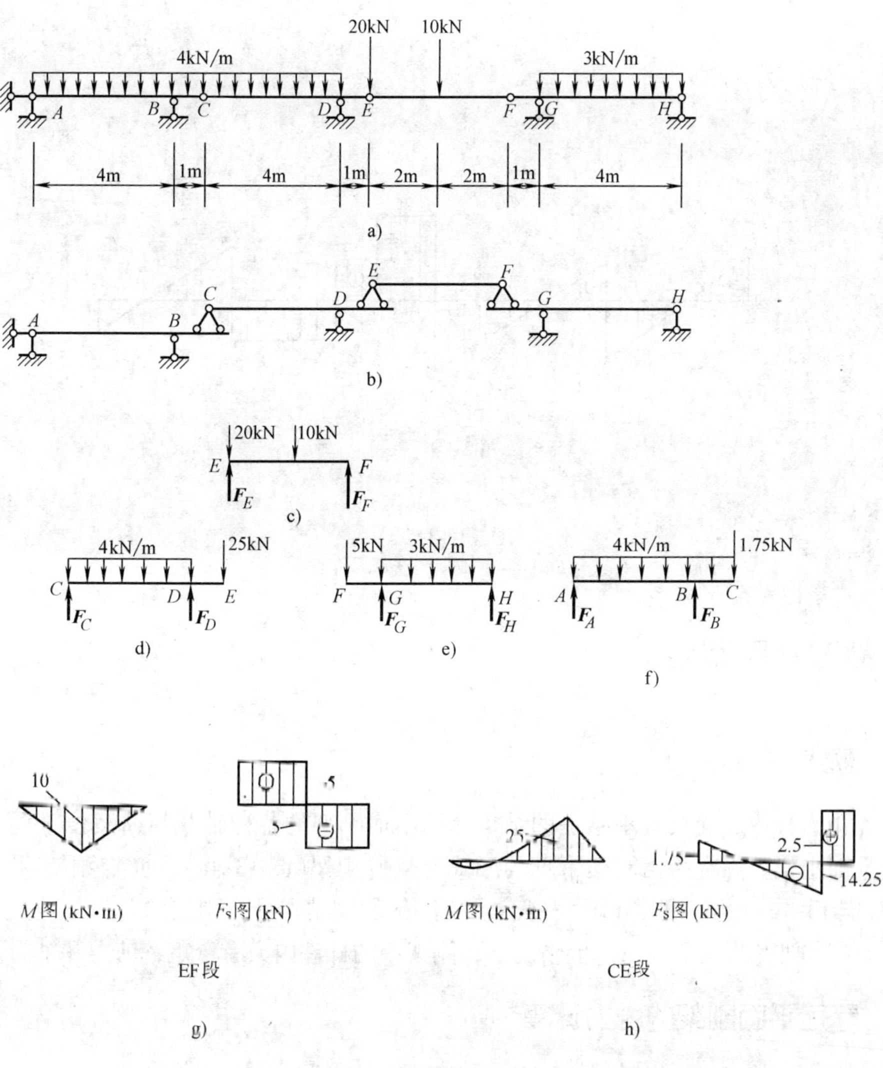

图　13-3

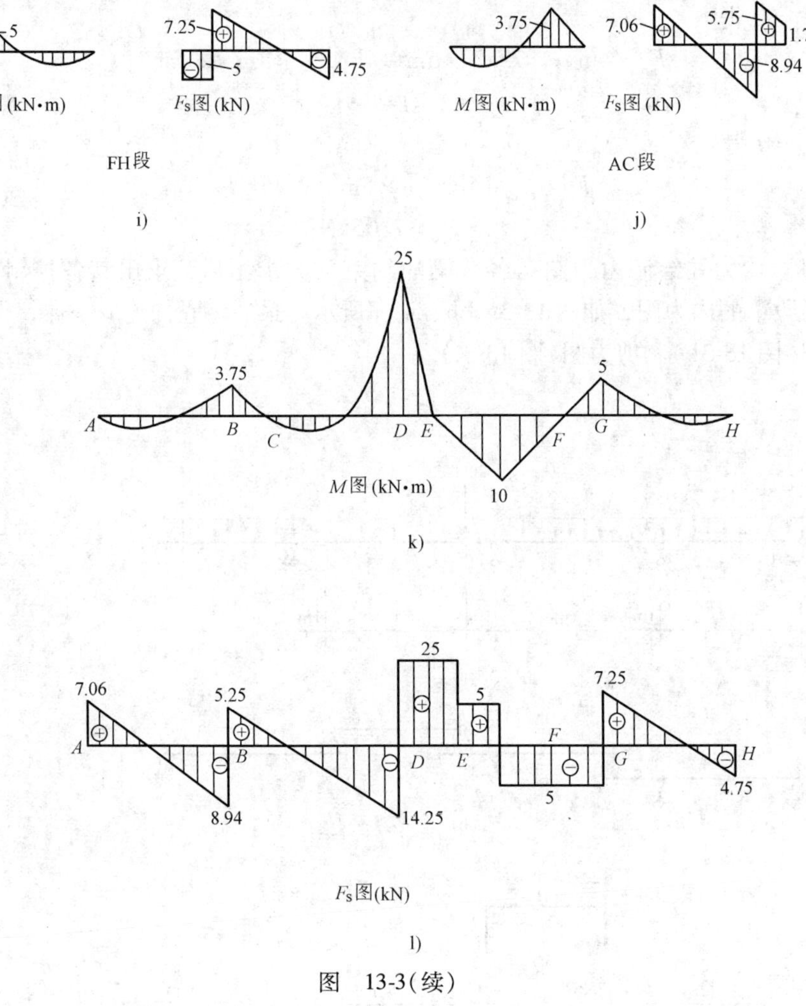

i) j) k) l)

图 13-3(续)

13.2 静定平面刚架

13.2.1 概述

刚架是由直杆组成的具有刚结点的结构。当组成刚架的各杆轴线与荷载位于同一平面内时，称为平面刚架。静定平面刚架常见的形式有悬臂刚架(图 13-4a)、简支刚架(图 13-4b)、三铰刚架(图 13-4c)和组合刚架(图 13-4d)。在刚架的刚结点处，刚架的各杆端连成整体，结构变形时它们的夹角保持不变。一般情况下，刚架中的杆件内力有弯矩、剪力和轴力。

13.2.2 静定平面刚架的内力计算

求解刚架内力的一般步骤是：先求出支座反力，然后按分析单跨静定梁内力的方法逐杆绘制内力图，即得整个刚架的内力图。

在计算内力时，弯矩的正负号可自行规定，剪力和轴力的正负号规定同本书前面章节的

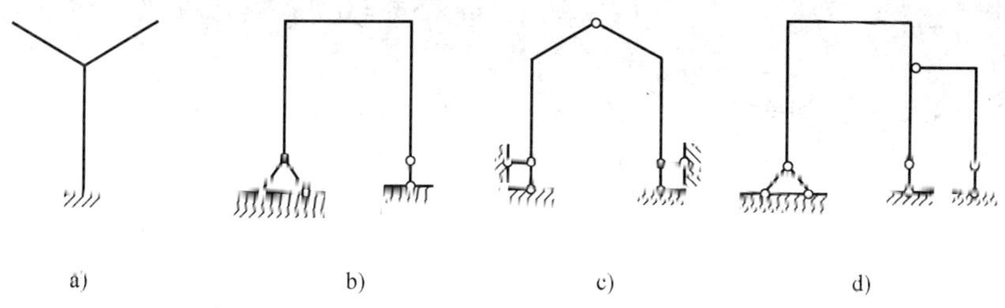

图 13-4

规定。绘制内力图时通常规定弯矩图绘制在杆件的受拉一侧，不标正负号；剪力图和轴力图可绘在杆件的任一侧，但必须标明正负号。

为了区别汇交于同一结点处不同杆件的杆端内力，我们把某一杆件两端节点作为该杆件内力符号中的两个下标，且第一个下标表示对应杆端截面。例如 M_{AB} 表示 AB 杆 A 端截面的弯矩，M_{BA} 则表示 AB 杆 B 端截面的弯矩。

下面举例说明刚架内力图的绘制方法。

【例 13-2】 试绘制图 13-5a 所示刚架的内力图。

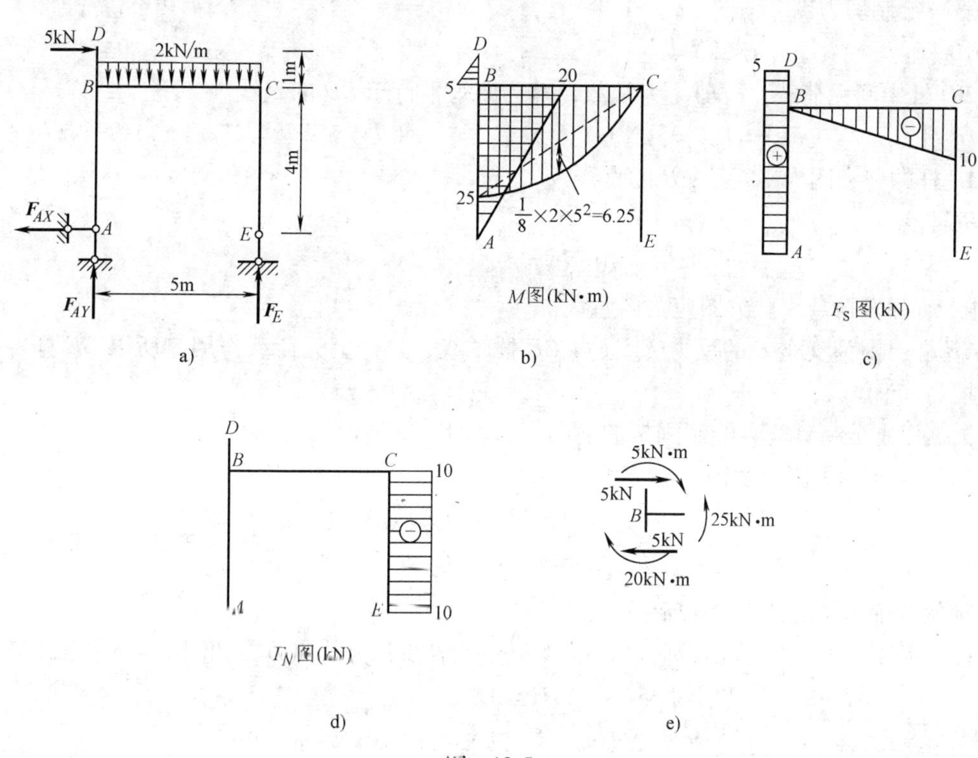

图 13-5

【解】 (1) 求支座反力　取整个刚架为截离体，

由　$\sum F_X = 0$，　$-F_{AX} + 5\text{kN} = 0$

得　$F_{AX} = 5\text{kN}$

由　$\sum M_A = 0$，　$F_E \times 5\text{m} - 2\text{kN}\cdot\text{m} \times 5\text{m} \times 2.5\text{m} - 5\text{kN} \times 5\text{m} = 0$

得　$F_E = 10\text{kN}$

由 $\sum F_Y=0$， $F_{AY}+F_E-2\text{kN}\cdot\text{m}\times 5\text{m}=0$

得 $F_{AY}=0$

（2）绘制弯矩图　先计算各杆端弯矩，然后根据各杆所受荷载及弯矩图特征绘制弯矩图。

BD 杆： $M_{DB}=0$

$M_{BD}=5\text{kN}\times 1\text{m}=5\text{kN}\cdot\text{m}$（左侧受拉）

AB 杆： $M_{AB}=0$

$M_{BA}=F_{AX}\times 4\text{m}=20\text{kN}\cdot\text{m}$（右侧受拉）

BC 杆： $M_{BC}=F_{AX}\times 4\text{m}+5\text{kN}\times 1\text{m}=25\text{kN}\cdot\text{m}$（下侧受拉）

$M_{CB}=0$

CE 杆： $M_{CE}=M_{EC}=0$

BD 杆中间和 *AB* 杆中间均无荷载，其弯矩图均为斜直线。*CE* 杆中间虽然也无荷载，但它的两杆端弯矩均为零，故该杆各截面弯矩为零。*BC* 杆上有均布荷载，其弯矩图应为二次抛物线，绘制该杆的弯矩图时，可以将以上求得的杆端弯矩画出并连以直线，再以此直线为基线叠加相应简支架在均布荷载作用下的弯矩图即可。根据以上分析计算，绘制刚架的弯矩图如图 13-5b 所示。

（3）绘制剪力图

BD 杆： $F_{SBD}=5\text{kN}$

因为 *BD* 杆中间无荷载，故剪力为常数，剪力图为平行于 *BD* 的直线。

AB 杆： $F_{SAB}=F_{AX}=5\text{kN}$

AB 杆的剪力图为平行于 *AB* 的直线

BC 杆： $F_{SBC}=F_{AY}=0$

$F_{SCB}=-F_E=-10\text{kN}$

BC 杆上有均布荷载，剪力图应为斜直线。

CE 杆：因为支座 *E* 的反力 F_E 通过 *CE* 杆轴线，且杆上无荷载作用，所以 *CE* 杆各截面剪力均为零。

根据以上分析计算，绘制刚架的剪力图如图 13-5c 所示。

（4）绘制轴力图　由图 13-5a 可得

$$F_{NBD}=0,\ F_{NBA}=0,\ F_{NBC}=0$$

$$F_{NCE}=-F_E=-10\text{kN}$$

刚架的轴力图如图 13-5d 所示。

（5）校核　内力图作出后应进行校核，现取结点 *B* 为截离体，如图 13-5e 所示。由

$$\sum F_X=5\text{kN}-5\text{kN}=0$$

$$\sum M_B=25\text{kN}\cdot\text{m}-5\text{kN}\cdot\text{m}-20\text{kN}\cdot\text{m}=0$$

$\sum F_Y$ 恒为零，可知结点 *B* 满足平衡条件。

【例 13-3】 试绘制图 13-6a 所示刚架的内力图。

【解】（1）求支座反力　先取 *EFG* 为截离体，如图 13-6b 所示。

由 $\sum F_X=0$， $F_{EX}+2\text{kN/m}\times 3\text{m}=0$

得 $F_{EX}=-6\text{kN}$

由 $\sum M_E=0$， $F_G\times 2\text{m}-2\text{kN/m}\times 3\text{m}\times 1.5\text{m}=0$

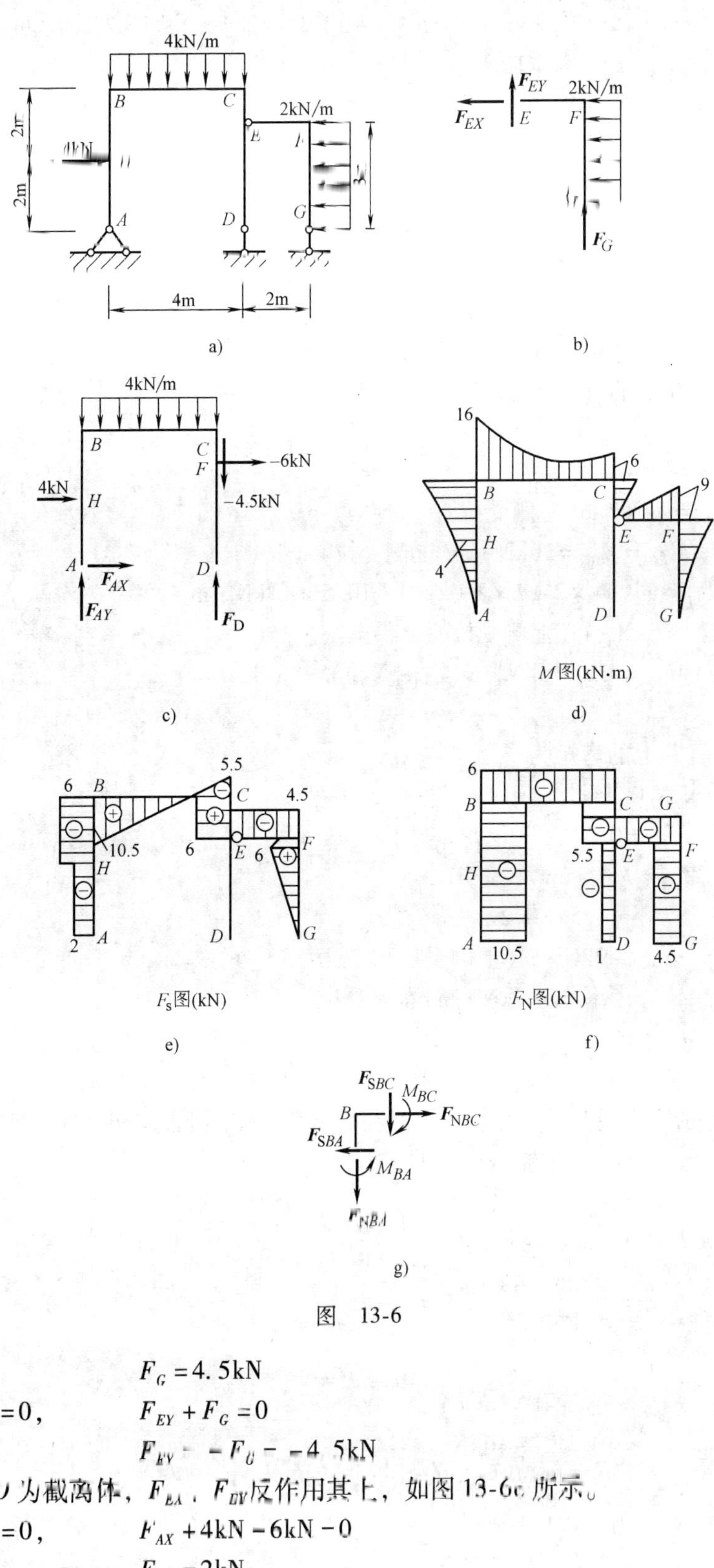

图 13-6

得 $$F_G = 4.5\text{kN}$$

由 $\sum F_Y = 0$， $$F_{EY} + F_G = 0$$

得 $$F_{EY} = -F_G = -4.5\text{kN}$$

再取 $ABCD$ 为截离体，F_{EX}、F_{EY} 反作用其上，如图 13-6c 所示。

由 $\sum F_X = 0$， $$F_{AX} + 4\text{kN} - 6\text{kN} = 0$$

得 $$F_{AX} = 2\text{kN}$$

由 $\sum M_A=0$， $F_D\times 4\mathrm{m}+(4.5\times 4+6\times 3-4\times 4\times 2-4\times 2)\mathrm{kN\cdot m}=0$

得 $F_D=1\mathrm{kN}$

由 $\sum F_Y=0$， $F_{AY}+F_D+4.5\mathrm{kN}-(4\times 4)\mathrm{kN}=0$

得 $F_{AY}=10.5\mathrm{kN}$

(2) 画弯矩图　各段杆控制截面上的弯矩为

AB 杆： $M_{AB}=0$

$$M_{BA}=F_{AX}\times 4\mathrm{m}+(4\times 2)\mathrm{kN\cdot m}$$
$$=(2\times 4+4\times 2)\mathrm{kN\cdot m}$$
$$=16\mathrm{kN\cdot m}(\text{左侧受拉})$$

AB 杆中截面 H 上的弯矩为

$$M_H=F_{Ax}\times 2\mathrm{m}$$
$$=2\mathrm{kN}\times 2\mathrm{m}$$
$$=4\mathrm{kN\cdot m}(\text{左侧受拉})$$

BC 杆： $M_{BC}=M_{BA}=16\mathrm{kN\cdot m}(\text{上侧受拉})$

$$M_{CB}=(4\times 4\times 2+4\times 2+2\times 4-10.5\times 4)\mathrm{kN\cdot m}$$
$$=6\mathrm{kN\cdot m}(\text{上侧受拉})$$

CD 杆： $M_{CD}=M_{CB}=6\mathrm{kN\cdot m}(\text{右侧受拉})$

$$M_{DC}=0$$

CD 杆中截面 E 上的弯矩为

$$M_E=0$$

EF 杆： $M_{EF}=0$

$$M_{FE}=F_{EY}\times 2\mathrm{m}$$
$$=-4.5\mathrm{kN}\times 2\mathrm{m}$$
$$=-9\mathrm{kN\cdot m}(\text{上侧受拉})$$

FG 杆： $M_{FG}=M_{FE}=-9\mathrm{kN\cdot m}(\text{右侧受拉})$

$$M_{GF}=0$$

根据以上各控制截面上的弯矩，绘制刚架的弯矩图如图 13-6d 所示。其中 BC 杆和 FG 杆的弯矩图是分别用杆端弯矩与相应简支梁在均布荷载作用下的弯矩图叠加绘出的。

(3) 画剪力图　各段杆控制截面上的剪力为

AB 杆： $F_{SAB}=-F_{AX}=-2\mathrm{kN}$

$$F_{SBA}=-F_{AX}-4\mathrm{kN}$$
$$=-2\mathrm{kN}-4\mathrm{kN}$$
$$=-6\mathrm{kN}$$

BC 杆： $F_{SBC}=F_{AY}=10.5\mathrm{kN}$

$$F_{SCB}=F_{AY}-4\mathrm{kN/m}\times 4\mathrm{m}$$
$$=10.5\mathrm{kN}-16\mathrm{kN}$$
$$=-5.5\mathrm{kN}$$

CD 杆： $F_{SCD}=6\mathrm{kN}$

$$F_{SDC}=0$$

EF 杆：　$F_{SEF}=F_{SFE}=-F_G=-4.5\text{kN}$

FG 杆：　$F_{SFG}=2\text{kN/m}\times3\text{m}=6\text{kN}$

$F_{SGF}=0$

根据以上计算，绘制刚架的剪力图如图 13-6e 所示。

（4）画轴力图　各段杆控制截面上的轴力为

AB 杆：　$F_{NAB}=-F_{AY}=-10.5\text{kN}$

BC 杆：　$F_{NDC}=-F_{AX}-4\text{kN}$

$=-2\text{kN}-4\text{kN}$

$=-6\text{kN}$

CD 杆：　$F_{NCD}=-F_D-4.5\text{kN}$

$=-1\text{kN}-4.5\text{kN}$

$=-5.5\text{kN}$

$F_{NDC}=-F_D=-1\text{kN}$

EF 杆：　$F_{NEF}=F_{EX}=-6\text{kN}$

FG 杆：　$F_{NFG}=-F_G=-4.5\text{kN}$

根据以上计算，绘制刚架的轴力图如图 13-6f 所示。

（5）校核　取结点 *B* 为截离体，如图 13-6g 所示。因为

$$\sum X=F_{NBC}-F_{SBA}=-6\text{kN}-(-6\text{kN})=0$$

$$\sum Y=F_{NBA}+F_{SBC}=-10.5\text{kN}+10.5\text{kN}=0$$

$$\sum M_B=M_{BA}-M_{BC}=16\text{kN}\cdot\text{m}-16\text{kN}\cdot\text{m}=0$$

故结点 *B* 满足平衡条件。

13.3　三铰拱

13.3.1　概述

拱是杆轴线为曲线并且在竖向荷载作用下会产生水平反力的结构，这种水平反力又称为推力。是否产生推力是区别拱式结构与梁式结构的主要标志，如图 13-7a 所示的结构，其轴线虽为曲线，但在竖向荷载作用下并无推力产生，所以它不是拱式结构而是梁式结构，通常将其称为曲梁，而图 13-7b 所示的结构在竖向荷载作用下将产生推力，故属于拱式结构。

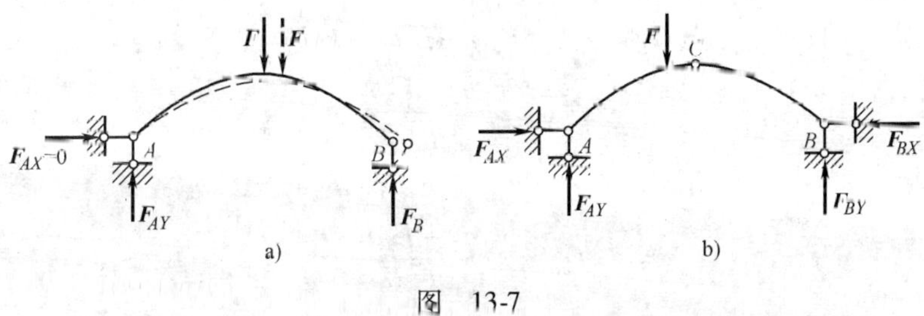

图　13-7

在拱式结构中，由于存在推力，所以拱截面上的弯矩将比相应梁的弯矩小得多，使拱主要承受压力，因此拱式结构往往采用抗拉强度较低而抗压强度较高的砖、石、混凝土等来建

造。但设计时要注意：必须保证拱比梁具有更加坚固的基础或支承结构。

拱的形式一般为无铰拱(图 13-8a)、两铰拱(图 13-8b)和三铰拱(图 13-8c)，其中三铰拱是静定的，两铰拱和无铰拱是超静定的。有时在拱的两支座间设置拉杆来代替支座承受水平推力，成为带拉杆的拱，如图 13-8d 所示。这种拱的优点在于：拱在竖向荷载作用下，其支座只产生竖向反力，从而消除了推力对支承结构的影响。为了增加拱下的净空，有时将拉杆做成折线形，并用吊杆悬挂，如图 13-8e 所示。

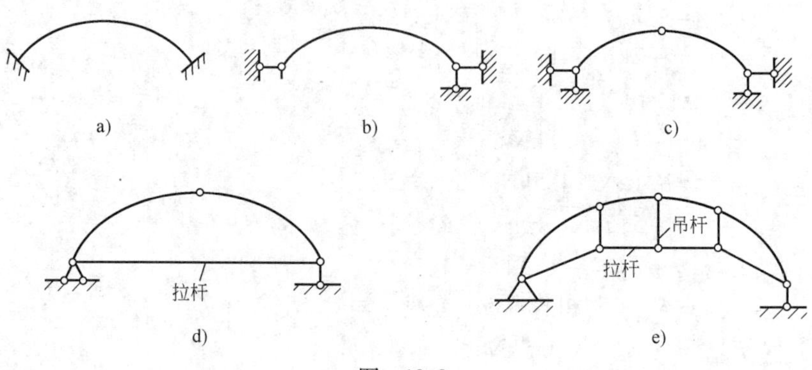

图 13-8

拱的各部分名称如图 13-9 所示。拱身各横截面形心的连线称为拱轴线，拱的两端支座处称为拱趾，两拱趾间的水平距离 l 称为拱的跨度，两拱趾的连线称为起拱线，拱轴上距起拱线最远的一点称为拱顶，三铰拱通常在拱顶处设置铰，拱顶到起拱线的竖直距离 f 称为拱高，拱高与跨度之比 f/l 称为高跨比。两拱趾在同一水平线上的拱称为平拱，不在同一水平线上的称为斜拱。

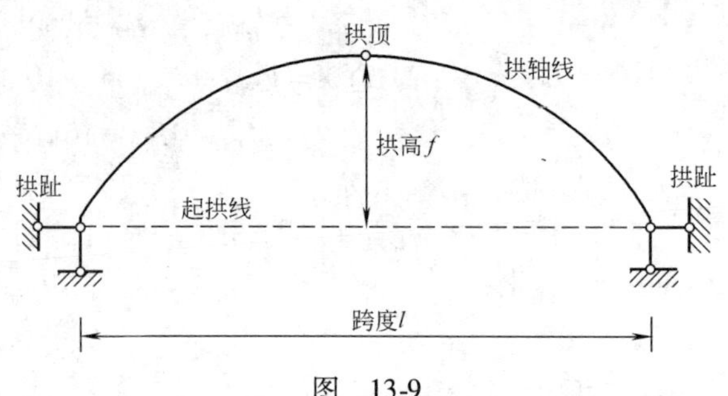

图 13-9

13.3.2 三铰拱的内力计算

现以图 13-10a 所示的三铰平拱为例说明在竖向荷载作用下三铰拱的内力计算方法。

(1) 支座反力的计算

首先取整个结构为截离体，由

$$\sum M_B = 0, \quad F_{AY} l - F_1 b_1 - F_2 b_2 = 0$$

得

$$F_{AY} = \frac{F_1 b_1 + F_2 b_2}{l} \tag{a}$$

由

$$\sum M_A = 0, \quad F_{BY} l - F_1 a_1 - F_2 a_2 = 0$$

得

$$F_{BY} = \frac{F_1 a_1 + F_2 a_2}{l} \tag{b}$$

由

$$\sum F_X = 0$$

得

$$F_{AX} = F_{BX} = F_X \tag{c}$$

再取左半拱为截离体，由

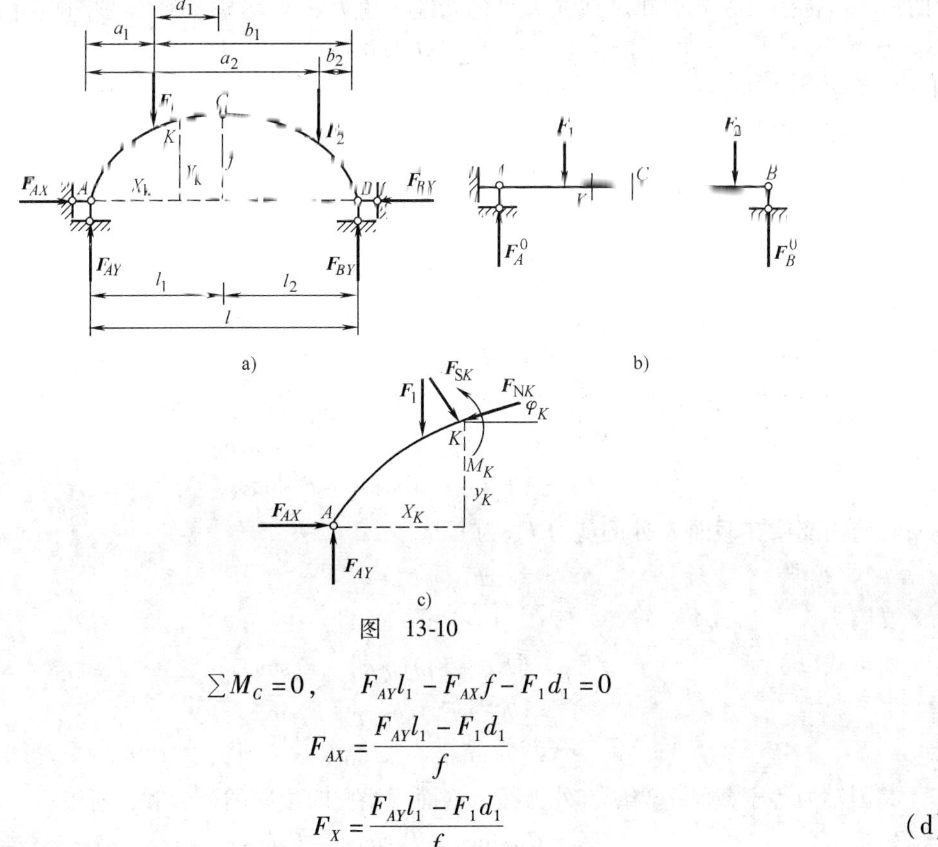

c)

图 13-10

$$\sum M_C = 0, \qquad F_{AY}l_1 - F_{AX}f - F_1 d_1 = 0$$

得
$$F_{AX} = \frac{F_{AY}l_1 - F_1 d_1}{f}$$

即
$$F_X = \frac{F_{AY}l_1 - F_1 d_1}{f} \tag{d}$$

为了说明拱的反力特性，取与三铰拱同跨度、同荷载的简支梁进行分析，如图 13-10b 所示，由平衡条件可得简支梁的支座反力及截面 C 的弯矩分别为

$$F_A^0 = \frac{F_1 b_1 + F_2 b_2}{l} \tag{e}$$

$$F_B^0 = \frac{F_1 a_1 + F_2 a_2}{l} \tag{f}$$

$$M_C^0 = F_A^0 l_1 - F_1 d_1 \tag{g}$$

比较式(a)与(e)、(b)与(f)及(d)与(g)，得

$$\left.\begin{aligned} F_{AY} &= F_A^0 \\ F_{BY} &= F_B^0 \\ F_{AX} &= F_{BX} = F_X = \frac{M_C^0}{f} \end{aligned}\right\} \tag{13-1}$$

由上式可知，拱的竖向反力与相应简支梁的竖向反力相等，推力等于相应简支梁上与拱中间铰处对应截面上的弯矩除以拱高。当荷载与拱的跨度给定时，M_C^0 为定值，其推力 F_x 与拱高 f 成反比，拱越高即 f 越大时，推力越小，反之，拱越平坦即 f 越小时，推力越大。

（2）内力的计算　为了计算图 13-10a 所示三铰拱任一横截面 K 的内力，可取 K 截面以左部分为截离体，如图 13-10c 所示。通常规定弯矩以使拱的内侧受拉为正，剪力以绕截离体顺时针转动为正、轴力以压力为正。图 13-10c 中所设截面 K 的内力均是正的。又设截面

K 的形心坐标为 x_K、y_K，拱轴线在 K 处的切线倾角为 φ_K。考虑截离体的平衡，由

$$\sum M_K = 0$$

得
$$M_K = [F_{AY}x_K - F_1(x_K - a_1)] - F_X y_K \tag{a}$$

相应简支梁(图 13-10b)对应截面 K 处的弯矩为

$$M_K^0 = F_A^0 x_K - F_1(x_K - a_1)$$

因为
$$F_{AY} = F_A^0$$

所以式(a)为
$$\begin{aligned} M_K &= [F_{AY}x_K - F_1(x_K - a_1)] - F_X y_K \\ &= [F_A^0 x_K - F_1(x_K - a_1)] - F_X y_K \\ &= M_K^0 - F_X y_K \end{aligned}$$

因剪力等于截面一侧所有外力在该截面方向投影的代数和，所以有

$$F_{SK} = F_{AY}\cos\varphi_K - F_1\cos\varphi_K - F_X\sin\varphi_K$$

即
$$F_{SK} = (F_{AY} - F_1)\cos\varphi_K - F_X\sin\varphi_K \tag{b}$$

相应简支梁在截面 K 处的剪力 F_{SK}^0 为

$$F_{SK}^0 = F_A^0 - F_1$$

又因为
$$F_{AY} = F_A^0$$

所以式(b)为
$$\begin{aligned} F_{SK} &= (F_{Ay} - F_1)\cos\varphi_K - F_x\sin\varphi_K \\ &= (F_A^0 - F_1)\cos\varphi_K - F_x\sin\varphi_K \\ &= F_{SK}^0\cos\varphi_K - F_X\sin\varphi_K \end{aligned}$$

又因轴力等于截面一侧所有外力在该截面法线方向投影的代数和，所以有

$$F_{NK} = F_{AY}\sin\varphi_K - F_1\sin\varphi_K + F_X\cos\varphi_K$$

即
$$\begin{aligned} F_{NK} &= (F_{AY} - F_1)\sin\varphi_K + F_X\cos\varphi_K \\ &= F_{SK}^0\sin\varphi_K + F_X\cos\varphi_K \end{aligned}$$

综上所述，三铰平拱在竖向荷载作用下任一截面 K 上的内力计算公式为

$$\left.\begin{aligned} M_K &= M_K^0 - F_X y_K \\ F_{SK} &= F_{SK}^0\cos\varphi_K - F_X\sin\varphi_K \\ F_{NK} &= F_{SK}^0\sin\varphi_K + F_X\cos\varphi_K \end{aligned}\right\} \tag{13-2}$$

当拱轴线方程给定时，利用上述公式即可求解拱任一截面的内力。

【例 13-4】 绘制图 13-11 所示三铰拱的内力图。已知拱轴线方程为 $y = 4fx(l-x)/l^2$。

【解】 (1) 求支座反力　由式(13-1)得

$$F_{AY} = F_A^0 = \frac{1}{8}\times(50\times7 + 50\times2 + 20\times3\times4.5)\text{kN} = 90\text{kN}$$

$$F_{BY} = F_B^0 = \frac{1}{8}\times(50\times1 + 50\times6 + 20\times3\times3.5)\text{kN} = 70\text{kN}$$

$$F_{AX} = F_{BX} = F_X = \frac{M_C^0}{f} = \frac{1}{2}\times(90\times4 - 50\times3 - 20\times2\times1)\text{kN} = 85\text{kN}$$

(2) 确定控制截面并计算控制截面的内力　将拱沿跨度分成 8 等份，以各等分点所对应的截面作为控制截面，分别计算这些截面上的内力。现以截面 1 为例，说明其内力的方法。

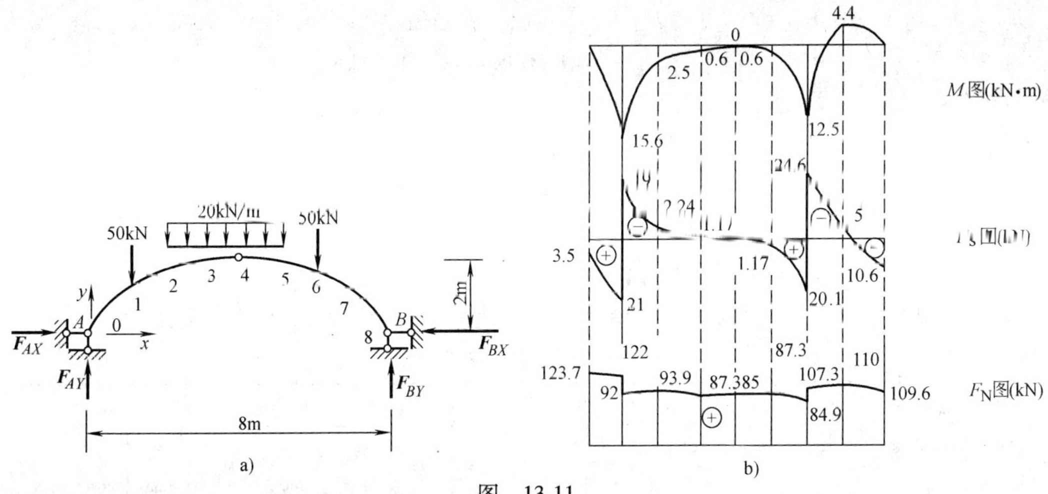

图 13-11

1）求截面 1 的纵坐标 y_1。因为 $x_1 = 1\text{m}$，所以有

$$y_1 = \frac{4f}{l^2}x_1(l - x_1) = \frac{4 \times 2 \times 1}{8^2} \times (8 - 1)\text{m} = 0.875\text{m}$$

2）求 $\sin\varphi_1$ 和 $\cos\varphi_1$。因为

$$\tan\varphi = \frac{\mathrm{d}y}{\mathrm{d}x} = \frac{4f}{l^2}(l - 2x)$$

所以

$$\tan\varphi_1 = \frac{4f}{l^2}(l - 2x_1) = \frac{4 \times 2}{8^2} \times (8 - 2 \times 1) = 0.75$$

得

$$\varphi_1 = 36.87°$$

故

$$\sin\varphi_1 = 0.6 \quad \cos\varphi_1 = 0.8$$

3）求截面 1 上的内力。由式(13-2)得截面 1 上的弯矩为

$$M_1 = M_1^0 - F_X y_1 = (90 \times 1 - 85 \times 0.875)\text{kN} \cdot \text{m} = 15.6\text{kN} \cdot \text{m}$$

因为截面 1 处受集中荷载作用，其剪力和轴力有突变，所以要分别计算截面 1 左、右两侧截面上的剪力和轴力。

截面 1 左侧截面上的剪力和轴力为

$$\begin{aligned} F_{S1}^L &= F_{S1}^{0L}\cos\varphi_1 - F_X\sin\varphi_1 \\ &= F_{AY}\cos\varphi_1 - F_X\sin\varphi_1 \\ &= (90 \times 0.8 - 85 \times 0.6)\text{kN} \\ &= 21\text{kN} \end{aligned}$$

$$\begin{aligned} F_{N1}^L &= F_{S1}^{0L}\sin\varphi_1 + F_X\cos\varphi_1 \\ &= F_{AY}\sin\varphi_1 + F_X\cos\varphi_1 \\ &= (90 \times 0.6 + 85 \times 0.8)\text{kN} \\ &= 122\text{kN} \end{aligned}$$

截面 1 右侧截面上的剪力和轴力为

$$\begin{aligned} F_{S1}^{R} &= F_{S1}^{0R}\cos\varphi_1 - F_X\sin\varphi_1 \\ &= (40\times 0.8 - 85\times 0.6)\mathrm{kN} \\ &= -19\mathrm{kN} \end{aligned}$$

$$\begin{aligned} F_{N1}^{R} &= F_{S1}^{0R}\sin\varphi_1 + F_X\cos\varphi_1 \\ &= (40\times 0.6 + 85\times 0.8)\mathrm{kN} \\ &= 92\mathrm{kN} \end{aligned}$$

用以上方法同样可以计算其他各截面的内力，其结果见表 13-1。

（3）绘制内力图　根据表 13-1 中的计算结果绘出内力图如图 13-11b 所示。

表 13-1　三铰拱的内力计算

拱轴分点	横坐标 x_K/m	纵坐标 y_K/m	$\tan\varphi_K$	φ_K	$\sin\varphi_K$	$\cos\varphi_K$	F_{SK}^0/kN	M_K/(kN·m)			F_{SK}/kN			F_{NK}/kN		
								M_K^0	$-F_X y_K$	M_K	$F_{SK}^0\cos\varphi_K$	$-F_X\sin\varphi_K$	F_{SK}	$F_{SK}^0\sin\varphi_K$	$F_X\cos\varphi_K$	F_{NK}
0	0	0	1	45°	0.707	0.707	90	0	0	0	63.63	-60.1	3.5	63.63	60.1	123.7
$1_{左}$	1	0.875	0.75	36.87°	0.6	0.8	90	90	-74.4	15.6	72	-51	21	54	68	122
$1_{右}$	1	0.875	0.75	36.87°	0.6	0.8	40	90	-74.4	15.6	32	-51	-19	24	68	92
2	2	1.5	0.5	26.57°	0.447	0.894	40	130	-127.5	2.5	35.76	-38	-2.24	17.88	76	93.9
3	3	1.875	0.25	14.04°	0.242	0.97	20	160	-159.4	0.6	19.4	-20.57	-1.17	4.84	82.45	87.3
4	4	2	0	0°	0	1	0	170	-170	0	0	0	0	0	85	85
5	5	1.875	-0.25	-14.04°	-0.242	+0.97	-20	160	-159.4	0.6	-19.4	20.57	1.17	4.84	82.45	87.3
$6_{左}$	6	1.5	-0.5	-26.57°	-0.447	+0.894	-20	140	-127.5	12.5	-17.88	38	20.1	8.94	76	84.9
$6_{右}$	6	1.5	-0.5	-26.57°	-0.447	+0.894	-70	140	-127.5	12.5	-62.58	38	-24.6	31.3	76	107.3
7	7	0.875	-0.75	-36.87°	-0.6	+0.8	-70	70	-74.4	-4.4	-56	51	-5	42	68	110
9	8	0	-1	-45°	-0.707	+0.707	-70	0	0	0	-49.49	60.1	10.6	49.49	60.1	109.6

13.3.3　三铰拱的合理拱轴线

前面指出：拱主要承受压力作用，并通常用抗压强度较高的材料制成。为充分发挥材料的力学性能，可以通过调整拱的轴线，使拱在确定的荷载作用下各截面上的弯矩都为零（从而剪力也为零），这时拱截面上只有通过截面形心的轴向压力作用，其压应力沿截面均匀分布，此时的材料能得以充分利用。这种在固定荷载作用下，使拱处于无弯矩状态的拱轴线称为该荷载作用下的合理拱轴线。

合理拱轴线可根据弯矩为零的条件确定。在竖向荷载作用下，三铰拱任一截面的弯矩为

$$M_K = M_K^0 - F_X y_K$$

令其等于零得三铰拱的合理拱轴线方程为

$$y_K = \frac{M_K^0}{F_X} \tag{13-3}$$

由此可知，当三铰拱所受荷载为已知时，只要求出相应简支梁的弯矩方程和拱的水平推力，然后用弯矩方程除以水平推力即可求得其合理拱轴线方程。

【例 13-5】 试求如图 13-12a 所示三铰拱在满跨竖向均布荷载作用下的合理拱轴线。

【解】 作相应简支梁，如图 13-12b 所示，其弯矩方程为

$$M_K^0 = \frac{1}{2}qlx - \frac{1}{2}qx^2 = \frac{1}{2}qx(l-x)$$

由式(13-1)得拱的支座水平推力为

$$F_x = \frac{M_C^0}{f} = \frac{ql^2}{8f}$$

再由式(13-3)得合理拱轴方程线应为

$$y_K = \frac{M_K^0}{F_X} = \frac{1}{2}qx(l-x)/\frac{ql^2}{8f} = \frac{4f}{l^2}(l-x)x$$

由此可见，三铰拱在竖向均布荷载作用下的合理拱轴线是一条二次抛物线。

需要强调：三铰拱的合理拱轴线只是对一种给定荷载而言的，即不同荷载作用下的拱，其合理拱轴线不同。如上述三铰拱在竖向均布荷载作用下的合理线拱轴是一条二次抛物线；而在径向均布荷载作用下(图 13-13)的合理拱轴线则是一条圆弧线。

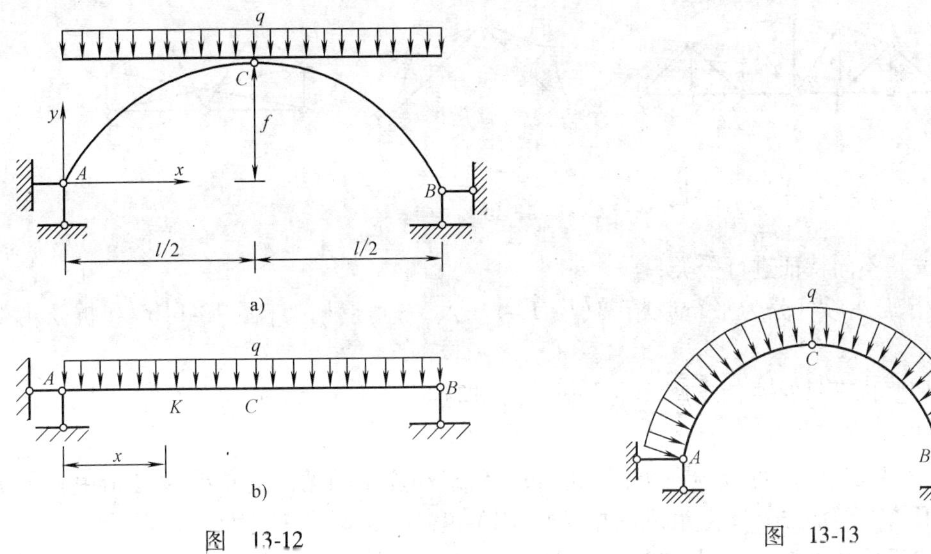

图 13-12

图 13-13

13.4 静定平面桁架

13.4.1 静定平面桁架的组成及特点

桁架是指由若干根直杆在两端用铰连接而组成的结构，如图 13-14 所示。

在平面桁架的计算中，通常采用如下假定：

(1) 各结点都是无摩擦的理想铰。

(2) 各杆轴线都是直线，且都在同一平面内通过铰的中心。

（3）荷载只作用在结点上，并位于桁架的平面内。

符合上述假定的桁架，称为理想桁架。理想桁架中的各杆只受轴力，截面上的应力分布均匀，材料可以得到充分利用。与梁相比，桁架的用料较省，并能跨越更大的跨度。

实际的桁架与上述假定存在一些差别。如桁架的各杆轴线不可能绝对直，在结点处也不可能准确交于一点，荷载并非作用在结点上等，但理论计算和实际量测结果表明，在一般情况下忽略这些差别的影响，可以满足计算精度的要求。

桁架中的杆件依其所在位置的不同(图 13-14a)可分为弦杆和腹杆两类，弦杆又分为上弦杆和下弦杆，腹杆又分为竖杆和斜杆。弦杆上两相邻结点的区间称为节间，其距离 d 称为节间长度。两支座之间的水平距离 l 称为跨度。桁架的最高点到两支座连线的距离 h 称为桁高。

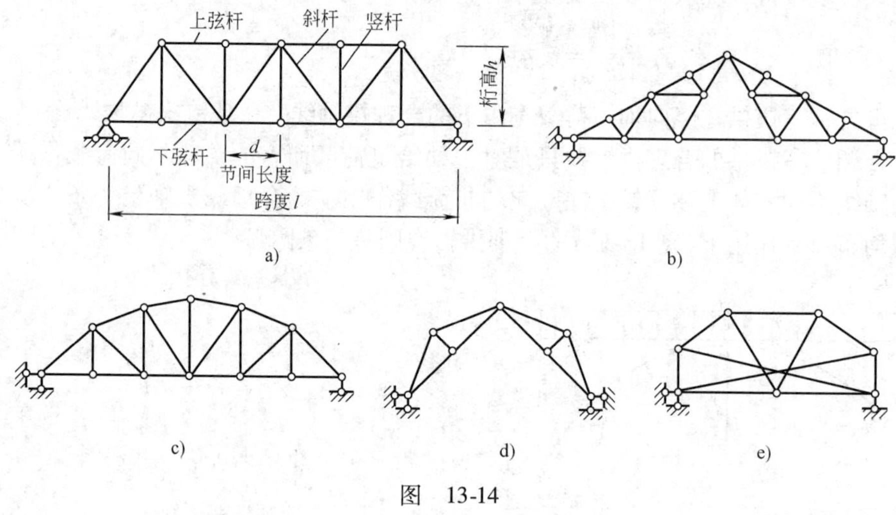

图 13-14

桁架可按其不同特征进行分类：

（1）按桁架外形可分为平行弦桁架(图 13-14a)、三角形桁架(图 13-14b)和折弦桁架(图 13-14c)。

（2）按照竖向荷载是否使支座产生水平反力(即推力)可分为梁式桁架(图 13-14a、b、c)和拱式桁架(图 13-14d)。

（3）按桁架几何组成可分为简单桁架、联合桁架和复杂桁架。简单桁架是指由一个基本铰结三角形依次增加二元体而组成的桁架(图 13-14a、c)，联合桁架是指由几个简单桁架按几何不变体系的基本组成规则而组成的桁架(图 13-14b、d)，复杂桁架是指不按上述两种方式组成的其他桁架(图 13-14e)。

13.4.2 静定平面桁架的内力计算

1. 结点法

所谓结点法，是指以截取桁架的结点为截离体，利用各结点的静力平衡条件计算杆件内力的方法。

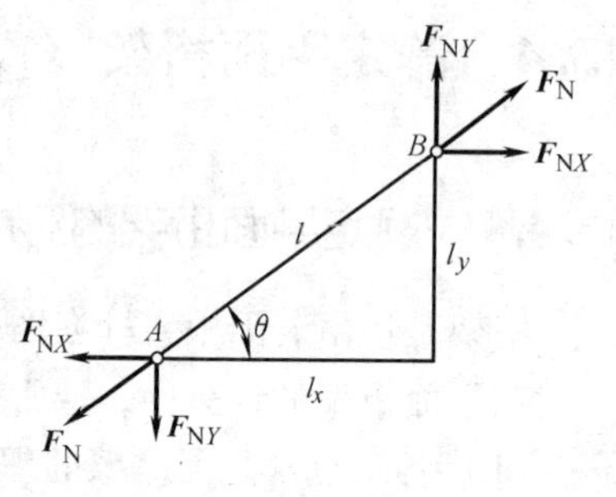

图 13-15

计算桁架的内力时，一般将杆件内力设为拉力，并经常需要将斜杆的内力 F_N 分解为水平分力 F_{NX} 和竖直分力 F_{NY}，如图 13-15 所示。设该斜杆 AB 的长为 l，相应的水平

投影和竖直投影为 l_x 和 l_y，

由相似三角形的比例关系可知：

$$\frac{F_N}{l}=\frac{F_{NX}}{l_x}=\frac{F_{NY}}{l_y}$$

利用这个比例关系，在 F_N、F_{NX} 和 F_{NY} 三者中，任知其一便可很方便地推算出其余两个。

桁架中常有一些特殊情形的结点，利用这些结点平衡的特殊情形，可使计算得到简化，现把几种主要的特殊结点列举如下：

（1）L 形结点（图 13-16a），即不共线的两杆结点。当结点上无荷载时，则两杆内力均为零。

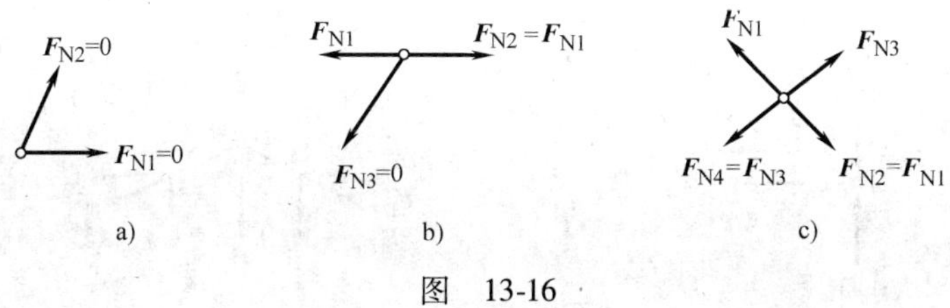

图 13-16

（2）T 形结点（图 13-16b），即由三杆汇交且有两杆共线的结点。当结点上无荷载时，共线的两杆内力必相等（即大小相等，且同为拉力或压力），而不共线的第三根杆内力必为零。

（3）X 形结点（图 13-16c），即由四杆汇交，其中两杆在一直线上，而其他两杆又在另一直线上的结点。当结点上无荷载时，则共线的两杆内力必相等。

桁架中内力为零的杆件，称为零杆。

应用以上结论，不难判断图 13-17 及图 13-18 中虚线所示的杆件均为零杆；图 13-18 中，上弦杆各杆内力相同，下弦杆各杆内力也相同，于是计算工作得到简化。

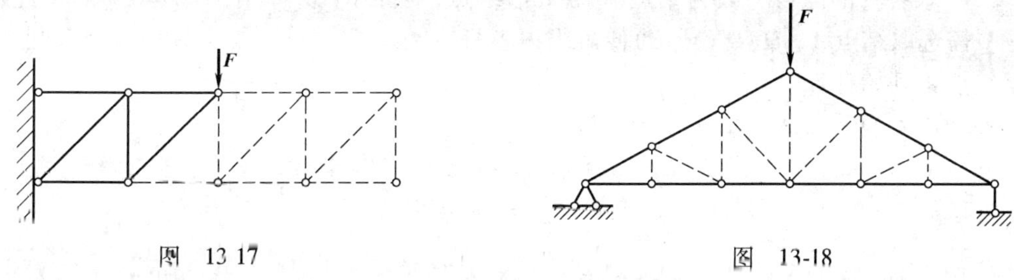

图 13-17　　　　图 13-18

由于桁架中各结点所受力系都是平面汇交力系，而平面汇交力系可以建立两个平衡方程，求解两个未知力。因此，应用结点法时，应从不多于两个未知力的结点开始计算，且在计算过程中应尽量使每次选取的结点其未知力不超过两个。

现举例说明结点法的应用。

【例 13-6】 试求图 13-19a 所示桁架各杆的内力。

【解】 由于桁架和荷载都是对称的，故只需求出杆 EF 及其左（或右）半部分各杆内力即可。

（1）求支座反力　取整个桁架为截离体，由对称性得

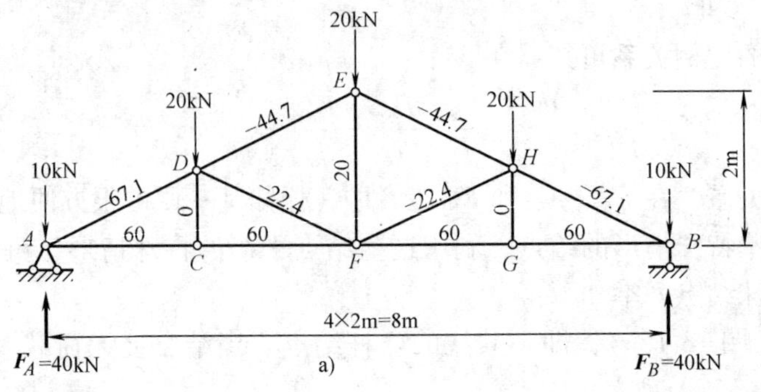

a)

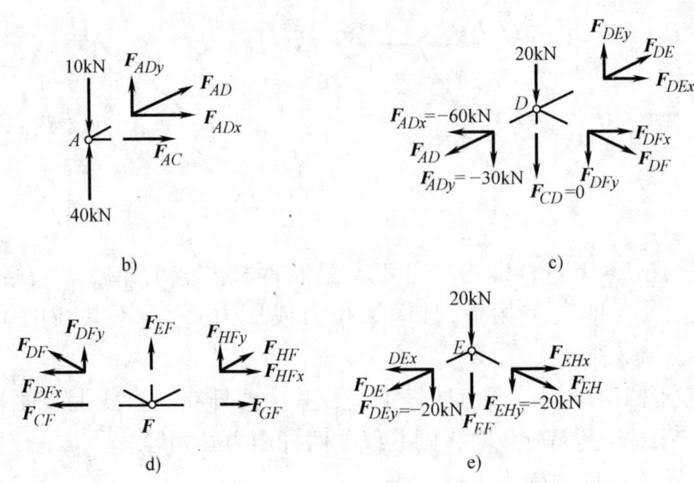

b) c) d) e)

图 13-19

$$F_A = F_B = 40\text{kN}$$

（2）求各杆的内力　因为结点 C 为 T 形结点，所以有 $F_{CD}=0$，$F_{AC}=F_{CF}$。由此可知，本题只需选取结点 A、D、F(或 E)便可求得各杆内力。又因为结点 A 只有两个未知力，故先从结点 A 开始计算。

取结点 A 为截离体，如图 13-19b 所示。由

$$\sum F_Y = 0,\quad F_{ADy} + 40\text{kN} - 10\text{kN} = 0$$

得

$$F_{ADy} = -30\text{kN}$$

又由比例关系

$$\frac{F_{AD}}{AD} = \frac{F_{ADy}}{CD}$$

即

$$\frac{F_{AD}}{\sqrt{5}} = \frac{F_{ADy}}{1}$$

得

$$F_{AD} = \sqrt{5}F_{ADy} = -67.1\text{kN}$$

因为

$$F_{ADx} = 2F_{ADy} = -60\text{kN}$$

由

$$\sum F_x = 0,\quad F_{AC} + F_{ADx} = 0$$

所以

$$F_{AC} = -F_{ADx} = 60\text{kN}$$

取结点 D 为截离体，如图 13-19c 所示。列平衡方程

$$\sum F_x = 0,\quad F_{DEx} + F_{DFx} + 60\text{kN} = 0 \tag{a}$$

$$\sum F_y = 0, \quad F_{DEy} - F_{DFy} + 10\text{kN} = 0 \tag{b}$$

由比例关系得

$$F_{DEx} = 2F_{DEy} \tag{c}$$

$$F_{DFx} = 2F_{DFy} \tag{d}$$

将式(c)、(d)代入式(a)，得

$$2F_{DEy} + 2F_{DFy} + 60\text{kN} = 0 \tag{e}$$

由式(e)、(b)联立解得

$$F_{DEy} = -20\text{kN}, \quad F_{DFy} = -10\text{kN}$$

由比例关系得

$$F_{DE} = \sqrt{5}F_{DEy} = -44.7\text{kN}$$

$$F_{DF} = \sqrt{5}F_{DFy} = -22.4\text{kN}$$

取结点 F 为截离体，如图 13-19d 所示。由

$$\sum F_Y = 0, \quad F_{EF} + 2F_{DFY} = 0$$

得

$$F_{EF} = -2F_{DFY} = 20\text{kN}$$

至此，桁架中各杆的内力都已求得，现以结点 E 的平衡条件进行校核。取结点 E 为截离体，如图 13-19e 所示。因

$$\sum F_x = F_{EHx} - F_{DEx} = -40\text{kN} + 40\text{kN} = 0$$

$$\sum F_y = -20\text{kN} - F_{EF} - 2F_{DEy} = -20\text{kN} - 20\text{kN} + 40\text{kN} = 0$$

所以满足平衡条件。

最后，将各杆轴力标注在相应杆的一侧，如图 13-19a 所示，其中正值表示拉力，负值表示压力。

2. 截面法

所谓截面法，是指用一适当截面，截取桁架的某一部分(至少包含两个结点)为截离体，根据它的平衡条件计算杆件内力的方法。由于截离体至少包含两个结点，所以作用在截离体上的所有各力通常组成一平面一般力系。平面一般力系可建立三个平衡方程，求解三个未知力，因此，应用截面法时，若截离体上的未知力不超过三个，可全部求出。

下面举例说明截面法的应用。

【例 13-7】 试求图 13-20a 所示桁架中 a、b、c 三杆的内力。

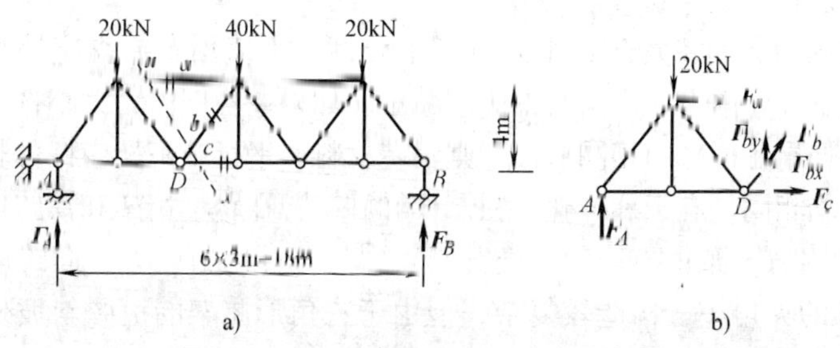

图 13-20

【解】 (1) 求支座反力　取整个桁架为截离体，由对称性得

$$F_A = F_B = 40\text{kN}$$

(2) 求 a、b、c 三杆的内力　作截面 I—I 并取其左部分为截离体，如图 13-20b 所示。

由 $\sum M_D = 0,\quad F_a \times 4 + F_A \times 6 - 20 \times 3 = 0$

得 $F_a = -45\text{kN}$

由 $\sum F_Y = 0,\quad F_A + F_{by} - 20 = 0$

得 $F_{by} = 20 - F_A = 20\text{kN} - 40\text{kN} = -20\text{kN}$

因为 $\dfrac{F_b}{5} = \dfrac{F_{by}}{4}$

所以 $F_b = \dfrac{5}{4}F_{by} = \dfrac{5}{4} \times (-20) = -25\text{kN}$

由 $\sum F_x = 0,\quad F_c + F_a + F_{bx} = 0$

得 $F_c = -F_a - F_{bx}$

而 $\dfrac{F_b}{5} = \dfrac{F_{bx}}{3}$

即 $F_{bx} = \dfrac{3}{5}F_b = \dfrac{3}{5} \times (-25) = -15\text{kN}$

故 $F_c = -F_a - F_{bx} = 45\text{kN} + 15\text{kN} = 60\text{kN}$

以上分别介绍了结点法和截面法，工程实际中往往需要将这两种方法联合起来使用，例如，欲求图 13-21 所示桁架各杆内力时，如果只用结点法计算，则由图 13-21 可见，除按顺序求解 1、2、3 结点或 15、13、14 各结点以外，其他各结点的未知力均超过三个，不易求出。但如果先用截面 I—I 截取其左部分，求出杆件 5～12的内力后，其余杆件内力即可用结点法方便求出。由此可见，对某些桁架联合应用结点法和截面法可方便计算各杆内力。

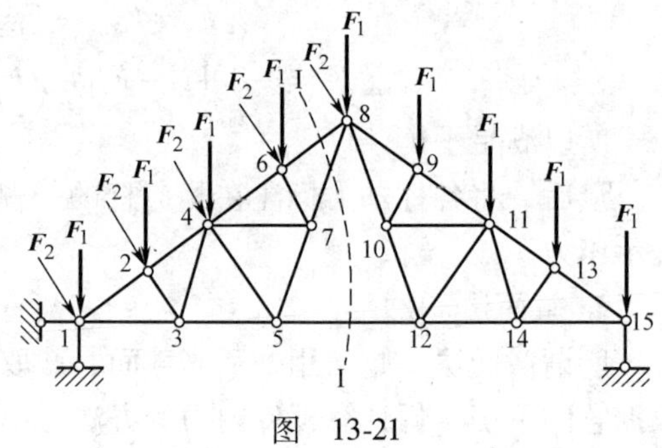

图 13-21

13.4.3 不同形式桁架的内力特点

桁架类型较多，桁架外形对杆件的内力有较大影响。现取工程中常用的平行弦、三角形和抛物线形三种桁架，以相同跨度、相同高度、相同节间及相同荷载作用下的内力分布(图 13-22a、b、c)加以分析比较。

平行弦桁架的内力分布不均匀，上弦杆和下弦杆内力值均是靠支座处小，向跨度中间增大；腹杆则是靠近支座处内力大，向跨中逐渐减小。如果按各杆内力大小选择截面，则增加了结点拼接的困难；如果各杆采用相同截面，则浪费材料。平行弦桁架中杆件长度规格较少，结点处相应各杆夹角均相同，利于标准化下料制作和施工，在轻型桁架和铁路桥梁中常被采用。

三角形桁架的内力分布也不均匀，端部结点中的弦杆内力较大，向跨中减小较快，且端结点处上、下弦杆的夹角小，构造较复杂，但由于三角形屋架的上弦斜坡外形符合屋顶构造要求，因此在屋架中常被采用。

抛物线形桁架上、下弦杆内力分布较均匀。当荷载作用在上弦杆结点时，腹杆内力为零；当荷载作用于下弦杆结点时，腹杆中的斜杆内力为零，竖杆内力等于结点荷载，它是一种受力性能较好的结构，缺点是上弦杆的弯折较多，构造复杂，结点处理较为困难，但因这种桁架上、下弦杆内力分布的均匀性，使得材料能充分利用，因此在大跨度桥梁和大跨度屋架中常被采用。

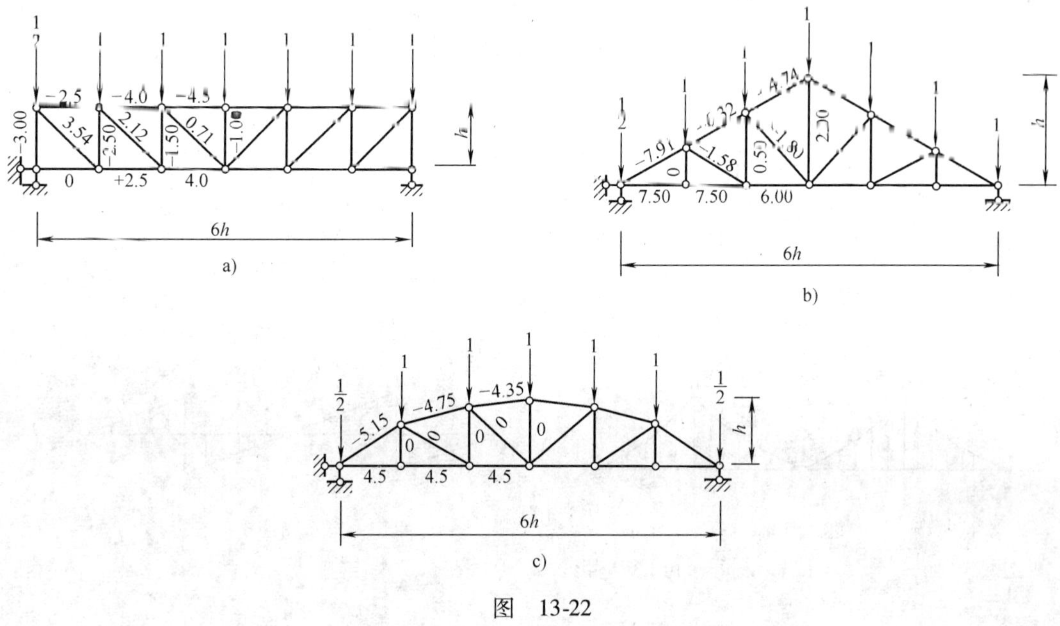

图 13-22

13.5 静定平面组合结构

组合结构是指由连杆和受弯杆件组成的结构。如图 13-23a 所示的五角形屋架，图 13-23b 是它的计算简图，该屋架是由五根连杆(下弦杆和腹杆)与两根受弯杆件(上弦杆)组成的一组合结构。受弯杆件又称梁式杆件，简称梁式杆。

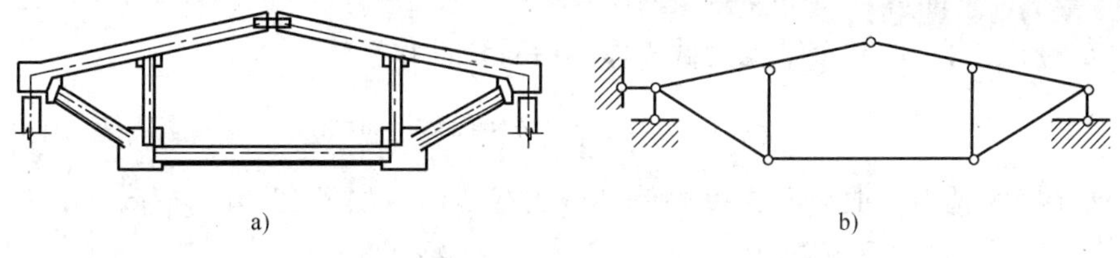

图 13-23

组合结构的内力计算仍可采用截面法。需要指出的是，用截面法取截离体时，如果连杆被截断，其截面上只有轴力；如果梁式杆被截断，其截面上一般有弯矩，剪力和轴力，如果截离体上未知力的个数过多，会给计算带来不便，因此，一般情况下应尽量避免截断梁式杆件。

求解组合结构内力的一般步骤是：先求出支座反力，然后计算各连杆的轴力，最后再计算梁式杆件的内力。下面举例说明。

【例 13-8】 试求图 13-24a 所示组合结构的内力。

【解】 本结构中的杆 AC 和杆 BC 是梁式杆，其余的杆都是连杆。因结构和荷载均对称，

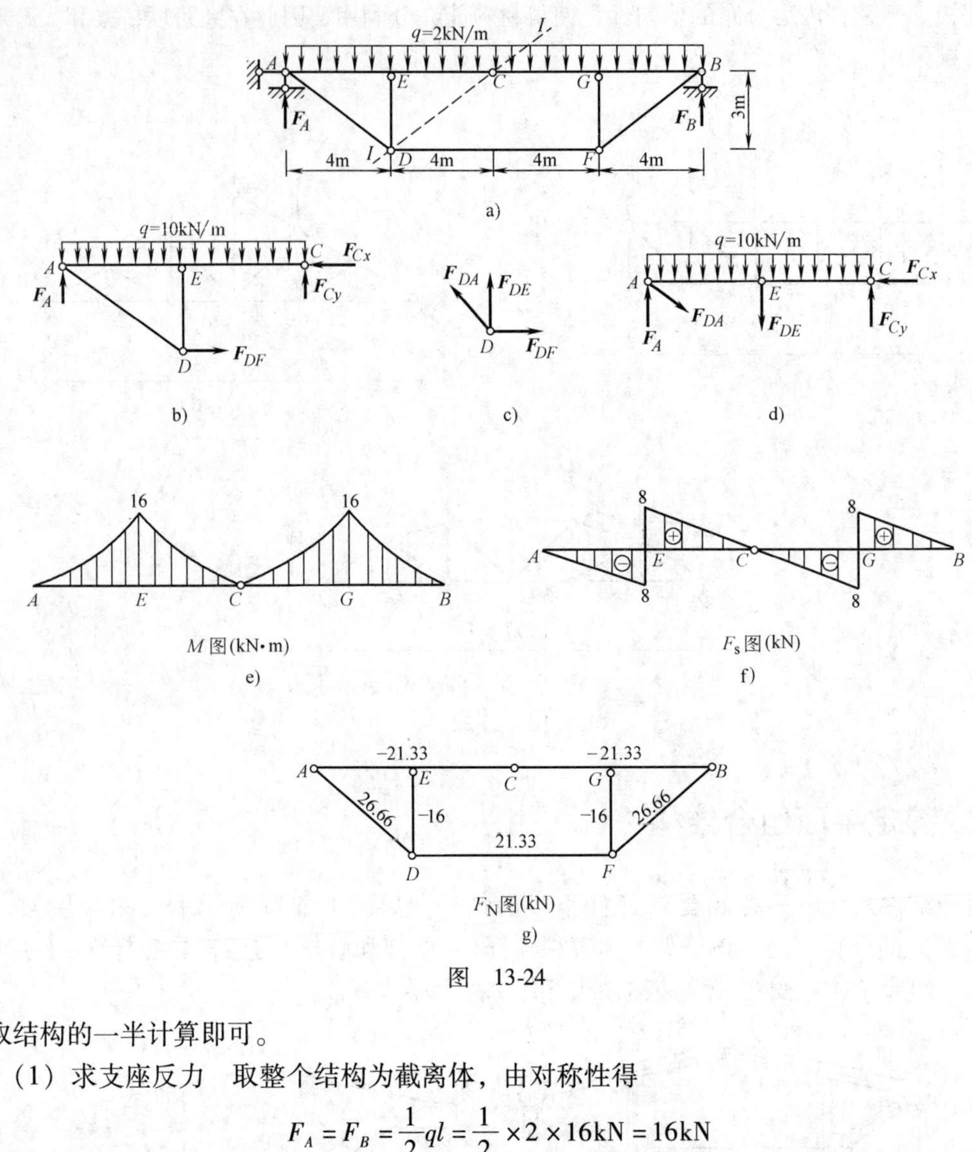

图 13-24

故取结构的一半计算即可。

（1）求支座反力　取整个结构为截离体，由对称性得

$$F_A = F_B = \frac{1}{2}ql = \frac{1}{2} \times 2 \times 16\text{kN} = 16\text{kN}$$

（2）求连杆的轴力　取截面 I—I 左侧部分为截离体，如图 13-24b 所示。由

$$\sum M_C = 0, \quad F_{DF} \times 3 - F_A \times 8 + q \times 8 \times 4 = 0$$

得
$$F_{DF} = 21.33\text{kN}$$

取结点 D 为截离体，如图 13-24c 所示。

由
$$\sum F_x = 0, \quad F_{DF} - F_{DA} \times \frac{4}{5} = 0$$

得
$$F_{DA} = \frac{5}{4}F_{DF} = 26.66\text{kN}$$

由
$$\sum F_y = 0, \quad F_{DE} + F_{DA} \times \frac{3}{5} = 0$$

得
$$F_{DE} = -\frac{3}{5}F_{DA} = -16\text{N}$$

（3）求梁式杆的内力　取梁式杆 AC 为截离体，如图 13-24d 所示。因铰 C 处的反力未知，为使计算简便，可先根据图 13-24b 求出铰 C 处的反力，再由图 13-24d 计算各控制截面上的内力。

考虑图 13-24b，由

$$\sum F_x = 0, \qquad F_{DF} - F_{Cx} = 0$$

得

$$F_{Cx} = F_{DF} = 21.33\text{kN}$$

由

$$\sum F_y = 0, \qquad F_{Cy} + F_A - q \times 8 = 0$$

得

$$F_{Cy} = q \times 8 - F_A = 0$$

再利用图 13-24d 计算各控制截面上的弯矩和剪力为

$$M_{AE} = 0$$

$$M_{EA} = M_{EC} = -q \times 4 \times 2 = -16\text{kN}\cdot\text{m}$$

$$M_{CE} = 0$$

$$F_{SAE} = F_A - F_{DA} \times \frac{3}{5} = 0$$

$$F_{SEA} = F_A - F_{DA} \times \frac{3}{5} - q \times 4 = -8\text{kN}$$

$$F_{SEC} = q \times 4 = 8\text{kN}$$

$$F_{SCE} = 0$$

梁式杆的轴力为　$F_{NAC} = -F_{Cx} = -21.33\text{kN}$

根据以上计算绘制梁式杆的弯矩图(图 13-24e)和剪力图(图 13-24f)，将各杆轴力标注于杆的一侧(图 13-24g)。

本章小结

1. 静定结构的内力特征

多跨静定梁截面上一般有弯矩和剪力。

刚架和三铰拱截面上一般都有弯矩、剪力和轴力。

桁架中的各杆都是二力杆，它只承受轴力作用。

组合结构中的连杆只承受轴力作用；梁式杆截面上一般有弯矩、剪力和轴力。

2. 静定结构的内力计算

对多跨静定梁、刚架、三铰拱、桁架和组合结构，虽结构形式不同，但内力计算方法相同，即都是利用静力平衡方程先计算支座反力，再计算其任意截面的内力，除桁架外，其他结构均需绘制其内力图。

需要注意的是：计算静定梁结构时，按照几何组成的相反顺序，计算其反力和内力。取每一部分梁段为截离体进行计算时，其计算方法与单跨静定梁完全一样。各段梁的绘出后，将其连成一体即为多跨静定梁的内力图。

思考题

1. 如何划分多跨静定梁的基本部分和附属部分？荷载分别作用于基本部分和附属部分

时所引起的内力有何不同?

2. 简述多跨静定梁的计算顺序。

3. 刚架的内力图在刚结点处有何特点?

4. 拱与梁的主要区别是什么?拱的弯矩为什么比相应梁的弯矩小?

5. 为什么拱往往用抗拉强度较低而抗压强度较高的材料来建造?

6. 什么叫拱的合理拱轴线?如何确定合理拱轴线?

7. 什么叫理想桁架?它与实际的桁架有哪些差别?

8. 桁架中的零杆是否可以拆除不要?为什么?

9. 简述具有相同跨度、相同高度、相同节间及相同荷载作用下的平行弦桁架、三角形桁架和抛物线形桁架的内力特点。

10. 计算组合结构的内力时,为什么一般要先计算连杆的轴力而后计算梁式杆的内力?

习　题

13-1　试绘制图 13-25 所示多跨静定梁的内力图。

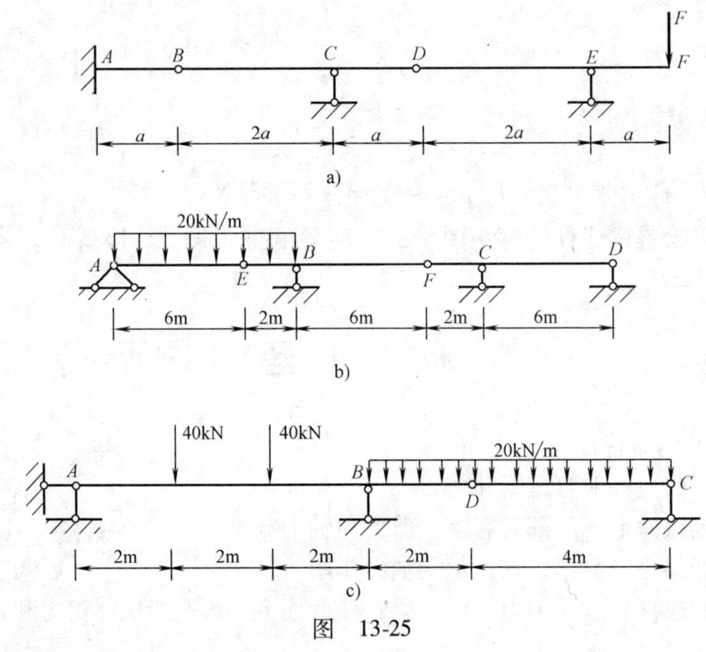

图　13-25

13-2　试求图 13-26 所示桁架中各杆的内力。

13-3　试求图 13-27 所示桁架中指定杆件的内力。

13-4　试绘制图 13-28 所示刚架的内力图。

13-5　试求图 13-29 所示半圆弧三铰拱的支座反力及截面 K 的内力。

13-6　图 13-30 所示三铰拱的拱轴方程为 $y=4fx(l-x)/l^2$,拱高 $f=3\text{m}$,跨度 $l=12\text{m}$,试求截面 $K(l_1=3\text{m})$的内力。

13-7　试求图 13-31 所示组合结构的内力,并绘制梁式杆的内力图。

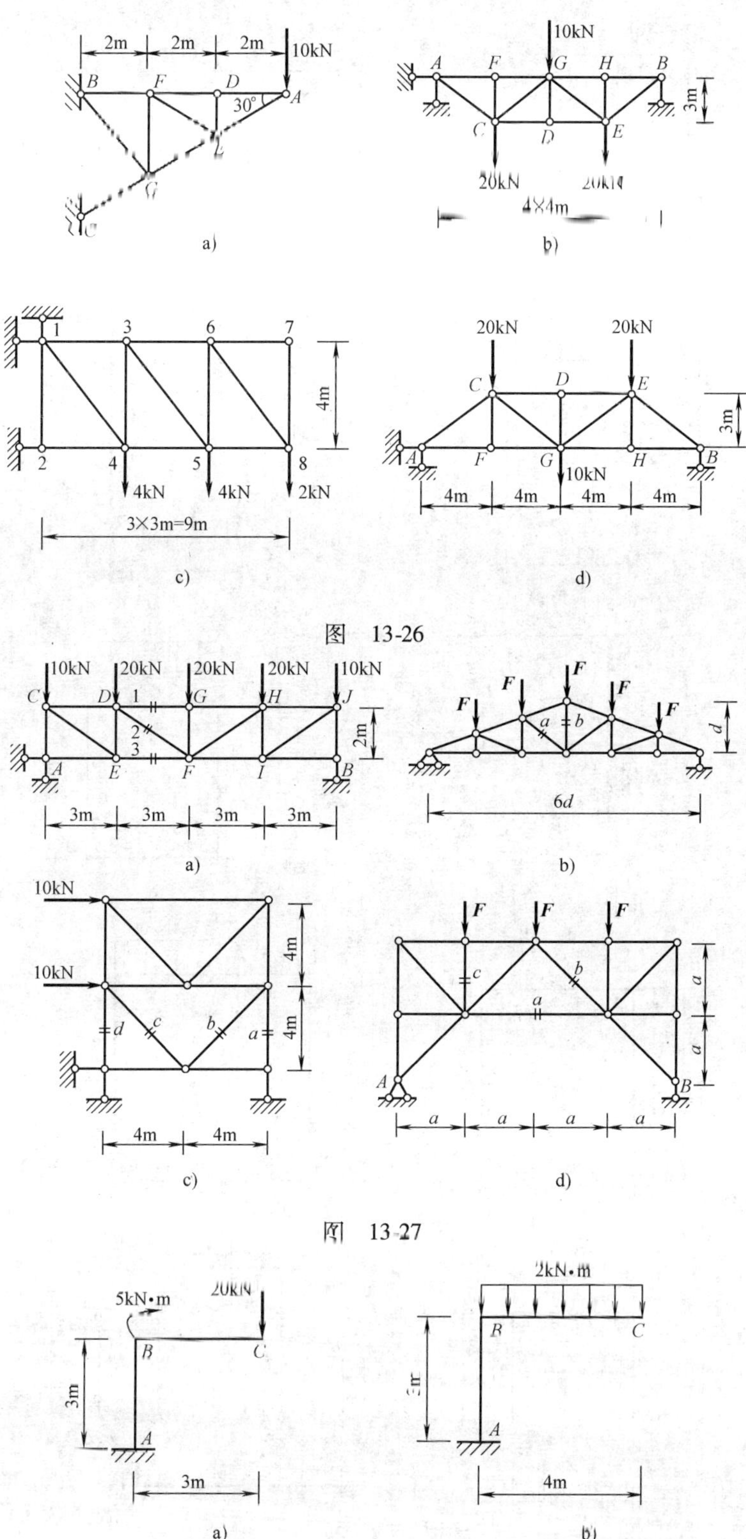

图 13-26

图 13-27

图 13-28

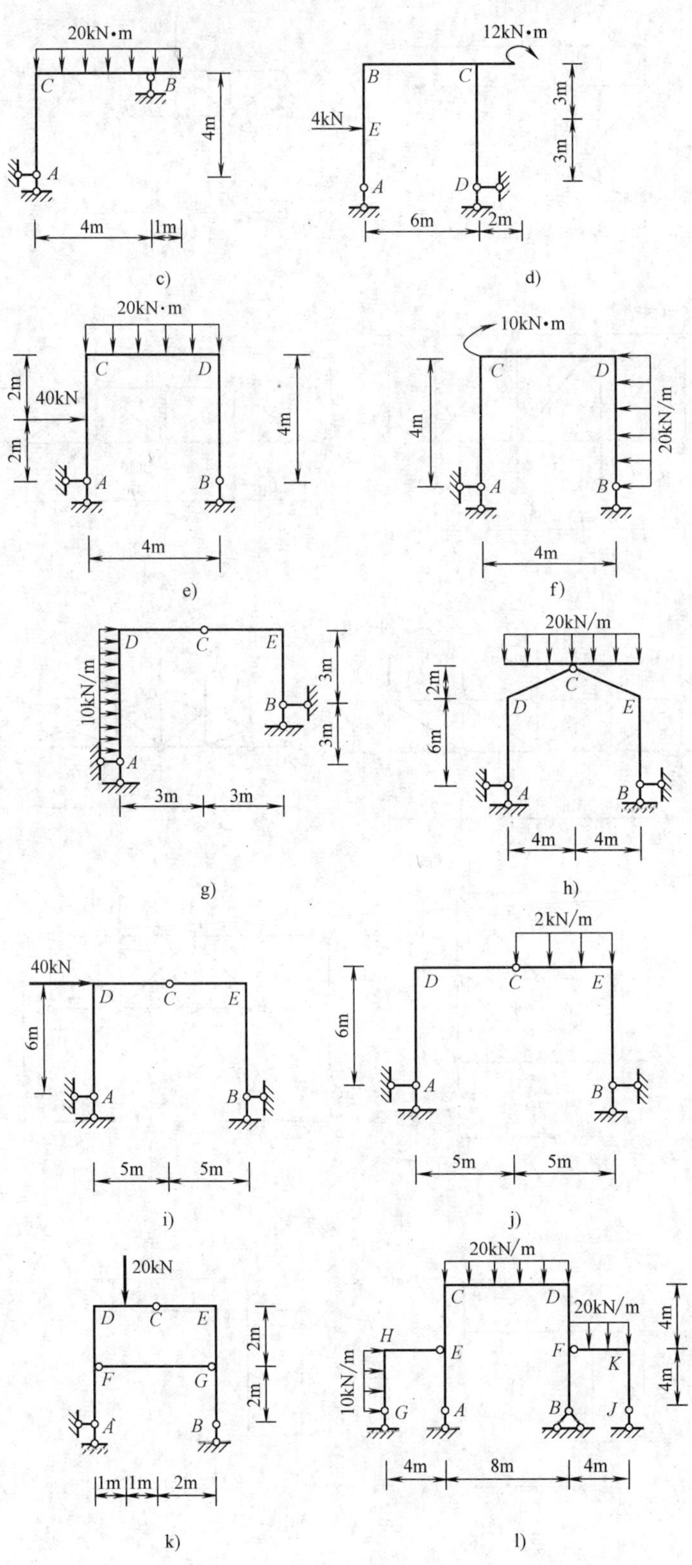
20kN·m
C
B
A
4m
4m
1m
c)
12kN·m
B
C
4kN
E
A
D
3m
3m
6m
2m
d)
20kN·m
C
D
40kN
2m
2m
4m
A
B
4m
e)
10kN·m
C
D
4m
20kN/m
A
B
4m
f)
10kN/m
D
C
E
B
A
3m
3m
3m
3m
g)
20kN/m
C
D
E
2m
6m
A
B
4m
4m
h)
40kN
D
C
E
6m
A
B
5m
5m
i)
2kN/m
D
C
E
6m
A
B
5m
5m
j)
20kN
D
C
E
F
G
2m
2m
A
B
1m
1m
2m
k)
20kN/m
C
D
20kN/m
H
E
F
K
10kN/m
G
A
B
J
4m
4m
4m
8m
4m
l)

图 13-28（续）

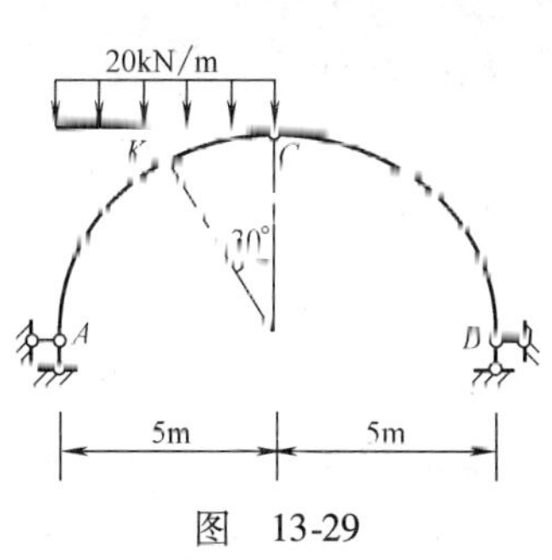

图 13-29

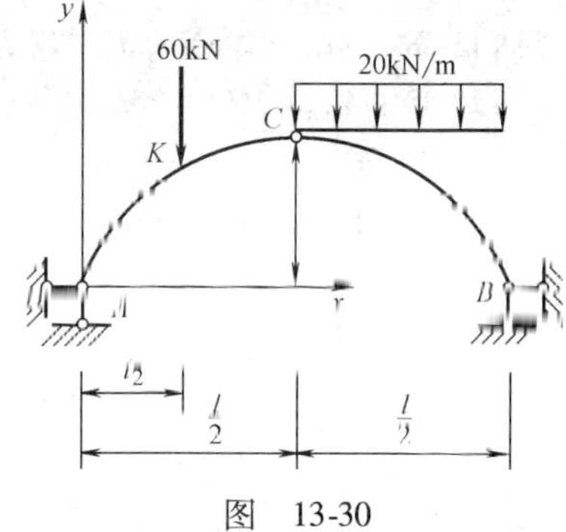

图 13-30

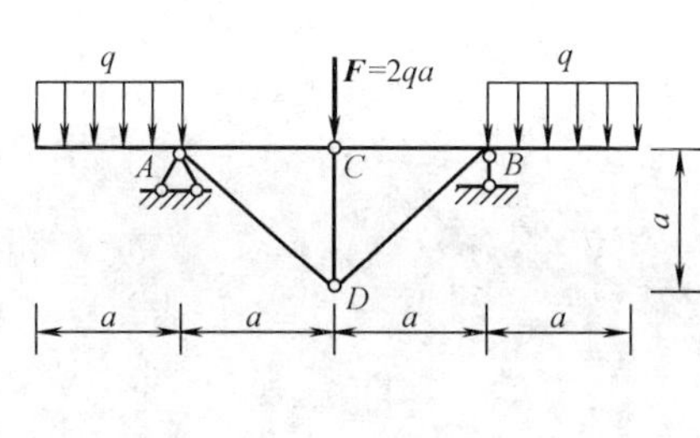

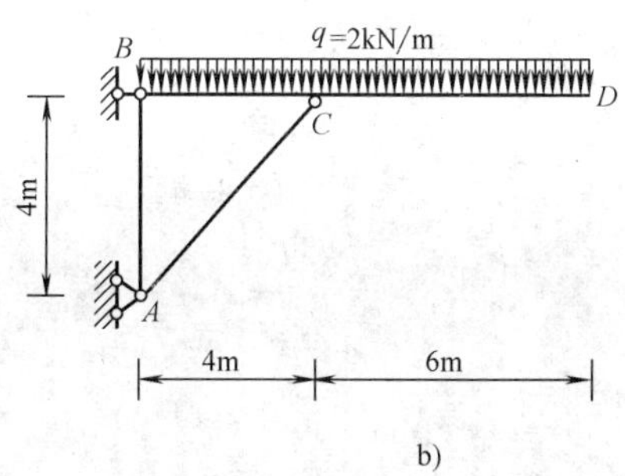

图 13-31

参 考 答 案

13-1 图 13-25a：$M_{AB} = -\dfrac{Fa}{4}$，$F_{SAB} = \dfrac{F}{4}$

图 13-25b：$F_B = 126.67\text{kN}$，$M_{BF} = -160\text{kN} \cdot \text{m}$，$F_{SBF} = 26.67\text{kN}$

图 13-25c：$F_B = 140\text{kN}$，$M_{BA} = -120\text{kN} \cdot \text{m}$，$F_{SBA} = -60\text{kN}$

13-2 图 13-26a：$F_{AE} = F_{EG} = F_{GC} = -20\text{kN}$

图 13-26b：$F_{AC} = 41.67\text{kN}$，$F_{AF} = -33.34\text{kN}$，$F_{CG} = -8.34\text{kN}$，$F_{CD} = 40.01\text{kN}$

图 13-26c：$F_{13} = 6\text{kN}$，$F_{34} = -6\text{kN}$，$F_{35} = 7.5\text{kN}$，$F_{56} = -2\text{kN}$

图 13-26d：$F_{AC} = -41.67\text{kN}$，$F_{AF} = 33.34\text{kN}$，$F_{CG} = 8.34\text{kN}$，$F_{CD} = -40.01\text{kN}$

13-3 图 13-27a：$F_1 = -60\text{kN}$，$F_2 = 18.03\text{kN}$，$F_3 = 45\text{kN}$

图 13-27b：$F_a = -1.80F$，$F_b = 2F$

图 13-27c：$F_a = -15\text{kN}$，$F_b = 14.14\text{kN}$，$F_c = -14.14\text{kN}$，$F_d = 15\text{kN}$

图 13-27d：$F_a = 2F$，$F_b = -0.71F$，$F_c = -F$

13-4 图 13-28a：$M_{BA} = 65\text{kN} \cdot \text{m}$（左侧受拉），$F_{SBA} = 0$，$F_{NBA} = -20\text{kN}$

图 13-28b：$M_{BA} = 16\text{kN} \cdot \text{m}$（左侧受拉），$F_{SBA} = 0$，$F_{NBA} = -8\text{kN}$

图 13-28c：$M_{CB} = 0$，$F_{SCB} = 37.5\text{kN}$，$F_{NCB} = 0$

图 13-28d：$M_{CB} = 36\text{kN} \cdot \text{m}$（上侧受拉），$F_{SCB} = -4\text{kN}$，$F_{NCB} = -4\text{kN}$

图 13-28e：$M_{CD} = 80\text{kN} \cdot \text{m}$（下侧受拉），$F_{SCD} = 20\text{kN}$，$F_{NCD} = 0$

图 13-28f：$M_{DC} = 160\text{kN} \cdot \text{m}$（上侧受拉），$F_{SDC} = 37.5\text{kN}$，$F_{NDC} = -80\text{kN}$

图 13-28g：$M_{DC} = 120\text{kN} \cdot \text{m}$（下侧受拉），$F_{SDC} = -24\text{kN}$，$F_{NDC} = -20\text{kN}$

图 13-28h：$M_{DC} = 12.5\text{kN} \cdot \text{m}$（上侧受拉），$F_{SDC} = 2.5\text{kN}$，$F_{NDC} = -2.08\text{kN}$

图 13-28i：$M_{DC} = 60\text{kN} \cdot \text{m}$（下侧受拉），$F_{SDC} = -20\text{kN}$，$F_{NDC} = -20\text{kN}$

图 13-28j：$M_{DC}=120\text{kN}\cdot\text{m}$（上侧受拉），$F_{SDC}=62.61\text{kN}$，$F_{NDC}=-53.67\text{kN}$

图 13-28k：$M_{DC}=10\text{kN}\cdot\text{m}$（上侧受拉），$F_{SDC}=15\text{kN}$，$F_{NDC}=-5\text{kN}$

图 13-28l：$M_{CA}=160\text{kN}\cdot\text{m}$（左侧受拉），$F_{SCA}=-40\text{kN}$，$F_{NCA}=-60\text{kN}$

13-5　图 13-29：$M_K=16.75\text{kN}\cdot\text{m}$，$F_{SK}=9.15\text{kN}$，$F_{NK}=34.15\text{kN}$

13-6　图 13-30：$M_K=22.5\text{kN}\cdot\text{m}$，$F_{SK}^L=26.82\text{kN}$，$F_{NK}^L=114.04\text{kN}$

13-7　图 13-31a：连杆：$F_{AD}=0.71qa$，$F_{CD}=-qa$

梁式杆：$M_{AC}=-0.5qa^2$，$F_{SAC}=0.5qa$，$F_{NAC}=-0.5qa$

图 13-31b：连杆：$F_{AC}=-35.36\text{kN}$，$F_{AB}=5\text{kN}$

梁式杆：$M_{CB}=-36\text{kN}\cdot\text{m}$，$F_{SCB}=-13\text{kN}$，$F_{NCB}=25\text{kN}$

第 14 章　静定杆系结构的位移计算

知识目标：

1. 了解结构位移的相关概念。
2. 了解结构位移计算的单位荷载法。
3. 掌握结构位移的计算方法——图乘法。
4. 了解由支座移动引起的位移计算。
5. 了解弹性体系的互等定理。

能力目标：

能够应用图乘法计算结构的位移。

14.1　概述

14.1.1　结构的变形和位移

结构位移计算的方法有多种，归纳起来大致可分为两类：一类是几何物理方法，它是以杆件的几何变形关系为基础，如计算梁挠度的积分方法；另外一类是以功能原理为基础，其中以虚功原理为基础的单位荷载法应用最为广泛。

实际工程中任何结构都是由可变形固体材料组成的，在荷载作用下将会产生应力和应变，从而导致杆件尺寸和形状的改变，这种改变称为变形，变形使结构(或其中的一部分)各点的位置发生相应的改变。由于外荷载的作用下引起的结构各点的位置的改变称为结构的位移，结构的位移一般可分为线位移和角位移。

例如，图 14-1a 所示的刚架在外荷载 q 作用下发生如虚线所示的变形，截面 A 的形心沿

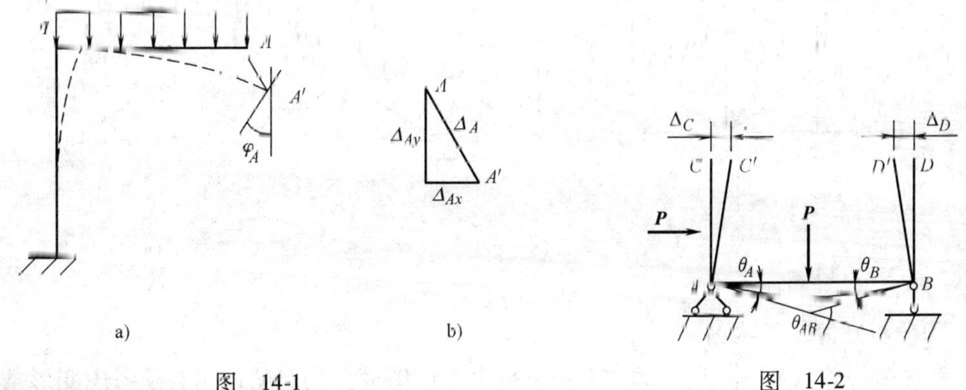

图　14-1　　　　图　14-2

某一方向移到了 A'，则线段 AA'称为 A 点的线位移，用 Δ_A 表示。也可以用竖向位移 Δ_{Ay}和水平位移 Δ_{Ax}两个位移分量表示，如图 14-1b 所示。同时，截面 A 还转动了一个角度 φ_A，称为截面 A 的转角位移。

又如图 14-2 所示的简支刚架，在荷载 P 作用下发生虚线所示的变形，杆 AB 截面 A 处产生转角位移 θ_A，截面 B 处产生转角位移 θ_B，这两个截面的转角的和，构成了 A、B 两截面的相对转角，即：$\theta_{AB}=\theta_A+\theta_B$。同时，$C$、$D$ 两点沿水平方向产生线位移 Δ_C、Δ_D，这两点线位移之和称为 C、D 两点的水平相对线位移，即：$\Delta_{CD}=\Delta_C+\Delta_D$。

除荷载引起结构位移外，其他因素如支座移动、温度变化、材料收缩和制造误差等也能使结构产生位移。

14.1.2 计算静定杆系结构位移的目的

计算结构位移的主要目的有如下三个方面：

1. 校核结构的刚度

结构的刚度是反映结构在荷载作用下抵抗变形的能力大小，刚度越大，变形越小。为保证结构在使用过程中不致发生过大的变形而影响结构的正常使用，需要校核结构的刚度。例如，对于混凝土结构构件而言，根据我国《混凝土结构设计规范》(GB 50010 — 2002)的有关规定，建筑结构中楼面主梁的最大挠度一般不能超过跨度的 1/400；工业厂房中的吊车梁的最大挠度不可超过跨度的 1/500 ~ 1/600。又如，当车辆通过桥梁时，假如桥梁挠度过大，将会导致线路不平，在车辆动荷载的作用下将会引起较大的冲击和振动，轻则引起乘客的不适，重则影响车辆的安全运行。按照我国《公路钢筋混凝土及预应力混凝土桥涵设计规范》(JTG D62 — 2004)的有关规定，梁式桥的最大挠度不能超过其计算跨径的 1/300 ~ 1/600。

2. 便于结构、构件的制作和施工

某些结构、构件在制作、施工架设等过程中需要预先知道该结构、构件可能发生的位移，以便采取必要的防范和加固措施，确保结构或构件将来的正常使用。例如，图 14-3a 所示的桁架，在屋盖自重作用下其下弦各结点将产生虚线所示的竖向位移，结点 C 的竖向位移最大。为了减少桁架在使用时下弦各结点的竖向位移，在制作时要将下弦部分按“建筑起拱”的做法下料制作(图 14-3b)，使受荷后结点 C'恰好落在 C 点的水平位置上，确定“建筑起拱”必须要计算桁架下弦结点 C 的竖向位移，以便确定起拱的高度。

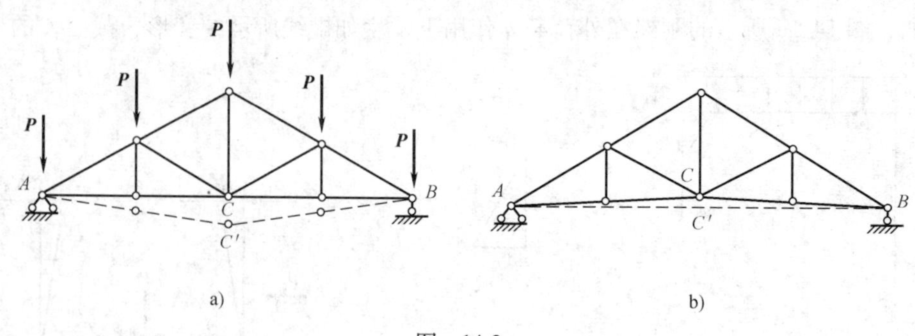

图 14-3

3. 为分析超静定结构创造条件

超静定结构的内力计算单凭静力平衡条件是不能够完全确定的，还必须考虑变形条件才能求解，建立变形条件就需要进行结构位移的计算。另外，在结构的动力计算和稳定性计算中均要用到结构位移的计算，所以，结构位移计算在结构分析和实践中都具有重要的意义。

应该指出的是，这里所研究的结构仅限于线弹性变形体结构，即结构的位移是与荷载成正比直线关系增减的。因此，计算位移时荷载的影响可以应用叠加原理，结构必须具备如下条件：

(1) 材料的受力是在弹性范围内，应力和应变的关系满足胡克定律。

(2) 结构的变形(或者位移)是微小的。

线性变形结构也称为线性弹性结构，简称弹性结构。对于位移与荷载不成正比变化的结构，叫做非线性变形结构。线性和非线性变形结构，统称为变形体结构。

14.2 计算静定杆系结构位移的单位荷载法——图乘法

对于如图 14-4 所示的结构，在两组荷载 P_1、P_2 分别独立作用下，有如下的等式：

$$W_{12} = U_{12} \tag{14-1}$$

式中 W_{12}——外力虚功，为 P_1 与 Δ_{12} 的乘积，即：$W_{12} = P_1 \times \Delta_{12}$；

U_{12}——内力虚功，为 P_2 的加载过程中，P_1 所引起的内力在 P_2 引起的相应变形上做的功；

Δ_{12}——结构在荷载 P_2 作用下 P_1 处发生的新的位移。

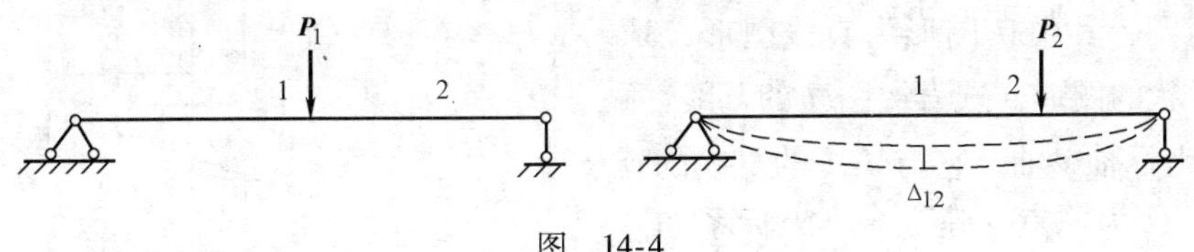

图 14-4

式(14-1)即是虚功原理(具体可参见有关书籍)的表达式，它是本章讨论结构在荷载作用的位移计算问题的理论依据。

现计算图示 14-5a 所示一悬臂梁结构在给定荷载 P 作用下结构上某一点产生的变形，如 C 点沿 α 方向产生的位移分量 Δ，需通过在 C 点沿所拟求位移方向上虚设一无量纲的集中力 $\overline{P}=1$(见图 14-5b)。其步骤如下：首先考虑结构上 B 点处微段 d_s 的三类变形，求出微段两端截面上的三种相对位移(见图 c)：相对轴向位移 $d\lambda = \varepsilon d_s$；相对剪切位移 $d\eta = \gamma_0 d_s$；相对转角 $d\theta = \kappa d_s$。然后将微段变形加以集中化，即 d_s 趋向于零，但三种相对位移仍存在。最后运用虚功原理，根据截面 B 的相对位移，对前述的三种位移中的 ε、γ_0、κ 分别运用材料力学的有关知识，同时考虑剪应力沿截面的非均匀分布而引入的长度因数 μ，并对该悬臂结构全梁长采用叠加原理，就可求出 C 点的位移 Δ 表达式如下：

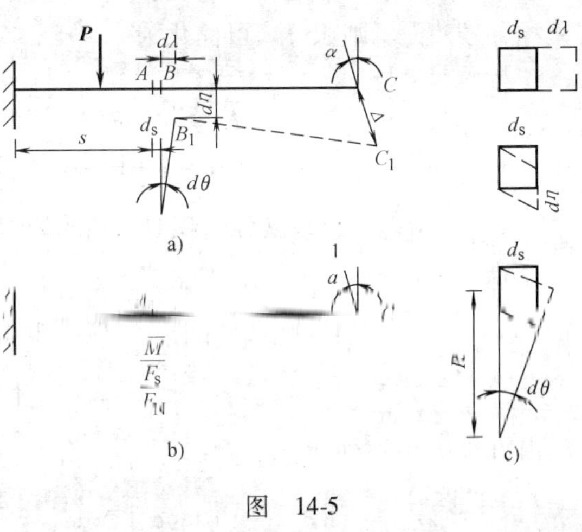

图 14-5

$$\Delta = \sum \int \frac{\overline{M}M_{\mathrm{P}}}{EI} d_{\mathrm{S}} + \sum \int \frac{\mu \overline{F_{\mathrm{S}}} F_{\mathrm{SP}}}{GI_{\mathrm{P}}} d_{\mathrm{S}} + \sum \int \frac{\overline{F_{\mathrm{N}}} F_{\mathrm{NP}}}{EA} d_{\mathrm{S}} \tag{14-2}$$

式中　$\overline{M}$、$\overline{F_S}$、$\overline{F_N}$——分别是虚设单位荷载在结构上引起的弯矩、剪力、轴力；

M_P、F_{SP}、F_{NP}——分别是荷载 P 在结构上引起的弯矩、剪力、轴力。

式(14-2)所表示的求解位移的方法称为单位荷载法，该法适用于静定结构，也适用于超静定结构，并适用于线弹性材料和非线弹性材料结构。应用该方法一次只能求解一个位移，当计算结果为正时，表明所求位移 Δ 的实际指向与虚设的单位荷载 $\overline{P}$ 的指向相同；若计算结果为负时，表明实际位移方向与所设单位力相反。

运用式(14-2)来求解结构的位移时，需要对结构进行分段，并按照不同的积分项进行积分运算，这样计算比较麻烦，可以图乘法来代替上述的积分运算，弯曲杆件包括弯曲、剪切、轴向变形，为叙述方便，仅以(14-2)式中第一项弯矩部分为代表，其他两项类同。

运用图乘法时结构的各杆段符合下列条件：

(1) 杆段的弯曲刚度 EI 为常数。

(2) 杆段的轴线为直线。

(3) $\overline{M_i}$ 和 M_P 两个弯矩图中至少有一个为直线图形。

对图 14-6 所示的一等截面直杆段 AB 上的两个弯矩图，其中 $\overline{M_i}$ 图形为直线图形，M_P 图为任意形状的图形，选直线图 $\overline{M_i}$ 的基线(平行杆轴)为坐标轴 x 轴，它与 $\overline{M_i}$ 图的直线的延长线的交点 O 为原点，建立 xoy 坐标系如图 14-6所示。

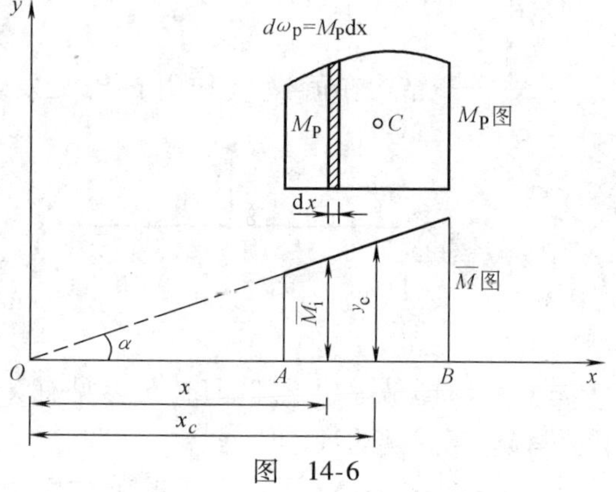

图　14-6

由于 AB 杆段为直杆，且 $\overline{M_i}$ 图为直线变化，故 ds 可以用 dx 代替，EI 为常数，可以提到积分号外面。则积分式可简化为

$$\Delta = \int \frac{\overline{M_i} M_{\mathrm{P}}}{EI} \mathrm{d}x = \frac{1}{EI} \int_A^B x \tan\alpha M_{\mathrm{P}} \mathrm{d}x = \frac{\tan\alpha}{EI} \int_A^B x M_{\mathrm{P}} \mathrm{d}x \tag{14-3}$$

式中　$\mathrm{d}\omega_P = M_P \mathrm{d}x$——$M_P$ 图中画有阴影线的微分面积。

$x\mathrm{d}\omega_P$——该微分面积对 y 轴的静矩，则积分式 $\int_A^B x\mathrm{d}\omega_p$ 表示 AB 杆段上所有微分面积对 y 轴的静矩之和，即为整个 M_p 图总面积对 y 轴的静矩。根据合力矩定理，它应等于 M_p 图面积 ω 乘以其形心 C 到 y 的距离 x_c，即

$$\int_A^B x M_{\mathrm{P}} \mathrm{d}x = \int_A^B x \mathrm{d}\omega_{\mathrm{p}} = \omega x_c$$

由直线 $\overline{M_i}$ 图可知，$x_C \tan\alpha = y_c$，有

$$\tan\alpha \int_A^B x \mathrm{d}\omega_{\mathrm{p}} = \tan\alpha \omega x_c = \omega y_c \tag{14-4}$$

y_c 是 M_p 图的形心 C 处对应于 $\overline{M_i}$ 图中的纵距。把它代入式(14-3)，有

$$\Delta = \int \frac{\overline{M_i} M_{\mathrm{P}}}{EI} \mathrm{d}x = \frac{\omega y_c}{EI} \tag{14-5}$$

由此可见，上述积分运算等于一个弯矩图的面积 ω 乘以其形心处所对应另一个直线图弯矩图上的纵距 y_c，再除以 EI。这就是所谓的图形互乘法，简称为图乘法。

若结构所有各杆件都符合图乘条件，则对式(14-5)求和，既得计算结构位移的图乘法公式

$$\Delta = \sum \int \frac{\overline{M}_i M_P}{EI} dx = \sum \frac{\omega y_c}{EI} \tag{14-6}$$

在使用图乘法时应注意如下几点：

(1) 结构的各杆段必须符合前面所述的三个条件。

(2) 纵距 y_c 的值必须从直线图形上选取，且与另一图形面积形心相对应。

(3) 图乘法的正负号规定是：面积 ω 和纵距 y_c 若在杆件的同一侧，其乘积取正号，否则取负号。

图 14-7 给出了位移计算中几种常见图形的面积和形心的位置，在应用抛物线图形的公式时，必须注意在顶点处的切线应与基线平行。

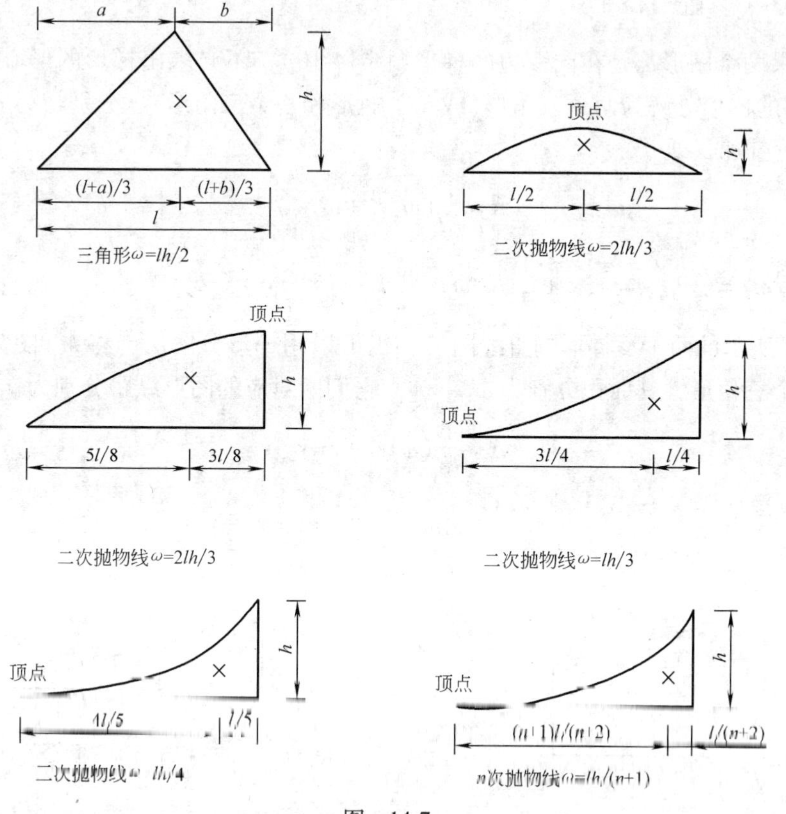

图 14-7

下面就图乘法在应用中所遇到的计算问题说明如下：

(1) 如果 M_P 和 $\overline{M}_i$ 两个弯矩图均为直线图形(图 14-8)，可取其中任一个图形作为面积 ω，乘上其形心所对应的另一直线图形上的纵距 y_0，所得计算结果不变，即

$$\Delta = \frac{\omega_P y_i}{EI} = \frac{\overline{\omega}_i y_P}{EI}$$

（2）如果一个图形是曲线，另一个图形是由若干个直线段组成的折线图形（图 14-9），则应按折线分段进行图乘。

$$\Delta = \frac{1}{EI}(\omega_1 y_1 + \omega_2 y_2 + \omega_3 y_3) \tag{14-7}$$

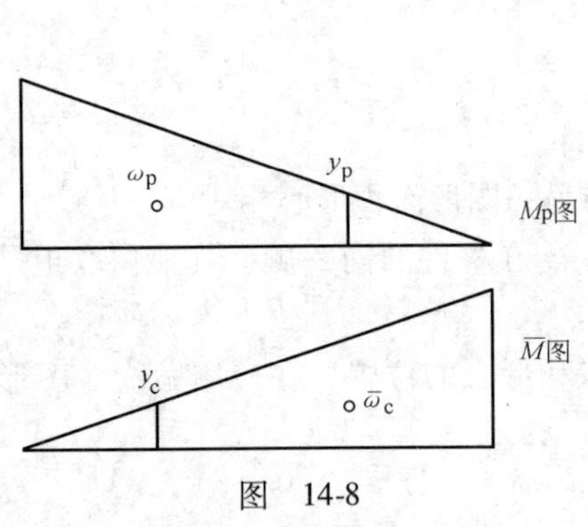

图 14-8

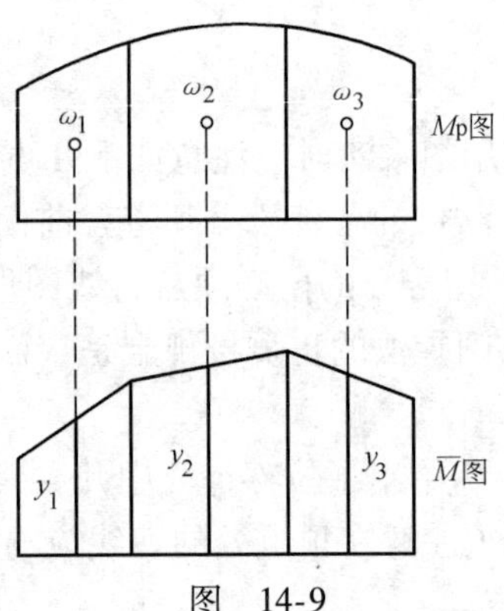

图 14-9

（3）如果两个图形都是在同一边的梯形（图 14-10），不必求出梯形的形心位置或面积，而是将 M_p 图的梯形分解为两个三角形（或一个矩形和一个三角形），分别与另一个梯形对应相乘后再进行叠加，即

$$\Delta = \frac{1}{EI}(\omega_1 y_1 + \omega_2 y_2) \tag{14-8}$$

上式中，$\omega_1 = \frac{a}{2}l$，$y_1 = \frac{2}{3}c + \frac{1}{3}d$，$\omega_2 = \frac{b}{2}l$，$y_2 = \frac{1}{3}c + \frac{2}{3}d$

图 14-11 所示的两个反梯形的直线图形，仍可以用梯形分解法，将 M_p 图分解为位于基线两侧的两个三角形，其面积分别为 ω_1、ω_2，它们所对应的图形纵距分别为 y_1、y_2。则有

$$\Delta = \frac{1}{EI}(\omega_1 y_1 + \omega_2 y_2) \tag{14-9}$$

上式中，$\omega_1 = \frac{a}{2}l$，$y_1 = -\frac{2}{3}c + \frac{1}{3}d$，$\omega_2 = \frac{b}{2}l$，$y_2 = -\frac{2}{3}d + \frac{1}{3}c$

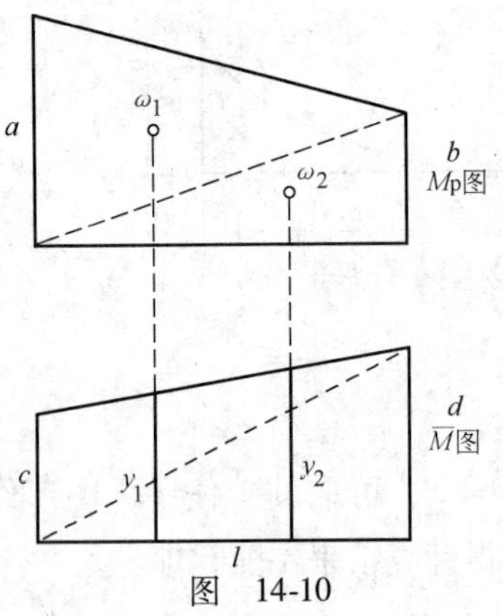

图 14-10

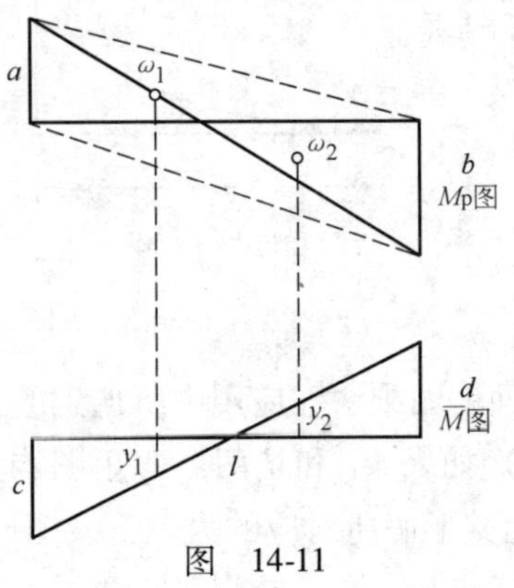

图 14-11

（4）如果遇到均布荷载 q 作用下某段杆段较复杂的 M_p 图（图 14-12），可根据弯矩图叠

加原理将其分解为一个梯形和一个标准二次抛物线图形的叠加。再分别与$\overline{M_i}$图相乘，取其代数和，就能较方便地求出计算结果。

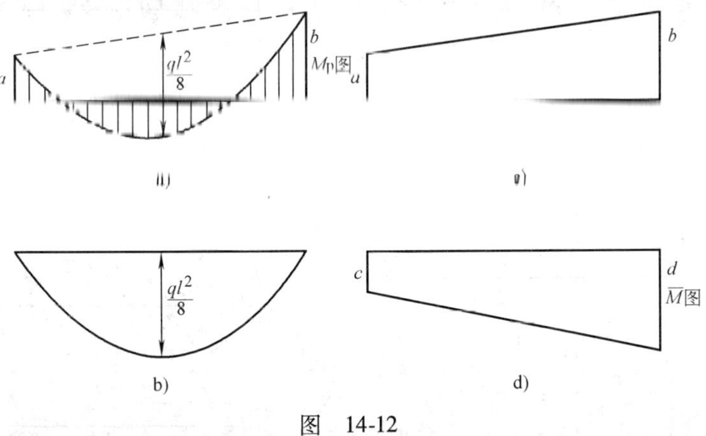

图 14-12

应当指出，所谓弯矩图的叠加是指其纵距的叠加，而不是原图形的简单拼合，理解上述道理，对于分解复杂的弯矩图是非常有用的。

14.2.1 用图乘法计算梁的位移

对于梁而言，它受弯变形时产生的位移，远大于因剪力和轴力产生的位移，故计算梁的位移时，我们只考虑由弯矩产生的位移，下面将通过几个算例对图乘法的使用予以说明。

【例 14-1】 试用图乘法求图 14-13 所示悬臂梁端点 B 和中点 C 的竖向位移 Δ 和截面 B 的转角 φ，在图中杆截面的 EI 为常数。

【解】（1）在 B、C 点施加竖向单位荷载$\overline{P_1}=1$ 和$\overline{P_2}=1$，求 B、C 点的竖向位移 Δ_1、Δ_2，在 B 点施加单位力偶 $\overline{M}=1$ 求 B 点的转角 φ。

（2）分别作出梁在实际荷载作用下的 M_p 图、虚单位力和虚单位力偶作用下的$\overline{M_1}$图、$\overline{M_2}$图和$\overline{M_3}$图，如图 14-10 所示。

（3）计算 B 端的竖向位移 Δ_1

取图中的 M_p 图作为面积，$\omega_p=\frac{1}{2}\times Pll=\frac{Pl^2}{2}$

再从图$\overline{M_1}$中取形心对应的纵距 $y_c=\frac{2}{3}l$。应用图乘法便得

$$\Delta_1=\frac{1}{EI}(\omega_p y_c)=\frac{1}{EI}\left(\frac{Pl^2}{2}\times\frac{2l}{3}\right)=\frac{Pl^3}{3EI}$$

由于 M_p、$\overline{M_1}$图都在基线同一边，取正值，即位移向下。

（4）计算 C 端的竖向位移 Δ_2

取图中的$\overline{M_2}$作为面积，$\omega_p=\frac{1}{2}\times\frac{l}{2}\times\frac{l}{2}=\frac{l^2}{8}$

再从图 M_p 中取形心对应的纵距 $y_c=\frac{5Pl}{6}$，应用图乘法便得

$$\Delta_2=\frac{1}{EI}(\omega_p y_c)=\frac{1}{EI}\left(\frac{l^2}{8}\times\frac{5Pl}{6}\right)=\frac{5Pl^3}{48EI}\ (\downarrow)$$

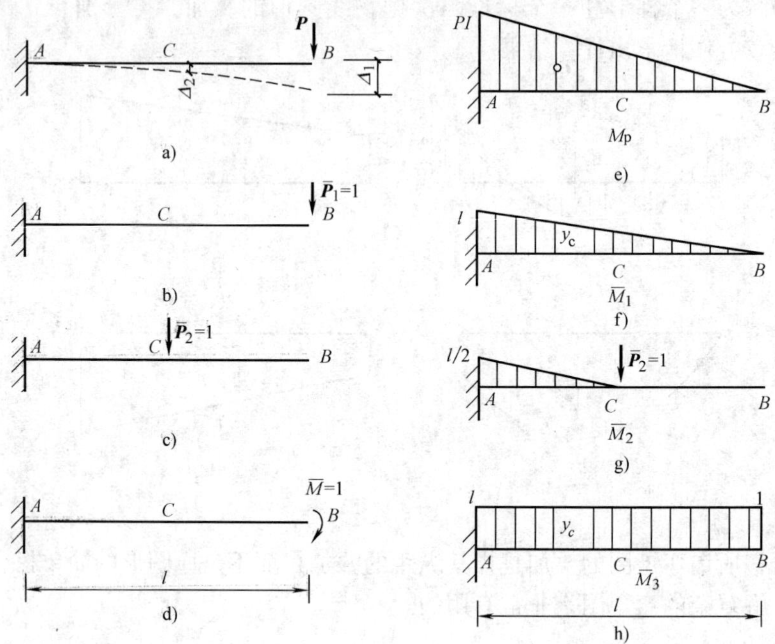

图 14-13

(5) 计算 B 端截面的转角 φ

仍取图中的 M_{p} 图为面积，$\omega_{\mathrm{p}}=\frac{1}{2}\times Pll=\frac{Pl^2}{2}$

又从图$\overline{M_3}$中取形心对应的纵距 $y_c=1$

$$\varphi=\frac{1}{EI}(\omega_{\mathrm{p}}y_c)=\frac{1}{EI}\left(\frac{Pl^2}{2}\times1\right)(\circlearrowright)$$

由于 M_{p}、$\overline{M_3}$图形均在基线同一边，取正值，故转角 φ 顺时针转动。

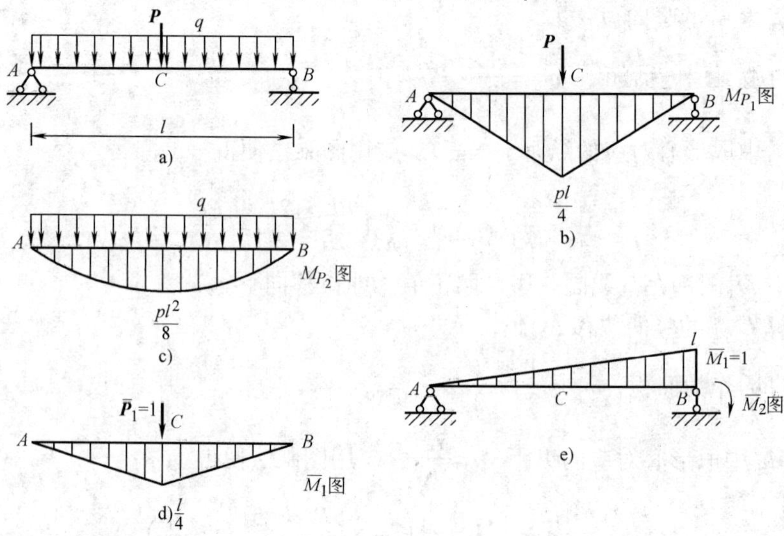

图 14-14

【例 14-2】 试用图乘法求图 14-14 所示简支梁在均布荷载 q 和跨中集中荷载 P 作用下中点 C 的竖向位移 Δ 和截面 B 的转角 φ，在图中杆截面的 EI 为常数。

【解】（1）分别作出简支梁在均布荷载 q 和跨中集中荷载 P 作用下的 M_{p1} 图和 M_{p2} 图（如图 14-14b、c 所示）。

（2）分别在中点 C、端点 B 施加单位竖向荷载和单位力偶矩并做出相应的 $\overline{M_1}$ 图、M_2 图（如图 14-14d、e 所示）。

（3）求 C 点的竖向位移 Δ。分别取 M_{p1}、M_{p2} 作为面积，并取 $\overline{M_1}$ 图中形心对应的纵距进行图乘，得

$$\begin{aligned}\Delta &= \frac{1}{EI}\left(\sum \omega_p y_c\right)\\ &= \frac{1}{EI}\left(2\times\frac{2}{3}\times\frac{ql^2}{8}\times\frac{l}{2}\times\frac{5}{8}\times\frac{l}{4}+2\times\frac{1}{2}\times\frac{l}{2}\times\frac{Pl}{4}\times\frac{2}{3}\times\frac{l}{4}\right)\\ &= \frac{l^3}{EI}\left(\frac{5ql}{384}+\frac{P}{48}\right)\ (\downarrow)\end{aligned}$$

（4）求 B 点的转角 φ。同理，分别用 M_{p1}、M_{p2} 作为面积并取 $\overline{M_2}$ 图中形心对应的纵距进行图乘，得

$$\varphi = \frac{1}{EI}\left(\sum \omega_p \cdot y_C\right) = -\frac{1}{EI}\left(\frac{2}{3}\times\frac{ql^2}{8}\times l\times\frac{1}{2}+\frac{1}{2}\times\frac{Pl}{4}\times l\times\frac{1}{2}\right) = -\frac{l^2}{8EI}\left(\frac{ql}{3}+\frac{P}{2}\right)(\circlearrowright)$$

计算结果为负值，表明 B 点的实际转角和虚设单位荷载的转角相反。

【例 14-3】 试用图乘法求图 14-15a 所示静定多跨梁在边跨跨中集中荷载 P 作用下点 D 的竖向位移 Δ，在图中杆截面的 EI 为常数。

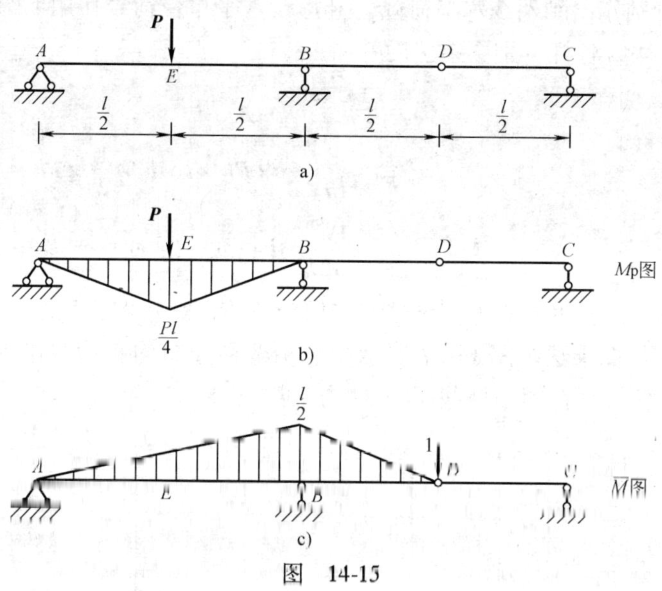

图 14-15

【解】（1）分别作出集中荷载 P 和虚设竖向单位荷载作用下的 M_p 图和 $\overline{M}$ 图

（2）取 M_p 为面积并取 $\overline{M}$ 中形心对应的纵距进行图乘，得

$$\Delta = \frac{1}{EI}\left(\sum \omega_p y_o\right)$$

$$= -\frac{1}{EI}\left(\frac{1}{2}\times\frac{Pl}{4}\times\frac{l}{2}\times\frac{1}{3}\times\frac{l}{2}+\frac{1}{2}\times\frac{l}{2}\times\frac{Pl}{4}\times\frac{2}{3}\times\frac{l}{2}\right)$$

$$= -\frac{Pl^3}{32EI}\ (\uparrow)$$

14.2.2 用图乘法计算刚架的位移

对于刚架而言，弯矩是使刚架产生变形的主要内力，计算位移时可忽略剪力和轴力的影响，只考虑对弯矩进行图乘。下面通过两个算例说明用图乘法计算刚架的位移。

【例 14-4】 试用图乘法求图 14-16a 所示静定刚架在水平集中荷载 P 作用下点 B 的水平位移 Δ，在图中杆截面的 EI 为常数。

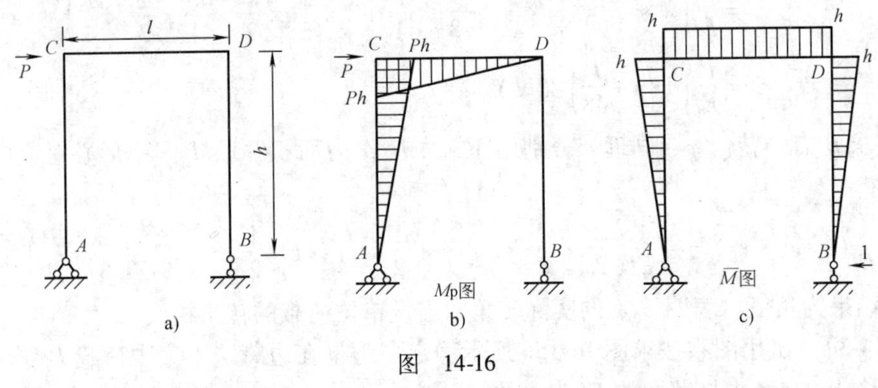

图 14-16

【解】（1）分别作出刚架在水平荷载 P 和虚设水平单位荷载作用下的 M_p 图和 $\overline{M}$ 图。

（2）根据图乘法，各杆分别图乘然后叠加，得

$$\Delta = \frac{1}{EI}\left(\sum\omega_p y_c\right)$$

$$= -\frac{1}{EI}\left(\frac{1}{2}\times Ph\times l\times h+\frac{1}{2}\times Ph\times h\times\frac{2h}{3}\right)$$

$$= -\frac{Ph^2}{6EI}(3l+2h)\ (\rightarrow)$$

计算结果为负值，表明 B 点的实际位移与假设单位荷载指向相反，即位移向右。

【例 14-5】 试用图乘法求图 14-17 所示静定刚架在竖向均布荷载作用下点 C、D 两点的相对位移 Δ(广义位移)，在图中杆截面的 EI 为常数。

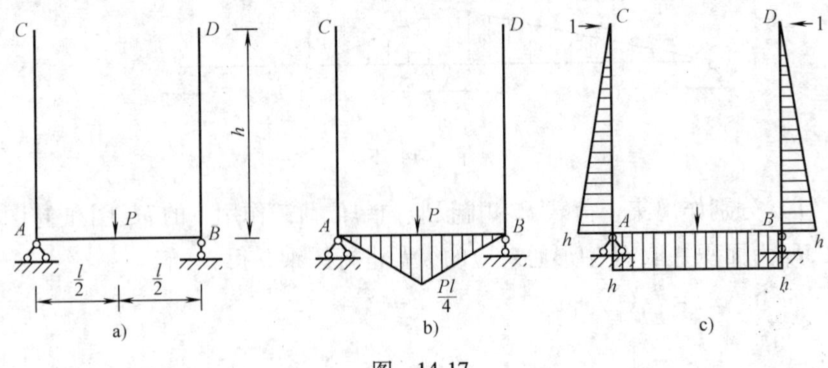

图 14-17

【解】 绘出 M_p 图如图 14-17b 所示，沿 C、D 点连线上加一对大小相等，方向相反的单位荷载，并作出刚架的 $\overline{M}$ 图，如图 14-17c 所示。由图乘法可

$$\Delta = \frac{1}{EI}\left(\frac{1}{2} \times l \times \frac{Pl}{4} \times h\right) = \frac{Pl^2h}{8EI} \quad (\rightarrow\leftarrow)$$

计算结果为正值，表明假设方向与实际方向一致，即 C、D 两点相互靠拢。

*14.3 由支座移动引起的静定杆系结构位移的计算

如图 14-18 所示的静定结构，设其支座发生了水平位移 C_1，竖向位移 C_2 和转角 C_3，现要求由此引起的任一点沿任一方向的位移，例如 K 点的竖向位移 Δ_{KV}。

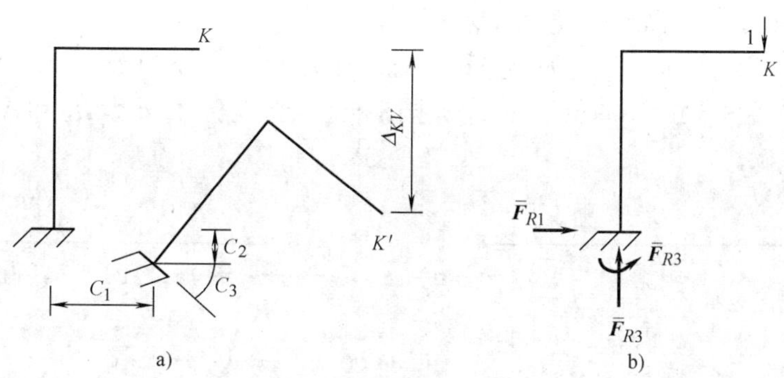

图 14-18

a）实际状态 b）虚拟状态

对于静定结构，支座发生位移并不引起内力，因而材料不会发生变形，故此时结构的位移属于刚体位移，通常不难由几何关系求得，但是这里仍用虚功原理来计算这种位移。此时，位移的计算一般公式为：

$$\Delta_{KV} = -\sum(\overline{F}_R C) \tag{14-10}$$

这就是静定结构在支座移动时的位移计算公式。式中 $\overline{F}_R$ 为虚拟状态的支座反力，$\sum(\overline{F}_R \cdot C)$ 为反力虚功，当 $\overline{F}_R$ 与实际支座位移 c 方向一致时其乘积为正，相反为负。此外，上式前面还有一负号，系原来移项时所得，不可漏掉。

【例 14-6】 图 14-19 所示一静定刚架，若支座 A 发生如图所示的移动，试求 C 点的水平位移和竖向位移。其中 $c_1 = 5\text{mm}$，$c_2 = 20\text{mm}$。

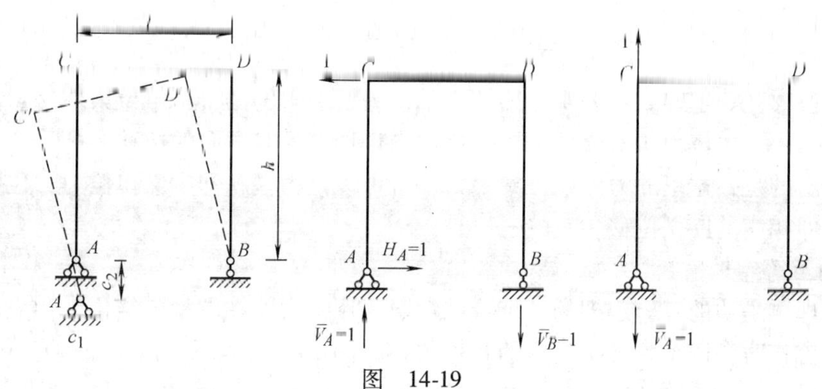

图 14-19

【解】 在 C 点上分别加上一水平单位力和竖向单位力，求出其支座反力，如图 14-19 所示，C 点的水平位移和竖向位移为

$$\Delta_{cx} = -\sum(\overline{F}_R C) = -(1\times5-1\times20) = 15\text{mm}(\leftarrow)$$

$$\Delta_{cy} = -\sum(\overline{F}_R C) = -1\times20 = 20\text{mm}(\downarrow)$$

*14.4 弹性体系的互等定理

本节简要介绍线弹性体系的四个互等定理，其中最常用的是功的互等定理，其他三个互等定理都可以由此推导出来，这些定理在以后的章节中经常用到。

1. 功的互等定理

如图 14-20 所示，一简支梁分别承受两组外力 $\boldsymbol{P}_1$ 和 $\boldsymbol{P}_2$，我们称之为两种状态，其中图 14-20a 为第一种状态，图 14-20b 为第二种状态。在力 $\boldsymbol{P}_1$ 作用下位置 2 处产生的位移为 Δ_{21}，在力 $\boldsymbol{P}_2$ 作用下位置 1 处产生的位移为 Δ_{12}，则根据虚功原理有：外力 $\boldsymbol{P}_1$ 和 Δ_{12} 的乘积等于外力 $\boldsymbol{P}_2$ 和 Δ_{21} 的乘积，

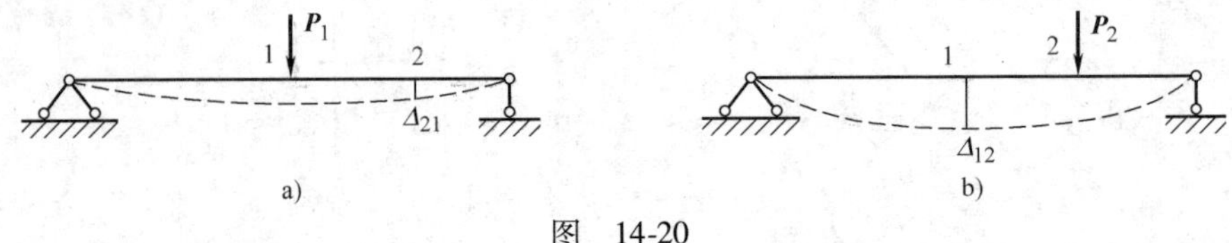

图 14-20

即

$$\boldsymbol{P}_1\Delta_{12} = \boldsymbol{P}_2\Delta_{21} \tag{14-11}$$

式(14-8)表明：第一状态的外力在第二状态的位移上所做的虚功，等于第二状态的外力在第一状态的位移上所做的虚功。这就是功的互等定理。

2. 位移互等定理

功的互等定理是最基本的。根据该定理，假设两个状态的荷载都是单位力，即 $\boldsymbol{P}_1=1$、$\boldsymbol{P}_2=1$，则由功的互等定理即式(14-8)有

$$1\times\Delta_{12} = 1\times\Delta_{21}$$

即

$$\Delta_{12} = \Delta_{21}$$

此处的 Δ_{12}、Δ_{21} 都是由于单位力所引起的位移，为了明显起见，改用小写字母 δ_{12} 和 δ_{21} 表示，于是将上式写成

$$\delta_{12} = \delta_{21} \tag{14-12}$$

这就是位移互等定理。它表明：第二个单位力所引起的第一个单位力作用点沿其方向的位移，等于第一个单位力所引起的第二个单位力作用点沿其方向的位移。

需要指出的是，这里的力可以是集中力，也可以是力偶，即广义单位力；位移也可以包括角位移，即相应的广义位移。

3. 反力互等定理

这个定理也是功的互等定理的一个特殊情况，用来说明在超静定结构中假设两个支座分别产生单位位移时，两个状态中反力的互等关系。图 14-21a 表示支座 1 发生单位位移 $\Delta_1=1$

时的状态，此时使支座 2 产生的反力为 r_{21}，图 14-21b 表示支座 2 发生单位位移 $\Delta_2=1$ 时的状态，此时使支座 1 产生的反力为 r_{12}，r_{ij}称为反力影响系数。根据功的互等定理，有

$$r_{21}\Delta_2=r_{12}\Delta_1$$

而 $$\Delta_2=\Delta_1=1$$

故得 $$r_{12}=r_{21} \tag{14-13}$$

这就是反力互等定理。它表明：支座 1 发生单位位移所引起的支座 2 的反力，等于支座 2 发生单位位移所引起的支座 1 的反力。

这一定理对结构上任何两个支座都适用，但应注意反力和位移在做功的关系上应相对应，即力对应线位移，力偶对应角位移。

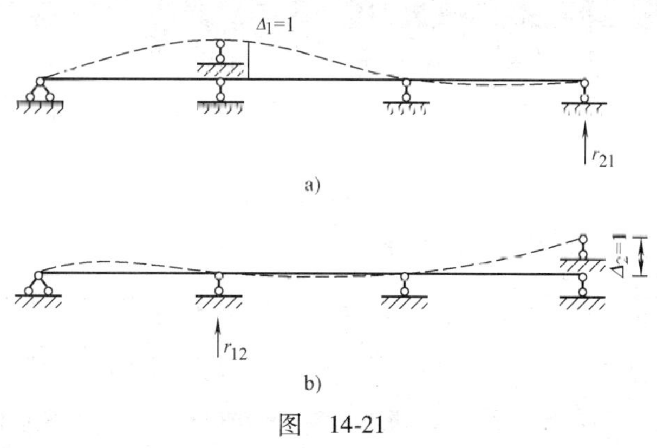

图 14-21

4. 反力位移互等定理

这个定理是功的互等定理的又一特殊情况，它说明一个状态中的反力和另一个状态中的位移具有互等的关系。如图 14-22a 所示，单位荷载 $F_2=1$ 作用时，支座 1 的反力偶为 r_{12}，图 14-22b 表示支座 1 顺 r_{12}的方向发生单位转角 $\varphi_1=1$ 时，P_2 作用点沿其方向的位移为 δ_{21}。对这两个状态应用功的互等定理，就有

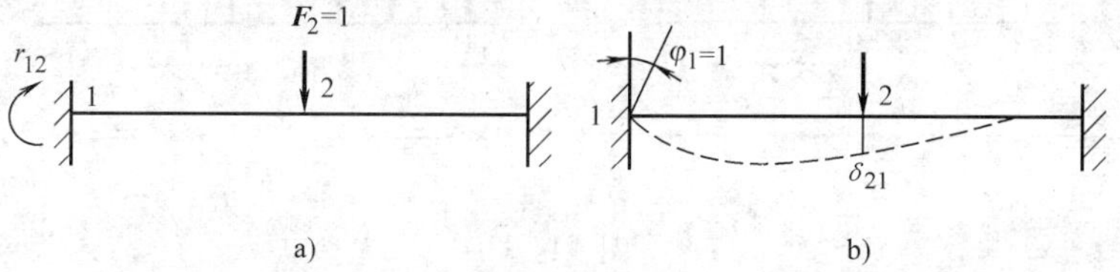

a) b)

图 14-22

$$r_{12}\varphi_1+F_2\delta_{21}=0$$

现在 $\varphi_1=1$，$F_2=1$，故有

$$r_{12}=-\delta_{21} \tag{14-14}$$

这就是反力位移互等定理。它表明：单位力所引起的结构某支座反力，等于该支座发生单位位移时所引起的单位力作用点沿其方向的位移，但符号相反。

本章小结

本章主要介绍了梁和刚架两种静定杆系结构的位移计算和弹性体系的互等定理，并着重介绍了利用图乘法计算梁和刚架的位移的适用条件及有关步骤。

静定杆系结构的位移计算以虚功原理为基础，利用虚设单位荷载来求解结构的位移。鉴于单位荷载法要进行积分计算，为避免计算过程的复杂，在一定的条件下，可利用图乘法来进行求解。

图乘法的适用条件是：

（1）杆段的弯曲刚度 EI 为常数。

（2）杆段的轴线为直线。

（3）$\overline{M}_i$和 M_p 两个弯矩图中至少有一个为直线图形。

图乘法的求解步骤是：

（1）在拟求的位置和位移方向虚设相应的单位力荷载。

（2）分别作出在实际荷载和虚设的单位力荷载作用下结构的弯矩图。

（3）按照图乘法的有关规则进行位移的计算。

此外，本章还介绍了弹性体系的四个互等定理，即：功的互等定理、位移互等定理、反力互等定理、反力位移互等定理。其中功的互等定理是最常用的，其他的三个互等定理都可由此推导出来。

习　题

14-1　试用图乘法求图 14-23 所示结构中 B、C 点的竖向位移和 B 点转角，EI 为常数。

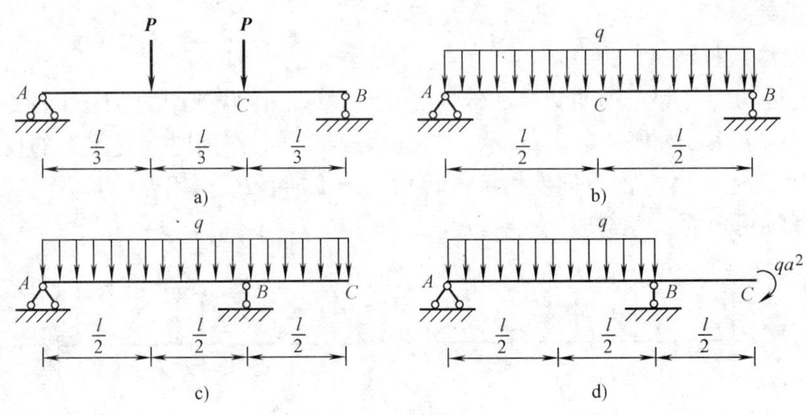

图　14-23

14-2　试用图乘法求图 14-24 所示悬臂梁 B、C 点的竖向位移和 B 点的转角，EI 为常数。

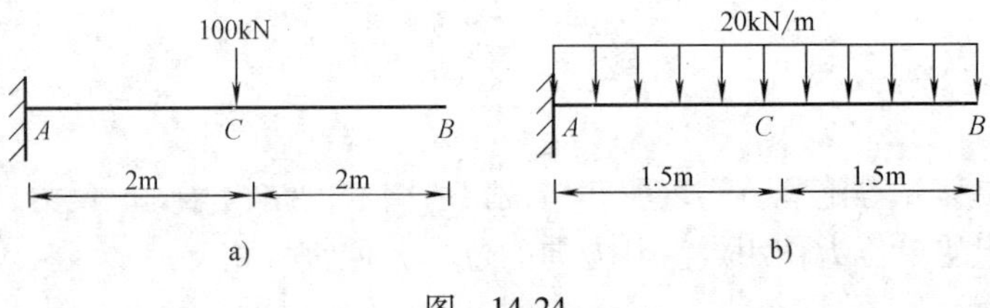

图　14-24

14-3　试用图乘法求图 14-25 所示多跨静定梁 C 点的竖向位移和 B 点的转角，EI 为常数。

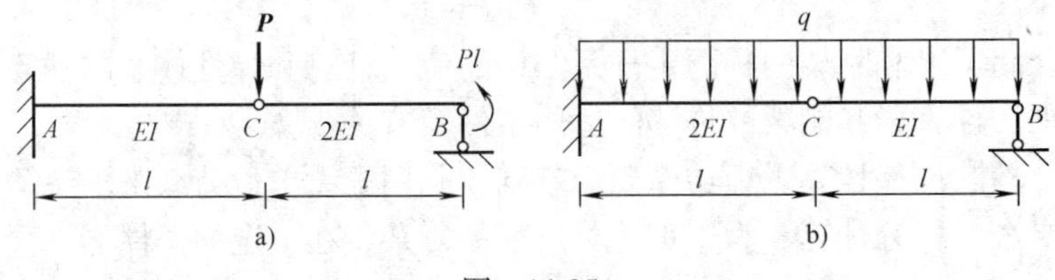

图　14-25

14-4　试用图乘法求解图 14-26 所示刚架 B 点的转角及 C 点的水平、竖向位移，EI 为常数。

14-5　试求图 14-27 所示三铰刚架 C 点的水平位移和 E 点的竖向位移，EI 为常数。

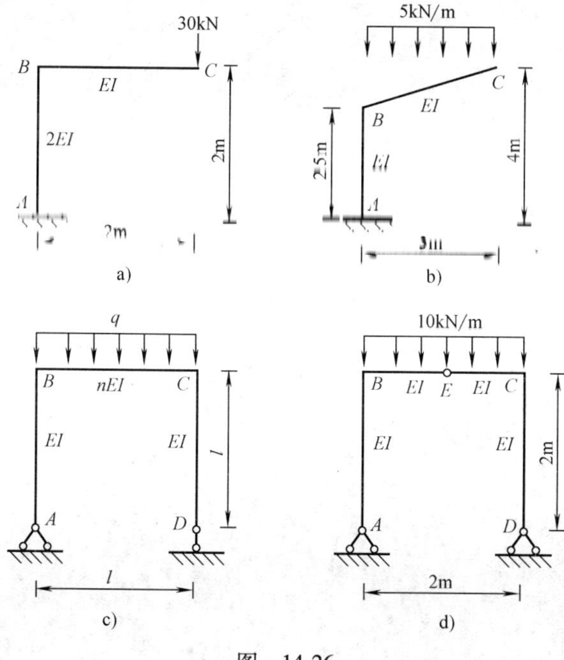

图 14-26

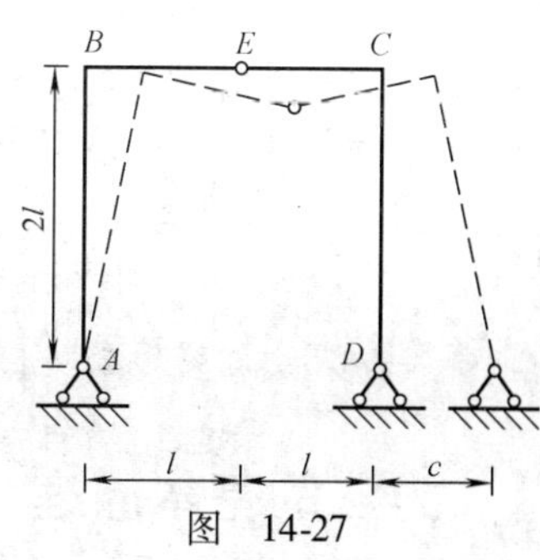

图 14-27

参考答案

14-1 C点竖向位移　图 14-23a：$5Pl^3/54EI$(向下)。　图 14-23b：$5ql^4/384EI$(向下)。

图 14-23c：$ql^4/128EI$(向下)。　图 14-23d：$13ql^4/48EI$(向下)。

B点的转角　图 14-23a：$Pl^2/3EI$(逆时针)。　图 14-23b：$ql^3/24EI$(逆时针)。

图 14-23c：0。　图 14-23d：$7ql^3/24EI$(逆时针)。

14-2 C点竖向位移　图 14-24a：$800/3EI$(向下)。　图 14-24b：$2025/32EI$(向下)。

B点的竖向位移　图 14-24a：$2000/3EI$(向下)。　图 14-24b：$405/2EI$(向下)。

B点的转角　图 14-24a：$200/EI$(顺时针)。　图 14-24b：$90/EI$(顺时针)。

14-3 C点的竖向位移　图 14-25a：$2Pl^3/EI$(向下)。　图 14-25b：$7ql^4/EI$(向下)。

B点的转角　图 14-25a：$5Pl^2/6EI$(顺时针)。　图 14-25b：$3ql^3/8EI$(顺时针)。

14-4 C点的竖向位移　图 14-26a：$200/EI$(向下)。　图 14-26b：$1755/8EI$(向下)。

图 14-26c：0。　图 14-26d：0。

C点的水平位移　图 14-26a：$60/EI$(向右)。　图 14-26b：$180/EI$(向右)。

图 14-26c：0。　图 14-26d：0。

14-5 C点的水平位移为 $c/2$，E点的竖向位移为 $c/4$。

第 15 章　超静定杆系结构的计算——力法

知识目标：

1. 理解力法的基本原理。

2. 掌握力法解超静定结构的方法和步骤。

3. 掌握结构的对称性在计算超静定结构中的应用。

能力目标：

能够用力法分析超静定结构的内力。

15.1　力法的基本原理

前面各章已讲述了静定结构的内力和位移计算方法，但在实际建筑工程中，大多数的结构为超静定结构，它是具有多余约束的几何不变体系，其支座反力和内力仅用静力平衡条件不能全部确定，因此需要应用超静定结构的计算方法。

超静定结构的最基本计算方法有两种，即力法和位移法。本章讲述的内容就是力法。

15.1.1　力法的基本体系

图 15-1a 所示一端固定，一端铰支的梁，承受荷载 q 的作用，EI 为常数，该梁有一个多余约束，是一次超静定结构。若将支座 B 看作是多余约束，在去掉该约束后，代之以相应的多余未知力 X_1，则图 15-1a 所示的超静定梁就转化为图 15-1b 所示的在荷载 q 和多余未知力 X_1 共同作用下的静定梁。这种去掉多余约束，用多余未知力来代替后得到的静定结构体系称为用力法计算的原结构的基本体系。

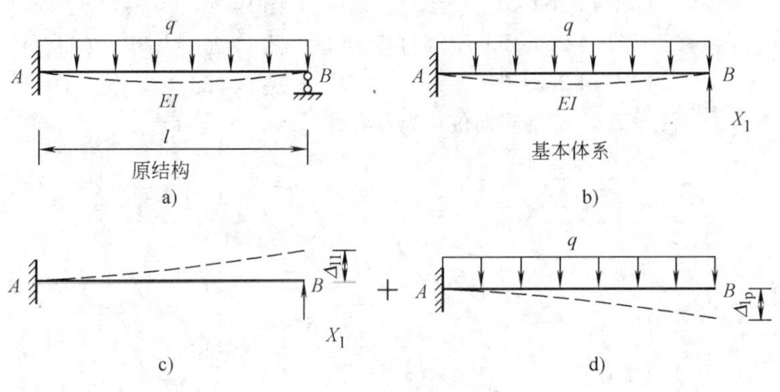

图　15-1

15.1.2　力法的基本未知量

如果设法把多余未知力 X_1 计算出来，那么，原来超静定结构计算问题就可以转化为静定结构的计算问题。因此，计算超静定结构的关键就在于求出多余未知力。多余未知力是最基本的未知力，又可称为力法的基本未知量。这个基本未知量 X_1 不能用静力平衡条件求出，而必须根据基本体系的受力和变形与原结构一致的原则来确定。

15.1.3　力法的基本方程

我们来分析原结构和基本体系的变形情况。原结构在支座 B 处由于有多余约束而不可能有竖向位移，而基本体系在荷载 q 和多余未知力 X_1 共同作用下，在支座 B 处的竖向位移也只有等于零时，才能使基本体系的变形情况与原结构的变形完全一致。所以，用来确定多余未知力 X_1 的位移条件是：基本体系在原有荷载和多余未知力共同作用下，在去掉多余约束处的位移 Δ_1(沿 X_1 方向的位移)与原结构中相应的位移相等。即

$$\Delta_1 = 0$$

如图 15-1c、d 所示，以 Δ_{11} 和 Δ_{1p} 分别表示多余未知力 X_1 和荷载 q 单独作用在基本体系时 B 点沿 X_1 方向的位移，根据叠加原理，应有

$$\Delta_1 = \Delta_{11} + \Delta_{1p} = 0$$

符号右下方两个角标的含义是：第一个角标表示位移的位置和方向；第二个角标表示产生位移的原因。例如：Δ_{11} 表示在 X_1 的作用点，沿着 X_1 的作用方向，由 X_1 所产生的位移；Δ_{1p} 表示在 X_1 的作用点，沿着 X_1 的作用方向，由外荷载 q 所产生的位移。

若以 δ_{11} 表示 X_1 为单位力($X_1 = 1$)时，基本体系在 B 点处沿 X_1 方向产生的位移，则有 $\Delta_{11} = \delta_{11} X_1$。因此，可以把上面的位移条件表达式改写为

$$\delta_{11} X_1 + \Delta_{1p} = 0 \tag{a}$$

$$X_1 = -\Delta_{1p}/\delta_{11} \tag{b}$$

式(a)就是根据原结构的变形条件建立的用以确定 X_1 的变形协调方程，即力法的基本方程。

因 δ_{11}、Δ_{1p} 都是静定结构在已知外力作用下的位移，故均可用求静定结构位移的方法求得，因而利用式 b 可确定多余未知力 X_1 的大小和方向，如果求得的多余未知力 X_1 为正值，说明多余未知力 X_1 的实际方向与原来假设的方向相同；如果求得的多余未知力 X_1 为负值，则实际方向与原来假设的方向相反。

为了计算位移 δ_{11} 和 Δ_{1p}，可分别绘出基本体系在 $X_1 = 1$ 和荷载 q 作用下的弯矩图 $\overline{M}_1$ 和 M_p，如图 15-2 所示。用图乘法计算 δ_{11} 和 Δ_{1p} 时，$\overline{M}_1$ 和 M_p 图分别是基本体系在 $X_1 = 1$ 和荷载 q 作用下实际状态下的弯矩图，同时，$\overline{M}_1$ 图又可理解为求 B 点竖向位移时的基本体系虚设状态下的弯矩图，故计算 δ_{11} 时可利用 $\overline{M}_1$ 图与 $\overline{M}_1$ 图图乘($\overline{M}_1$ 图自乘)，得

$$\delta_{11} = 1 \times (l^2/2 \times 2l/3)/EI = l^3/3EI$$

计算 Δ_{1p} 时可由 $\overline{M}_1$ 图与 M_p 图图乘，得

$$\Delta_{1p} = -(l/3 \times ql^2/2 \times 3l/4)/EI = -ql^4/8EI$$

将所求得的 δ_{11} 和 Δ_{1p} 代入式(b)，即可求出多余未知力 X_1 的值为

$$X_1 = -\Delta_{1p}/\delta_{11} = -(-ql^4/8EI)/(l^3/3EI) = 3ql/8(\uparrow)$$

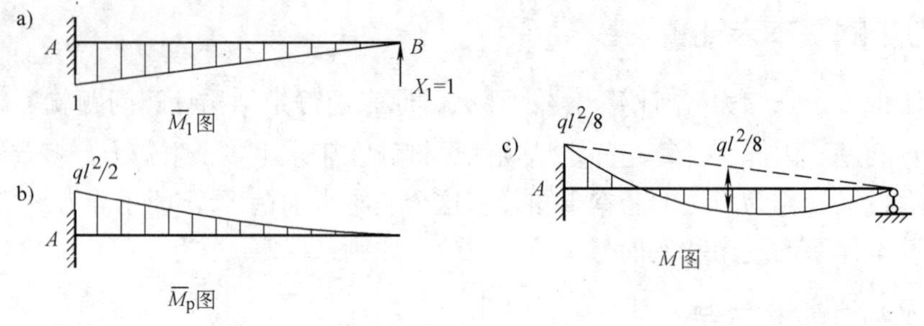

图 15-2

求出多余未知力 X_1 后，将 X_1 和荷载 q 共同作用在基本体系上，利用静力平衡条件就可以计算出原结构的反力和内力。

原结构上的弯矩图 M 可根据叠加原理，按下列公式计算，即

$$M = \overline{M}_1 X_1 + M_{\mathrm{P}}$$

应用上式绘制原结构的最后弯矩图 M 时，可将 $\overline{M}_1$ 图的纵标乘以 X_1 倍，再与 M_{P} 图的相应纵标叠加，即可绘出 M 图。如图 15-2c 所示。

按照以上分析计算超静定结构的内力，基本思路是：先去掉多余约束而得到静定的基本体系，以多余未知力作为基本未知量，然后根据基本体系与原结构在去掉多余约束处具有相同的变形状态这一位移条件，建立基本方程，解此方程求出多余未知力，最后利用平衡条件或叠加原理，求内力并绘内力图，这样就把超静定结构的计算问题化为静定结构内力和位移的计算问题，这种方法称为力法。

15.1.4 力法的典型方程

我们通过上例中只有一个基本未知量的超静定结构的计算，初步了解了力法的基本原理。下面将进一步讨论怎样建立多次超静定结构的力法方程。

图 15-3a 所示为一个二次超静定结构，在荷载 q 作用下结构产生的变形如图中虚线所示。用力法求解时，去掉支座 C 处的二个多余约束，并以相应的多余未知力 X_1 和 X_2 来代替，则得到图 15-3b 所示的基本体系。由于原结构在固定铰支座 C 处的二个方向不可能有任何位移，因此，基本体系在荷载 q 和多余未知力 X_1、X_2 共同作用下，沿多余未知力 X_1、X_2 方向的相应位移 Δ_1、Δ_2 都应等于零。即

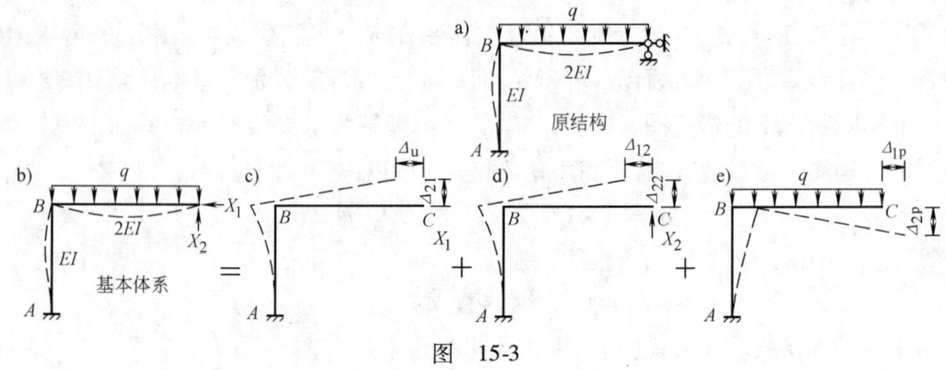

图 15-3

$$\Delta_1 = 0$$
$$\Delta_2 = 0$$

上式就是建立力法方程的位移条件。

根据叠加原理，将图 15-3b 分解为图 15-3c、d、e 三种情况，分别表示基本体系在多余未知力 X_1、X_2 和荷载 q 单独作用下的受力和变形。

在图 15-3c 中，在 X_1 作用下，C 点沿多余未知力 X_1、X_2 方向的位移分别用 Δ_{11} 和 Δ_{21} 表示；在图 15-3d 中，在 X_2 作用下，C 点沿多余未知力 X_1、X_2 方向的位移分别用 Δ_{12} 和 Δ_{22} 表示；在图 15-3e 中，当外荷载 q 单独作用时，C 点沿多余未知力 X_1、X_2 方向的位移分别用 Δ_{1p} 和 Δ_{2p} 表示。则可将基本体系满足的位移条件表示为

$$\begin{cases}\Delta_1 = \Delta_{11} + \Delta_{12} + \Delta_{1p} = 0\\ \Delta_2 = \Delta_{21} + \Delta_{22} + \Delta_{2p} = 0\end{cases}$$

设 δ_{ij} 为 i 方向的单位力在作用点处引起的 j 方向位移，则有：

$$\Delta_{ij} = \delta_{ij} X_j$$

$$\begin{cases}\Delta_1 = \delta_{11} X_1 + \delta_{12} X_2 + \Delta_{1p} = 0\\ \Delta_2 = \delta_{21} X_1 + \delta_{22} X_2 + \Delta_{2p} = 0\end{cases} \tag{15-1}$$

式(15-1)就是求多余未知力 X_1、X_2 时所需建立的力法方程。其物理意义是：基本体系在全部多余未知力和荷载的共同作用下，在去掉各多余约束处沿各多余未知力方向的位移，应与原结构中相应的位移相等。

根据以上分析方法，对于 n 次超静定结构，它具有 n 个多余未知力，相应地也就有 n 个已知的位移条件：$\Delta_i = 0(i = 1, 2, \cdots\cdots, n)$。根据这 n 个已知的位移条件，可以建立 n 个力法方程：

$$\Delta_1 = \delta_{11} X_1 + \delta_{12} X_2 + \cdots\cdots + \delta_{1i} X_i + \cdots\cdots + \delta_{1n} X_n + \Delta_{1p} = 0$$
$$\Delta_2 = \delta_{21} X_1 + \delta_{22} X_2 + \cdots\cdots + \delta_{2i} X_i + \cdots\cdots + \delta_{2n} X_n + \Delta_{2p} = 0$$
$$\cdots\cdots\cdots\cdots\cdots\cdots\cdots\cdots$$
$$\Delta_i = \delta_{i1} X_1 + \delta_{i2} X_2 + \cdots\cdots + \delta_{ii} X_i + \cdots\cdots + \delta_{in} X_n + \Delta_{ip} = 0$$
$$\cdots\cdots\cdots\cdots\cdots\cdots\cdots\cdots$$
$$\Delta_n = \delta_{n1} X_1 + \delta_{n2} X_2 + \cdots\cdots + \delta_{ni} X_i + \cdots\cdots + \delta_{nn} X_n + \Delta_{np} = 0$$

解此方程组，即可求出多余未知力 $X_i(i = 1, 2, \cdots\cdots, n)$。

在以上方程组中，主斜线(自左上方的 δ_{11} 至右下方的 δ_{nn})上的因数 δ_{ii} 称为主因数，它是单位多余未知力 $X_i = 1$ 单独作用在基本体系时所引起的沿 X_i 其自身方向上的位移，可利用 $\overline{M}_i$ 图自乘求得，其值恒为正，且不会等于零。位于主斜线两侧的其他因数 $\delta_{ij}(i \neq j)$，则称为副因数，它是单位多余未知力 $X_j = 1$ 单独作用在基本体系时所引起的沿 X_i 方向上的位移，可利用 $\overline{M}_i$ 与 $\overline{M}_j$ 图图乘求得。各式中最后一项 Δ_{ip} 称为自由项，它是荷载单独作用在基本体系时所引起的沿 X_i 方向上的位移，可利用 $\overline{M}_i$ 与 M_p 图图乘求得。副因数和自由项的值可能为正、负或零，根据位移互等定理可知，在主斜线两侧处于对称位置的两个副因数 δ_{ij} 和 δ_{ji} 是相等的，即

$$\delta_{ij} = \delta_{ji}$$

上述力法基本方程在组成上具有一定的规律，并有副因数互等的性质，故称为力法的典型方程。

按求静定结构位移的方法求得典型方程中的因数和自由项后，代入方程即可解得多余未

知力 X_i，再按照静定结构的分析方法，利用静力平衡条件，求得原结构的全部反力和内力。或按下述叠加公式求出任一截面的弯矩

$$M = \overline{M}_1X_1 + \overline{M}_2X_2 + \cdots\cdots + \overline{M}_iX_i + \cdots\cdots + \overline{M}_nX_n + M_p = \sum_{i=1}^{n} \overline{M}_iX_i + M_p$$

求出弯矩后，由平衡条件求其剪力和轴力。

15.2 用力法求解超静定梁和刚架结构

用力法计算超静定结构的步骤可归纳如下：

（1）判断超静定结构的次数，去掉多余约束，并代之以相应的多余未知力，得到一个静定的基本体系。

（2）根据基本体系在多余未知力和荷载共同作用下，在所去掉多余约束处的位移应与原结构各相应位移相等的条件，建立力法的典型方程。

（3）绘制基本体系中各未知力的单位力弯矩图和荷载弯矩图，按求静定结构位移的方法计算典型方程中的因数和自由项。

（4）解典型方程，求出各多余未知力。

（5）按分析静定结构的方法，由静力平衡条件或叠加法求得最后内力。

（6）绘制原结构最后内力图。

15.2.1 超静定梁

【例 15-1】 试分析图 15-4 所示的梁，EI = 常数。

【解】（1）确定超静定次数，选取基本体系　此梁有一个多余约束，是一次超静定梁。去掉 B 处的多余约束，并用 X_1 代替支座连杆 B 的作用，得到如图 15-4b 所示的基本体系。

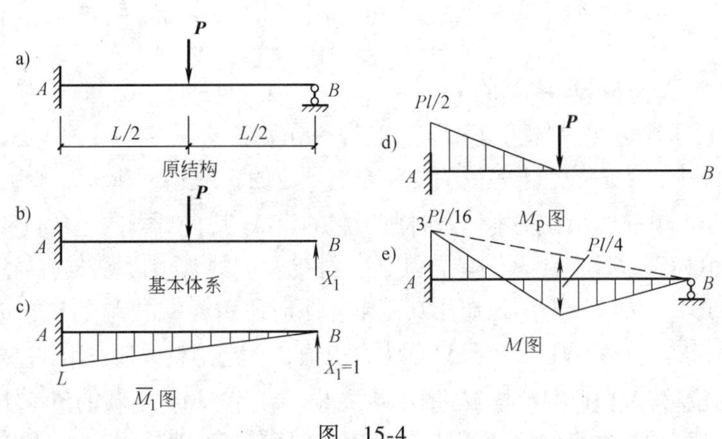

图　15-4

（2）建立力法典型方程　原结构在支座 B 处的竖向位移 $\Delta_1 = 0$，根据位移条件可得力法方程为

$$\delta_{11}X_1 + \Delta_{1p} = 0$$

（3）绘制基本体系的单位弯矩图和荷载弯矩图，如图 15-4c、d 所示，利用图乘法计算

方程中的因数和自由项。

$$\delta_{11}=1\times(l^2/2\times 2l/3)/EI=l^3/3EI$$

$$\Delta_{1p}=-1\times[l/2\times l/2\times Pl/2\times(2l/3+1/3\times l/2)]/EI=-5Pl^3/48EI$$

（4）求多余未知力 X_1。将 δ_{11}、Δ_{1p}代入典型方程，有

$$(l^3/3EI)X_1-5Pl^3/48EI=0$$

解方程得：$X_1=5P/16(\uparrow)$

（5）根据叠加原理：$M=\overline{M}_1X_1+M_p$，绘制梁的弯矩图，如图 15-4c 所示。

求出弯矩后，再由平衡条件求出其剪力，并绘制剪力图，如图 15-5 所示。

图 15-5a 中，由 $\sum M_A=0$，得

$$F_{S_{BA}}\times l-P\times l/2+3P\times l/16=0$$

$$F_{S_{BA}}=5P/16$$

由 $\sum F_Y=0$，得

$$F_{S_{AB}}+5P/16-P=0$$

$$F_{S_{AB}}=11P/16$$

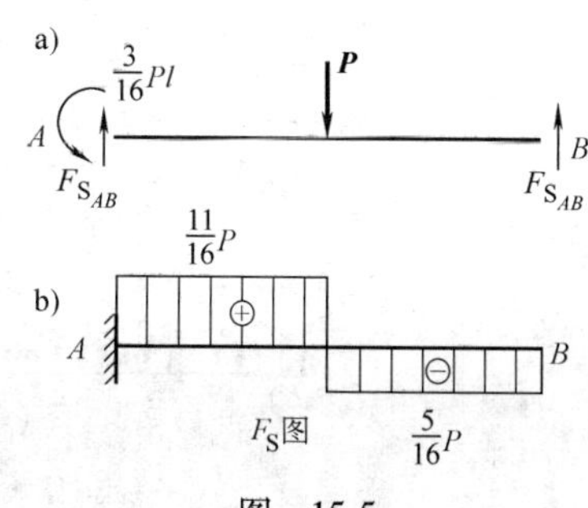

图　15-5

【例 15-2】 用力法计算图 15-6 所示的超静定梁，绘出弯矩图，EI = 常数。

【解法(一)】 （1）确定超静定次数，选取基本体系。

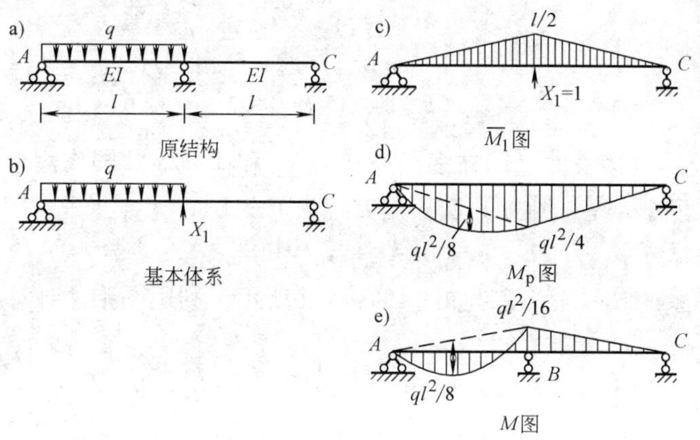

图　15-6

此连续梁为一次超静定结构。去掉 B 处的多余约束，并用 X_1 代替支座连杆 B 的作用，得到如图 15-6b 所示的基本体系。

（2）由已知 B 点的位移条件，建立力法典型方程为

$$\delta_{11}X_1+\Delta_{1p}=0$$

（3）作基本体系的$\overline{M}_1$、M_p 图，如图 15-6c、d 所示。利用图乘法计算方程中的因数和自由项。

$$\delta_{11}=2\times(1/2\times l/2\times l\times 2/3\times l/2)/EI=l^3/6EI$$

$$\begin{aligned}\Delta_{1p}&=-2\times(l/2\times ql^2/4\times l\times 2/3\times l/2)/EI-1\times(2/3\times ql^2/8\times l\times 1/2\times l/2)/EI\\&=-5ql^4/48EI\end{aligned}$$

（4）求解多余未知力 X_1。

将 δ_{11}、Δ_{1p}代入典型方程，有

$$(l^3/6EI)X_1 - 5ql^4/48EI = 0$$

解方程得：$X_1 = 5ql/8(\uparrow)$

（5）根据叠加原理：$M = \overline{M}_1 \cdot X_1 + M_p$，求梁各截面的弯矩值，并绘制最后弯矩图，如图 15-6e 所示。

【解法(二)】（1）确定超静定次数，选取基本体系。此连续梁为一次超静定结构，将 B 截面切断，加入单铰，并用一对大小相等、方向相反的多余未知力 X_1 代替 B 截面处刚性结点的作用，得到如图 15-7b 所示的基本体系。

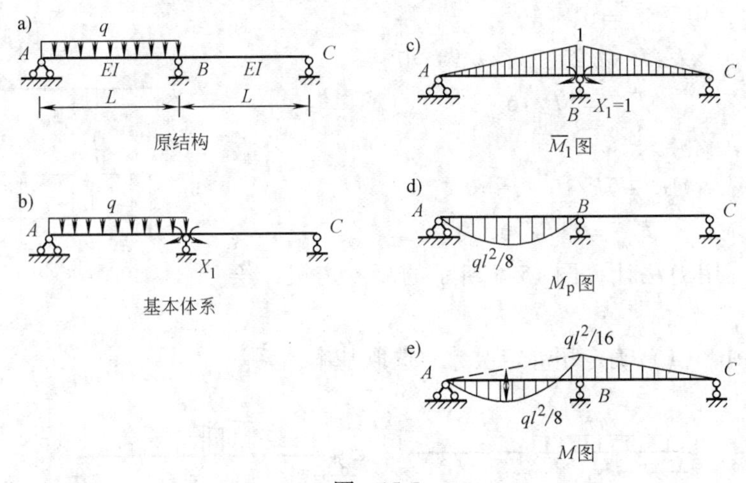

图 15-7

（2）由铰 B 处的位移条件，即在多余未知力 X_1 和荷载 q 共同作用下，基本体系在铰 B 处两侧截面的相对转角为零，建立力法典型方程为

$$\delta_{11}X_1 + \Delta_{1p} = 0$$

（3）作基本体系的$\overline{M}_1$、M_p 图，如图 15-7c、d 所示，利用图乘法计算方程中的因数和自由项。

$$\delta_{11} = 2 \times [(1/2) \times l \times 1 \times (2/3)]/EI = 2l/3EI$$

$$\Delta_{1p} = -1 \times [(2/3) \times (ql^2/8) \times l \times (1/2)]/EI = -ql^3/24EI$$

（4）求解多余未知力 X_1。

将 δ_{11}、Δ_{1p}代入典型方程，有

$$(2l/3EI)X_1 - ql^3/24EI = 0$$

解方程得：$X_1 = ql^2/16$

（5）根据叠加原理：$M = \overline{M}_1 X_1 + M_p$，求梁各截面的弯矩值，并绘制最后弯矩图，如图 15-7e 所示。所求得的最后弯矩图与图 15-6e 所示的弯矩图完全一致。

以上两种解法中可以看出：

（1）对于同一个超静定结构，可以采用多种不同方式去掉多余约束，相应地得到不同形式的基本体系。

（2）尽管选取的基本体系不同，但力法方程的形式相同，均为 $\delta_{11}X_1 + \Delta_{1p} = 0$。

（3）不同形式的基本体系对应的基本方程的物理含义不同。

(4) 不同的基本体系计算工作量繁简不同，应尽量选取便于计算的静定结构作为超静定结构的基本体系。

我们不妨以一两跨超静定梁进一步加以说明。

【例 15-3】 图 15-8 所示的超静定连续梁，各跨 EI = 常数，试绘制其最终弯矩图。

【解】 (1) 确定超静定次数，选取基本体系　此连续梁为二次超静定结构。在可选择的不同基本体系的方案中，以图 15-8b 所示的静定连续梁的基本体系最便于计算，即在 B、C 两截面处切断，改为单铰节点，并分别用两对大小相等、方向相反的多余未知力 X_1、X_2 代替 B、C 截面处刚性结点的作用，X_1、X_2 分别表示截面 B、C 的未知弯矩。

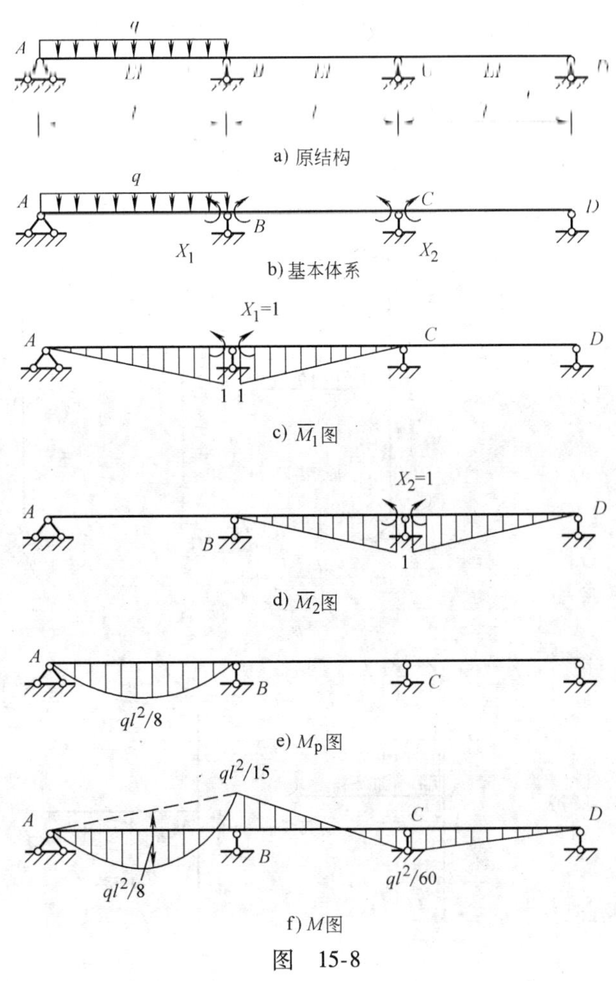

a) 原结构　b) 基本体系　c) $\overline{M}_1$图　d) $\overline{M}_2$图　e) M_p图　f) M图

图　15-8

(2) 根据原结构的已知变形条件，建立力法典型方程　原连续梁在受力变形后也是连续的，截面 B、C 左右两侧截面的相对转角为零，故力法典型方程为

$$\Delta_1 = \delta_{11}X_1 + \delta_{12}X_2 + \Delta_{1p} = 0$$

$$\Delta_2 = \delta_{21}X_1 + \delta_{22}X_2 + \Delta_{2p} = 0$$

(3) 计算方程中的因数和自由项　绘制基本体系在各单位多余未知力 $X_i = 1$ 作用下的单位弯矩图和荷载弯矩图，如图 15-8c、d、e 所示。利用图乘法求得各因数和自由项为

$$\delta_{11} = \delta_{22} = 2 \times [(1/2) \times l \times 1 \times (2/3)]/EI = 2l/3EI$$

$$\delta_{12} = \delta_{21} = 1 \times [(1/2) \times l \times 1 \times (1/3)]/EI = l/6EI$$

$$\Delta_{1p} = 1 \times [(2/3) \times (ql^2/8) \times l \times (1/2)]/EI = ql^3/24EI$$

$$\Delta_{2p} = 0$$

(4) 求解多余未知力　将所求得的因数和自由项代入典型方程，则有

$$(2l/3EI)X_1 + (l/6EI)X_2 + ql^3/24EI = 0$$

$$(l/6EI)X_1 + (2l/3EI)X_2 = 0$$

解方程得：$X_1 = -ql^2/15$，$X_2 = ql^2/60$

负号表示 X_1 的方向与所设相反，截面 B 为上边缘受拉。

(5) 绘制最后弯矩图　根据叠加原理按式 $M = \overline{M}_1 \cdot X_1 + \overline{M}_2 \cdot X_2 + M_p$，计算各杆端弯矩

值，并在各杆段内用叠加法绘制弯矩图，如图 15-8f 所示。

也可选择其他形式的基本体系进行计算，并比较计算结果和计算工作量的繁简。

15.2.2 超静定刚架

【例 15-4】 绘制图 15-9a 所示刚架的弯矩图，设 EI 为常数。

【解】 （1）确定超静定次数，选取基本体系　此刚架为一次超静定刚架。去掉 D 处的多余约束，并用 X_1 代替支座连杆 D 的作用，得到如图 15-9b 所示的基本体系。

（2）建立力法典型方程　根据原结构在支座 D 处的横向位移 $\Delta_1=0$，建立的力法方程为

$$\delta_{11}X_1+\Delta_{1\mathrm{p}}=0$$

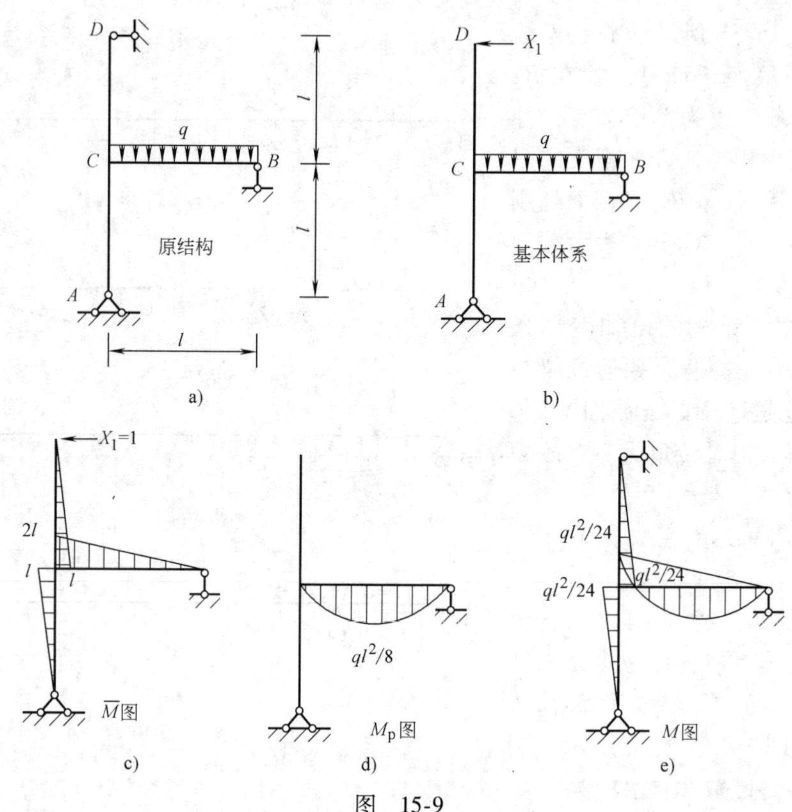

图　15-9

（3）绘制基本体系的未知力单位弯矩图和荷载弯矩图，如图 15-9c、d 所示。利用图乘法计算方程中的因数和自由项。

$$\delta_{11}=1\times[(l^2/2)\times(2l/3)\times2+(1/2)\times2l^2\times2l\times(2/3)]/EI=2l^3/EI$$

$$\Delta_{1\mathrm{p}}=-1\times[(2/3)\times(ql^2/8)\times l)]/EI=-ql^4/12EI$$

（4）求多余未知力 X_1。

将 δ_{11}、$\Delta_{1\mathrm{p}}$代入典型方程，有

$$(2l^3/EI)X_1-ql^4/12EI=0$$

解方程得：$X_1=ql/24(\leftarrow)$

（5）根据叠加原理：$M=\overline{M}_1X_1+M_{\mathrm{p}}$，绘制刚架的弯矩图，如图 15-9e 所示。

【例 15-5】 试分析图 15-10a 所示刚架，$EI=$常数。

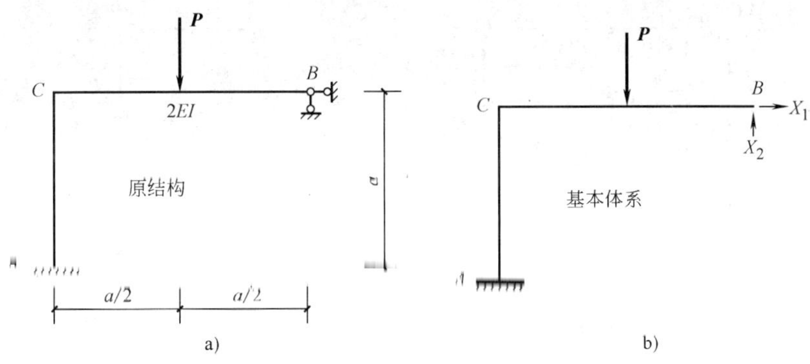

图 15-10

【解】 (1) 确定超静定次数，选取基本体系。此刚架具有两个多余约束，是二次超静定结构。去掉 B 处的两根支座连杆，并用 X_1、X_2 代替支座连杆的作用，得到如图 15-10b 所示的基本体系。

(2) 建立力法典型方程。

$$\Delta_1 = \delta_{11}X_1 + \delta_{12}X_2 + \Delta_{1p} = 0$$
$$\Delta_2 = \delta_{21}X_1 + \delta_{22}X_2 + \Delta_{2p} = 0$$

(3) 绘制基本体系的$\overline{M}_1$、$\overline{M}_2$ 和 M_p 图，如图 15-11 所示，利用图乘法计算方程中的因数和自由项。

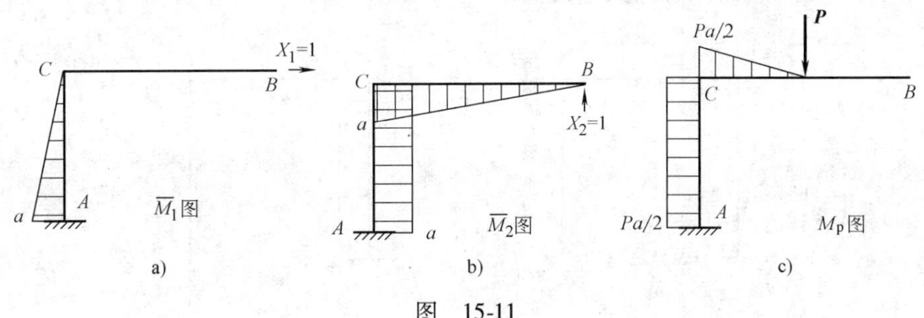

图 15-11

$$\delta_{11} = (1/EI)(a^2/2 \times 2a/3) = a^3/3EI$$
$$\delta_{22} = (1/2EI)(a^2/2 \times 2a/3) + (1/EI)(a^2 \times a) = 7a^3/6EI$$
$$\delta_{12} = \delta_{21} = (-1/EI)(a^2/2 \times a) = -a^3/2EI$$
$$\Delta_{1p} = 1 \times (a^2/2) \times P \cdot (a/2)/EI = P \cdot a^3/4EI$$
$$\Delta_{2p} = -1 \times (1/2) \times (Pa/2) \times (a/2) \times (5a/6)/2EI - 1 \times (Pa/2) \times a/EI$$
$$= -53Pa^3/96EI$$

(4) 求解多余未知力。将以上因数和自由项代入典型方程并消去 a^3/EI，得

$$(1/3)X_1 - (1/2)X_2 + P/4 = 0$$
$$-(1/2)X_1 + (7/6)X_2 - 53P/96 = 0$$

解方程组得：$X_1 = -9P/80(\leftarrow)$，$X_2 = 17P/40(\uparrow)$

(5) 绘制最后弯矩图和剪力图、轴力图，如图 15-11d、e、f 所示。

【例 15-6】 试绘制图 15-12a 所示刚架的弯矩图，$q = 7\text{kN/m}$，EI = 常数。

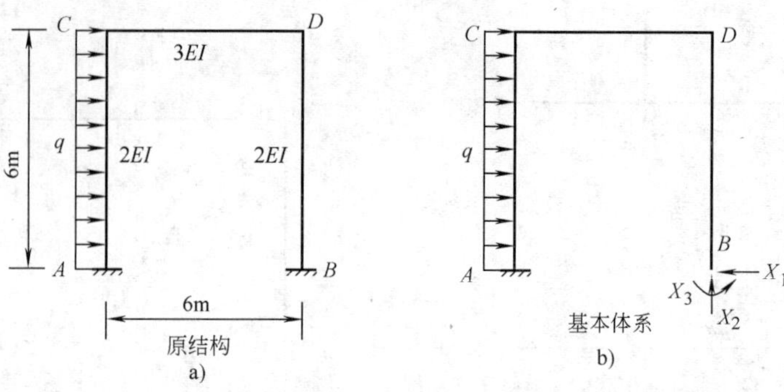

图 15-12

【解】（1）确定超静定次数，选取基本体系。此刚架具有三个多余约束，是三次超静定结构。去掉固定支座 B，并用 X_1、X_2、X_3 代替固定支座的作用，得到如图 15-12b 所示的基本体系。

（2）根据原结构在支座 B 处的位移条件，建立力法典型方程。

$$\delta_{11}X_1+\delta_{12}X_2+\delta_{13}X_3+\Delta_{1\mathrm{p}}=0$$
$$\delta_{21}X_1+\delta_{22}X_2+\delta_{23}X_3+\Delta_{2\mathrm{p}}=0$$
$$\delta_{31}X_1+\delta_{32}X_2+\delta_{33}X_3+\Delta_{3\mathrm{p}}=0$$

（3）绘制基本体系的未知力单位弯矩图 $\overline{M}_1$、$\overline{M}_2$、$\overline{M}_3$ 和荷载弯矩图 M_{p}，如图 15-13 所示，利用图乘法计算方程中的因数和自由项。

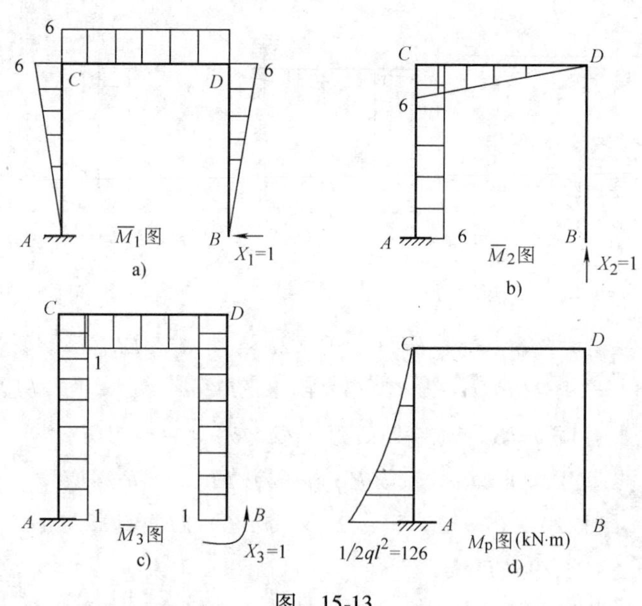

图 15-13

$$\delta_{11}=1\times[(1/2)\times6\times6\times2/3\times6\times2]/2EI+1\times(6\times6\times6)/3EI=144/EI$$
$$\delta_{22}-1\times(6\times6\times6)/2EI+1\times[(1/2)\times6\times6\times2/3\times6]/3EI=132/EI$$
$$\delta_{33}=1\times(6\times1\times2)/2EI+1\times(1\times6\times1)/3EI=8/EI$$
$$\delta_{12}=\delta_{21}=(-1)\times[(1/2)\times6\times6\times6]/2EI-1\times[(1/2)\times6\times6\times6]/3EI=-90/EI$$
$$\delta_{13}=\delta_{31}=(-1)\times[(1/2)\times6\times6\times1\times2]/2EI-1\times(6\times6\times1)/3EI=-30/EI$$

$$\delta_{23}=\delta_{32}=1\times(6\times6\times1)/2EI+1\times[(1/2)\times6\times6\times1]/3EI=24/EI$$

$$\Delta_{1p}=1\times[(1/3)\times126\times6\times(1/4)\times6]/2EI=189/EI$$

$$\Delta_{2p}=-1\times[(1/3)\times126\times6\times6]/2EI=-756/EI$$

$$\Delta_{3p}=-1\times[(1/3)\times126\times6\times1]/2EI=-126/EI$$

（4）求解多余未知力。将以上因数和自由项代入力法方程，化简后得

$$24X_1-15X_2-5X_3+31.5=0$$

$$-15X_1+22X_2+4X_3-126=0$$

$$-5X_1+4X_2+4X_3/3-21=0$$

解此方程组得：$X_1=9\text{kN}(\leftarrow)$，$X_2=6.3\text{kN}(\uparrow)$，$X_3=30.6\text{kN}\cdot\text{m}(\circlearrowright)$

（5）绘制最后弯矩图。

根据叠加原理按式 $M=\overline{M}_1\cdot X_1+\overline{M}_2\cdot X_2+\overline{M}_3\cdot X_3+M_p$，计算各杆端弯矩值，并在各杆段内用叠加法绘制弯矩图，如图 15-14 所示。

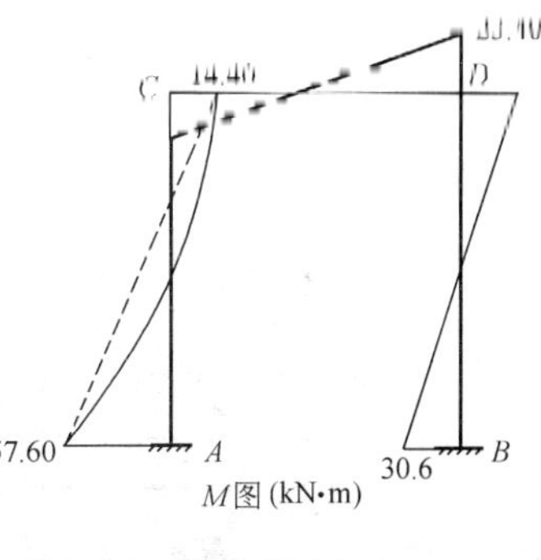

图 15-14

15.3 用力法求解超静定桁架

超静定桁架在只承受结点荷载时，由于桁架杆件中只产生轴力，故用力法计算时，力法典型方程中的因数和自由项的计算公式为

$$\delta_{ii}=\sum\overline{F}_{N_i}^{\,2}l/EA$$

$$\delta_{ij}=\sum\overline{F}_{N_i}\overline{F}_{N_j}l/EA$$

$$\Delta_{ip}=\sum\overline{F}_{N_i}F_{N_p}l/EA$$

桁架各杆件的最后内力可按叠加公式计算

$$F_N=\overline{F}_{N_1}X_1+\overline{F}_{N_2}X_2+\cdots+\overline{F}_{N_i}X_i+\cdots+\overline{F}_{N_n}X_n+F_{N_p}=\sum_{i=1}^{n}\overline{F}_{N_i}X_i+F_{N_p}$$

其中，$\overline{F}_{N_i}$为 $X_i=1$ 单独作用于基本体系时桁架各杆产生的轴力；$\overline{F}_{N_j}$为 $X_j=1$ 单独作用于基本体系时桁架各杆产生的轴力；F_{N_p}为外荷载单独作用于基本体系时桁架各杆产生的轴力。l 为桁架各杆件的长度。

用力法求解超静定桁架，其基本原理和步骤与超静定梁、超静定刚架相同。

【例 15-7】 试求图 15-15a 所示桁架各杆内力，已知各杆 EA 为常数。

【解】（1）确定超静定次数，选取基本体系　此桁架为一次超静定桁架。将 12 杆切断，并代之以多余未知力 X_1，得到如图 15-15b 所示的基本体系。

（2）建立力法典型方程　根据 12 杆切断处两侧截面的相对位移为零的条件，建立的力法典型方程如下

$$\delta_{11}X_1+\Delta_{1p}=0$$

（3）计算方程中的因数和自由项　为了计算因数和自由项，需分别求出单位多余未知力($X_1=1$)和已知荷载作用于基本体系时产生的桁架各杆轴力，如图 15-15c、d 所示。

$$\delta_{11}=\sum\overline{F}_{N_1}^{2}\cdot l/EA=\frac{1}{EA}\left[\left(\frac{-1}{\sqrt{2}}\right)^2\times a\times4+1\times l^2\sqrt{2}a\times2\right]=\frac{2(1+\sqrt{2})a}{EA}$$

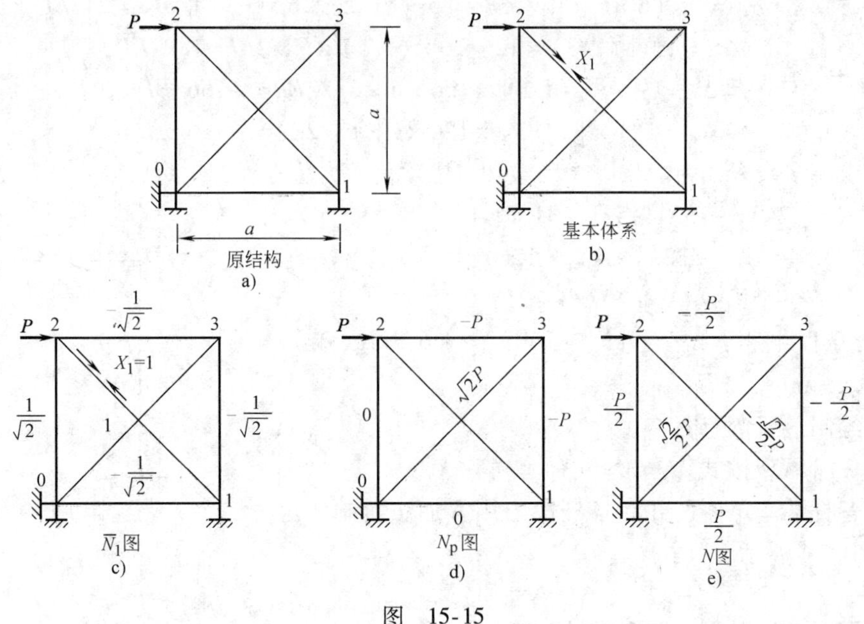

图 15-15

$$\Delta_{1p}=\sum \overline{F}_{N_1}\cdot F_{N_p}l/EA=\frac{1}{EA}\left[\left(\frac{-1}{\sqrt{2}}\right)\times(-P)\times a\times 2+1\times\sqrt{2}P\times\sqrt{2}a\right]=\frac{(2+\sqrt{2})Pa}{EA}$$

（4）求多余未知力 X_1　将 δ_{11}、Δ_{1p} 代入典型方程后解得

$$X_1=-\Delta_{1p}/\delta_{11}=-\frac{\sqrt{2}P}{2}(\text{压力})$$

（5）求桁架各杆最后轴力　根据叠加原理：$N=\overline{N}_1X_1+N_p$，求得的桁架各杆轴力，如图 15-15e 所示。

15.4　用力法求解铰接排架

单层工业厂房中常常采用铰接排架结构，它由屋架、柱和基础共同组成。在进行结构的简化、建立结构的计算模型或选择结构的计算简图时，假设柱与基础刚性连接，屋架与柱顶处理成铰接，屋架按桁架计算，并视之为刚性为无穷大的连杆。图 15-16 是一两跨单层不等高排架结构的计算简图。

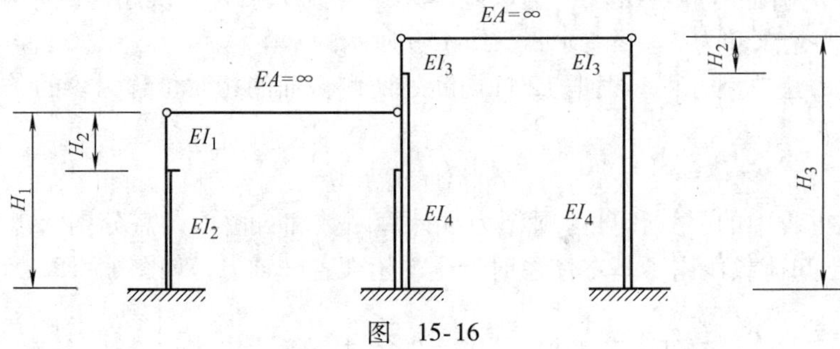

图 15-16

用力法计算排架结构内力时，选取基本体系通常是把连杆作为多余约束，利用连杆切断处两侧截面的相对位移为零的条件，建立力法典型方程。

【例 15-8】 试分析图 15-17a 所示单跨铰接排架结构在风荷载作用下的内力，已知 $q_1=0.8q$，$q_2=0.6q$。

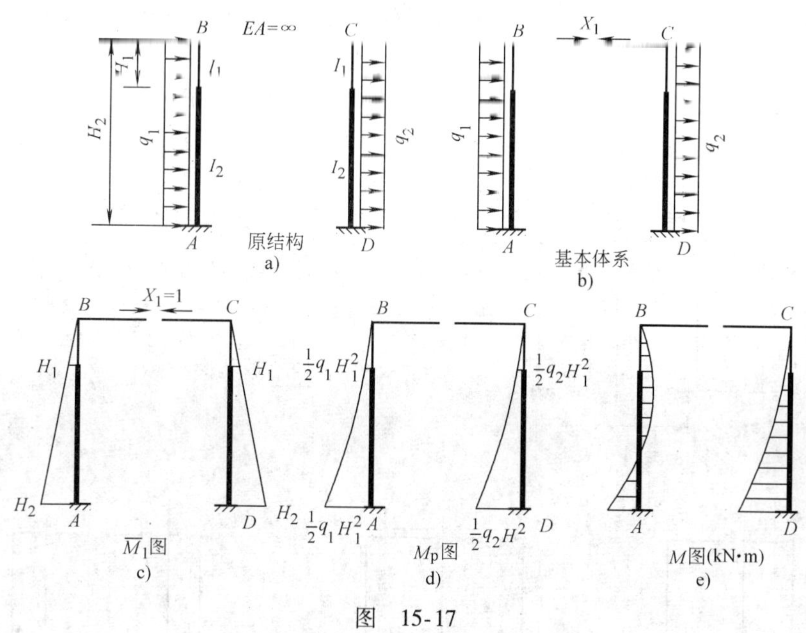

图 15-17

【解】 （1）确定超静定次数，选取基本体系 此排架为一次超静定。把连杆 BC 作为多余约束，切断连杆并用多余未知力 X_1 代替其作用，得到图 15-17b 所示的基本体系。

（2）建立力法典型方程 利用连杆切断处两侧截面在多余未知力和荷载共同作用下的相对水平位移为零的条件，建立的力法方程为

$$\delta_{11}X_1+\Delta_{1p}=0$$

（3）绘制基本体系的单位弯矩图和荷载弯矩图，如图 15-17c、d 所示，利用图乘法计算方程中的因数和自由项。

$$\delta_{11}=2H_2^3\{1+[(I_2/I_1)-1]\}(H_1^3/H_2^3)/3EI_2$$

$$\begin{aligned}\Delta_{1p}&=q_1H_2^4\{1+[(I_2/I_1)-1]\}\cdot(H_1^4/H_2^4)/8EI_2-q_2H_2^4\{1+[(I_2/I_1)-1]\}(H_1^4/H_2^4)/8EI_2\\&=(q_1-q_2)H_2^4[1+(I_2/I_1)-1](H_1^4/H_2^4)/8EI_2\end{aligned}$$

（4）求多余未知力 X_1 将 δ_{11}、Δ_{1p}代入典型方程，解方程得

$$\begin{aligned}X_1&=-\Delta_{1p}/\delta_{11}=-3(q_1-q_2)H_2\{1+[(I_2/I_1)-1]\}(H_1^4/H_2^4)/\{16[1+(I_2/I_1)-1](H_1^3/H_2^3)\}\\&=-0.3qH_2[1+(I_2/I_1)-1)](H_1^4/H_2^4)/\{8[1+(I_2/I_1)-1](H_1^3/H_2^3)\}\end{aligned}$$

（5）根据叠加原理，按式 $M=\overline{M}_1X_1+M_p$ 即可作出最后的弯矩图，如图 15-17e 所示。

15.5 结构对称性的利用

建筑工程中很多结构是对称的，利用结构的对称性，恰当地选取基本体系，使力法典型方程中尽可能多的副因数和自由项等于零，从而使计算工作大为简化。

所谓对称结构需符合两个条件：结构的几何形状和支承情况是对称的；杆件的截面及弹性模量(EI、EA 等)也必须是对称的。即如果结构绕对称轴对折，则左右两部分的几何尺寸和刚度等将完全重合。

图 15-18a 所示的对称刚架(三次超静定结构)，若将此刚架沿对称轴处切断横梁，代之以相应的多余未知力 X_1、X_2、X_3，便得到一个对称的基本体系，如图 15-18b 所示。在对称轴两侧的三对多余未知力中，X_1、X_2(截面弯矩、轴力)大小相等，绕对称轴对折后作用点重合且指向相同，称为正对称多余未知力；X_3(截面剪力)大小相等，绕对称轴对折后作用点重合，但指向相反，称为反对称多余未知力。

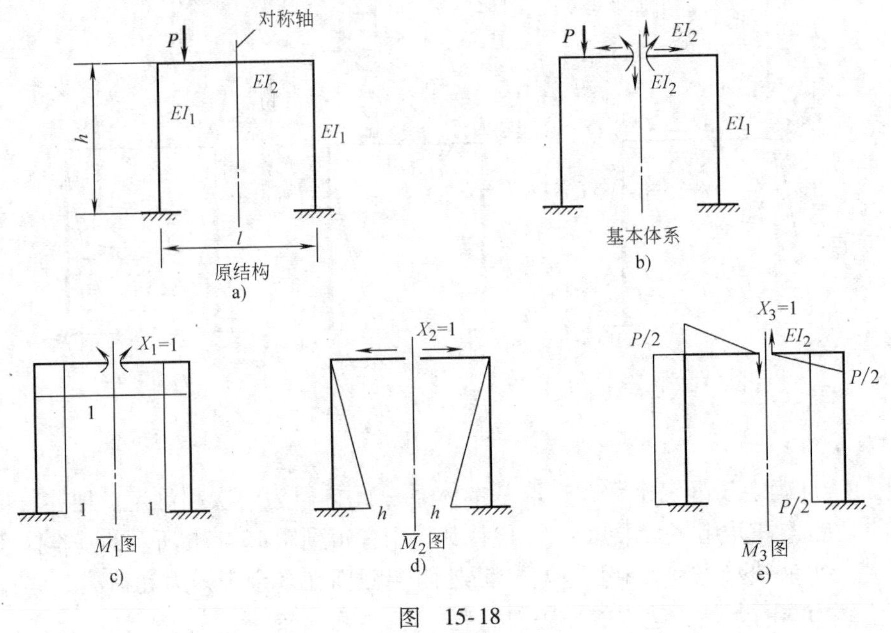

图 15-18

绘制基本体系的单位弯矩图$\overline{M}_1$、$\overline{M}_2$、$\overline{M}_3$ 图，如图 15-18c、d、e 所示。由于选取的基本体系是对称的，显然，正对称单位多余未知力($X_1=1$、$X_2=1$)作用下的单位弯矩图$\overline{M}_1$、$\overline{M}_2$ 也是正对称的；而反对称单位多余未知力($X_3=1$)作用下的单位弯矩图$\overline{M}_3$ 则是反对称的。

用图乘法计算方程中的因数时，正对称图形与反对称图形相图乘的结果为零。即

$$\delta_{13}=\delta_{31}=0$$

$$\delta_{23}=\delta_{32}=0$$

故力法典型方程可简化为

$$\delta_{11}X_1+\delta_{12}X_2+\Delta_{1p}=0 \quad \text{(a)}$$

$$\delta_{21}X_1+\delta_{22}X_2+\Delta_{2p}=0 \quad \text{(b)}$$

$$\delta_{33}X_3+\Delta_{3p}=0 \quad \text{(c)}$$

由此可知，力法典型方程将分成两组：一组只包含正对称的多余未知力，即 X_1、X_2；另一组只包含反对称的多余未知力，即 X_3。因此，解方程组的工作将得到简化。

现在将作用在结构上的荷载也分解成正对称的荷载和反对称的荷载两种情况，如图 15-19所示。基本体系在正对称荷载作用下的弯矩图 M'_p如图 15-20a 所示，在反对称荷载作

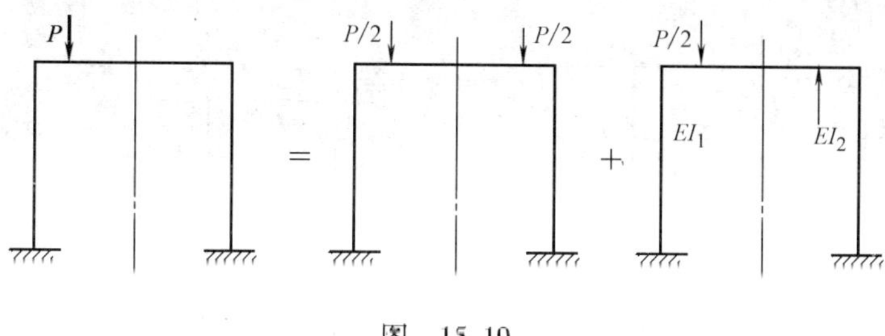

图 15-19

用下的弯矩图 M''_p 如图 15-20b 所示。

可见，M'_p 图是正对称的，而 M''_p 图是反对称的。

在正对称荷载作用下，用图乘法计算力法典型方程中的自由项时，分别用单位弯矩图 $\overline{M}_1$、$\overline{M}_2$、$\overline{M}_3$ 图与 M'_p 图相图乘。因 $\overline{M}_3$ 图是反对称的，M'_p 图是正对称的，因此，可得：$\Delta_{3p}=0$。代入方程式(c)中，得：$X_3=0$。这时只要计算正对称多余未知力 X_1、X_2。

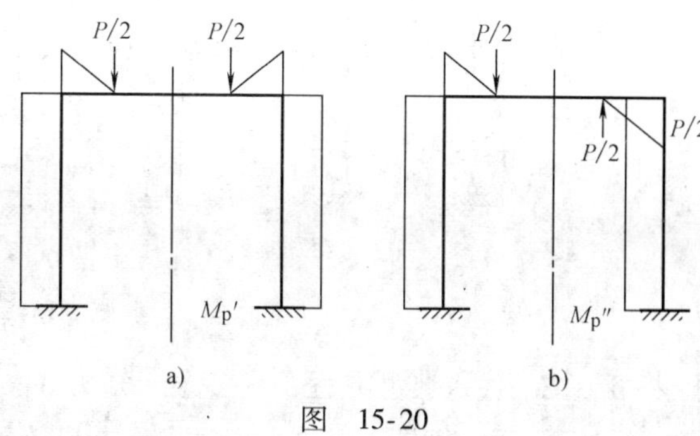

图 15-20

在反对称荷载作用下，用图乘法计算力法典型方程中的自由项时，分别用单位弯矩图 $\overline{M}_1$、$\overline{M}_2$、$\overline{M}_3$ 图与 M''_p 图相图乘。因 $\overline{M}_1$、$\overline{M}_2$ 图是对称的，M''_p 图是反对称的，因此，可得：$\Delta_{1p}=0$，$\Delta_{2p}=0$。代入方程式(a)、(b)中，得：

$$\delta_{11}X_1+\delta_{12}X_2=0$$
$$\delta_{21}X_1+\delta_{22}X_2=0$$

从而得：$X_1=0$，$X_2=0$。这时只要计算反对称多余未知力 X_3。

从上述分析中可得到如下结论：

(1) 对称结构在正对称荷载作用下，其反对称的多余未知力等于零。

(2) 对称结构在反对称荷载作用下，其正对称的多余未知力等于零。

对于任意荷载作用下的对称结构，计算内力时都可将荷载分解成正对称的荷载和反对称的荷载两部分，分别求解后再进行叠加，最后绘制出内力图。

【例 15-9】 试分析图 15-21a 所示刚架，设 EI = 常数。

【解】 这是一个对称结构，为四次超静定。我们取图 15-21b 所示的对称的基本体系，由于荷载是反对称的，故可知正对称的多余未知力 X_2、X_3、X_4 皆等于零，只需求反对称的多余未知力 X_1，从而使力法典型方程大为简化，仅相当于求解一次超静定问题。因此，建立的力法方程为

$$\delta_{11}X_1+\Delta_{1p}=0$$

绘制基本体系的未知力单位弯矩图和荷载弯矩图，如图 15-21c、d 所示，利用图乘法计算方程中的因数和自由项。

$$\delta_{11}=2\times\{[(1/2)\times3\times3\times2]\times2+3\times6\times3\}/EI=144/EI$$
$$\Delta_{1p}=2\times[3\times6\times30+(1/2)\times3\times3\times80]/EI=1800/EI$$

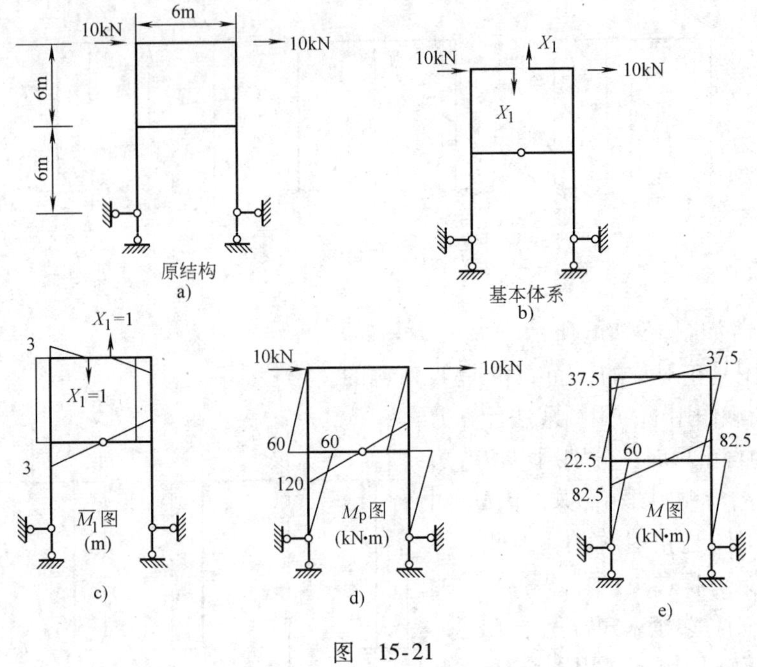

图 15-21

将 δ_{11}、Δ_{1p}代入典型方程，求多余未知力 X_1，得：

$$X_1 = -\Delta_{1p}/\delta_{11} = -(1800/EI)/(144/EI) = 12.5\text{kN}$$

根据叠加原理，按式 $M=\overline{M}_1X_1+M_p$，即可绘制最后的弯矩图。如图 15-21e 所示。

【例 15-10】 试分析图 15-22a 所示刚架，设 EI = 常数。

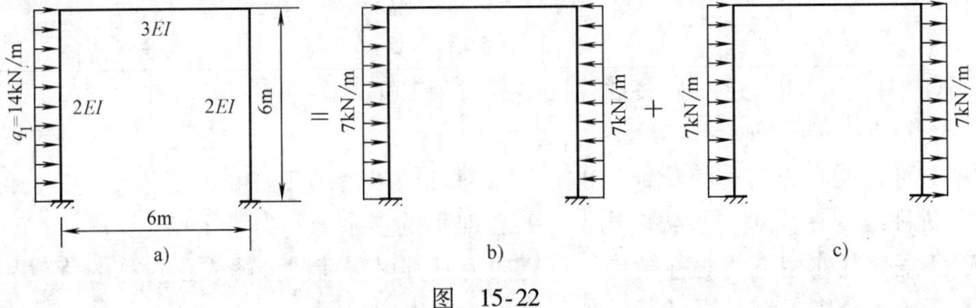

图 15-22

【解】 先将图 15-22a 所示荷载情况分解成图 15-22b 所示正对称和图 15-22c 所示反对称两种情况，然后分别进行计算。

（1）在正对称荷载作用下的计算，见图 15-23。

1）选取对称的基本体系，如图 15-23b 所示。在正对称荷载作用下，反对称的多余未知力 $X_3=0$，只需计算正对称的多余未知力 X_1、X_2。

2）建立力法典型方程。

$$\delta_{11}X_1+\delta_{12}X_2+\Delta_{1p}=0$$
$$\delta_{21}X_1+\delta_{22}X_2+\Delta_{2p}=0$$

3）计算力法典型方程中的因数和自由项。分别绘制基本体系的单位弯矩图和荷载弯矩图，如图 15-23c、d、e 所示，利用图乘法计算方程中的因数和自由项。

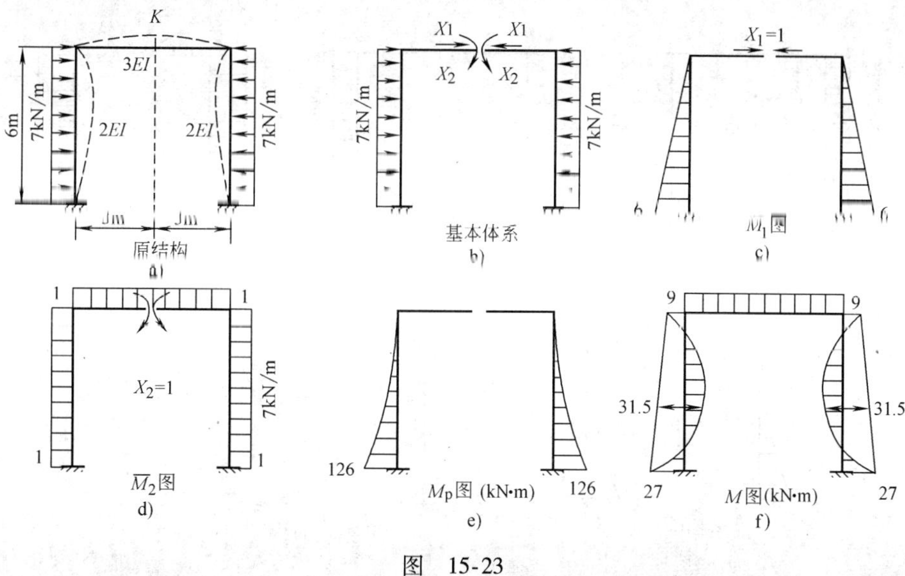

图　15-23

$$\delta_{11}=1\times[(1/2)\times6\times6\times(2/3)\times6]\times2/2EI=72/EI$$

$$\delta_{22}=1\times(6\times1\times1)\times2/2EI+1\times(6\times1\times1)/3EI=8/EI$$

$$\delta_{12}=\delta_{21}=1\times[(1/2)\times6\times6\times1]\times2/2EI=18/EI$$

$$\Delta_{1p}=1\times[(1/3)\times6\times126\times3/4\times6]\times2/2EI=1134/EI$$

$$\Delta_{2p}=1\times[(1/3)\times6\times126\times1]\times2/2EI=252/EI$$

4）求解多余未知力 X_1、X_2。

将上述所求因数和自由项代入典型方程并消除 $1/EI$ 后，得

$$72X_1+18X_2+1134=0$$

$$18X_1+8X_2+252=0$$

解之得

$$X_1=-18\text{kN},\ X_2=9\text{kN}\cdot\text{m}$$

5）绘制弯矩图。正对称荷载作用下的弯矩图如图 15-23f 所示。

（2）在反对称荷载作用下的计算见图 15-24。

1）选取对称的基本体系，如图 15-24b 所示，在反对称荷载作用下，正对称的多余未知力 $X_1=0$，$X_2=0$，只需计算反对称的多余未知力 X_3。

2）建立力法典型方程。

$$\Delta_{33}X_3+\Delta_{3p}=0$$

3）计算力法典型方程中的因数和自由项。分别绘制基本体系的单位弯矩图和荷载弯矩图，如图 15-24c、d 所示，利用图乘法计算方程中的因数和自由项

$$\delta_{33}=1\times(6\times3\times3)\times2/2EI+1\times(1/2\times3\times3\times2/3\times3)/3EI=57/EI$$

$$\Delta_{3p}=1\times(1/3\times6\times126\times3)\times2/2EI=756/EI$$

4）求解多余未知力 X_3。

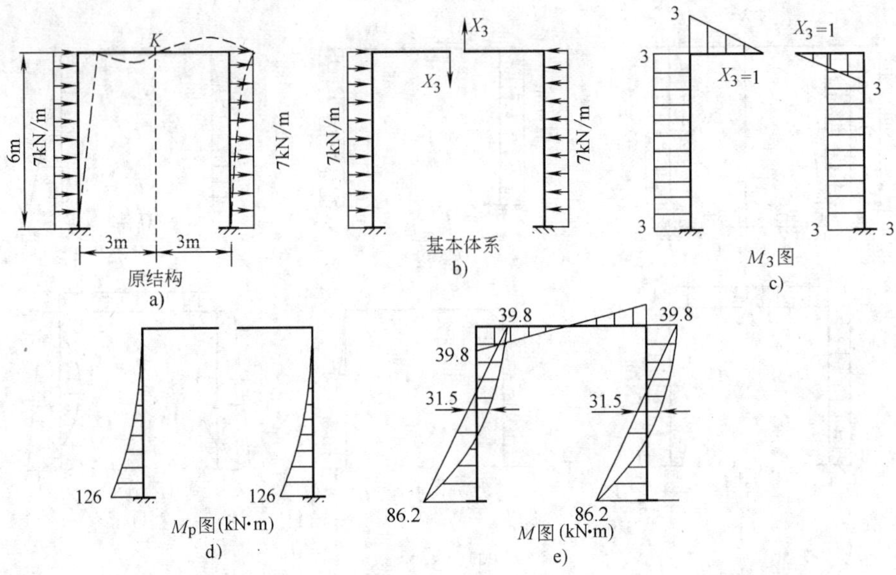

图 15-24

将上述所求因数和自由项代入典型方程合并化简后，得

$$60X_3 + 756 = 0$$

$$X_3 = -13.26\text{kN}$$

5）绘制弯矩图。反对称荷载作用下的弯矩图如图15-24e所示。

（3）绘制原结构的最后弯矩图，将图15-23f与图15-24e相叠加，即得原结构的最后弯矩图，如图15-25所示。

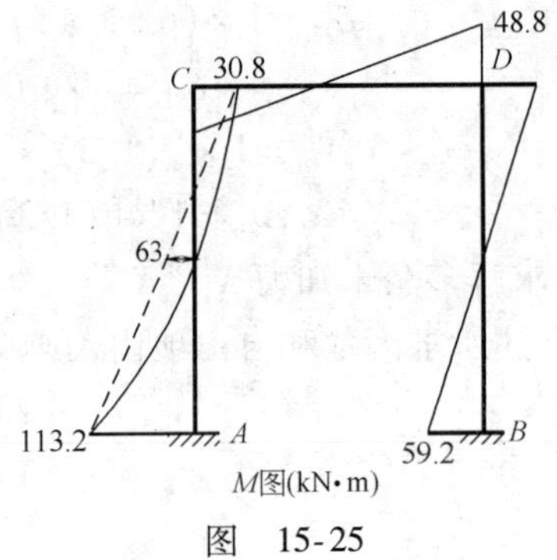

图 15-25

本章小结

通过力法的学习，与静定结构比较，可以总结归纳出超静定结构具有以下一些重要特性。

（1）超静定结构具有多余约束。从几何组成看，多余约束的存在，是超静定结构区别于静定结构的主要特征。由于多余约束的存在，超静定结构的反力和内力仅用静力平衡条件不能完全确定，必须同时考虑变形条件后才能得到唯一解答。

（2）超静定结构的内力分布比较均匀，变形较小，结构的刚度较大。例如，图15-26a所示的两跨静定梁，各跨中的位移为$5ql^4/384EI$，跨中弯矩为$ql^2/8$，如图15-26b所示；而图15-26c所示的与之荷载相同、跨度相等的两跨连续梁是一次超静定结构，经计算各跨中的位移为$2ql^4/384EI$，跨中弯矩为$ql^2/16$，如图15-26d所示。两者比较可知，在荷载和跨度相同的情况下，超静定梁产生的变形小，内力分布比较均匀。

（3）从抗震性能来看，超静定结构的刚度、整体稳定及抵抗破坏的能力要强于静定结构。这是因为静定结构当其中任何一个联系被破坏后，便成为几何可变体系而丧失承载能

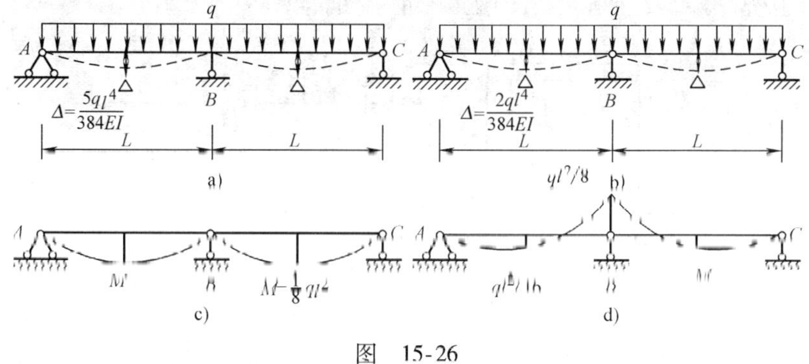

图 15-26

力。但对于超静定结构，如果其部分或全部多余约束被破坏后仍为几何不变体系，还有一定的承载能力。所以，超静定结构比静定结构具有较强的防御能力。

（4）超静定结构在温度改变和支座移动时，既会产生变形也会产生内力，而静定结构只会产生变形，但不产生内力。

思 考 题

1. 用力法解超静定结构的思路是什么？
2. 什么是力法的基本未知量和基本体系？基本体系与原结构有何异同？
3. 力法典型方程的物理意义是什么？如何求解方程中的因数和自由项？
4. 试述用力法解超静定结构的步骤。
5. 试比较在荷载作用下用力法计算超静定梁、刚架与桁架、排架的异同之处。
6. 何谓对称结构？怎样利用结构的对称性简化力法计算？
7. 试比较超静定结构与静定结构的不同特性。

习 题

15-1 用力法计算图 15-27 所示超静定梁，并绘制 M、F_S 图。

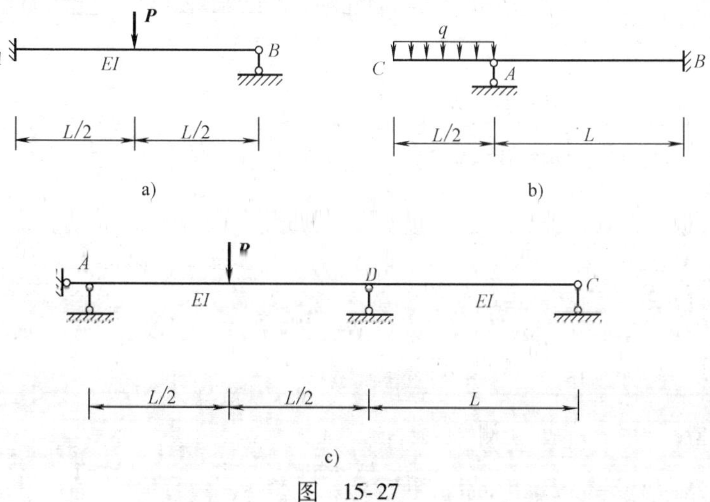

图 15-27

15-2　用力法分析图 15-28 所示刚架，绘制刚架的 M 图。

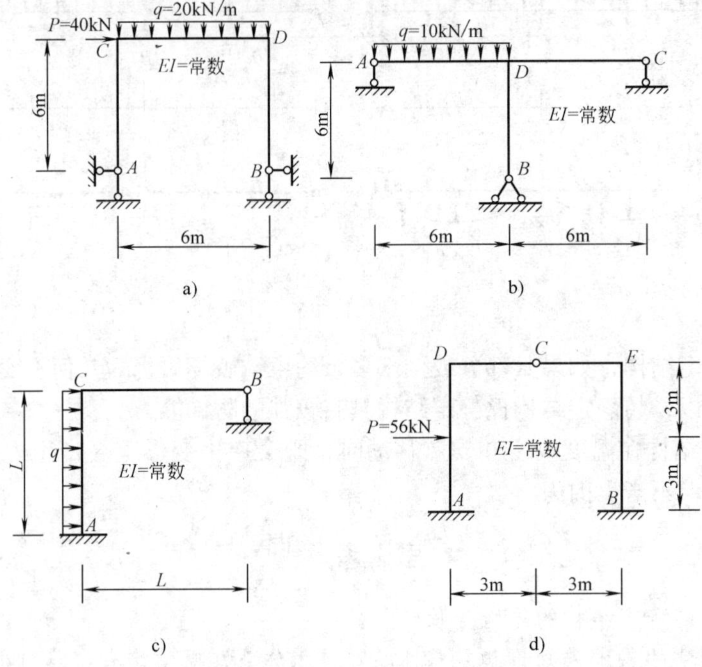

图　15-28

15-3　求出图 15-29 所示超静定桁架各杆内力，其中，EA = 常数。

15-4　用力法计算图 15-30 所示排架，并绘制 M 图。

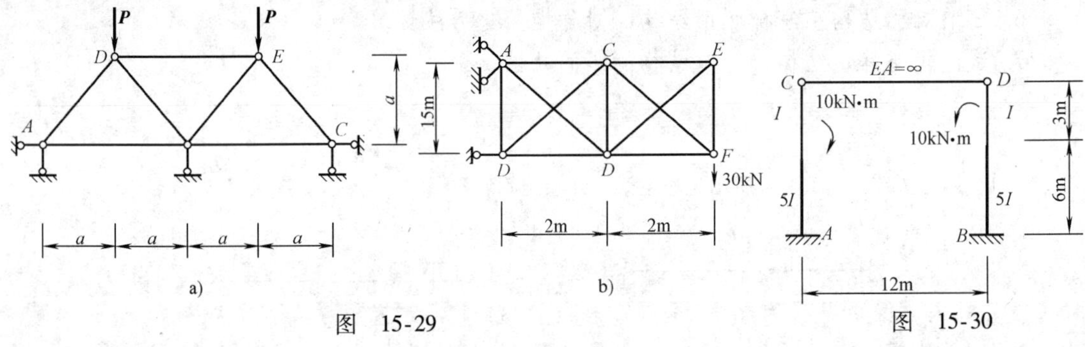

图　15-29

图　15-30

15-5　绘制图 15-31 所示对称结构的 M 图。

参 考 答 案

15-1　图 15-27a：$M_{AB}=\dfrac{3}{16}PL$（上侧受拉）。

图 15-27b：$M_{BA}=\dfrac{1}{16}qL^2$（下侧受拉）。

图 15-27c：$M_{BA}=\dfrac{3}{32}PL$（上侧受压）。

15-2　图 15-28a：$M_{PC}=156.0\text{kN}\cdot\text{m}$（上侧受拉）。

图 15-28b：$M_{DA}=22.5\text{kN}\cdot\text{m}$（上侧受拉）。

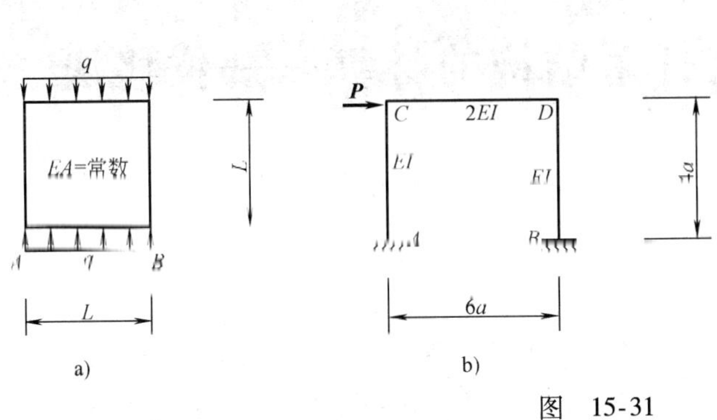

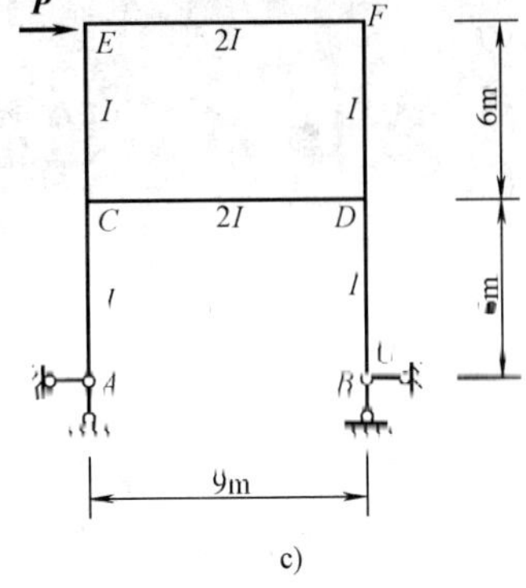

图 15-31

图 15-28c：$M_{AC}=\frac{3}{16}qL^2$（左侧受拉）。

图 15-28d：$M_{AD}=97.5\text{kN}\cdot\text{m}$（左侧受拉）。

15-3 图 15-29a：$F_{NAB}=0.415P$。

图 15-29b：$F_{NAC}=58.35\text{kN}$；$F_{NBC}=F_{NDE}=-22.9\text{kN}$。

15-4 $F_{NCD}=-1.29\text{kN}$。

15-5 图 15-31a：$M_{AB}=\frac{1}{24}qL^2$（下侧受压）。

图 15-31b：$M_{CA}=\frac{8}{9}Pa$（右侧受拉）。

第 16 章　超静定杆系结构的计算——位移法

知识目标：

1. 理解位移法的基本概念。
2. 掌握位移法的基本未知量的判断和基本结构的选择。
3. 熟悉截面直杆的转角位移方程。
4. 掌握位移法解超静定结构的方法和步骤。
5. 了解位移法中结构对称性的应用。

能力目标：

能够用位移法分析超静定结构的内力。

16.1　位移法的基本概念

力法是计算超静定结构内力的基本方法之一，是以超静定结构的多余约束力为基本未知量，通过结构的变形条件求出这些基本未知量后，由力的平衡条件求出结构的全部内力。

由于结构的内力和位移之间存在着确定的对应关系，所以也可以用与力法相反的次序来求超静定结构的内力，即先设法求出结构中的某些位移，接着取结点/位移为基本未知量，再利用位移和内力之间确定的对应关系求出结构的内力和其他位移，这就是用位移法求解的基本思路。位移法的基本未知量的个数，与超静次数无关，这就使得对一个超静定结构内力的计算，有时用位移法要比力法计算简单得多，尤其用于超静定刚架。

为了说明位移法的基本概念，我们来研究图 16-1a 所示的刚架。在均布荷载 F_S 的作用下，将发生如虚线所示的变形。因结点 A 为刚性结点，所以汇交于该结点处两杆杆端应有相同的角位移 Z_1，并假设 Z_1 顺时针方向转动。若忽略 AB、AC 两杆的轴向变形，因 AB 杆 B 端为固定铰支架，AC 杆的 C 端为固定支座，所以 A 结点只有角位移，没有线位移。

如果分别考察 AB、AC 这两根杆件，则不难发现：AB 杆件相当于一端固定，另一端铰支，在其固定端 A 端有顺时针转角 Z_1 的单跨梁，如图 16-1b 所示；而 AC 杆件相当于两端固定，在其 A 端有顺时针转角 Z_1，且在均布荷载 q 的作用下的单跨梁，如图 16-1c 所示。根据叠加原理，图 16-1c 又可分解成图 16-1d 和图 16-1e 两种情况考虑。

AB、AC 两根单跨梁的杆端弯矩可由力法算得：

$$M_{AB}=3iZ_1$$
$$M_{AC}=4iZ_1-ql^2/12 \tag{16-1}$$

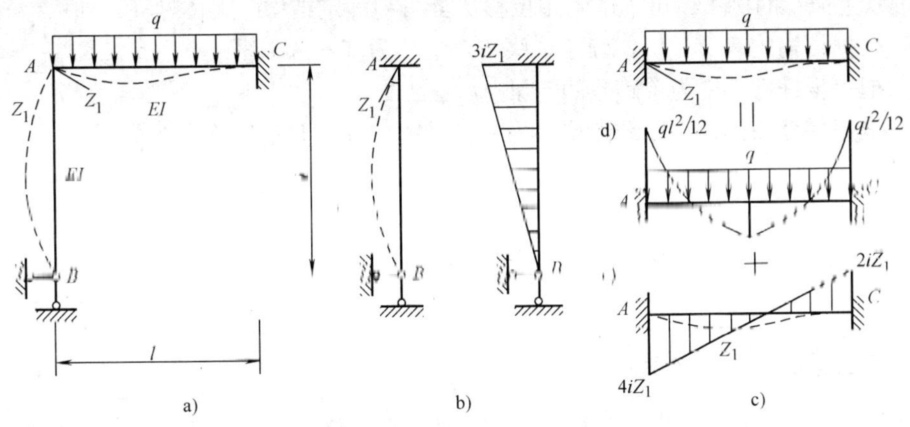

图 16-1

$$M_{CA} = 2iZ_1 + ql^2/12$$

其中，$i = EI/l$，表示杆件单位长度刚度的大小，称为线刚度。

如果能将结点 A 处的角位移 Z_1 求出，则各杆杆端弯矩便可按上式确定。为了求得未知角位移 Z_1，应考虑结点 A 的平衡条件，刚结点 A 产生了角位移 Z_1 后，仍处于平衡状态，应满足平衡条件 $\sum M_A = 0$，即

$$M_{AB} + M_{AC} = 0 \tag{16-2}$$

把式(16-1)中的 M_{AB}、M_{AC}代入式(16-2)，有

$$3iZ_1 + 4iZ_1 - ql^2/12 = 0$$

解得：$Z_1 = ql^2/84i$(顺时针)

再将 Z_1 回代到式(16-1)中，可得各杆杆端弯矩

$$M_{AB} = ql^2/28$$

$$M_{AC} = ql^2/21 - ql^2/12 = -ql^2/28$$

$$M_{CA} = ql^2/42 + ql^2/12 = 3ql^2/28$$

在已知杆端弯矩的情况下，可进一步画出刚架的弯矩图，如图 16-2a 所示。再利用静力平衡条件，画出刚架的剪力图和轴力图，如图 16-2b、c 所示。

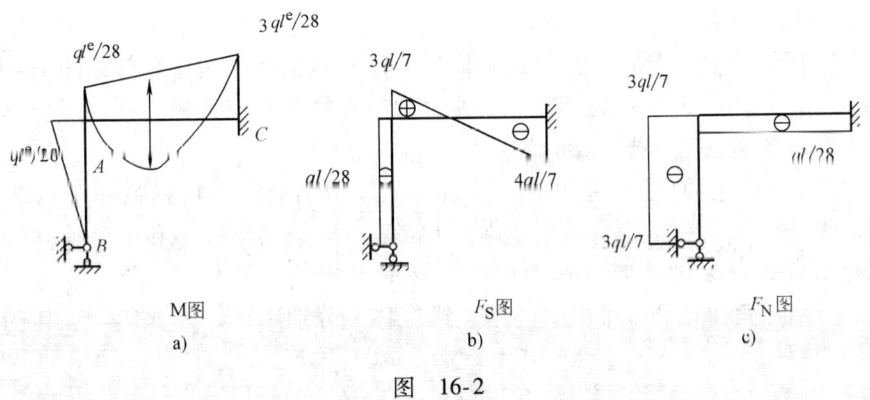

图 16-2

显然，位移法解题的关键在于如何确定结点的未知角位移 Z_1 的大小和方向。

通过以上简单的例子，可了解到用位移法分析超静定结构的大体过程，即：

（1）根据结构的变形分析，确定某些结点位移为基本未知量。

（2）把每根杆件都视为单跨超静定梁。

（3）根据平衡条件建立以结点位移为未知量的方程，并求位移未知量。

（4）由结点位移求出结构的杆端内力。

16.2 位移法的基本未知量及基本结构

16.2.1 位移法的基本未知量

用位移法计算超静定结构时，基本未知量是结点位移，因此计算时首先要确定基本未知量的数目，也就是结点位移的数目。

结点位移包括结点的角位移和独立的结点线位移。

1. 结点角位移

确定结点角位移的数目比较容易。由于在同一刚结点处的各杆杆端的转角都相等，即每一个刚结点只有一个独立的角位移，因此，结构有几个刚结点就有几个角位移，这样，结点角位移未知量的数目就等于结构刚结点的数目。如图 16-3a 所示结构有 2 个角位移，图 16-3b 所示结构有 1 个角位移。

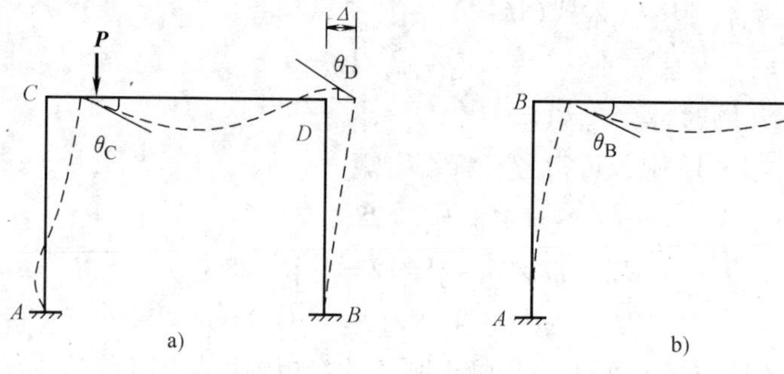

图 16-3

2. 独立的结点线位移

如果忽略杆件的轴向变形，图 16-3a 中 C 点和 D 点的水平位移相等；图 16-3b 中 B 点和 C 点的水平位移相等，即刚架只有一个独立的结点线位移。这样，结点线位移未知量的数目就等于结构各结点独立线位移的数目。

由此可知，位移法的基本未知量的数目，就等于结点的角位移数和结点的独立线位移数之和。图 16-3a 所示结构有 3 个基本未知量，2 个结点角位移和 1 个独立的结点线位移，分别用 Z_1、Z_2、Z_3来表示，作为位移法基本未知量；图 16-3b 所示结构有 2 个基本未知量，1 个结点角位移和 1 个独立的结点线位移，分别用 Z_1、Z_2来表示，作为位移法基本未知量。

16.2.2 位移法的基本结构

用位移法计算超静定结构时，是把超静定结构看成若干个单跨的超静定梁，如图 16-1 所示。因此位移法的基本结构是单跨超静定梁的组合体。

在确定了位移法的基本未知量后，建立位移法的基本结构，可在结构的每个刚结点上假想地加上一个附加刚臂以阻止刚结点的转动，但不能阻止其移动；在产生线位移的结点上加上附加连杆以阻止其移动，而不阻止结点的转动。这样就得到了单跨超静定梁的组合体，也就是位移法的基本结构。附加刚臂和附加连杆统称为附加约束。

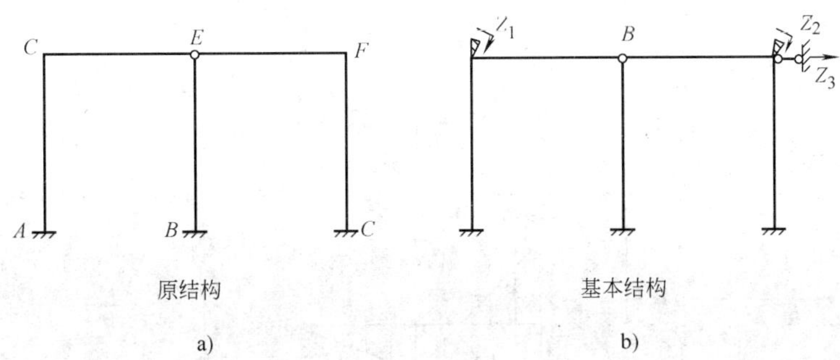

图 16-4

例如，图 16-4a 所示的刚架，分别在刚结点 D、F 上各加一个附加刚臂，即结构角位移数为 2；在结点 F 上加一个附加连杆，如果不考虑杆件的轴向变形，结点 D、E、F 的水平位移相等，那么，加上附加连杆后的结点 F 就没有水平线位移，结点 D、E 也将不能移动，即结构独立的结点线位移数为 1。因此，原结构共有 2 个角位移和 1 个独立的结点线位移，即 3 个基本未知量。增加了三个附加约束后，原结构就转化为单跨超静定梁的组合体，即用位移法计算时该刚架的基本结构，如图 16-4b 所示。

位移法的基本结构是通过增加附加约束后得到的，一般情况下只有一种形式的基本结构，即单跨超静定梁的组合体。这与力法不同，力法的基本结构是通过减少约束，用多余未知力代替多余约束，采用静定结构作为基本结构，因此其基本结构可以有多种形式。

16.3 位移法的典型方程

16.3.1 等截面直杆的杆端弯矩和剪力

如上所述，位移法是以单跨超静定梁的组合体为基本结构的，每根单跨超静定梁是位移法的计算单元。因此分析单跨超静定梁在杆端发生转角或移动及荷载作用下的杆端弯矩和剪力是位移法解超静定结构的基础。

我们可以用力法求出单跨超静定梁在不同支承情况下，受不同类型荷载的各自单独作用时，将其杆端的弯矩和剪力称为载常数，列成表（见表 16-1）；同样，我们可以用力法求出单跨超静定梁在不同支承情况下，杆端分别发生单位角位移、单位线位移时各自产生的杆端弯矩和剪力，将其弯矩和剪力称为形常数，列成表（见表 16-2）。

表 16-1　等截面直杆的载常数

序号	计算简图	固端弯矩及弯矩图 M_{AB}	固端弯矩及弯矩图 M_{BA}	固端剪力 F_{SAB}^{P}	固端剪力 F_{SBA}^{P}
1	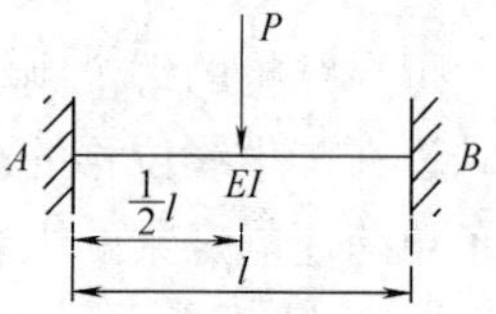 P, A, B, EI, $\frac{1}{2}l$, l	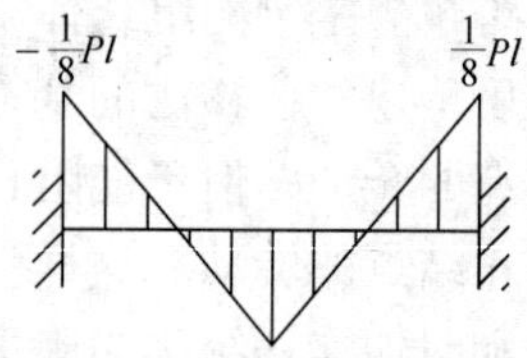 $-\frac{1}{8}Pl$	$\frac{1}{8}Pl$	$\frac{1}{2}P$	$-\frac{1}{2}P$
2	q, A, B, EI, l	$-\frac{1}{12}ql^2$	$\frac{1}{12}ql^2$	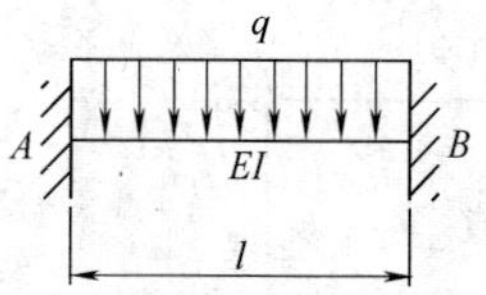 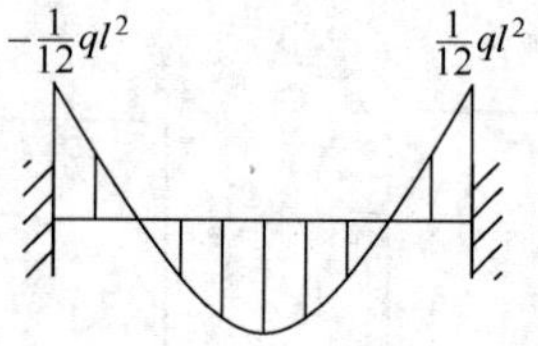 $\frac{1}{2}ql$	$-\frac{1}{2}ql$
3	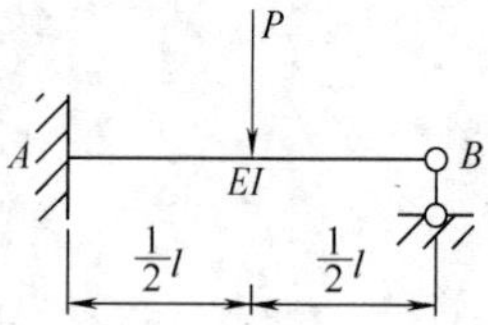 P, A, B, EI, $\frac{1}{2}l$, $\frac{1}{2}l$	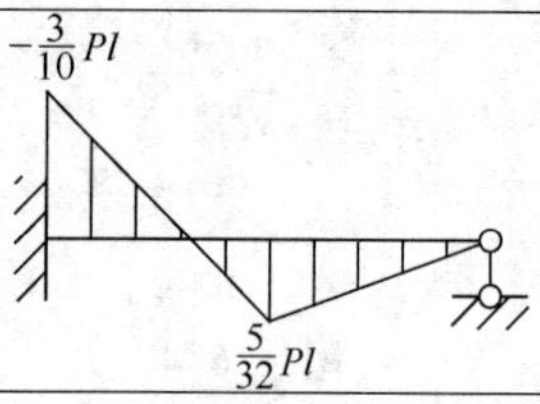 $-\frac{3}{10}Pl$ $\frac{5}{32}Pl$		$\frac{11}{16}P$	$-\frac{5}{16}P$
4	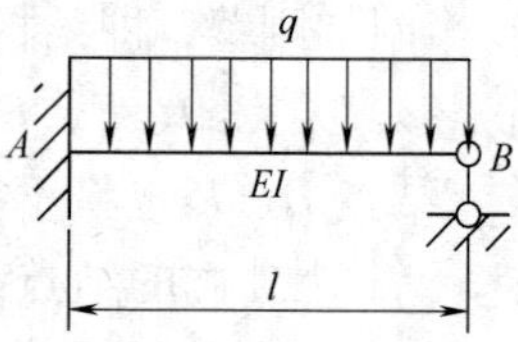 q, A, B, EI, l	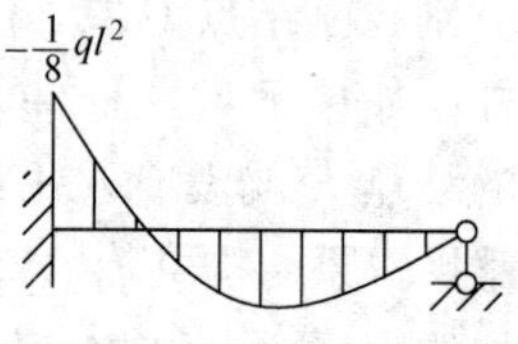 $-\frac{1}{8}ql^2$		$\frac{5}{8}ql$	$-\frac{3}{8}ql$
5	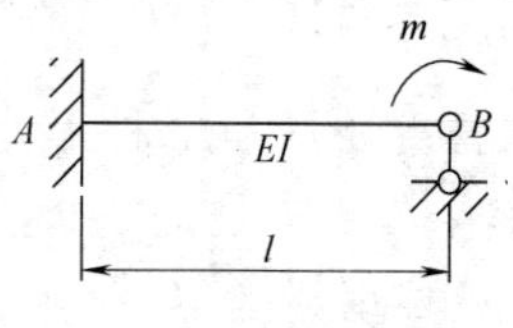 m, A, B, EI, l	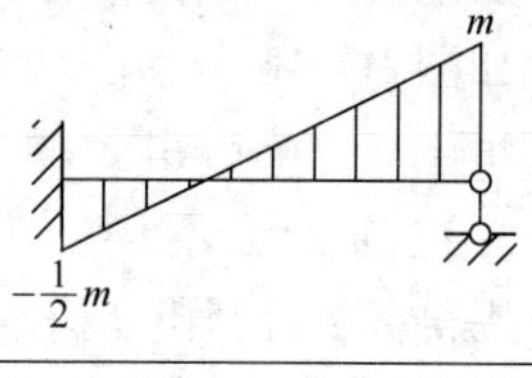 $-\frac{1}{2}m$	m	$-\frac{3m}{2l}$	$-\frac{3m}{2l}$
6	P, A, B, EI, l	$-\frac{1}{2}Pl$	$-\frac{1}{2}Pl$	P	$F_{S_B}^{L}$　$F_{S_B}^{R}$ P　0
7 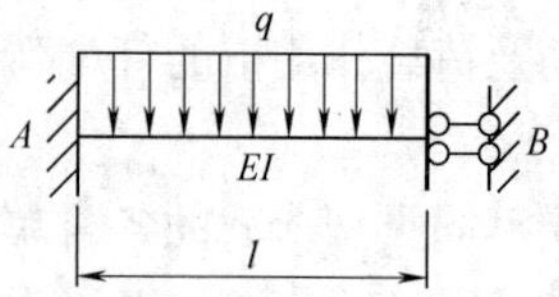 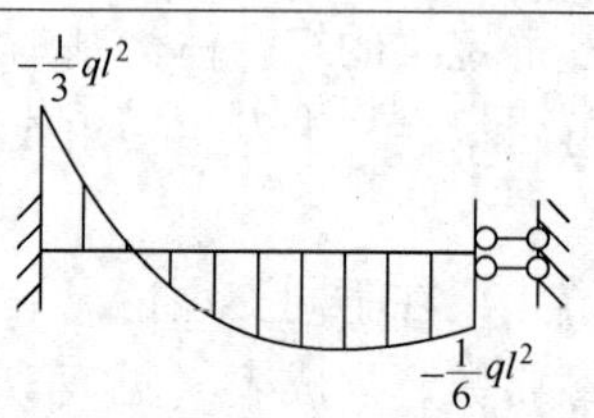	q, A, B, EI, l	$-\frac{1}{3}ql^2$	$-\frac{1}{6}ql^2$	ql	0

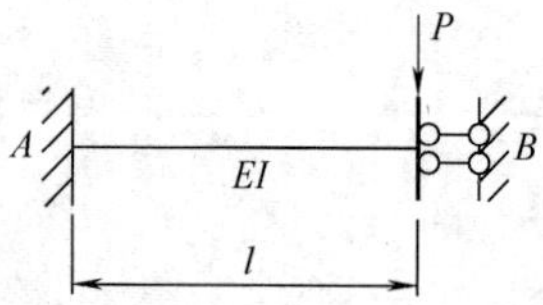

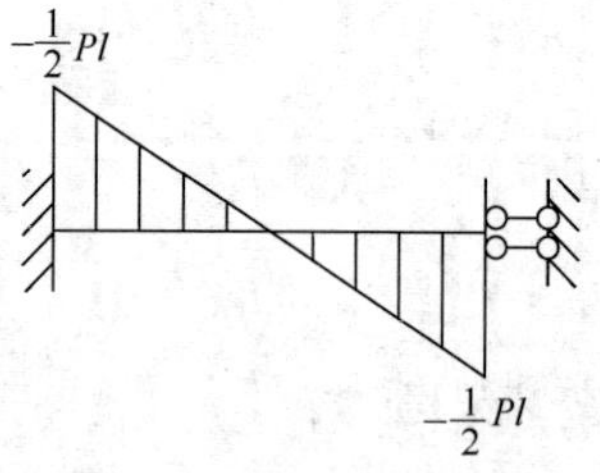

表 16-2　等截面直杆的形常数

序号	计算简图	固端弯矩及弯矩图		固端剪力	
		M_{AB}	M_{BA}	F_{SAB}	F_{SBA}
1	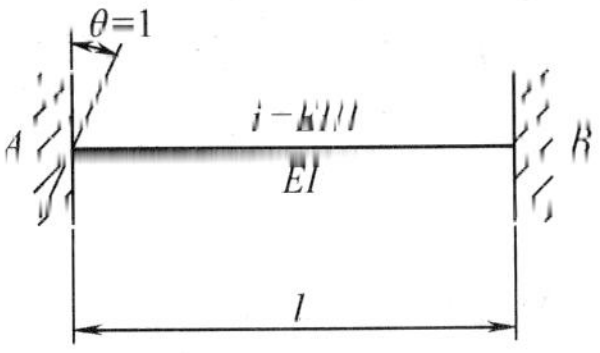 $\theta=1$，$i=EI/l$，EI，l，A，B	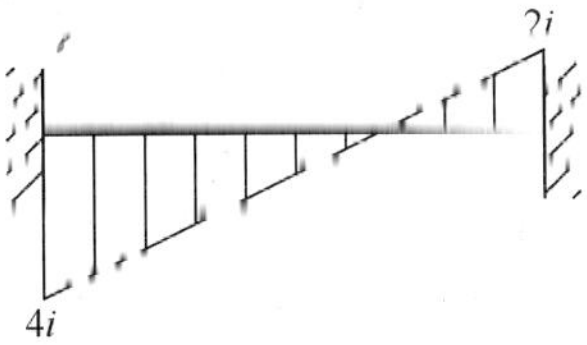 $4i$	$2i$	$-\frac{6i}{l}$	$-\frac{6i}{l}$
2	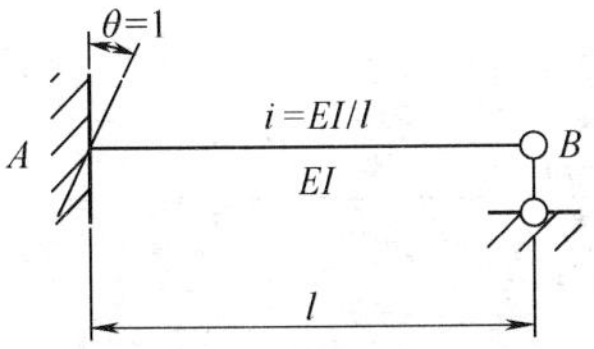 $\theta=1$，$i=EI/l$，EI，l，A，B	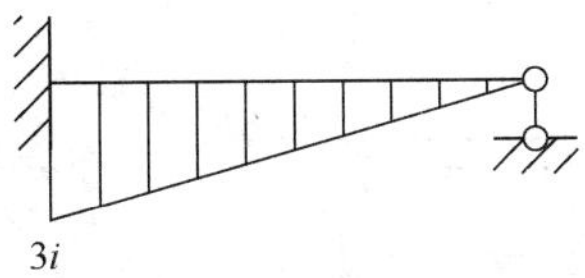 $3i$		$-\frac{3i}{l^2}$	$-\frac{3i}{l^2}$
3	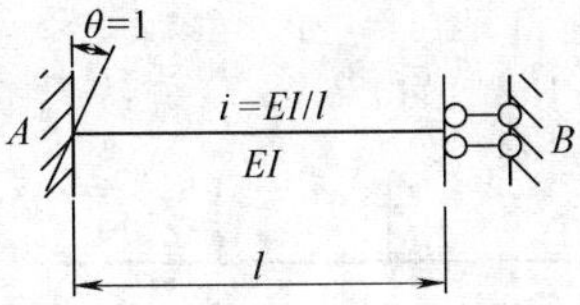 $\theta=1$，$i=EI/l$，EI，l，A，B	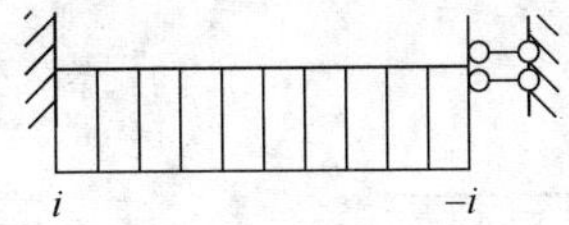 i	$-i$	0	0
4	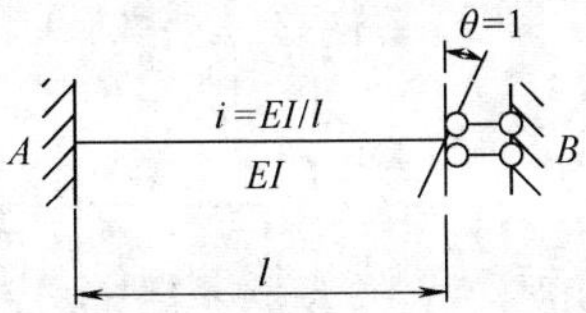 $\theta=1$，$i=EI/l$，EI，l，A，B	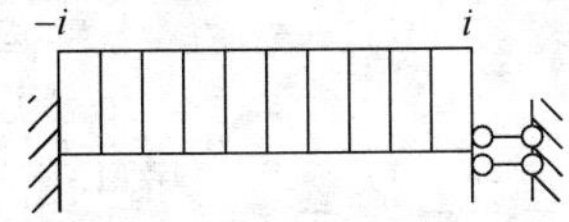 $-i$	i	0	0
5	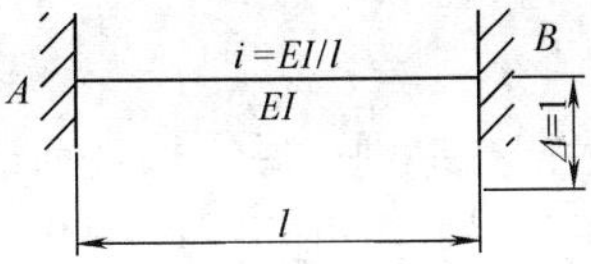 $i=EI/l$，EI，l，$\Delta=1$，A，B	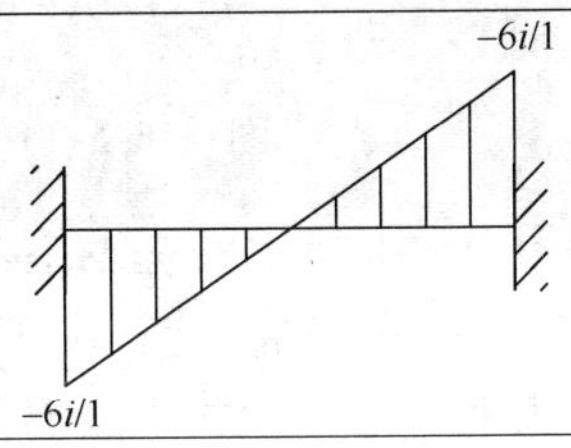 $-6i/1$	$-6i/1$	$\frac{12i}{l^2}$	$\frac{12i}{l^2}$
6	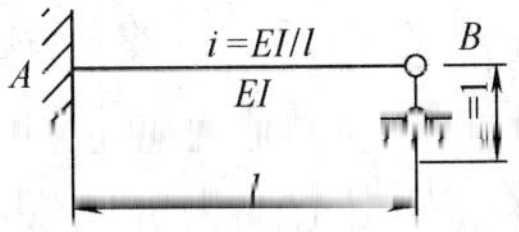 $i=EI/l$，EI，l，1，A，B	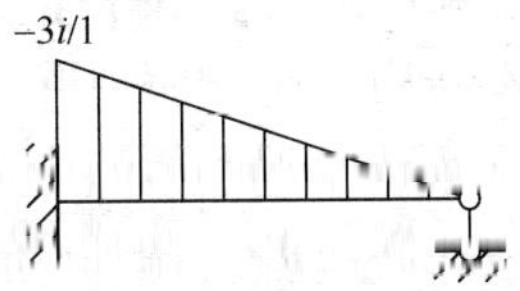 $-3i/1$		$\frac{3i}{l^2}$	$\frac{3i}{l^2}$

为计算方便，对正负号作法如下规定：弯矩以对杆端而言顺时针方向转动为正(对结点或支座而言,以逆时针方向为正)；逆时针方向转动为负；剪力正负号的规定与静定结构相同，即使截面有顺时针转动趋势的剪力为正，使截面有逆时针转动趋势的剪力为负。

16.3.2 位移法的典型方程

以图16-5a所示的等截面超静定连续梁为例，来说明位移法典型方程的建立和求解过程。图16-5a所示的等截面超静定连续梁，在荷载P作用下发生虚线所示的变形。其中，结点B为刚结点，杆件AB和杆件BC在结点B处发生的转角相等；支座A为固定铰支座，不会产生水平线位移，忽略杆件的轴向变形，结点B、C也不会产生水平线位移，因此，该连续梁的结点角位移数为1，独立的结点线位移数为0，即结构基本未知量的数目为1。在结点B上加一个附加刚臂，原结构便成为两根单跨超静定梁的组合体，即位移法的基本结构，如图16-5b所示。

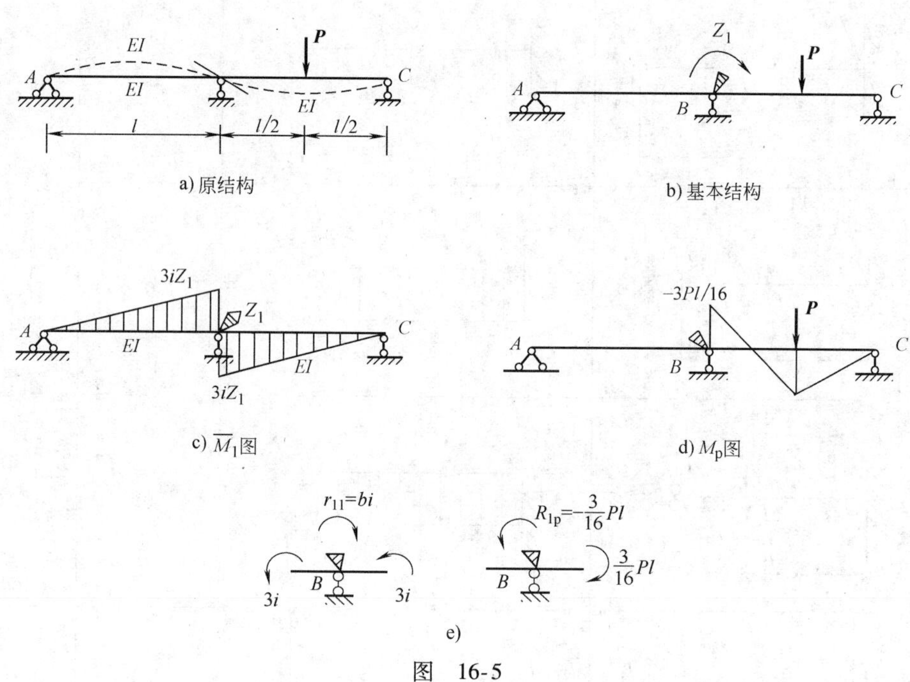

图 16-5

图16-5a所示的原结构和图16-5b所示的基本结构显然存在差别，原结构在荷载P的作用下，刚结点B发生转角Z_1，而在基本结构上，由于附加刚臂的存在阻止了Z_1的发生，且附加刚臂内必然会产生附加反力偶。而原结构上没有附加刚臂，也就没有这些反力偶。为了使基本结构上的位移、受力情况和原结构上的位移、受力情况保持一致，以便在计算中可用基本结构来代替原结构，在基本结构上使附加刚臂连同结点B发生一个与原结构相同的转角Z_1，这样基本结构上的位移、受力情况和原结构上的位移、受力情况就完全相同了。

设基本结构由于B结点处发生转角Z_1，附加刚臂上的产生的反力偶为R_{11}，基本结构在荷载P的作用下，附加刚臂上的产生的反力偶为R_{1p}，则根据叠加原理，基本结构在结点位移Z_1和荷载P的共同作用下，附加刚臂上产生的反力偶为$R_1=R_{11}+R_{1p}$。因原结构上没有附加刚臂，所以基本结构在附加刚臂上的产生的反力偶为$R_1=0$。即

$$R_1=R_{11}+R_{1p}=0 \tag{16-3}$$

若令r_{11}表示当B结点处发生单位位移($Z_1=1$)时引起的附加刚臂上的反力偶，即$R_{11}=r_{11}Z_1$，则式(16-3)可写为：$r_{11}Z_1+R_{1p}=0$。这就是求结点未知位移Z_1的位移法典型方程。

它的物理意义是：基本结构在荷载和结点位移的共同作用下，附加约束中的反力或反力偶为零，其实质上反映的是原结构的静力平衡条件。

为求解方程，需分别计算方程中的因数和自由项，然后绘制基本结构在 $Z_1=1$ 时的弯矩图 M_1 和基本结构在荷载作用下弯矩图 M_p（可从表16-1中查出杆端弯矩），如图16-5c、d所示。由 B 结点的平衡条件 $\sum M_B=0$ 可求得

$$r_{11}=3i+3i=6i$$

$$R_{1p}=-3Pl/16$$

代入式(16-3)，得：$6iZ_1-3Pl/16=0$

$$Z_1=Pl/32i=Pl^2/32EI$$

求出 Z_1 后，根据叠加原理，按式 $M=M_1Z_1+M_p$，可得原结构的最后弯矩图，并据静力平衡条件绘制剪力图，如图16-6所示。

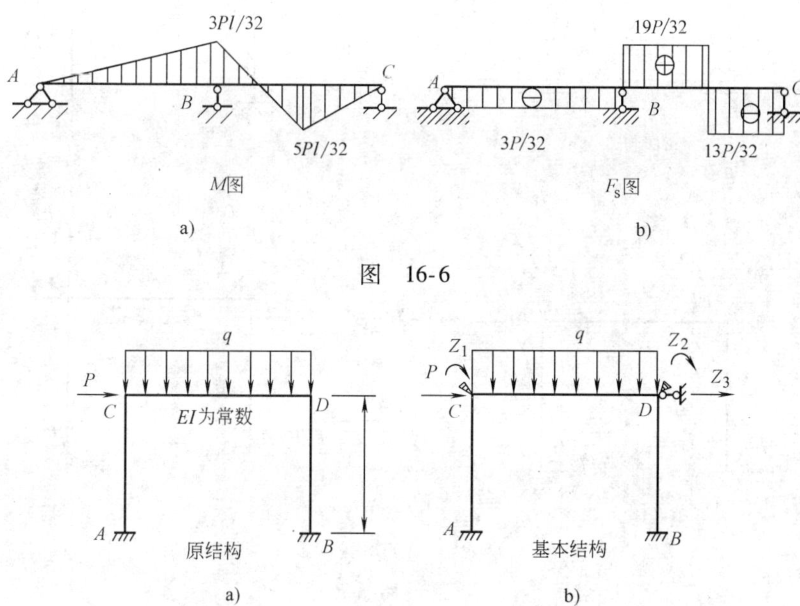

图 16-6

图 16-7

再以图16-7a所示的刚架为例进一步说明位移法典型方程的建立和求解过程。位移法典型方程的建立和求解的步骤如下：

1. 确定基本未知量和基本结构

此刚架有两个未知的结点角位移 Z_1、Z_2 和一个独立的结点线位移 Z_3，即基本未知量数为3。分别在刚结点 C、D 处加附加刚臂，在结点 D 处加水平附加连杆，便得到如图16-7b所示的基本结构。

2. 建立位移法典型方程

由于原结构没有附加刚臂和附加连杆，所以基本结构由于结点位移 Z_1、Z_2、Z_3 和荷载 F_S 的共同作用，在两个附加刚臂上产生的反力偶 R_1、R_2 应等于零，在附加连杆上产生的反力 R_3 也等于零。

若 R_{ip} 为基本结构由于荷载作用在各附加约束上产生的反力或反力偶，r_{ij} 表示当结点处发生单位位移($Z_j=1$)时引起的、对应 Z_i 方向的各附加约束的反力或反力偶，根据叠加原理则有

$$R_1 = r_{11}Z_1 + r_{12}Z_2 + r_{13}Z_3 + R_{1p} = 0$$
$$R_2 = r_{21}Z_1 + r_{22}Z_2 + r_{23}Z_3 + R_{2p} = 0 \qquad (16\text{-}4)$$
$$R_3 = r_{31}Z_1 + r_{32}Z_2 + r_{33}Z_3 + R_{3p} = 0$$

式(16-4)就是基本未知量数为3时位移法的典型方程。

3. 计算方程中的因数和自由项

绘制基本结构在 $Z_1=1$、$Z_2=1$、$Z_3=1$ 时的单位弯矩图 $\overline{M}_1$、$\overline{M}_2$、$\overline{M}_3$（可从表16-2中查得）和基本结构在荷载作用下弯矩图 M_p(可从表16-1中查出杆端弯矩)，如图16-8所示。利用结点或结构的平衡条件求出因数和自由项。

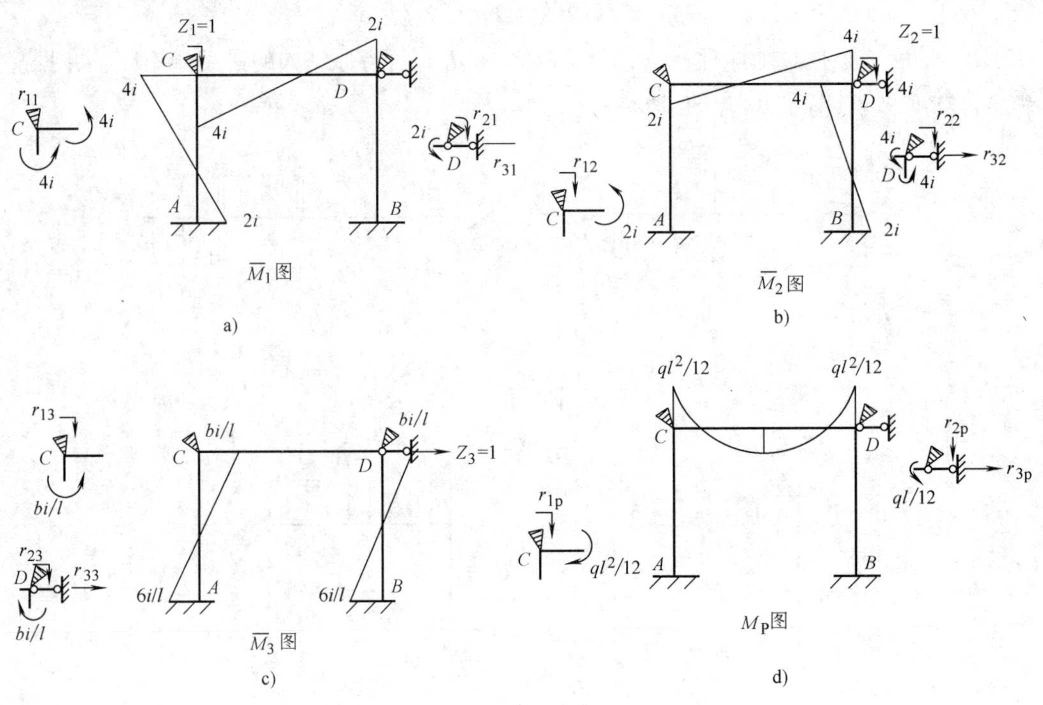

图 16-8

由 C 结点的平衡条件 $\sum M_C=0$ 得

$$r_{11}=4i+4i=8i,\ r_{12}=2i,\ r_{13}=-6i/l,\ R_{1p}=-F_S l^2/12$$

由 D 结点的平衡条件 $\sum M_D=0$ 得

$$r_{21}=2i,\ r_{22}=4i+4i=8i,\ r_{23}=-6i/l,\ R_{2p}=F_S l^2/12$$

根据反力互等定理，可得：$r_{31}=r_{13}=-6i/l$，$r_{32}=r_{23}=-6i/l$

把 M_3 图中的杆件 CD 作为截离体，如图16-9a所示。由杆件的平衡条件 $\sum F_x=0$ 得

$$r_{33}=F_{SCA}+F_{SDB}=24i/l^2$$

其中，$F_{SCA}=12i/l^2$，$F_{SDB}=12i/l^2$，分别由杆件 AC 和杆件 BD 的平衡条件求得，如图16-9b、c所示。

把 M_p 图中的杆件 CD 作为截离体，如图16-9d所示。由杆件的平衡条件 $\sum F_x=0$ 得

$$R_{3p}=-P$$

4. 解典型方程

把求得的因数和自由项代入方程式(16-4)，有

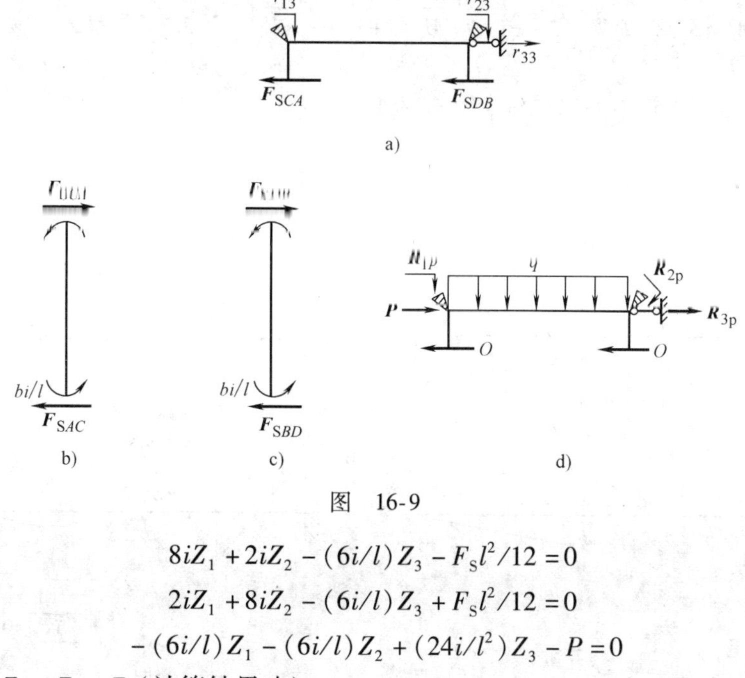

图 16-9

$$8iZ_1 + 2iZ_2 - (6i/l)Z_3 - F_S l^2/12 = 0$$
$$2iZ_1 + 8iZ_2 - (6i/l)Z_3 + F_S l^2/12 = 0$$
$$-(6i/l)Z_1 - (6i/l)Z_2 + (24i/l^2)Z_3 - P = 0$$

从而求出 Z_1、Z_2、Z_3（计算结果略）。

5. 绘制内力图

求出 Z_1、Z_2、Z_3 后，根据叠加原理，按式 $\overline{M} = \overline{M}_1 Z_1 + \overline{M}_2 Z_2 + \overline{M}_3 Z_3 + M_P$，可得原结构的最后弯矩图，并据静力平衡条件绘出剪力图和轴力图。

对于具有 n 个基本未知量的结构，可以加入 n 个附加约束，得到相应的位移法基本结构，根据每一个附加约束处产生的约束反力或反力偶都等于零的条件，可建立 n 个方程

$$\begin{aligned}
&r_{11}Z_1 + r_{12}Z_2 + \cdots\cdots + r_{1i}Z_i + \cdots\cdots r_{1n}Z_n + R_{1p} = 0\\
&r_{21}Z_1 + r_{22}Z_2 + \cdots\cdots + r_{2i}Z_i + \cdots\cdots r_{2n}Z_n + R_{2p} = 0\\
&\cdots\cdots\cdots\cdots\\
&r_{i1}Z_1 + r_{i2}Z_2 + \cdots\cdots + r_{ii}Z_i + \cdots\cdots r_{in}Z_n + R_{ip} = 0\\
&\cdots\cdots\cdots\cdots\\
&r_{n1}Z_1 + r_{n2}Z_2 + \cdots\cdots + r_{ni}Z_i + \cdots\cdots r_{nn}Z_n + R_{np} = 0
\end{aligned} \tag{16-5}$$

解此方程组，即可求出所有的未知结点位移。

在以上方程组中，主斜线（自左上方的 r_{11} 至右下方的 r_{nn}）上的因数 r_{ii} 称为主因数，它是基本结构由于附加约束 i 产生单位位移即 $Z_i = 1$ 时，在本约束 i 中所引起的反力或反力偶。位于主斜线两侧的其他因数 $r_{ij}(i \neq j)$ 则称为副因数，它是基本结构由于附加约束 j 产生单位位移即 $Z_j = 1$ 时，在另一约束 i 中所引起的反力或反力偶。各式中最后一项 R_{ip} 称为自由项，它是基本结构由于荷载作用，在附加约束 i 中所引起的反力或反力偶。根据反力互等定理可知

$$r_{ij} = r_{ji}$$

主因数值恒为正，且不会等于零。副因数和自由项可能为正、为负或为零。利用静力平衡条件，可求得这些因数和自由项。

式(16-5)就是用位移法计算超静定结构时位移法的典型方程。

求出所有的结点位移后，按下述叠加公式绘制原结构的最后的弯矩图。

$$M=\overline{M}_1Z_1+\overline{M}_2Z_2+\cdots\cdots+\overline{M}_iZ_i+\cdots\cdots+\overline{M}_nZ_n+M_p=\sum\overline{M}_iZ_i+M_p$$

16.4 位移法计算超静定结构示例

根据上节所述位移法的计算步骤，现就不同结构分别举例说明。

【例 16-1】 试用位移法绘制图 16-10a 所示连续梁的内力图。

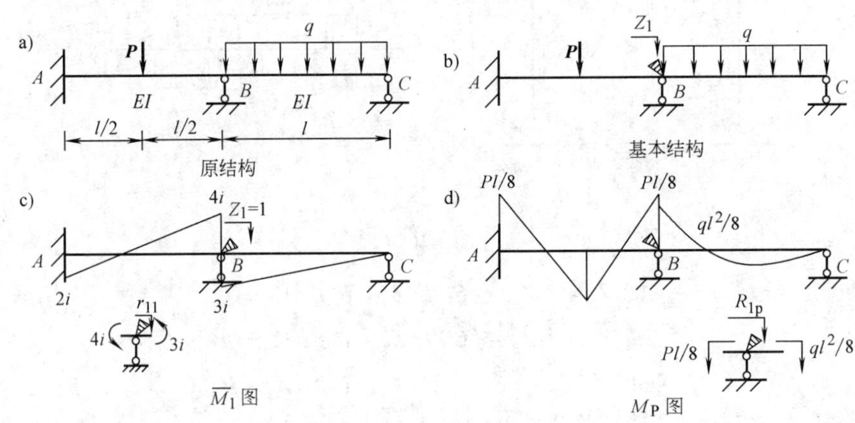

图 16-10

【解】 (1) 确定基本未知量和基本结构 此连续梁只有一个刚结点 B，设其未知角位移为 Z_1，即基本未知量数为 1，在刚结点 B 处加附加刚臂，得到如图 16-10b 所示的基本结构。

(2) 建立位移法典型方程 此连续梁相应的位移法典型方程为

$$r_{11}Z_1+R_{1p}=0$$

(3) 计算方程中的因数和自由项 绘制基本结构在 $Z_1=1$ 时的单位弯矩图 M_1 和基本结构在荷载作用下弯矩图 M_p，如图 16-10c、d 所示。利用结点 B 的平衡条件求出因数和自由项。

由 $\sum M_B=0$ 得

$$r_{11}=3i+4i=7i,\ R_{1p}=Pl/8-ql^2/8$$

(4) 解典型方程 把求得的因数和自由项代入方程式，有

$$7iZ_1+[(Pl/8)-(ql^2/8)]=0$$

从而求得：$Z_1=-(Pl-ql^2)/56i$

(5) 绘制内力图。

求出 Z_1 后，根据叠加原理，按式 $M=\overline{M}_1Z_1+M_p$，可得原结构的最后弯矩图，如图 16-11a 所示，并据静力平衡条件绘出剪力图，如图 16-11b 所示。

【例 16-2】 用位移法计算图 16-12a 所示刚架，并绘制弯矩图，各杆 EI = 常数。

【解】 (1) 确定基本未知量和基本结构 此刚架只有一个刚结点 B，设其未知角位移为 Z_1，即基本未知量数为 1。在刚结点 B 处加附加刚臂，得到如图 16-12a 所示的基本结构。

(2) 建立位移法典型方程 此刚架相应的位移法典型方程为

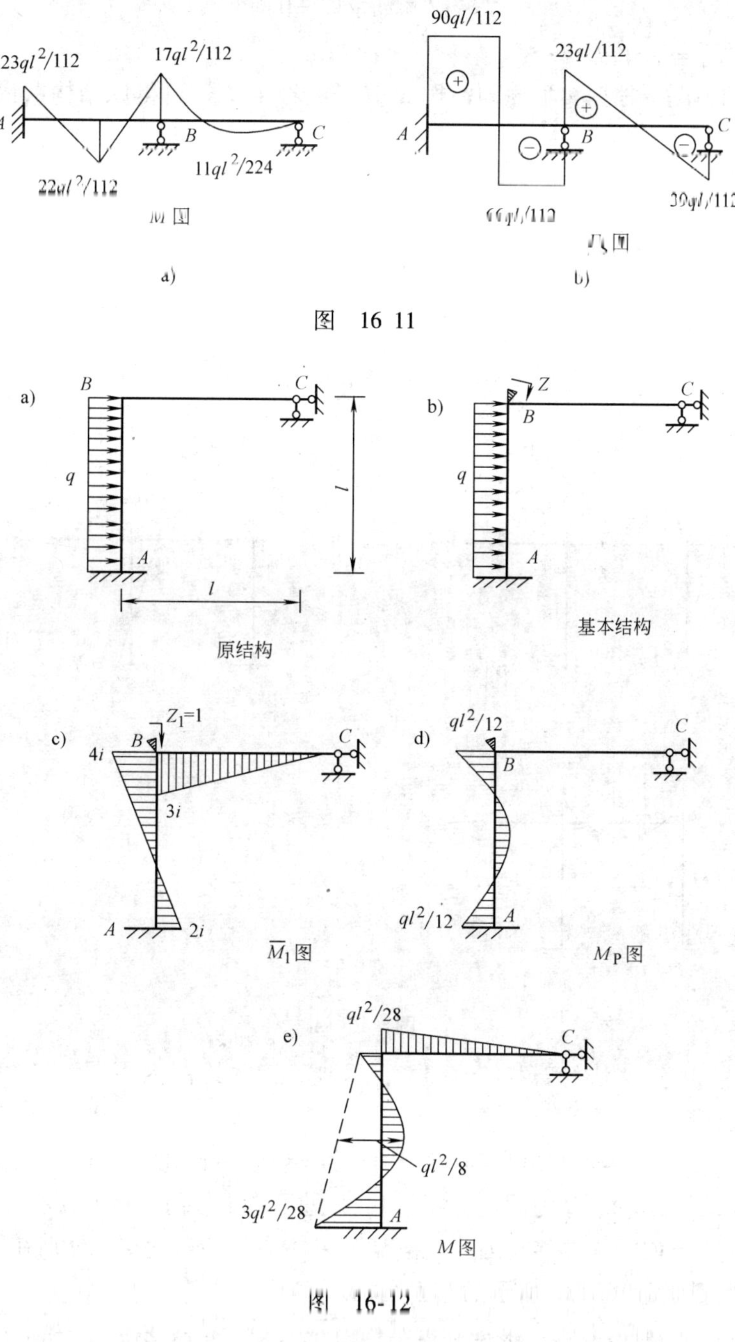

图 16 11

图 16-12

$$r_{11}Z_1 + R_{1\mathrm{p}} = 0$$

（3）计算方程中的因数和自由项　作基本结构在 $Z_1=1$ 时的单位弯矩图 $\overline{M}_1$ 和基本结构在荷载作用下的弯矩图 M_p，如图 16-12c、d 所示。利用结点 B 的平衡条件求出因数和自由项。

由 $\sum M_B = 0$ 得

$$r_{11} = 4i + 3i = 7i,\ R_{1\mathrm{p}} = ql^2/12$$

（4）解典型方程　把求得的因数和自由项代入方程式，有

$$7iZ_1 + ql^2/12 = 0$$

从而求得：$Z_1 = -ql^2/84i$

（5）绘制内力图　根据叠加原理，按式 $M = \overline{M}_1 Z_1 + M_p$，可得原结构的最后弯矩图，如图 16-12e 所示。

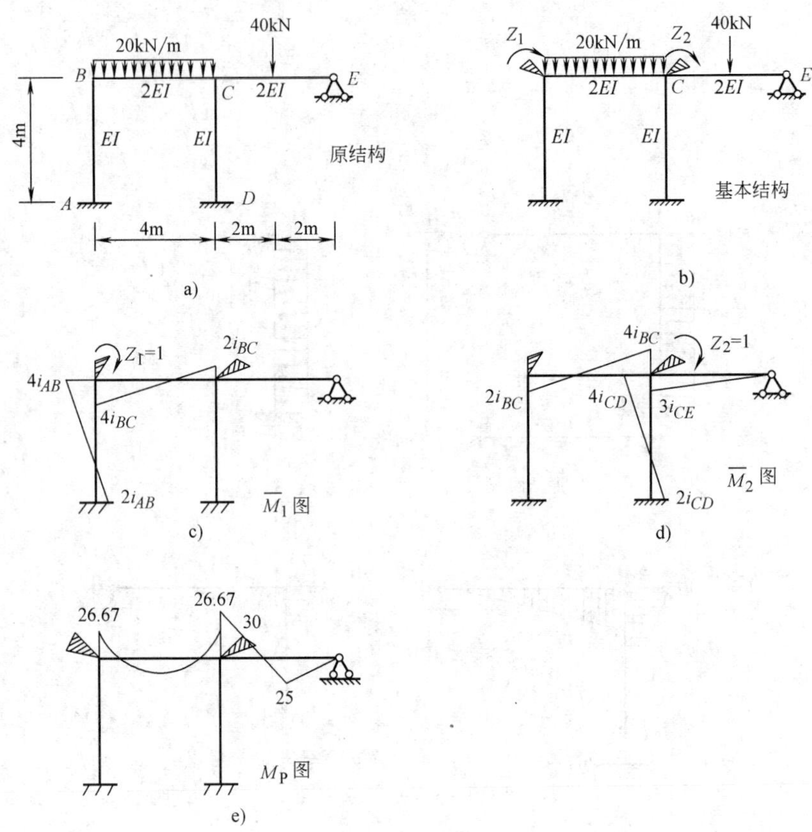

图　16-13

【例 16-3】　用位移法计算图 16-13a 所示刚架，并绘制内力图。已知 $F_S = 20\text{kN/m}$，$P = 40\text{kN}, EI =$ 常数。

【解】（1）确定基本未知量和基本结构　此刚架有两个刚结点 B、C，设其未知角位移分别为 Z_1、Z_2，因支座 A、D 为固定支座，A、D 处不产生任何位移，支座 E 为固定铰支座，E 处也不产生水平方向的线位移，因此此刚架的基本未知量数为 2。分别在刚结点 B、C 处加附加刚臂，得到如图 16-13b 所示的基本结构。

（2）建立位移法典型方程　根据基本结构由于未知角位移 Z_1、Z_2 和荷载共同作用，在附加刚臂中引起的反力偶为零的条件，此刚架相应的位移法典型方程为

$$r_{11}Z_1 + r_{12}Z_2 + R_{1p} = 0$$
$$r_{21}Z_1 + r_{22}Z_2 + R_{2p} = 0$$

（3）计算方程中的因数和自由项　分别绘制基本结构在 $Z_1 = 1$、$Z_2 = 1$ 时的单位弯矩图 $\overline{M}_1$、$\overline{M}_2$ 和荷载作用下弯矩图 M_p，如图 16-13c、d、e 所示。利用结点 B 的平衡条件求出因数和自由项。

为计算方便，设 $i = EI/4$，则 $i_{AB} = i_{CD} = i$，$i_{BC} = i_{CE} = 2i$

由 $\sum M_B = 0$、$\sum M_C = 0$ 得：

$r_{11} = 4i_{AB} + i_{BC} = 4i + 4 \times 2i = 12i$，$r_{12} = r_{21} = 4i$，$r_{22} = 4i + 2 \times 4i + 2 \times 3i = 18i$，$R_{1P} = -ql^2/12 = -26.67\ \text{kN} \cdot \text{m}$，$R_{1p} = 26.67 - 30 = -3.33\ \text{kN}$

(4) 解典型方程　将求得的系数和自由项代入方程式，有

$$12Z_1 + 4Z_2 - 26.67 = 0$$

$$4Z_1 + 18Z_2 - 3.33 = 0$$

从而求得：$Z_1 = 2.3337/i$，$Z_2 = -0.3337/i$

(5) 绘制内力图　求出 Z_1、Z_2 后，根据叠加原理，按式 $M = \overline{M}_1 Z_1 + \overline{M}_2 Z_2 + M_p$，可得原结构的最后弯矩图，如图 16-14a 所示，并据静力平衡条件绘制剪力图、轴力图，如图 16-14b、c 所示。

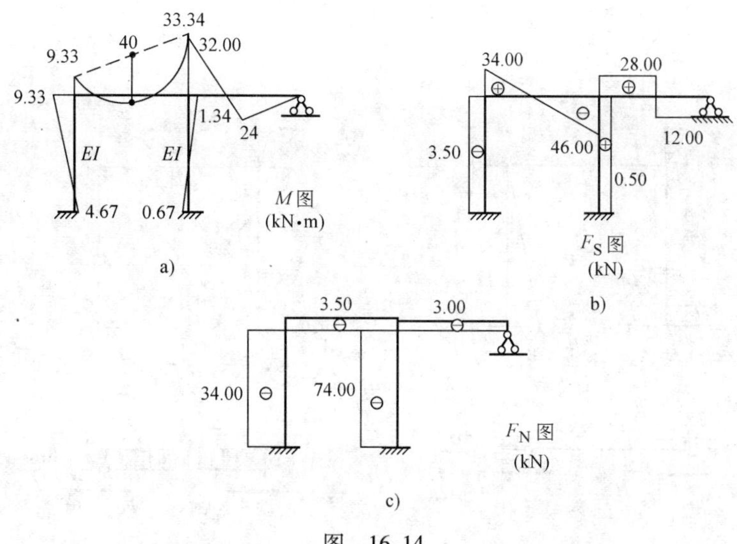

图　16-14

【例 16-4】　用位移法计算图 16-15a 所示刚架，并绘制弯矩图。已知：$q = 40\text{kN/m}$，$P = 40\text{kN}$，$i_{AC} = 4i$，$i_{CD} = 6i$，$i_{BD} = 3i$，EI = 常数，$i = EI/l$。

【解】　(1) 确定基本未知量和基本结构　此刚架有一个未知的结点角位移 Z_1 和一个独立的结点线位移 Z_2，即基本未知量数为 2。在刚结点 C 处加附加刚臂，在结点 D 处加水平附加连杆，便得到如图 16-15b 所示的基本结构。

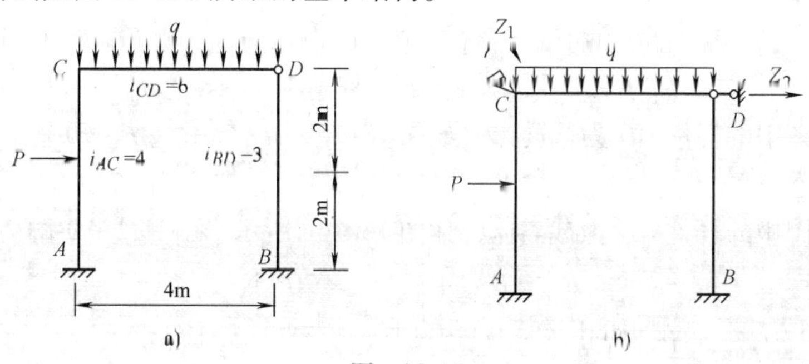

图　16-15

（2）建立位移法典型方程　根据基本结构由于未知角位移 Z_1、未知线位移 Z_2 和荷载共同作用，在附加刚臂和附加连杆中引起的反力或反力偶为零的条件，此刚架相应的位移法典型方程为

$$r_{11}Z_1 + r_{12}Z_2 + R_{1\mathrm{p}} = 0$$
$$r_{21}Z_1 + r_{22}Z_2 + R_{2\mathrm{p}} = 0$$

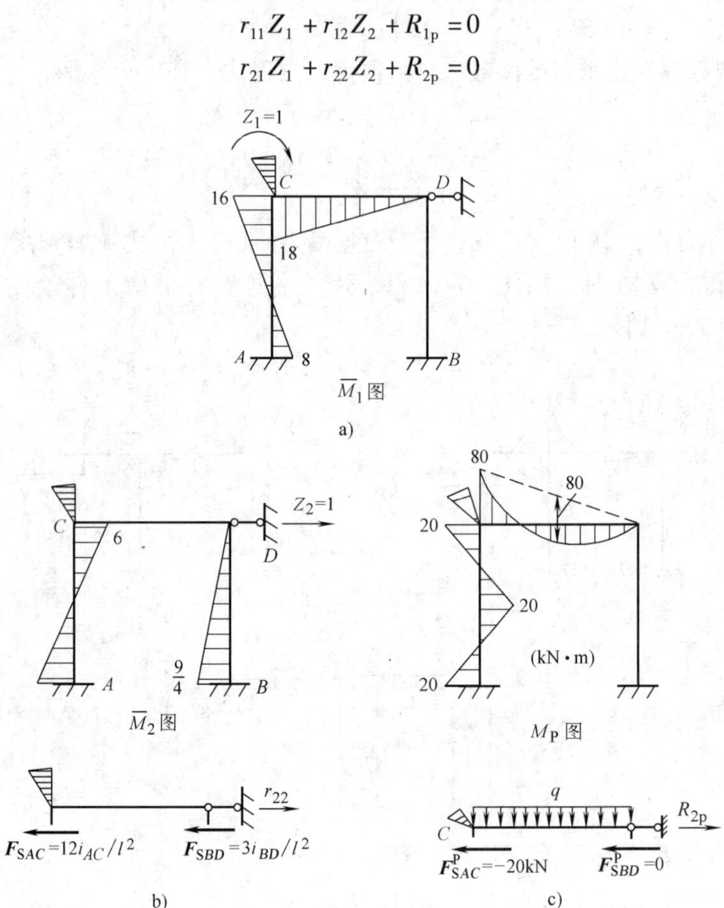

图　16-16

（3）计算方程中的因数和自由项　分别绘制基本结构在 $Z_1=1$、$Z_2=1$ 时的单位弯矩图 $\overline{M}_1$、$\overline{M}_2$ 和荷载作用下弯矩图 M_{p}，如图 16-16 所示。利用结点 C 的平衡条件和杆件 CD 的平衡条件求出因数和自由项。

由 $\sum M_C=0$ 得：

$$r_{11}=6i_{CD}+4i_{AC}=18i+16i=34i,\ r_{21}=r_{12}=-6i,$$
$$R_{1\mathrm{p}}=P/2-ql^2/12=20-80=-60\ \mathrm{kN\cdot m}$$

取 M_2 图中的杆件 CD 为截离体，如图 16-16b 所示。由 $\sum F_x=0$ 得

$$r_{22}=F_{\mathrm{S}\,AC}+F_{\mathrm{S}\,BD}=12_{iAC}/l^2+3i_{BD}/l^2=3i+9i/16=57i/16$$

取 M_{p} 图中的杆件 CD 为截离体，如图 16-16c 所示。由 $\sum F_x=0$ 得

$$R_{2\mathrm{P}}=F^{\mathrm{P}}_{\mathrm{S}AC}+F^{\mathrm{P}}_{\mathrm{S}BD}=-20\ \mathrm{kN}$$

（4）解典型方程　将求得的因数和自由项代入方程式，有

$$34i\ Z_1-6i\ Z_2-60=0$$

$$-96i\ Z_1 + 57i\ Z_2 - 320 = 0$$

从而求得：$Z_1 = 3.92/i$，$Z_2 = 12.21/i$

（5）绘制内力图。

求出 Z_1、Z_2 后，根据叠加原理，按式 $M = \overline{M}_1 Z_1 + \overline{M}_2 Z_2 + M_p$，可得原结构的最后弯矩图，如图 16-17a 所示，并据静力平衡条件绘出剪力图、轴力图，如图 16-17b、c 所示。

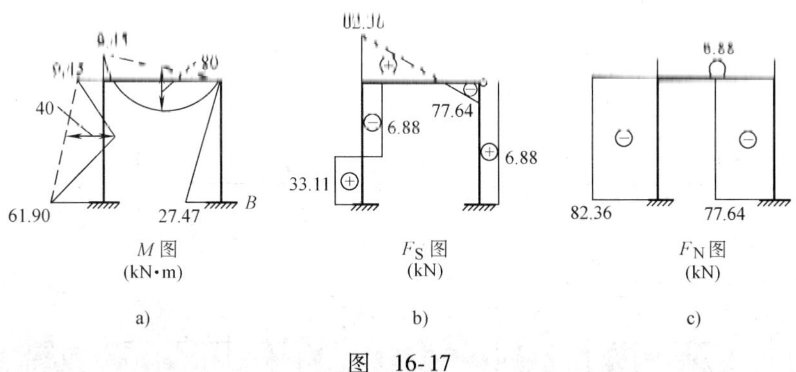

图 16-17

【例 16-5】 用位移法计算图 16-18a 所示刚架。

【解】（1）确定基本未知量和基本结构 此刚架有两个未知的结点角位移 Z_1、Z_2 和一个独立的结点线位移 Z_3，即基本未知量数为 3。分别在刚结点 C、D 处加附加刚臂，在结点 D 处加水平附加连杆，便得到如图 16-18b 所示的基本结构。

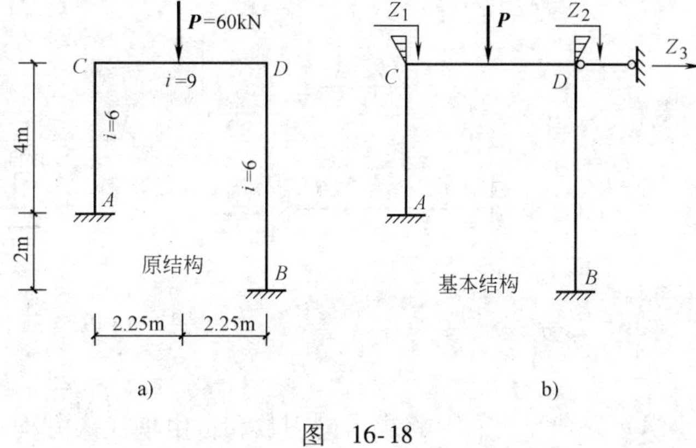

图 16-18

（2）建立位移法典型方程 根据基本结构由于未知角位移 Z_1、Z_2 和未知线位移 Z_3 及荷载共同作用，在附加刚臂和附加连杆中引起的反力或反力偶为零的条件，此刚架相应的位移法典型方程为

$$r_{11}Z_1 + r_{12}Z_2 + r_{13}Z_3 + R_{1p} = 0$$
$$r_{21}Z_1 + r_{22}Z_2 + r_{23}Z_3 + R_{2p} = 0$$
$$r_{31}Z_1 + r_{32}Z_2 + r_{33}Z_3 + R_{3p} = 0$$

（3）计算方程中的系数和自由项 借助于表 16-1，分别绘制基本结构在 $Z_1 = 1$、$Z_2 = 1$、$Z_3 = 1$ 时的单位弯矩图 $\overline{M}_1$、$\overline{M}_2$、$\overline{M}_3$ 和荷载作用下弯矩图 M_p，再分别取结点 C、D 和杆件 CD 为截离体，如图 16-19 所示。

由 $\sum M_C = 0$ 和 $\sum F_x = 0$ 得

$$r_{11} = 48,\ r_{12} = 18,\ r_{13} = 4.5,\ R_{1p} = -33.8\text{kN}\cdot\text{m}$$
$$r_{21} = 18,\ r_{22} = 60,\ r_{23} = -6,\ R_{2p} = 33.8\text{kN}\cdot\text{m}$$

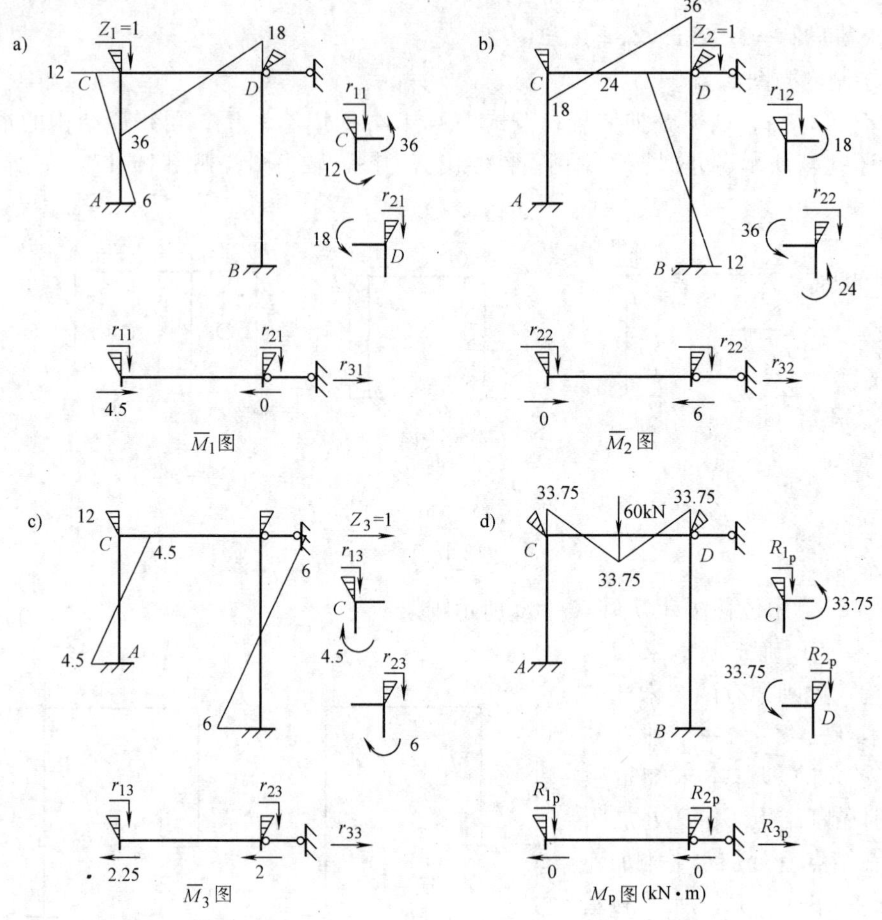

图 16-19

$$r_{31}=-4.5, \quad r_{32}=-6, \quad r_{33}=4.25, \quad R_{3p}=0$$

（4）解典型方程　将求得的因数和自由项代入方程式，有

$$48Z_1+18Z_2+(-4.5Z_3)-33.8=0$$

$$18Z_1+60Z_2-6Z_3+33.8=0$$

$$-4.5Z_1-6Z_2+4.25Z_3+0=0$$

解得：$Z_1=1.02$，$Z_2=-0.884$，$Z_3=-0.17$

即结点 C 顺时针方向转动，结点 D 逆时针方向转动，结点 C、D 均水平向左移动。

（5）绘制弯矩图　根据叠加原理，按式 $M=M_1Z_1+M_2Z_2+M_3Z_3+M_p$，可得原结构的最后弯矩图，如图 16-20 所示。

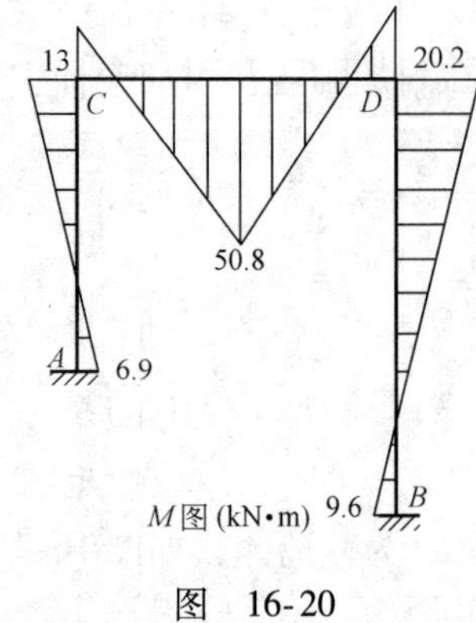

图 16-20

16.5 对称性的利用

前面已经讨论了对称结构，并得到对称性的两个结论：即对称结构在正对称荷载作用

下，只产生对称位移(变形)和内力；对称结构在反对称荷载作用下，只产生反对称位移(变形)和内力。本节将应用上述结论，说明在位移法中如何利用对称性使计算得到简化。

当对称结构承受对称荷载或反对称荷载时，也可以只截取结构的一半来进行计算。下面分别就奇数跨和偶数跨两种对称刚架加以说明。

1. 奇数跨对称刚架

如图 16-21a 所示刚架，在对称荷载作用下，由于产生对称的内力和位移，故可知在对称轴上的截面 C 处不可能发生转角和水平线位移，但有竖向线位移。同时该截面上有弯矩和轴力，而无剪力。因此，截取刚架的一半时，在该处可用一滑动支座(也称定向支座)来代替原有联系，从而得到图 16-21b 所示的计算简图。

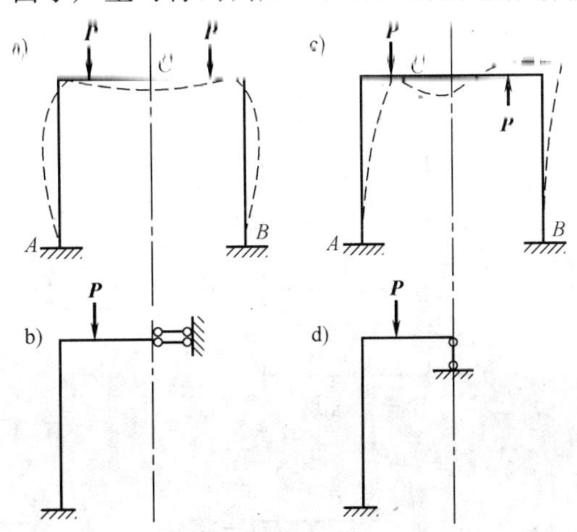

图 16-21

滑动支座也称定向支座，这类支座能限制结构在结点的转动和一个方向上的移动，但允许在另一个方向上的滑动。在计算简图上常用两根平行的链杆表示。图 16-21b 中在竖直方向上允许滑动。

在反对称荷载作用下(如图 16-21c 所示)，由于产生反对称的内力和位移，故可知在对称轴上的截面 C 处不可能发生竖向线位移，有水平线位移和转角，同时该截面上只有剪力，而弯矩和轴力均为零。因此，截取刚架的一半时，在该处可用一竖向支承连杆来代替原有联系，从而得到图 16-21d 所示的计算简图。

2. 偶数跨对称刚架

图 16-22a 所示刚架在对称荷载作用下，如果忽略杆件的轴向变形，那么在对称轴上的刚结点 C 处将不可能发生任何位移，在该处的横梁杆端有弯矩、剪力和轴力存在，因此，可截取刚架的一半，该处用一固定支座来代替原有联系，从而得到图 16-22d 所示的计算简图。

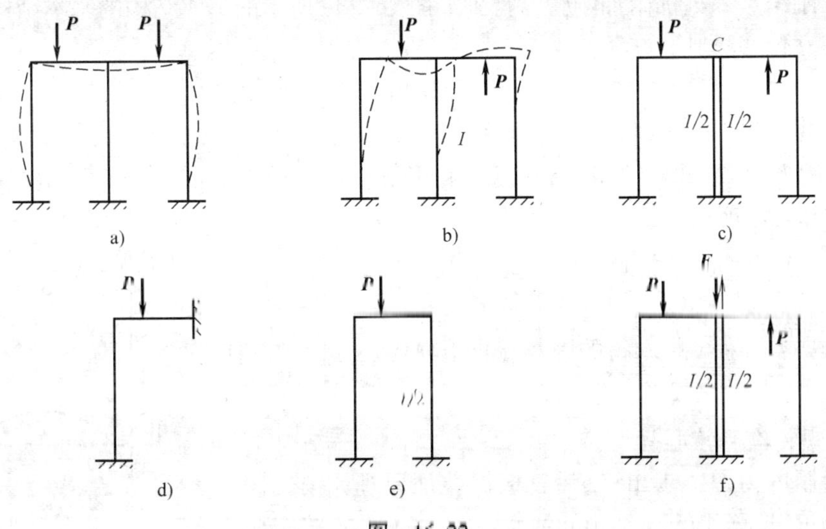

图 16-22

在反对称荷载作用下（如图 16-22c 所示），不妨将刚架的中柱设想为由两根截面各为 $I/2$ 的竖柱组成，它们在顶端分别与横梁刚性连接（如图 16-22e 所示），显然这与原结构是等效的。再设想将两柱中间的横梁切开，由于荷载是反对称的，故切口处只有剪力 F_{SC}（如图 16-22f 所示），这对剪力将只使两柱产生等值反向的轴力，而不使其他杆件产生内力，原结构中柱的内力等于该两柱内力的代数和。因此，剪力 F_{SC} 实际上对原结构的内力和变形均无影响，可将其去掉不计，取图 16-22d 所示一半刚架为计算简图。

【例 16-6】 试绘制图 16-23a 所示结构的弯矩图，设 EI = 常数。

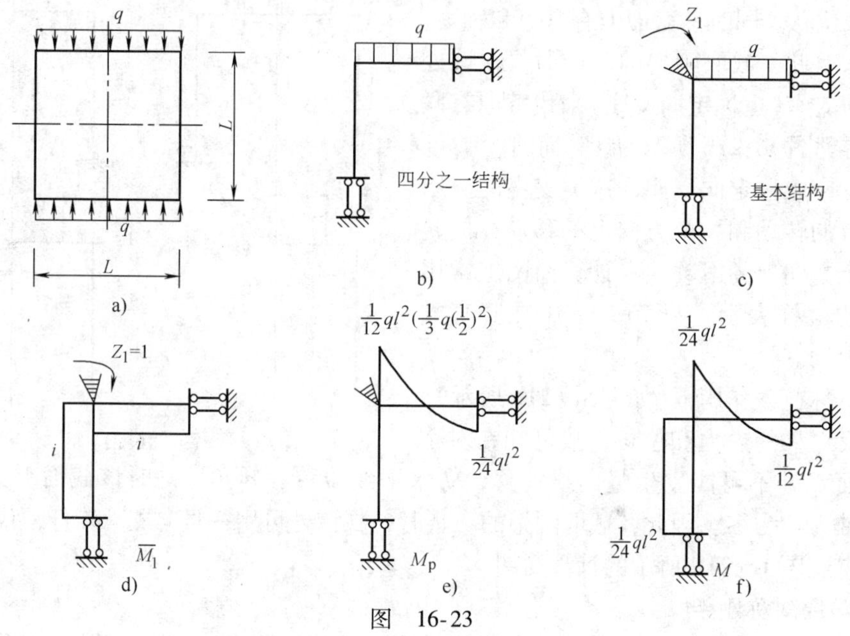

图 16-23

【解】 由于结构和荷载具有两个对称轴，故可取 1/4 结构进行分析，计算简图如图 16-23b 所示。仅相当于用位移法求解一个基本未知量的超静定结构问题。

（1）在刚结点 B 处加附加刚臂，得到如图 16-23c 所示的 1/4 结构的基本结构。

（2）建立位移法典型方程

$$r_{11}Z_1 + R_{1p} = 0$$

（3）计算方程中的因数和自由项　绘制基本结构在 $Z_1 = 1$ 时的单位弯矩图 M_1 和在荷载作用下弯矩图 M_p，如图 16-23d、e 所示。利用结点 B 的平衡条件求出因数和自由项。

由 $\sum M_B = 0$ 得：

$$r_{11} = 2i,\ R_{1p} = -ql^2/12$$

（4）解典型方程　把求得的因数和自由项代入方程式，有

$$2iZ_1 - ql^2/12 = 0$$

从而求得：$Z_1 = ql^2/24i$

（5）绘制内力图　求出 Z_1 后，根据叠加原理，按式 $M = M_1Z_1 + M_p$，可得原结构 1/4 结构的的弯矩图，如图 16-23f 所示。再利用对称原理，绘制原结构最后的弯矩图，如图 16-24 所示。

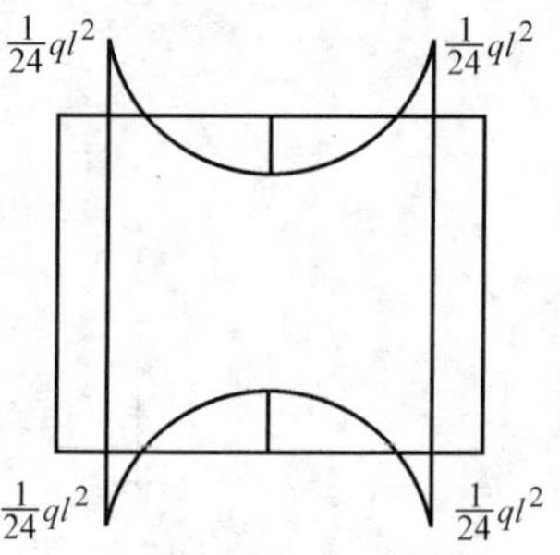

图 16-24

本章小结

(1) 位移法是以结点位移(线位移和角位移)为基本未知量，先设法求出结构中的某些位移，利用位移和内力之间确定的对应关系，求出结构的杆端弯矩，再由平衡条件计算剪力和轴力。

(2) 用位移法分析计算超静定结构时，基本未知量是结点位移，因此计算时首先要确定基本未知量的数目，也就是结点位移的数目。

(3) 确定了位移法的基本未知量后，通过增加附加约束得到位移法的基本结构，即单跨超静定梁的组合体。利用单跨超静定梁的已知杆端内力，建立位移法典型方程，再利用平衡条件，计算方程中的因数和自由项，解典型方程，就可求出基本未知量。

(4) 位移法以结点位移为基本未知量，与超静定结构次数无关，因此对一个超静定结构，尤其是高次超静定结构的力学计算，有时用位移法计算比用力法计算要简单得多。

(5) 学习时注意与力法进行比较，以便更好掌握。

表 16-3　力法、位移法对比

计算方法	力　法	位移法
基本未知量	多余未知约束力	结点独立位移(包括角位移和线位移)
基本结构	去掉多余约束，并代之以多余约束力的静定结构(可有多种形式)	在位移方向设置附加约束后的单跨超静定梁系
基本方程	根据原结构的已知变形条件建立力法方程	根据原结构的已知平衡条件建立位移法方程
方程的物理意义	在外界因素(荷载、温变、支座移动)及各多余未知约束力的共同作用下，沿各多余未知约束力方向的位移与原结构一致	在外界因素(荷载、温变、支座移动)及各结点未知位移的共同作用下，在各结点未知位移方向的约束反力与原结构一致
方程中的因数和自由项	沿各多余未知约束力方向的位移	沿各结点未知位移方向的各附加约束中的反力或反力偶
解题思路	利用静定结构的已知位移计算公式，求解多余未知约束力	利用单跨超静定梁的已知杆端内力计算公式，求解未知位移

思考题

1. 位移法的基本思路是什么?

2. 什么是位移法的基本结构? 如何建立位移法的基本结构?

3. 位移法典型方程的物理意义是什么? 方程中的因数和自由项各有什么特点?

4. 试述用位移法计算超静定结构的步骤。

5. 试比较力法与位移法的基本未知量、基本结构、典型方程、方程中的因数和自由项及计算方法有何异同。

习题

16-1　用位移法计算图 16-25 所示连续梁，并绘制剪力图和弯矩图。

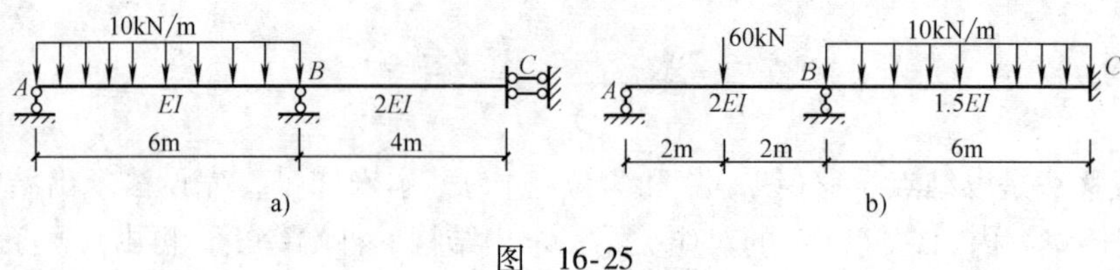

图　16-25

16-2　用位移法分析图 16-26 所示刚架，绘制刚架的弯矩图。

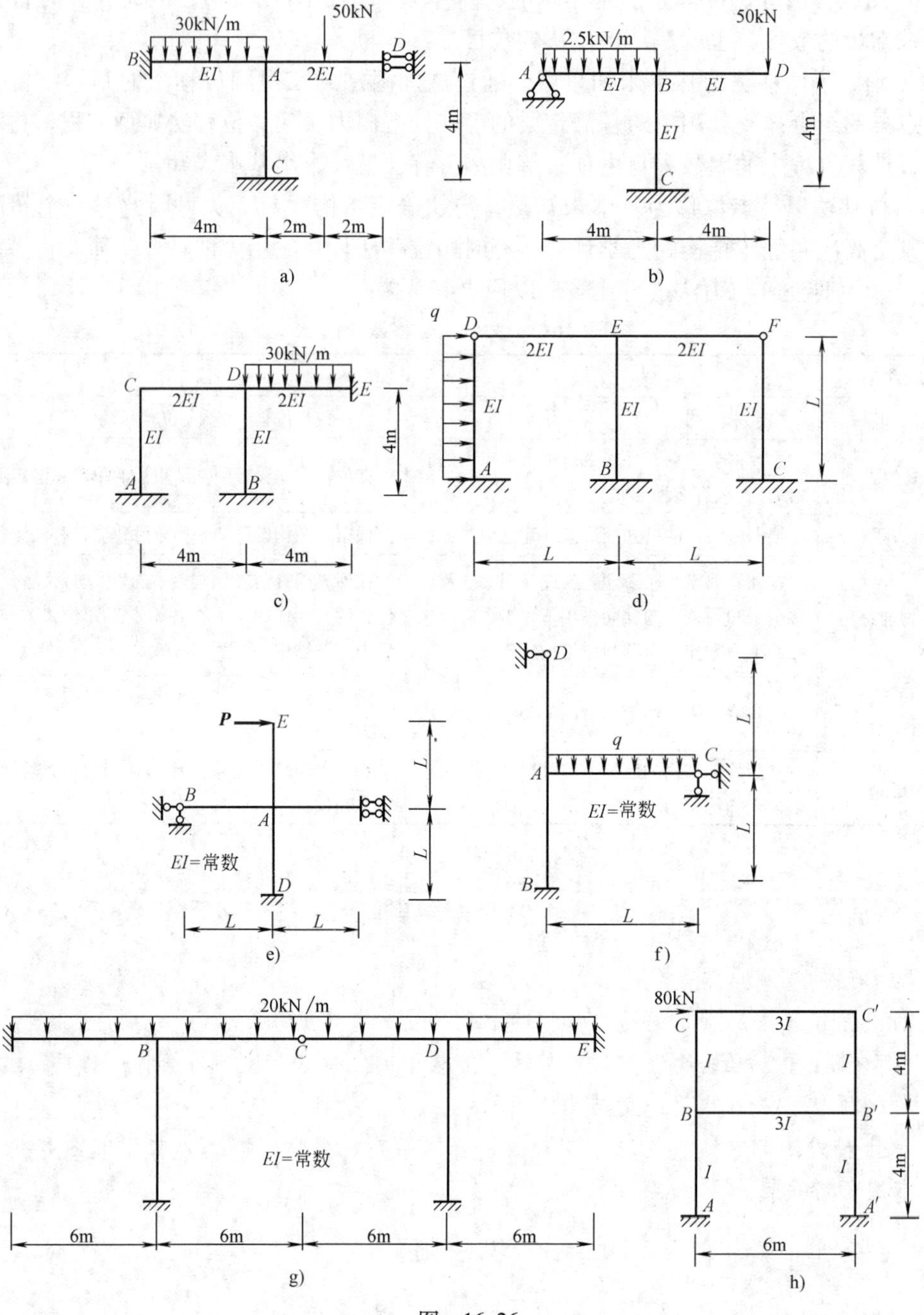

a)　　b)

c)　　d)

e)　　f)

g)　　h)

图　16-26

参 考 答 案

16-1 图 16-25a：$M_{BA}=22.5\text{kN}\cdot\text{m}$。

图 16-25b：$M_{BA}=36.0\text{kN}\cdot\text{m}$。

16-2 图 16-26a：$M_{AB}=54\text{kN}\cdot\text{m}$(上侧受拉)，$M_{AC}=14\text{kN}\cdot\text{m}$(左侧受拉)，

$M_{AD}=68\text{kN}\cdot\text{m}$(上侧受拉)。

图 16-26b：$M_{BA}=20\text{kN}\cdot\text{m}$。

图 16-26c：$M_{DE}=\frac{160}{7}\text{kN}\cdot\text{m}$(上侧受拉)，$M_{DE}=\frac{160}{7}\text{kN}\cdot\text{m}$(上侧受拉)，

$M_{BD}=\frac{30}{7}\text{kN}\cdot\text{m}$(右侧受拉)。

图 16-26d：$M_{AD}=\frac{11}{56}qL^2$(左侧受拉)，$M_{AB}=\frac{1}{8}qL^2$(左侧受拉)，

$M_{CF}=\frac{1}{14}qL^2$(左侧受拉)。

图 16-26e：$M_{AB}=\frac{3}{8}PL$(上侧受拉)，$M_{AD}=\frac{1}{2}PL$(左侧受拉)，

$M_{AC}=\frac{1}{8}PL$(下侧受拉)。

图 16-26f：$M_{AD}=\frac{3}{80}qL^2$(右侧受拉)，$M_{AC}=\frac{7}{80}qL^2$(上侧受拉)。

图 16-26g：$M_{AB}=15\text{kN}\cdot\text{m}$，$M_{BA}=210\text{kN}\cdot\text{m}$。

图 16-26h：$M_{AB}=91.9\text{kN}\cdot\text{m}$。

第 17 章　力矩分配法

知识目标：

1. 理解力矩分配法的基本概念。
2. 掌握用力矩分配法计算连续梁和无侧移刚架的方法和步骤。

能力目标：

能够用力矩分配法计算连续梁和无侧移刚架的内力。

17.1　力矩分配法的基本概念

用力法和位移法进行结构分析时，一般都需要建立和解算联立方程组。当未知量数目较多时，计算的工作量较大，从本节开始，我们将针对连续梁和无侧移刚架的特点，学习力矩分配法的基本概念和计算步骤，这种方法以位移法基本原理为依据，在计算过程中采用逐次渐近的方法来代替联立方程组的解算，计算结果的精度也将随计算轮次的增多而提高。

首先介绍力矩分配法中使用的几个名词。

1. 转动刚度 S

转动刚度表示杆端抵抗转动的能力，其在数值上等于使杆端产生单位转角时所需施加的力矩。

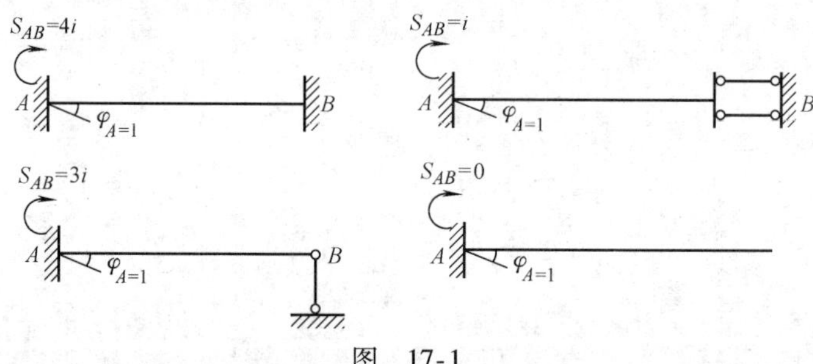

图　17-1

图 17-1 所示的等截面直杆 AB，当使 A 端（或称近端）产生单位转角时，在 A 端所需施加的力偶矩称为该杆端的转动刚度，用 S_{AB}表示，它的大小与杆件的线刚度（$i=EI/l$）和杆件的另一端（或称远端）的支承情况有关，当远端为不同支承情况时，等截面直杆的转动刚度 S_{AB} 的数值可由位移法中介绍的等截面直杆的杆端弯矩确定。

远端固定，$S_{AB}=4i$

远端铰支，$S_{AB}=3i$

远端滑动，$S_{AB}=i$

远端自由，$S_{AB}=0$

2. 分配因数 μ

图 17-2a 所示的无结点线位移刚架，作用有顺时针方向的结点力矩 M，先用位移法求解

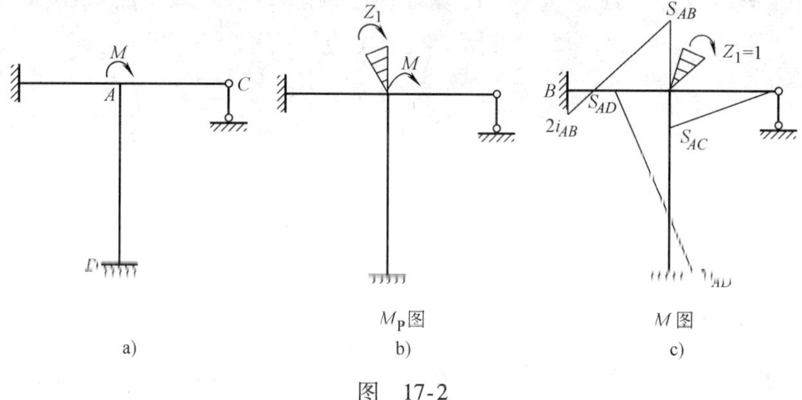

M_P图　　M图

a)　　b)　　c)

图　17-2

此刚架各杆端的弯矩，再从中引出分配因数的概念。

用位移法求解时的基本结构如图 17-2b 所示。相应的位移法典型方程为

$$r_{11}Z_1 + R_{1p} = 0$$

绘制基本结构的 M_1 图，如图 17-2c 所示。

由转动刚度的定义可知：

$$r_{11} = S_{AB} + S_{AC} + S_{AD} = \sum S_{Aj}$$

方程中的自由项：$R_{1p} = -M$

代入位移法典型方程得：$\sum S_{Aj}Z_1 - M = 0$

$$Z_1 = (1/\sum S_{Aj})M$$

各杆端最后弯矩可按叠加原理 $M = M_1Z_1 + M_p$ 求得

$$M_{AB} = S_{AB}Z_1 = (S_{AB}/\sum S_{Aj})M$$

$$M_{AC} = S_{AC}Z_1 = (S_{AC}/\sum S_{Aj})M$$

$$M_{AD} = S_{AD}Z_1 = (S_{AD}/\sum S_{Aj})M$$

由此可见，各杆 A 端的弯矩与各杆 A 端的转动刚度成正比，可用下列公式表示计算结果：

$$M_{Aj} = \mu_{Aj}M$$

其中 $\mu_{Aj} = S_{Aj}/\sum S_{Aj}$，称为分配因数。例如，杆件 AB 在 A 端的分配因数 μ_{AB} 就等于杆件 AB 在 A 端的转动刚度 S_{AB} 除以汇交于 A 点的各杆转动刚度之和 $\sum S_{Aj}$。

同一结点各杆分配因数之间存在下列关系：

$$\because \quad M_{AB} + M_{AC} + M_{AD} = (S_{AB}/\sum S_{Aj})M + (S_{AC}/\sum S_{Aj})M + (S_{AD}/\sum S_{Aj})M$$

$$= (\mu_{AB} + \mu_{AC} + \mu_{AD})M = M$$

$$\therefore \quad \mu_{AB} + \mu_{AC} + \mu_{AD} = 1$$

以上分析表明，μ_{AB}、μ_{AC}、μ_{AD} 是将结点力矩 M 分配到汇交于结点 A 的各杆杆端的弯矩比率，相应的杆端弯矩称为分配弯矩。杆端的分配弯矩可用 M_{ij}^{μ} 表示。

3. 传递因数 C

图 17-2a 中，结点力矩 M 不仅使各杆近端产生弯矩，同时也使各杆远端产生弯矩，我们把杆件的远端弯矩与近端弯矩的比值称为该杆从近端传至远端的弯矩传递因数，简称传递因数，用 C 表示。由位移法可进一步求出

$$M_{BA}=2i_{AB}Z_1=(2i_{AB}/\sum S_{Aj})M,\ M_{CA}=0,\ M_{DA}=2i_{AD}Z_1=(2i_{AD}/\sum S_{Aj})M$$

而

$$M_{AB}=S_{AB}Z_1=(4i_{AB}/\sum S_{Aj})M,$$

$$M_{AC}=S_{AC}Z_1=(3i_{AC}/\sum S_{Aj})M,$$

$$M_{AD}=S_{AD}Z_1=(4i_{AD}/\sum S_{Aj})M$$

所以，$C_{AB}=M_{BA}/M_{AB}=1/2$，$C_{AC}=M_{CA}/M_{AC}=0$，$C_{AD}=M_{DA}/M_{AD}=1/2$

由此可见，传递因数与远端的支承情况有关：

远端固定，$C=1/2$

远端铰支，$C=0$

远端滑动，$C=-1$

远端弯矩就好比将各近端弯矩以传递因数的比率传到各远端一样，故称为传递弯矩。杆端的传递弯矩可用 M_{ij}^{C} 表示。

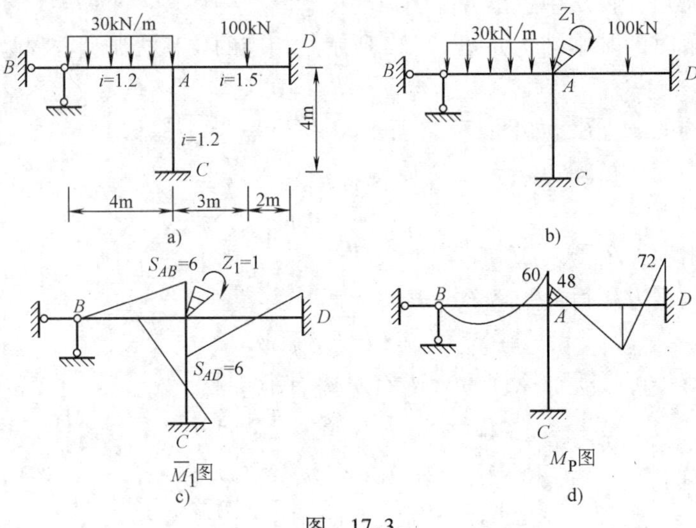

图 17-3

下面以图 17-3a 所示刚架为例来说明力矩分配法的基本概念。当用位移法计算时，此刚架只有一个基本未知量，即结点转角位移 Z_1。在刚结点 A 处加入附加刚臂以阻止该结点的转动，形成位移法的基本结构，如图 17-3b 所示。相应的位移法典型方程为

$$r_{11}Z_1+R_{1\mathrm{p}}=0$$

绘制基本结构的单位弯矩图和荷载弯矩图，如图 17-3c、d 所示。则

$$r_{11}=S_{AB}+S_{AC}+S_{AD}=\sum S_{Aj}\qquad R_{1\mathrm{p}}=(60-48)\mathrm{kN\cdot m}=12\mathrm{kN\cdot m}$$

基本结构在荷载作用下，各杆件的杆端产生的弯矩称为固端弯矩，用 M^{F} 表示。由表 16-1 可求出刚架汇交于结点 A 的各杆端的固端弯矩为

$$M_{AB}^{\mathrm{F}}=ql^2/8=(30\times4^2/8)\mathrm{kN\cdot m}=60\mathrm{kN\cdot m},\ M_{BA}^{\mathrm{F}}=0$$

$$M_{AD}^{\mathrm{F}}=-pab^2/l^2=(-100\times3\times2^2/5^2)\mathrm{kN\cdot m}=-48\mathrm{kN\cdot m},$$

$$M_{DA}^{\mathrm{F}}=pa^2b/l^2=(100\times3^2\times2/5^2)\mathrm{kN\cdot m}=72\mathrm{kN\cdot m}$$

$$M_{AC}^{\mathrm{F}}=M_{CA}^{\mathrm{F}}=0$$

根据平衡条件，可求得附加刚臂上产生的反力矩 R_A^{F}

$$R_A^{\mathrm{F}}=M_{AB}^{\mathrm{F}}+M_{AC}^{\mathrm{F}}+M_{AD}^{\mathrm{F}}=(60-48)\mathrm{kN\cdot m}=12\mathrm{kN\cdot m}$$

R_A^{F} 在数值上等于汇交于结点 A 的各杆端的固端弯矩的代数和，可以看作是各固端弯矩本身所不能相互平衡的差额，故称为结点的不平衡力矩。可见，$R_A^{\mathrm{F}}=R_{1\mathrm{p}}$。因此

$$Z_1=-R_{1\mathrm{p}}/r_{11}=-R_A^{\mathrm{F}}/\sum S_{Aj}$$

各杆件杆端的最后弯矩可根据叠加原理 $M=\overline{M}_1Z_1+M_{\mathrm{p}}$ 求得：

$$M_{AB}=(S_{AB}/\sum S_{Aj})(-R_A^{\mathrm{F}})+M_{AB}^{\mathrm{F}}=\mu_{AB}(-R_A^{\mathrm{F}})+M_{AB}^{\mathrm{F}}=M_{AB}^{\mu}+M_{AB}^{\mathrm{F}}$$

$$M_{AC}=(S_{AC}/\sum S_{Aj})(-R_A^{\mathrm{F}})+M_{AC}^{\mathrm{F}}=\mu_{AC}(-R_A^{\mathrm{F}})+M_{AC}^{\mathrm{F}}=M_{AC}^{\mu}+M_{AC}^{\mathrm{F}}$$

$$M_{AD}=(S_{AD}/\sum S_{Aj})(-R_A^{\mathrm{F}})+M_{AD}^{\mathrm{F}}=\mu_{AD}(-R_A^{\mathrm{F}})+M_{AD}^{\mathrm{F}}=M_{AD}^{\mu}+M_{AD}^{\mathrm{F}}$$

$$M_{BA}=C_{AB}(S_{AB}/\sum S_{Aj})(-R_A^{\mathrm{F}})+M_{BA}^{\mathrm{F}}=C_{AB}M_{AB}^{\mu}+M_{BA}^{\mathrm{F}}$$

$$M_{CA}=C_{AC}(S_{AC}/\sum S_{Aj})(-R_A^{\mathrm{F}})+M_{CA}^{\mathrm{F}}=C_{AB}M_{AC}^{\mu}+M_{CA}^{\mathrm{F}}$$

$$M_{DA}=C_{AD}(S_{AD}/\sum S_{Aj})(-R_A^{\mathrm{F}})+M_{DA}^{\mathrm{F}}=C_{AD}M_{AD}^{\mu}+M_{DA}^{\mathrm{F}}$$

以上计算过程可归纳为：

（1）固定结点　在刚结点 A 处加入附加刚臂，形成位移法的基本结构。求出汇交于结点 A 的各杆端的固端弯矩，并根据平衡条件，计算出结点的不平衡力矩 R_A^{F}。

（2）放松结点　结点 A 处本来没有约束(刚臂)，也不存在约束反力矩，为与原结构保持一致，在结点 A 处加一个与 R_A^{F} 大小相等、方向相反的结点力矩，并按分配因数 μ_{Aj} 分配到汇交于结点 A 的各杆杆端，得到相应的分配弯矩 M_{Aj}^{μ}，再由传递因数计算出各杆的传递弯矩 M_{ij}^{C}，各杆最后的杆端弯矩就等于分配弯矩加固端弯矩或传递弯矩加固端弯矩。

这种不需要解算方程组，直接经分配和传递便得出各杆最后的杆端弯矩的方法，称为力矩分配法。

上例中，结点的不平衡力矩 $R_A^{\mathrm{F}}=12\mathrm{kN\cdot m}$，各杆的分配因数为：

$$\mu_{AB}=S_{AB}/\sum S_{Aj}=3i_{AB}/(3i_{AB}+4i_{AC}+4i_{AD})=(3\times2)/(3\times2+4\times2+4\times1.5)=0.3$$

$$\mu_{AC}=S_{AC}/\sum S_{Aj}=4i_{AC}/(3i_{AB}+4i_{AC}+4i_{AD})=(4\times2)/(3\times2+4\times2+4\times1.5)=0.4$$

$$\mu_{AD}=S_{AD}/\sum S_{Aj}=4i_{AD}/(3i_{AB}+4i_{AC}+4i_{AD})=(4\times1.5)/(3\times2+4\times2+4\times1.5)=0.3$$

相应的分配弯矩为：

$$M_{AB}^{\mu}=\mu_{AB}(-R_A^{\mathrm{F}})=0.3\times(-12)\mathrm{kN\cdot m}=-3.6\mathrm{kN\cdot m}$$

$$M_{AC}^{\mu}=\mu_{AC}(-R_A^{\mathrm{F}})=0.4\times(-12)\mathrm{kN\cdot m}=-4.8\mathrm{kN\cdot m}$$

$$M_{AD}^{\mu}=\mu_{AD}(-R_A^{\mathrm{F}})=0.3\times(-12)\mathrm{kN\cdot m}=-3.6\mathrm{kN\cdot m}$$

各杆的传递弯矩为：

$$M_{BA}^{C}=C_{AB}M_{AB}^{\mu}=0\times(-3.6)=0$$

$$M_{CA}^{C}=C_{AC}M_{AC}^{\mu}=(1/2)\times(-4.8)\mathrm{kN\cdot m}=-2.4\mathrm{kN\cdot m}$$

$$M_{DA}^{C}=C_{AD}M_{AD}^{\mu}=(1/2)\times(-3.6)\mathrm{kN\cdot m}=-1.8\mathrm{kN\cdot m}$$

各杆最后的杆端弯矩为：

$$M_{AB}=M_{AB}^{\mu}+M_{AB}^{\mathrm{F}}=(-3.6+60)\mathrm{kN\cdot m}=56.4\mathrm{kN\cdot m}$$

$$M_{AC}=M_{AC}^{\mu}+M_{AC}^{\mathrm{F}}=(-4.8+0)\mathrm{kN\cdot m}=-4.8\mathrm{kN\cdot m}$$

$$M_{AD}=M_{AD}^{\mu}+M_{AD}^{\mathrm{F}}=(-3.6-48)\mathrm{kN\cdot m}=-51.6\mathrm{kN\cdot m}$$

$$M_{BA}=M_{BA}^{C}+M_{BA}^{\mathrm{F}}=0$$

$$M_{CA}=M_{CA}^{C}+M_{CA}^{F}=-2.4\text{kN}\cdot\text{m}$$

$$M_{DA}=M_{DA}^{C}+M_{DA}^{F}=(-1.8+72)\text{kN}\cdot\text{m}=70.2\text{kN}\cdot\text{m}$$

根据以上计算结果，画出刚架的最后弯矩图，如图 17-4 所示。

为方便起见，杆端弯矩可列表进行计算，见表 17-1。

表 17-1 杆端弯矩计算

结　点	B	A			D	C
杆端	BA	AB	AC	AD	DA	CA
分配因数	—	0.3	0.4	0.3	—	—
固端弯矩	0	60	0	-48	72	0
分配弯矩和传递弯矩	—	-3.6	-4.8	-3.6	-1.8	-2.4
最后弯矩	0	56.4	-4.8	-51.6	70.2	-2.4

可见，具有一个刚结点的结构，且该结点只能转动时，用力矩分配法计算是简便的，而且很精确。

下面通过例题说明力矩分配法的基本运算步骤。

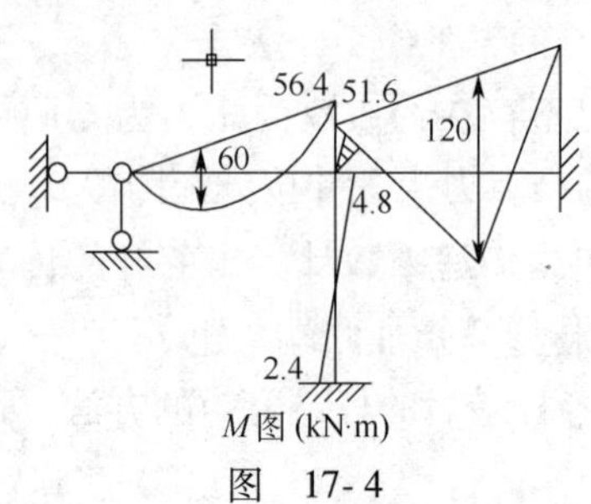

图　17-4

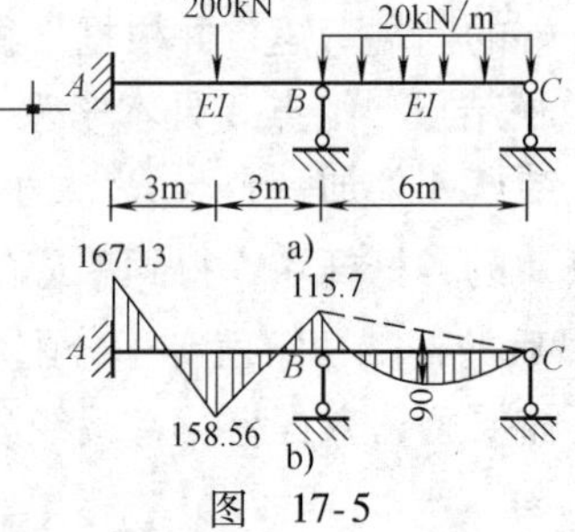

图　17-5

【例 17-1】 图 17-5a 所示为一连续梁，用力矩分配法绘制弯矩图。

【解】（1）计算各杆端的分配因数。

$$i_{AB}=i_{BC}=EI/l=i$$

$$\mu_{BA}=4i/(4i+3i)=0.571$$

$$\mu_{BC}=3i/(4i+3i)=0.429$$

（2）计算各杆端的固端弯矩。

$$M_{AB}^{F}=-pl/8=-200\times 6/8\text{kN}\cdot\text{m}=-150\text{kN}\cdot\text{m}$$

$$M_{BA}^{F}=pl/8=200\times 6/8\text{kN}\cdot\text{m}=150\text{kN}\cdot\text{m}$$

$$M_{BC}^{F}=-ql^{2}/8=-20\times 6^{2}/8\text{kN}\cdot\text{m}=-90\text{kN}\cdot\text{m}$$

$$M_{CB}^{F}=0$$

（3）列表进行分配和传递，并计算最后杆端弯矩。见表 17-2。

表 17-2 杆端弯矩计算

结　点	A		B	C
杆端	AB	BA	BC	CA
分配因数		0.571	0.429	
固端弯矩	-150	150	-90	0
分配弯矩和传递弯矩	-17.13	-34.26	-25.74	0
最后弯矩	-167.13	115.74	-115.74	0

（4）绘制最后弯矩图，如图 17-5b 所示。

17.2 用力矩分配法计算连续梁和无侧移刚架

上一节我们以只有一个结点转角的结构介绍了力矩分配法的基本概念，对于具有多个结点转角的连续梁和无结点线位移的刚架，也可按上一节所述方法求解结构的内力。步骤是：先将所有刚结点固定，形成位移法的基本结构，计算各杆固端弯矩，然后将各刚结点轮流放松，即每次只放松一个结点，其他结点仍暂时固定，这样把各刚结点的不平衡力矩轮流进行分配和传递，直到传递弯矩小到可忽略为止。现结合实例加以说明。

图 17-6a 所示三跨等截面连续梁，在荷载作用下，两个中间结点 B、C 将发生转角。设想在这两个结点处加入附加刚臂，约束结点 B、C 的转动(简称固定结点)，形成位移法的基本结构(三根单跨超静定梁的组合体)，并可求得各杆的固端弯矩为：

$M_{AB}^{\mathrm{F}}=0$，$M_{BA}^{\mathrm{F}}=0$

$M_{BC}^{\mathrm{F}}=-pl/8=-400\times6/8\mathrm{kN\cdot m}=-300\mathrm{kN\cdot m}$，$M_{CB}^{\mathrm{F}}=pl/8=400\times6/8\mathrm{kN\cdot m}=300\mathrm{kN\cdot m}$

$M_{CD}^{\mathrm{F}}=-ql^2/8=-40\times6^2/8\mathrm{kN\cdot m}=-180\mathrm{kN\cdot m}$，$M_{DC}^{\mathrm{F}}=0$

结点 B、C 的不平衡力矩分别为：

$$M_B^{\mathrm{F}}=-300\mathrm{kN\cdot m},\ M_C^{\mathrm{F}}=120\mathrm{kN\cdot m}$$

为了消除这两个结点上的不平衡力矩，设想先放松一个结点 B(选择不平衡力矩绝对值较大的结点先放松,结点 C 仍暂时固定)，并进行力矩分配和传递。汇交于结点 B 的各杆端的分配因数为

$$\mu_{BA}=(4\times2)/(4\times2+4\times3)=0.4$$

$$\mu_{BC}=(4\times3)/(4\times2+4\times3)=0.6$$

将结点 B 的不平衡力矩 M_B^{F} 反号乘以分配因数，得结点 B 的各杆端的分配弯矩

$$M_{BA}^{\mu}=0.4\times300\mathrm{kN\cdot m}=120\mathrm{kN\cdot m}$$

$$M_{BC}^{\mu}=0.6\times300\mathrm{kN\cdot m}=180\mathrm{kN\cdot m}$$

这样就完成了在结点 B 的第一次分配和传递，将计算结果填入图 17-6 的表格中，画在两个分配弯矩下的横线，表示该结点上的不平衡力矩已经消除，结点暂时获得平衡，同时应将分配弯矩向各自的远端传递，得各杆端的传递弯矩：

$$M_{AB}^{C}=0.5\times120\mathrm{kN\cdot m}=60\mathrm{kN\cdot m}$$

$$M_{CB}^{C}=0.5\times180\mathrm{kN\cdot m}=90\mathrm{kN\cdot m}$$

将暂时处于平衡的结点 B 重新用附加刚臂固定，同时放松结点 C，并进行力矩分配和传递。此时结点 C 的不平衡力矩不仅包括荷载作用下产生的不平衡力矩，还要加上因放松结点 B 而传来的传递弯矩，即

$$M_C^{\mathrm{F}}=120+90=210\mathrm{kN\cdot m}$$

求汇交于结点 C 的各杆端的分配因数

$$\mu_{CB}=(4\times3)/(4\times3+3\times4)=0.5$$

$$\mu_{CD}=(3\times4)/(4\times3+3\times4)=0.5$$

将结点 C 的不平衡力矩 M_C^{F} 反号乘以分配因数，得结点 C 的各杆端的分配弯矩

$$M_{CB}^{\mu}=0.5\times(-210)\mathrm{kN\cdot m}=-105\mathrm{kN\cdot m}$$

$$M_{CD}^{\mu} = 0.5 \times (-210)\,\text{kN} \cdot \text{m} = -105\text{kN} \cdot \text{m}$$

同时将分配弯矩向各自的远端传递，得各杆端的传递弯矩

$$M_{BC}^{C} = 0.5 \times (-105)\,\text{kN} \cdot \text{m} = -52.5\text{kN} \cdot \text{m},\ M_{DC}^{C} = 0$$

此时结点 C 也暂时获得平衡，将结点 C 重新用附加刚臂固定，至此，完成了力矩分配法的第一个循环(或称为第一轮)计算。

因放松结点 C 时产生的传递弯矩 M_{BC}^{C}，将成为结点 B 的新的不平衡力矩。为了消除这一新的不平衡力矩，又需将结点 B 放松，再一次进行如上的力矩分配和传递，如此反复将各结点轮流固定、放松，逐个结点进行力矩的分配和传递，则各结点不平衡力矩的绝对值将越来越小，直至满足所要求的精度后，便可停止计算。

将各杆的固端弯矩、逐次分配弯矩和传递弯矩叠加起来，便得到各杆端的最后弯矩。各次计算结果填入图 17-6 的表格中。

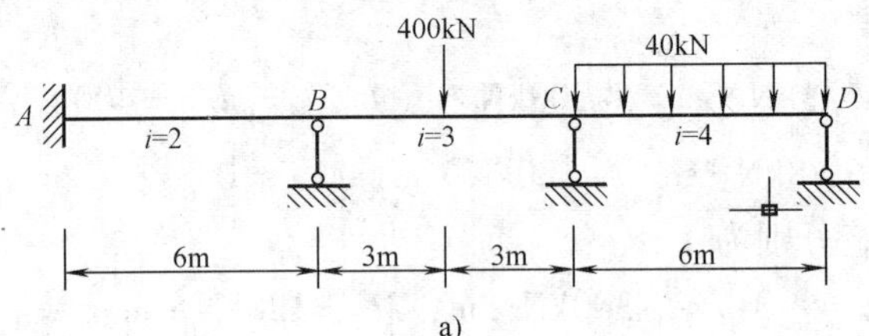

a)

分配因数			0.4	0.6		0.5	0.5	
固端弯矩	0		0	-300		300	-180	0
B 一次分配和传递	60	←	120	180	→	90		
C 一次分配和传递				-52.5	←	-105	-105	
B 二次分配和传递	10.5	←	21.0	31.5	→	15.75		
C 二次分配和传递				-3.94	←	-7.88	-7.88	
B 三次分配和传递	0.79	←	1.58	2.36	→	1.18		
C 三次分配和传递				-0.3	←	-0.59	-0.59	
B 四次分配			0.12	0.18				
最后弯矩	71.29		142.70	-142.70		293.46	-293.46	0

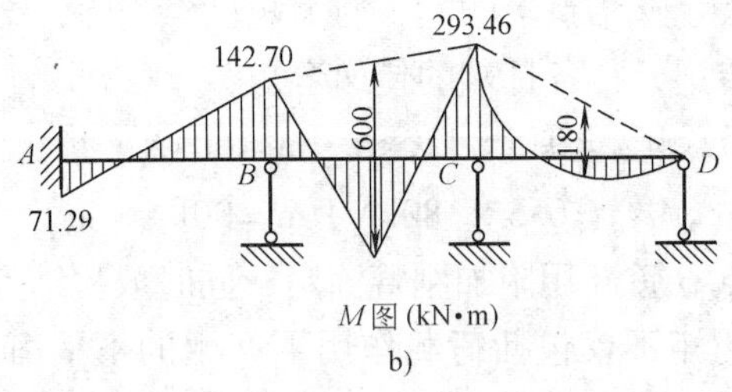

b)

图 17-6

绘制最后弯矩图，如图 17-6b 所示。

综上所述，多结点结构的力矩分配法计算步骤可归纳为：

(1) 计算各杆的分配因数，并确定其传递因数。

(2) 计算各杆的固端弯矩。

(3) 逐个轮流放松、固定各结点，反复进行力矩的分配和传递。

(4) 计算各杆杆端的最后弯矩并绘制弯矩图。

【例 17-2】 用力矩分配法求图 17-7a 所示连续梁，绘制弯矩图、剪力图。

【解】（1）计算各杆的分配因数。

结点 B：$\mu_{BA}=3i_{AB}/(3i_{AB}+4i_{BC})=(3\times2)/(3\times2+4\times1)=0.6$

$\mu_{BC}=4i_{BC}/(3i_{AB}+4i_{BC})=(4\times1)/(3\times2+4\times1)=0.4$

结点 C：$\mu_{CB}=4i_{BC}/(4i_{BC}+4i_{CD})=(4\times1)/(4\times1+4\times1)=0.5$

$\mu_{CD}=4i_{CD}/(4i_{BC}+4i_{CD})=(4\times1)/(4\times1+4\times1)=0.5$

（2）计算各杆的固端弯矩，结点 B、C 的不平衡力矩。

$M_{AB}^{\mathrm{F}}=0$，

$M_{BA}^{\mathrm{F}}=3pl/16=3\times80\times6/16\mathrm{kN\cdot m}=90\mathrm{kN\cdot m}$

$M_{BC}^{\mathrm{F}}=-ql^2/12=-30\times10^2/12\mathrm{kN\cdot m}=-250\mathrm{kN\cdot m}$

$M_{CB}^{\mathrm{F}}=ql^2/12=30\times10^2/12\mathrm{kN\cdot m}=250\mathrm{kN\cdot m}$

$M_{CD}^{\mathrm{F}}=-pab^2/l^2=-160\times3\times5^2/8^2\mathrm{kN\cdot m}=-187.5\mathrm{kN\cdot m}$

$M_{DC}^{\mathrm{F}}=pa^2b/l^2=160\times3^2\times5/8^2\mathrm{kN\cdot m}=112.5\mathrm{kN\cdot m}$

$M_{B}^{\mathrm{F}}=(90-250)\mathrm{kN\cdot m}=-160\mathrm{kN\cdot m}$

$M_{C}^{\mathrm{F}}=(250-187.5)\mathrm{kN\cdot m}=62.5\mathrm{kN\cdot m}$

（3）力矩的分配和传递（见图 17-7 中的表）

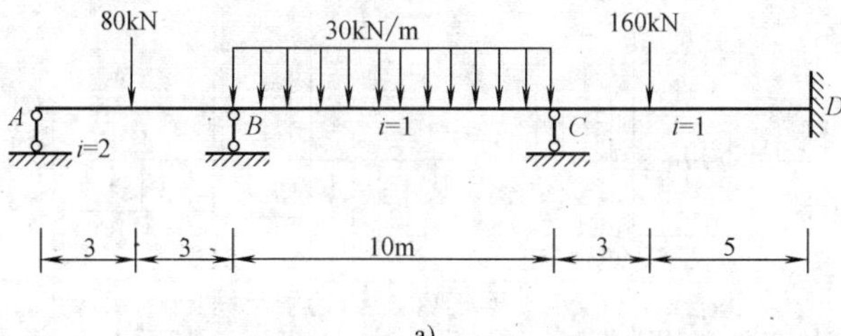

a)

分配因数		0.6	0.4		0.5	0.5		
固端弯矩	0	90	-250		250	-187.5		112.5
分配和传递		96	64	→	32			
			-23.63	←	-47.25	-47.25	→	-23.63
		14.18	9.45	→	4.72			
			-1.20	←	-2.36	-2.36	→	-1.18
		0.72	0.48	→	0.24			
				←	-0.12	-0.12		
最后弯矩	0	200.90	200.90		237.23	237.23		87.69

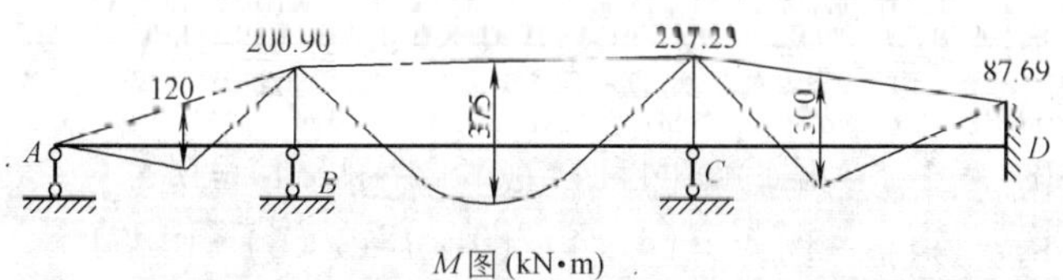

M 图 (kN·m)

图 17-7

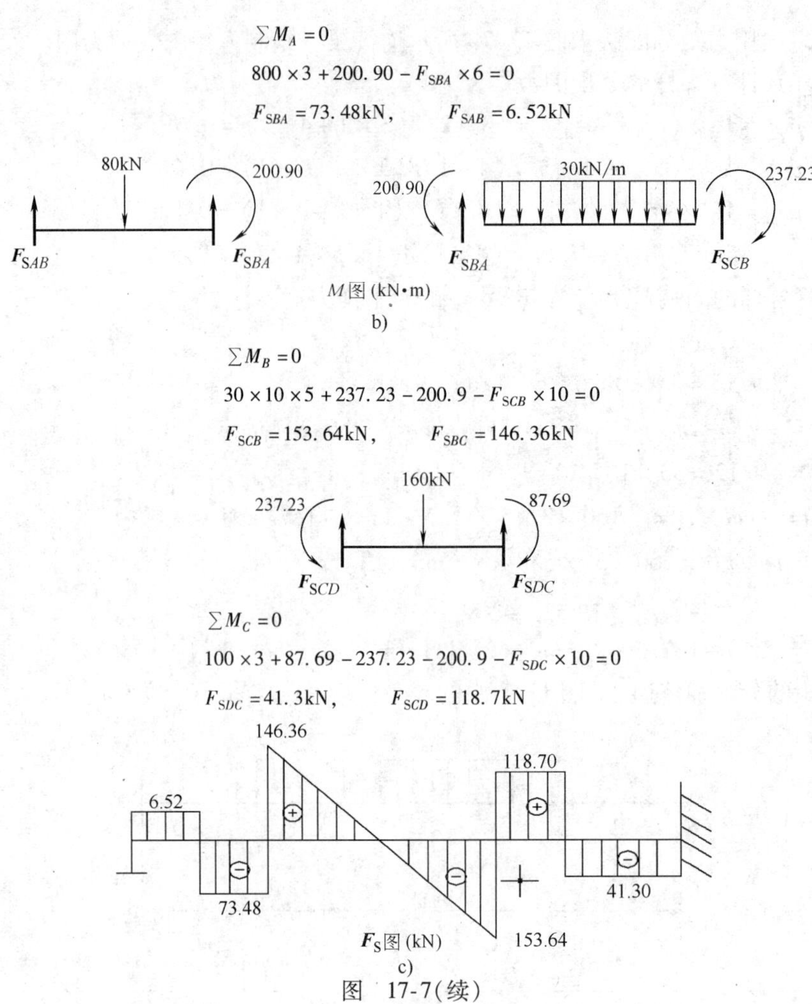

图　17-7(续)

(4) 计算各杆杆端的最后弯矩，并绘制弯矩图，如图 17-7b 所示。

(5) 利用静力平衡条件绘制剪力图，如图 17-7c 所示。

【例 17-3】 用力矩分配法求图 17-8a 所示连续梁，绘制弯矩图。

【解】 此梁的外伸段 EF 为一静定部分，其内力可按静力平衡条件求得

$$M_{EF} = -40\text{kN}\cdot\text{m},\ F_{SEF} = 20\text{kN}$$

把该外伸部分部分去掉，而将 M_{EF}、F_{SEF} 作为外力作用在结点 E 处，则简化后的结构与原结构等效，整个超静定部分按图 17-8b 所示的结构计算。

(1) 计算各杆的分配因数。

结点 B：$\mu_{BA} = 4i_{AB}/(4i_{AB} + 4i_{BC}) = (4\times6)/(4\times6+4\times4) = 0.6$

$\mu_{BC} = 4i_{BC}/(4i_{AB} + 4i_{BC}) = (4\times4)/(4\times6+4\times4) = 0.4$

结点 C：$\mu_{CB} = 4i_{BC}/(4i_{BC} + 4i_{CD}) = (4\times4)/(4\times4+4\times4) = 0.5$

$\mu_{CD} = 4i_{CD}/(4i_{BC} + 4i_{CD}) = (4\times4)/(4\times4+4\times4) = 0.5$

结点 D：$\mu_{DC} = 4i_{CD}/(4i_{CD} + 3i_{DE}) = (4\times4)/(4\times4+3\times6) = 0.471$

$\mu_{DE} = 3i_{DE}/(4i_{CD} + 3i_{DE}) = (3\times6)/(4\times4+3\times6) = 0.529$

(2) 计算各杆的固端弯矩。

$M_{AB}^{F}=0,\ M_{BA}^{F}=0$

$M_{BC}^{F}=-Pab^2/l^2=-90\times2\times4^2/6^2\text{kN}\cdot\text{m}=-80\text{kN}\cdot\text{m}$

$M_{CB}^{F}=Pa^2b/l^2=90\times2^2\times4/6^2\text{kN}\cdot\text{m}=40\text{kN}\cdot\text{m}$

$M_{CD}^{F}=-ql^2/12=-20\times6^2/12\text{kN}\cdot\text{m}=-60\text{kN}\cdot\text{m}$

$M_{DC}^{F}=ql^2/12=20\times6^2/12\text{kN}\cdot\text{m}=60\text{kN}\cdot\text{m}$

对于杆 DE，相当于一端固定另一端铰支的单跨梁，除跨中受集中力作用外，还在铰支座 E 处受一集中力和集中力偶的作用。因此

$$M_{DE}^{F}=-3Pl/16+M_{ED}/2=(-3\times60\times4/16+40/2)\text{kN}\cdot\text{m}=-25\text{kN}\cdot\text{m}$$

（3）力矩的分配和传递（见图 17-8 中的表）。

（4）计算各杆杆端的最后弯矩，并绘制弯矩图，如图 17-8c 所示。

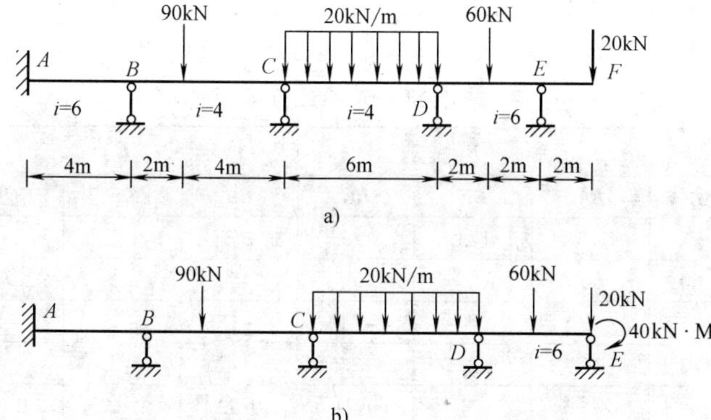

分配因数			0.6	0.4		0.5	0.5		0.471	0.529	
固端弯矩	0		0	-80		40	-60		60	-25	40
B、D 分配和传递	24.00	←	48.00	32.00	→	16.00	-8.24	←	-16.49	-18.51	
C 分配和传递				3.06	←	6.12	6.12	→	3.06		
B、D 分配和传递	-0.92	←	-1.84	-1.22	→	-0.61	-0.72	←	-1.44	-1.62	
C 分配和传递				0.33	←	0.66	0.67	→	0.33		
B、D 分配和传递	-0.10	←	-0.20	-0.13	→	-0.07	-0.08	←	-0.16	-0.17	
C 分配和传递				0.04	←	0.07	0.08	→	0.04		
B、D 分配			-0.02	-0.02					-0.02	-0.02	
最后弯矩	22.98		45.94	-45.94		62.17	-62.17		45.32	-45.32	40

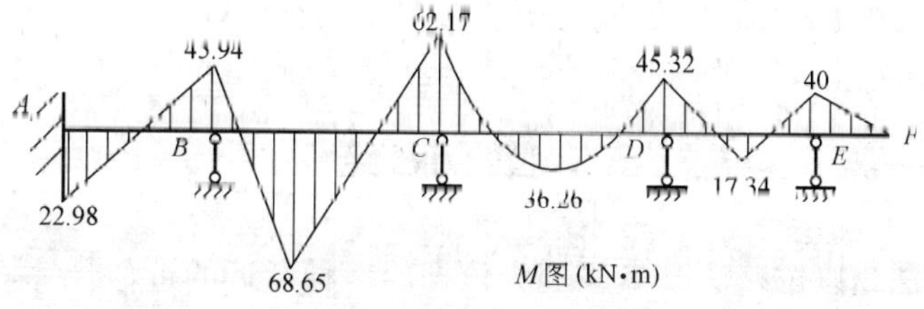

c)

图 17-8

【例 17-4】 用力矩分配法计算图 17-9 所示刚架，绘制弯矩图，EI = 常数。

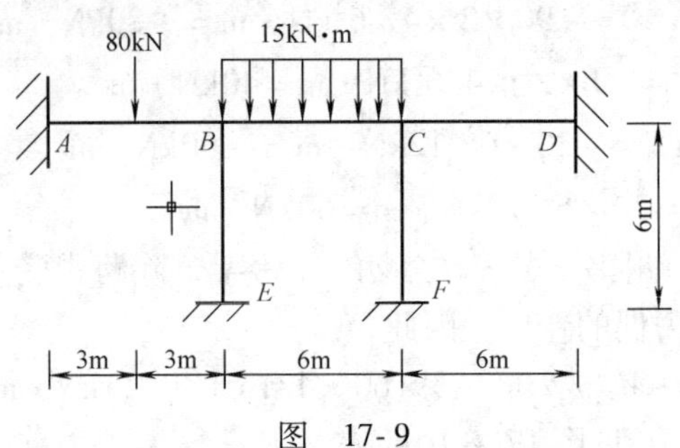

图 17-9

【解】 用力矩分配法计算无侧移刚架与计算连续梁的方法和步骤完全相同，为方便起见，全部计算见下表，弯矩单位为 kN · m。

绘制弯矩图，如图 17-10 所示。

杆端弯矩的计算

结点	*E*	*A*	*B*			*C*			*D*	*F*
杆端	*EB*	*AB*	*BA*	*BE*	*BC*	*CB*	*CF*	*CD*	*DC*	*FC*
分配因数			1/3	1/3	1/3	1/3	1/3	1/3		
固端弯矩	0	-60	60		-45	45				
C 分配传递					-7.5	-15	-15	-15	-7.5	-7.5
B 分配传递	-1.25	-1.25	-2.5	-2.5	-2.5	-1.25				
C 分配传递					0.21	0.42	0.42	0.42	0.21	0.21
B 分配传递	-0.04	-0.04	-0.07	-0.07	-0.07	-0.04				
C 分配传递						0.01	0.01	0.01		
最后弯矩	-1.29	-61.29	57.43	-2.57	-54.86	29.14	-14.57	-14.57	-7.29	-7.29

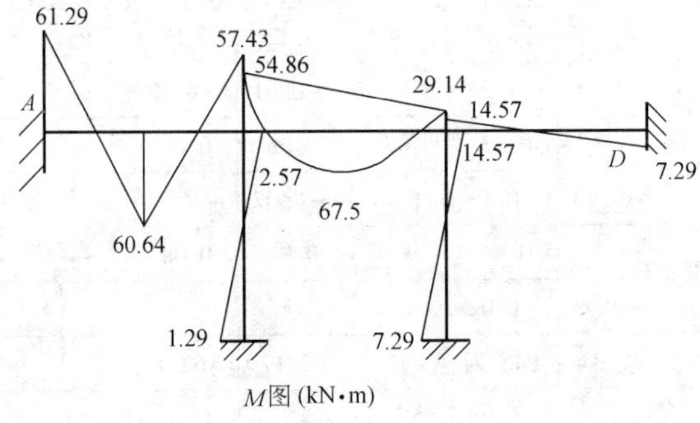

图 17-10

本 章 小 结

（1）力矩分配法是以位移法基本原理为依据的一种渐近的近似计算方法，是计算连续梁和无侧移刚架的常用方法。转动刚度、分配因数、分配弯矩、传递因数和传递弯矩都是在无侧向位移的前提下导出的。与位移法相比，力矩分配法不需要解算方程组，直接经分配和传递便得出各杆最后的杆端弯矩。

（2）用力矩分配法计算单结点结构时，只需固定和放松一次结点即可完成。对于多结点结构，每次只能放松其中一个结点，固定其他结点，需要多次固定和放松，最终结点才能趋于平衡。各杆最后的杆端弯矩就等于分配弯矩加固端弯矩或传递弯矩加固端弯矩。

（3）在用力矩分配法计算超静定结构时，为便于计算，常常可列表进行分配和传递，并计算最后杆端弯矩，而利用平衡条件求出各杆的剪力。

思　考　题

1. 什么是转动刚度？什么是分配因数？为什么汇交于同一结点的分配因数之和等于1？
2. 什么是固端弯矩？什么是不平衡力矩？如何计算不平衡力矩？
3. 什么是传递弯矩？传递因数与什么因素有关？
4. 试述用力矩分配法计算连续梁和无侧移刚架的步骤。

习　　题

17-1　用力矩分配法计算图 17-11 所示连续梁，并绘制弯矩图和剪力图。

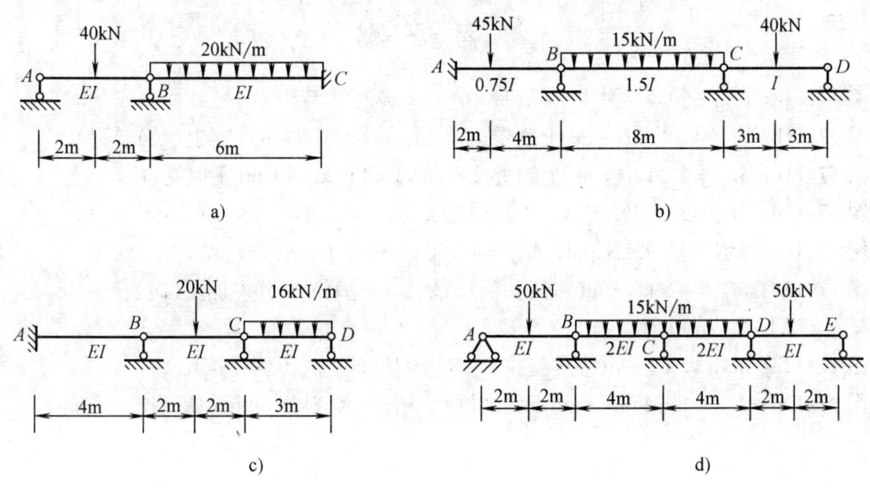

图　17-11

17-2　用力矩分配法计算图 17-12 所示刚架，绘制刚架的弯矩图。

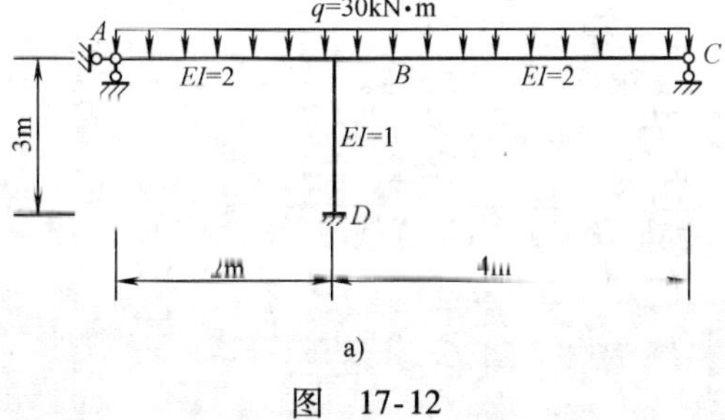

图　17-12

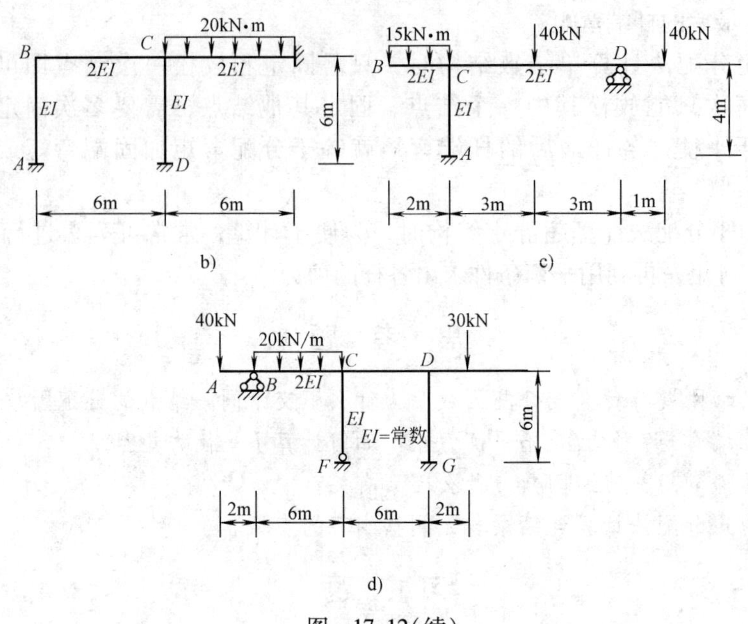

图 17-12(续)

参考答案

17-1 图 17-11a：M_{BA} = 45.87kN · m。

图 17-11b：M_{AB} = 24.5kN · m(上侧受拉) M_{CD} = 68.3kN · m(上侧受拉)。

图 17-11c：M_{BA} = 4.31kN · m(上侧受拉)；M_{CB} = 15.25kN · m(上侧受拉)。

图 17-11d：M_{BA} = 32.73kN · m，M_{CD} = 13.64kN · m(上侧受拉)。

17-2 图 17-12a：M_{BA} = 37.95kN · m，M_{BC} = 48.30kN · m(上侧受拉)。

图 17-12b：M_{BA} = 4.3kN · m(右侧受拉)，M_{CD} = 12.9kN · m(左侧受拉)。

M_{EC} = 72.8kN · m(上侧受拉)。

图 17-12c：M_{CA} = 5kN · m(左侧受拉)，M_{DC} = 10kN · m(上侧受拉)。

图 17-12d：M_{CB} = 29.45kN · m(下侧受拉)，M_{DG} = 36.8kN · m(左侧受拉)。

附　　录

附录 A　常用截面的几何性质

表中符号代表的意义如下：

A——截面图形的面积；

C——截面图形的形心；

y_1、y_2、z_1——截面图形形心相对于图形边缘的位置；

I_{y_0}、I_{z_0}——截面图形分别对形心轴 y_0 轴、x_0 轴的截面二次矩；

I_z——截面图形对 z 轴的截面二次矩；

W_{y_0}，W_{z_0}——截面图形分别对 y_0 轴、z_0 轴的抗弯截面系数。

表　A-1

编　号	截 面 图 形	截面几何性质
1	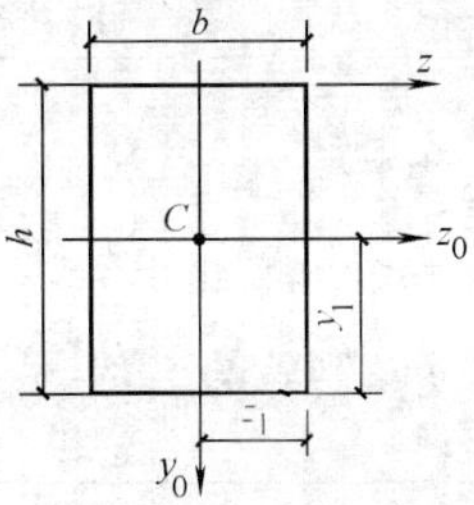	$A=bh$ $y_1=\frac{h}{2}$　$z_1=\frac{b}{2}$ $I_{y_0}=\frac{hb^3}{12}$　$I_{z_0}=\frac{bh^3}{12}$　$I_z=\frac{bh^3}{3}$ $W_{y_0}=\frac{bh^2}{6}$　$W_{z_0}=\frac{bh^2}{6}$
2	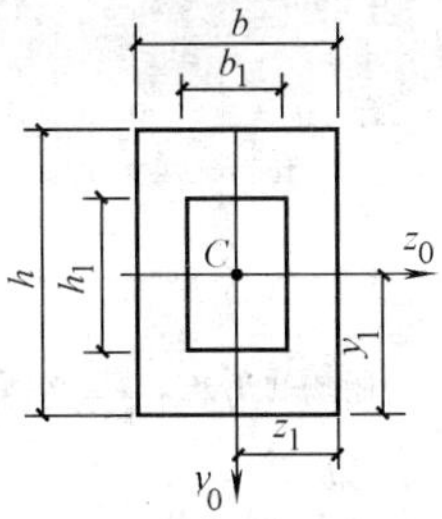	$A=bh-b_1h_1$ $y_1=\frac{h}{2}$　$z_1=\frac{b}{2}$ $I_{y_0}=\frac{hb^3-h_1b_1^3}{12}$　$I_{z_0}=\frac{bh^3-h_1b_1^3}{12}$ $W_{y_0}=\frac{bh^3-h_1b_1^3}{6b}$　$W_{z_0}=\frac{bh^3-h_1b_1^3}{6b}$
3	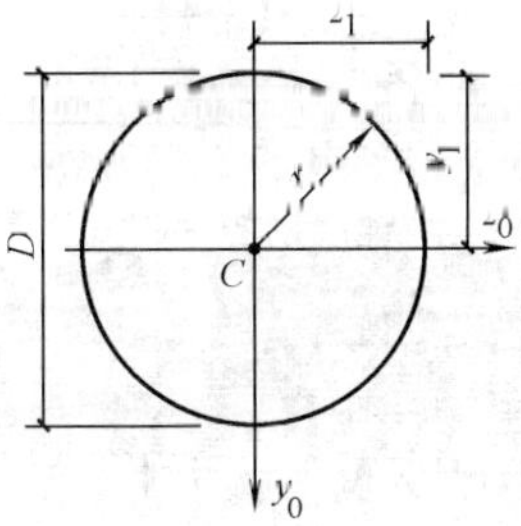	$A=\frac{\pi D^2}{4}=0.785D^2$ 或 $A=\pi r^2=3.142r^2$ $y_1=\frac{D}{2}=r$，$z_1=\frac{D}{2}=r$ $I_{y_0}=I_{z_0}=\frac{\pi D^4}{64}$ $W_{y_0}=W_{z_0}=\frac{\pi D^3}{32}$

（续）

编　号	截面图形	截面几何性质
4	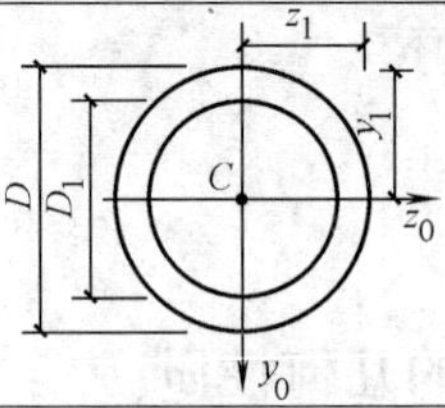	$A=\frac{\pi(D^2-D_1^2)}{4}$ $y_1=\frac{D}{2}$，$z_1=\frac{D}{2}$ $I_{y_0}=I_{z_0}=\frac{\pi(D^4-D_1^4)}{64}$　$W_{y_0}=W_{z_0}=\frac{\pi(D^4-D_1^4)}{32D}$
5	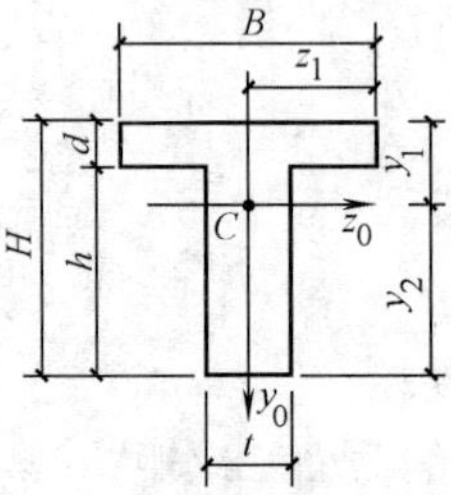	$A=Bd+ht$ $y_1=\frac{1}{2}\frac{tH^2+d^2(B-t)}{Bd+ht}$，$y_2=H-y_1$ $z_1=\frac{B}{2}$ $I_{z_0}=\frac{1}{3}[ty_2^3+By_1^3-(B-t)(y_1-d)^3]$ $W_{z_0\max}=\frac{I_{z0}}{y_1}$　$W_{z_0\min}=\frac{I_{z0}}{y_1}$
6	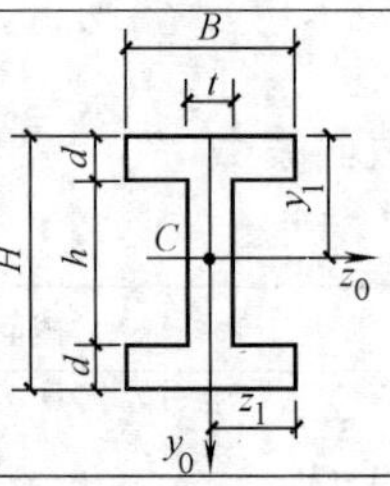	$A=ht+2Bh$ $y_1=\frac{H}{2}$　$z_1=\frac{B}{2}$ $I_{z_0}=\frac{1}{12}[BH^3-(B-t)h^3]$ $W_{z_0}=\frac{BH^3-(B-t)h^3}{6H}$
7	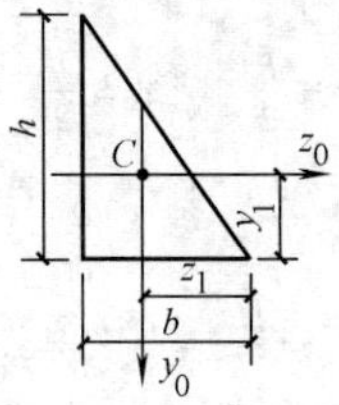	$A=\frac{bh}{2}$ $y_1=\frac{h}{3}$　$z_1=\frac{2b}{3}$ $I_{y_0}=\frac{hb^3}{36}$　$I_{z_0}=\frac{bh^3}{36}$
8	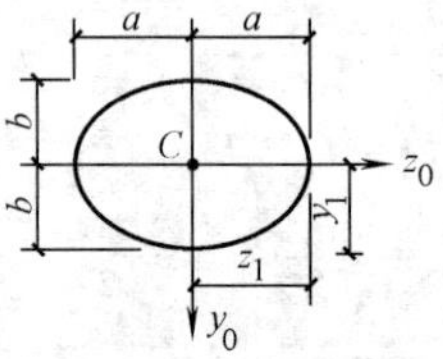	$A=\pi ab$ $y_1=b$　$z_1=a$ $I_{y_0}=\frac{\pi ba^3}{4}$　$I_{z_0}=\frac{\pi ab^3}{4}$
9	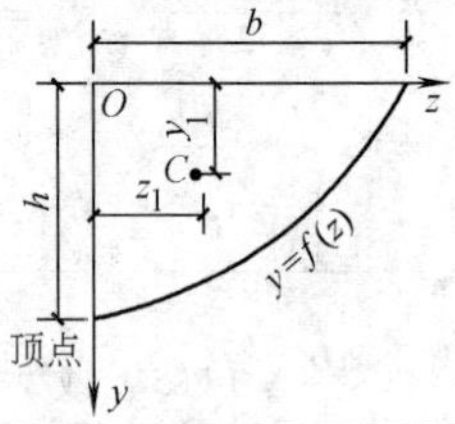	二抛物线方程：$y=f(z)=h\left(1-\frac{z^2}{b^2}\right)$ $A=\frac{2bh}{3}$ $y_1=\frac{2h}{5}$　$z_1=\frac{3b}{8}$
10	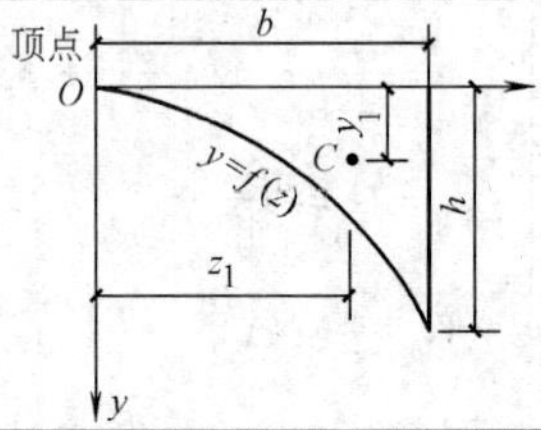	二抛物线方程：$y=f(z)=\frac{hz^2}{b^2}$ $A=\frac{bh}{3}$ $y_1=\frac{3h}{10}$　$z_1=\frac{3b}{4}$

附录B 型 钢 表

表 B-1 热轧等边角钢(GB 9787—1989)

符 号 意 义:

b——边宽;　　　　d——边厚;

r——内圆弧半径;　　r_1——边端内弧半径; $r_1 = \frac{d}{3}$

I——截面二次矩;　　i——惯性半径;

W——截面系数;　　z_0——重心距离。

角钢号数	尺寸/mm			截面面积/cm²	理论重量/(kg/m)	外表面积/(m²/m)	参考数值										z_0/cm
							$x-x$			x_0-x_0			y_0-y_0			x_1-x_1	
	b	d	r				I_x/cm^4	i_x/cm	W_x/cm^3	I_{x0}/cm^4	i_{x0}/cm	W_{x0}/cm^3	I_y/cm^4	i_{y_0}/cm	W_{y_0}/cm^3	I_{x_1}/cm^4	
4	40	3	5	2.359	1.852	0.157	3.59	1.23	1.23	5.69	1.55	2.01	1.49	0.79	0.96	6.41	1.09
		4		3.086	2.422	0.157	4.60	1.22	1.60	7.29	1.54	2.58	1.91	0.79	1.19	8.56	1.13
		5		3.791	2.976	0.156	5.53	1.21	1.96	8.97	1.52	3.10	2.30	0.78	1.39	10.74	1.17
4.5	45	3	5	2.659	2.088	0.177	5.17	1.40	1.58	8.20	1.76	2.58	2.14	0.90	1.24	9.12	1.22
		4		3.486	2.736	0.177	6.65	1.38	2.05	10.56	1.74	3.32	2.75	0.89	1.54	12.18	1.26
		5		4.292	3.369	0.176	8.04	1.37	2.51	12.74	1.72	4.00	3.33	0.88	1.81	15.25	1.30
		6		5.076	3.985	0.176	9.33	1.36	2.95	14.76	1.70	4.64	3.89	0.88	2.06	18.36	1.33
5	50	3	5.5	2.971	2.332	0.197	7.18	1.55	1.96	11.37	1.96	3.22	2.98	1.00	1.57	12.50	1.34
		4		3.897	3.059	0.197	9.26	1.54	2.56	14.70	1.94	4.16	3.82	0.99	1.96	16.69	1.38
		5		4.803	3.770	0.196	11.21	1.53	3.13	17.79	1.92	5.03	4.64	0.98	2.31	20.90	1.42
		6		5.688	4.465	0.196	13.05	1.52	3.68	20.68	1.91	5.85	5.42	0.98	2.63	25.14	1.46

（续）

角钢号数	尺寸/mm			截面面积/cm²	理论重量/(kg/m)	外表面积/(m²/m)	参考数值										
							x − x			x_0-x_0			y_0-y_0			x_1-x_1	z_0/cm
	b	d	r				I_x/cm^4	i_x/cm	W_x/cm^3	I_{x0}/cm^4	i_{x0}/cm	W_{x0}/cm^3	I_y/cm^4	i_{y0}/cm	W_{y0}/cm^3	I_{x1}/cm^4	
5.6	56	3	6	3.343	2.624	0.221	10.19	1.75	2.48	16.14	2.20	4.08	4.24	1.13	2.02	17.56	1.48
		4		4.390	3.446	0.220	13.18	1.73	3.24	20.92	2.18	5.28	5.46	1.11	2.52	23.43	1.53
		5		5.415	4.251	0.220	16.02	1.71	3.97	25.42	2.17	6.42	6.61	1.10	2.98	29.33	1.57
		8		8.367	6.568	0.219	23.63	1.68	6.03	37.37	2.11	9.44	9.89	1.09	4.16	47.24	1.68
6.3	63	4	7	4.978	3.907	0.248	19.03	1.96	4.13	30.17	2.46	6.78	7.89	1.26	3.29	33.35	1.70
		5		6.143	4.822	0.248	23.17	1.94	5.08	36.77	2.45	8.25	9.57	1.25	3.90	41.73	1.74
		6		7.288	5.721	0.247	27.12	1.93	6.00	43.03	2.43	9.66	11.20	1.24	4.46	50.14	1.78
		8		9.515	7.469	0.247	34.46	1.90	7.75	54.56	2.40	12.25	14.33	1.23	5.47	67.11	1.85
		10		11.657	9.151	0.246	41.09	1.88	9.39	64.85	2.36	14.56	17.33	1.22	6.36	84.31	1.93
7	70	4	8	5.570	4.372	0.275	26.39	2.18	5.14	41.80	2.74	8.44	10.99	1.40	4.17	45.74	1.86
		5		6.875	5.397	0.275	32.21	2.16	6.32	51.08	2.73	10.32	13.34	1.39	4.95	57.21	1.91
		6		8.160	6.406	0.275	37.77	2.15	7.48	59.93	2.71	12.11	15.61	1.38	5.67	68.73	1.95
		7		9.424	7.398	0.275	43.09	2.14	8.59	68.35	2.69	13.81	17.82	1.38	6.34	80.29	1.99
		8		10.667	8.373	0.274	48.17	2.12	9.68	76.37	2.68	15.43	19.98	1.37	6.89	91.91	2.03
(7.5)	75	5	9	7.367	5.818	0.295	39.97	2.33	7.32	63.30	2.92	11.94	16.63	1.50	5.77	70.56	2.04
		6		8.797	6.905	0.294	46.95	2.31	8.64	74.38	2.90	14.02	19.51	1.49	6.67	84.55	2.07
		7		10.160	7.976	0.294	53.57	2.30	5.93	84.96	2.89	16.02	22.18	1.48	7.44	98.71	2.11
		8		11.503	9.030	0.294	59.96	2.28	11.20	95.07	2.88	17.93	24.86	1.47	8.19	112.97	2.15
		10		14.126	11.089	0.293	71.98	2.26	13.64	113.92	2.84	21.48	30.05	1.46	9.56	141.71	2.22
8	80	5	9	7.912	6.211	0.315	48.79	2.48	8.34	77.33	3.13	13.67	20.25	1.60	6.66	85.36	2.15
		6		9.397	7.376	0.314	57.35	2.47	9.87	90.98	3.11	16.08	23.72	1.59	7.65	102.50	2.19
		7		10.860	8.525	0.314	65.58	2.46	11.37	104.07	3.10	18.40	27.09	1.58	8.58	119.70	2.23
		8		12.303	9.658	0.314	73.49	2.44	12.83	116.60	3.08	20.61	30.39	1.57	9.46	136.97	2.27
		10		15.126	11.874	0.313	88.43	2.42	15.64	140.09	3.04	24.76	36.77	1.56	11.08	171.74	2.35

（续）

角钢号数	尺寸/mm			截面面积/cm²	理论重量/(kg/m)	外表面积/(m²/m)	参考数值										z_0/cm
							$x-x$			x_0-x_0			y_0-y_0			x_1-x_1	
	b	d	r				I_x/cm⁴	i_x/cm	W_x/cm³	I_{x0}/cm⁴	i_{x0}/cm	W_{x0}/cm³	I_y/cm⁴	i_{y0}/cm	W_{y0}/cm³	I_{x1}/cm⁴	
9	90	6	10	10.637	8.350	0.354	82.77	2.79	12.61	131.26	3.51	30.63	34.28	1.80	9.95	145.87	2.44
		7		12.301	9.656	0.354	94.83	2.78	14.54	150.47	3.50	23.64	39.18	1.78	11.19	170.30	2.48
		8		13.944	10.946	0.353	106.47	2.76	16.42	168.97	3.48	26.55	43.97	1.78	12.35	194.80	2.52
		10		17.167	13.476	0.353	128.58	2.74	20.07	203.90	3.45	32.04	53.26	1.76	14.52	244.07	2.59
		12		20.306	15.940	0.352	149.22	2.71	23.57	236.21	3.41	37.12	62.22	1.75	16.49	293.76	2.67
10	100	6	12	11.932	9.366	0.393	114.95	3.10	15.68	181.98	3.90	25.74	47.92	2.00	12.59	200.07	2.67
		7		13.796	10.830	0.393	131.86	3.09	18.10	208.97	3.98	25.55	54.74	1.99	14.26	233.54	2.71
		8		15.638	12.276	0.393	148.24	3.08	20.47	235.07	3.88	33.24	61.41	1.98	15.75	267.09	2.76
		10		19.261	15.120	0.392	179.51	3.05	25.06	284.68	3.84	40.26	74.35	1.96	18.54	334.48	2.34
		12		22.800	17.898	0.391	208.90	3.03	29.48	330.95	3.81	46.80	86.84	1.95	21.08	402.34	2.91
		14		26.256	20.611	0.391	236.53	3.00	33.73	374.06	3.77	52.90	99.00	1.94	23.44	470.75	2.99
		16		29.627	23.257	0.390	262.53	2.98	37.82	414.16	3.74	58.57	110.89	1.94	25.63	539.80	3.06
11	110	7	12	15.196	11.928	0.433	177.16	3.41	22.05	280.54	4.30	36.12	73.38	2.20	17.51	310.64	2.96
		8		17.238	13.532	0.433	199.46	3.40	24.95	316.49	4.28	40.69	82.42	2.19	19.39	355.20	3.01
		10		21.261	16.690	0.432	242.19	3.38	30.60	384.39	4.25	49.42	99.98	2.17	22.91	444.65	3.09
		12		25.200	19.782	0.431	282.55	3.35	36.05	448.17	4.22	57.62	116.93	2.15	26.15	534.60	3.16
		14		29.056	22.809	0.431	320.71	3.32	41.31	508.01	4.18	65.31	133.40	2.14	29.14	625.16	3.24
12.5	125	8	14	19.750	15.504	0.492	297.03	3.88	32.52	470.89	4.88	53.28	123.16	2.50	25.86	521.01	3.37
		10		24.373	19.133	0.491	361.67	3.85	39.97	573.89	4.85	64.93	149.46	2.48	30.62	651.93	3.45
		12		28.912	22.696	0.491	423.16	3.83	41.17	671.44	4.82	75.96	174.88	2.46	35.03	783.42	3.53
		14		33.367	26.193	0.490	481.65	3.8	54.16	763.73	4.78	86.41	199.57	2.45	39.13	915.61	3.61

（续）

角钢号数	尺寸/mm			截面面积/ cm^2	理论重量/ (kg/m)	外表面积/ (m^2/m)	参考数值										z_0/cm
							$x-x$			x_0-x_0			y_0-y_0			x_1-x_1	
	b	d	r				I_x/cm^4	i_x/cm	W_x/cm^3	I_{x0}/cm^4	i_{x0}/cm	W_{x0}/cm^3	I_y/cm^4	i_{y0}/cm	W_{y0}/cm^3	I_{x1}/cm^4	
14	140	10	14	27.373	21.488	0.551	514.65	4.34	50.58	817.27	5.46	82.56	212.04	2.78	39.20	915.11	3.82
		12		32.512	25.522	0.551	603.68	4.31	59.80	958.79	5.43	96.85	248.57	2.76	45.02	1099.28	3.90
		14		37.567	29.490	0.550	688.81	4.28	68.75	1093.56	5.40	110.47	284.06	2.75	50.45	1284.22	3.98
		16		42.539	33.393	0.549	770.24	4.26	77.46	1221.81	5.36	123.42	318.67	2.74	55.55	1470.07	4.06
16	160	10	16	31.502	24.729	0.630	779.53	4.98	66.70	1237.30	6.27	109.36	321.76	3.20	52.76	1365.33	4.31
		12		37.441	29.391	0.630	916.58	4.95	78.98	1455.68	6.24	128.67	377.49	3.18	60.74	1639.57	4.39
		14		43.296	33.987	0.629	1048.36	4.92	90.95	1665.02	6.20	147.17	431.70	3.16	68.24	1914.68	4.47
		16		49.067	38.518	0.629	1175.08	4.89	102.63	1865.57	6.17	164.89	484.59	3.14	75.31	2190.82	4.55
18	180	12	16	42.241	33.159	0.710	1321.35	5.59	100.82	2100.10	7.05	165.00	542.61	3.58	78.41	2332.80	4.89
		14		48.896	38.383	0.709	1514.48	5.56	116.25	2407.42	7.02	189.14	621.53	3.56	83.38	2723.48	4.97
		16		55.467	43.543	0.709	1700.99	5.54	131.13	2703.37	6.98	212.40	698.60	3.55	97.83	1115.29	5.05
		18		61.955	48.634	0.708	1975.12	5.50	145.64	2988.24	6.94	234.78	762.01	3.51	105.14	3502.43	5.13
20	200	14	18	54.642	42.894	0.788	2103.55	6.20	144.70	3343.26	7.82	236.40	863.83	3.98	111.82	3734.10	5.46
		16		62.013	48.680	0.788	2366.15	6.18	163.65	3760.89	7.79	265.93	971.41	3.96	123.96	4270.39	5.54
		18		69.301	54.401	0.787	2620.64	6.15	182.22	4164.54	7.75	294.48	1076.74	3.94	135.52	4808.13	5.62
		20		76.505	60.056	0.787	2867.30	6.12	200.42	4554.55	7.72	322.06	1180.04	3.93	146.55	5347.51	5.69
		24		90.661	71.168	0.785	3338.25	6.07	236.17	5294.97	7.64	374.41	1381.53	3.90	166.55	6457.16	5.87

注：1. 角钢长度：钢号2～4号，长度为3～9m；4.5～8号，长度为4～12m；9～14号，长度为4～19m；16～20号，长度为6～19m。

2. 一般采用材料：A2(Q215)，A3(Q235)，A5，A3F(Q235-AF)。

表 B-2　热轧不等边角钢(GB 9788—1988)

符 号 意 义:

B——边宽度；

d——边厚；

r_1——边端内弧半径，$r_1=\frac{d}{3}$

i——惯性半径；

x_0——重心距离；

b——短边宽度；

r——内圆弧半径；

I——截面二次矩；

W——截面系数；

y_0——重心距离。

角钢号数	尺寸/mm				截面面积/cm²	理论重量/(kg/m)	外表面积/(m²/m)	参考数值													
								$x-x$			$y-y$			x_1-x_1		y_1-y_1		$u-u$			
	B	b	d	r				I_x/cm⁴	i_x/cm	W_x/cm³	I_y/cm⁴	i_y/cm	W_y/cm³	I_{x1}/cm⁴	y_0/cm	I_{y1}/cm⁴	x_0/cm	I_u/cm⁴	i_u/cm	W_u/cm³	tanα
6.3/4	63	40	4	7	[illegible]	3.185	0.202	16.49	2.02	3.87	5.23	1.14	1.70	33.30	2.04	8.63	0.92	3.12	[illegible]	1.40	0.398
			5		[illegible]	3.920	0.202	20.02	2.00	4.74	6.31	1.12	2.71	41.63	2.08	10.86	0.95	3.76	[illegible]	1.71	0.396
			6		[illegible]	4.638	0.201	23.36	1.96	5.59	7.29	1.11	2.43	49.98	2.12	13.12	0.99	4.34	[illegible]	1.99	0.393
			7		[illegible]	5.339	0.201	26.53	1.98	6.40	8.24	1.10	2.78	58.07	2.15	15.47	1.03	4.97	[illegible]	2.29	0.389
7/4.5	70	45	4	7.5	[illegible]	3.570	0.226	23.17	2.26	4.86	7.55	1.29	2.17	45.92	2.27	12.26	1.02	[illegible]	[illegible]	1.77	0.410
			[illegible]		[illegible]	4.403	0.225	27.95	2.23	5.92	9.13	1.28	2.65	57.10	2.28	15.39	1.06	[illegible]	[illegible]	2.19	0.407
			[illegible]		[illegible]	5.218	0.225	32.54	2.21	6.95	10.62	1.26	3.12	68.35	2.32	18.58	1.09	[illegible]	[illegible]	2.59	0.404
			[illegible]		[illegible]	6.011	0.225	37.22	2.20	8.03	12.01	1.25	3.57	79.99	2.36	21.84	1.13	[illegible]	[illegible]	2.94	0.402
(7.5/5)	75	50	[illegible]	8	[illegible]	4.808	0.245	34.36	2.39	6.83	12.61	1.44	3.30	70.00	2.40	21.04	1.17	[illegible]	[illegible]	2.74	0.435
			[illegible]		[illegible]	5.699	0.245	41.12	2.38	8.12	14.70	1.42	3.88	84.30	2.44	25.37	1.21	[illegible]	[illegible]	3.19	0.435
			8		[illegible]	7.431	0.244	52.39	2.35	10.52	18.53	1.40	4.99	112.50	2.52	34.23	1.29	[illegible]	[illegible]	4.10	0.429
			[illegible]		[illegible]	9.098	0.244	62.71	2.33	12.79	21.96	1.38	6.04	140.80	2.60	43.43	1.36	[illegible]	[illegible]	4.99	0.423

（续）

角钢号数	尺寸/mm				截面面积/cm²	理论重量/(kg/m)	外表面积/(m²/m)	参考数值													
								$x-x$			$y-y$			x_1-x_1		y_1-y_1		$u-u$			
	B	b	d	r				I_x/cm⁴	i_x/cm	W_x/cm³	I_y/cm⁴	i_y/cm	W_y/cm³	I_{x1}/cm⁴	y_0/cm	I_{y1}/cm⁴	x_0/cm	I_u/cm⁴	i_u/cm	W_u/cm³	tanα
8/5	80	50	5	8	6.375	5.005	0.255	41.96	2.56	7.78	12.82	1.42	3.32	85.21	2.60	21.06	1.14	7.66	1.10	2.74	0.388
			6		7.560	5.935	0.255	49.49	2.56	9.25	14.95	1.41	3.91	102.53	2.65	25.41	1.18	8.85	1.08	3.20	0.387
			7		8.724	6.348	0.255	56.16	2.54	10.58	16.96	1.39	4.48	119.33	2.69	29.82	1.21	10.18	1.08	3.70	0.384
			8		9.867	7.745	0.254	62.83	2.52	11.92	18.85	1.38	5.03	136.41	2.73	34.32	1.25	11.38	1.07	4.16	0.381
9/5.6	90	56	5	9	7.212	5.661	0.287	60.45	2.90	9.92	18.32	1.59	4.21	121.32	2.91	29.53	1.25	10.8	1.23	3.43	0.385
			6		8.557	6.717	0.286	71.03	2.88	11.74	21.42	1.85	4.96	145.59	2.95	35.58	1.29	12.90	1.23	4.13	0.384
			7		9.880	7.756	0.236	81.01	2.86	13.49	24.36	1.57	5.70	169.66	3.00	41.71	1.33	14.67	1.22	4.72	0.382
			8		11.183	8.779	0.286	91.03	2.85	15.27	27.15	1.56	6.41	194.17	3.04	47.93	1.36	16.34	1.21	5.29	0.380
10/6.3	100	63	6		9.617	7.550	0.320	99.06	3.21	14.64	30.94	1.79	6.35	199.71	3.24	50.50	1.43	18.42	1.38	5.25	0.394
			7		11.111	8.722	0.320	113.45	3.20	16.88	35.26	1.78	7.29	233.00	3.28	59.14	1.47	21.00	1.38	6.02	0.393
			8		12.584	9.878	0.319	127.37	3.18	19.08	39.39	1.77	8.21	266.32	3.32	67.88	1.50	23.50	1.37	6.78	0.391
			10		15.467	12.142	0.319	153.81	3.15	23.32	47.12	1.74	9.98	333.06	3.40	85.73	1.58	23.33	1.35	8.24	0.387
10/8	100	80	6	10	10.637	8.350	0.354	107.04	3.17	15.19	61.24	2.40	10.16	199.83	2.95	102.68	1.97	31.65	1.72	8.37	0.627
			7		12.301	9.656	0.354	122.73	3.16	17.52	70.08	2.39	11.71	233.20	3.00	119.98	2.01	36.17	1.72	9.60	0.626
			8		13.944	10.946	0.353	137.92	3.14	19.81	78.58	2.37	13.21	266.61	3.04	137.37	2.05	40.58	1.71	10.80	0.625
			10		17.167	13.476	0.353	166.87	3.12	24.24	94.65	2.35	16.12	333.63	3.12	172.48	2.13	49.10	1.69	13.12	0.622
11/7	110	70	6		10.637	8.350	0.354	133.37	3.54	17.85	42.92	2.01	7.90	265.78	3.53	69.08	1.57	25.36	1.54	6.53	0.403
			7		12.301	9.656	0.354	153.00	3.53	20.60	49.01	2.00	9.09	310.07	3.57	80.82	1.61	28.95	1.53	7.50	0.402
			8		13.944	10.946	0.353	172.04	3.51	23.30	54.87	1.98	10.25	354.39	3.62	92.70	1.65	32.45	1.53	8.45	0.401
			10		17.167	13.476	0.353	208.39	3.48	28.54	65.88	1.96	12.48	443.13	3.70	116.83	1.72	39.20	1.51	10.29	0.397

（续）

角钢号数	尺寸/mm				截面面积/cm²	理论重量/(kg/m)	外表面积/(m²/m)	参考数值													
								x − x			y − y			x_1-x_1		y_1-y_1		u − u			
	B	b	d	r				I_x/cm⁴	i_x/cm	W_x/cm³	I_y/cm⁴	i_y/cm	W_y/cm³	I_{x1}/cm⁴	y_0/cm	I_{y1}/cm⁴	x_0/cm	I_u/cm⁴	i_u/cm	W_u/cm³	tanα
12.5/8	125	80	7	11	14.096	11.066	0.403	227.98	4.02	26.86	74.42	2.30	12.01	454.99	4.01	120.32	1.80	43.81	1.76	9.92	0.408
			8		15.989	12.551	0.403	256.77	4.01	30.41	83.49	2.28	13.56	519.99	4.06	137.85	1.84	49.15	1.75	11.18	0.407
			10		19.712	15.474	0.402	312.04	3.98	37.33	100.67	2.26	16.56	650.09	4.14	173.40	1.92	59.45	1.74	13.64	0.404
			12		23.351	18.330	0.402	364.41	3.95	44.01	116.67	2.24	19.43	780.39	4.22	209.67	2.00	69.35	1.72	16.01	0.400
14/9	140	90	8	12	18.038	14.160	0.453	365.64	4.50	38.48	120.69	2.59	17.34	730.53	4.50	195.79	2.04	70.83	1.98	14.31	0.411
			10		22.261	17.475	0.452	445.50	4.47	47.31	146.03	2.56	21.22	913.20	4.85	245.92	2.12	85.82	1.96	17.48	0.409
			12		25.400	20.724	0.451	521.59	4.44	55.87	169.79	2.54	24.95	1096.09	4.66	296.89	2.19	100.21	1.95	20.54	0.406
			14		30.456	23.908	0.451	594.10	4.42	64.18	192.10	2.51	28.54	1279.26	4.74	348.82	2.27	114.13	1.94	23.52	0.403
16/10	160	100	10	13	25.315	19.872	0.512	668.69	5.14	62.13	205.03	2.85	26.56	1362.89	5.24	336.59	2.28	121.74	2.19	21.92	0.390
			12		30.054	23.592	0.511	784.91	5.11	73.49	239.06	2.82	31.28	1635.56	5.32	405.94	2.36	142.33	2.17	25.79	0.388
			14		34.709	27.247	0.510	896.30	5.08	84.56	271.20	2.80	35.83	1908.50	5.40	476.42	2.43	162.23	2.16	29.56	0.385
			16		30.281	30.835	0.510	1003.04	5.05	95.33	301.60	2.77	40.24	2181.79	5.48	548.22	2.51	182.57	2.16	33.44	0.382
18/11	180	110	10	14	28.373	22.273	0.571	956.25	5.80	78.96	278.11	3.13	32.49	1940.40	5.89	447.22	2.44	166.50	2.42	26.88	0.376
			12		33.712	26.464	0.571	1124.72	5.78	93.53	325.03	3.10	38.32	2328.38	5.98	538.94	2.52	194.87	2.40	31.66	0.374
			14		38.967	30.589	0.570	1286.91	5.75	107.76	369.55	3.08	43.97	2716.60	6.06	631.95	2.59	222.30	2.39	36.32	0.372
			16		44.139	34.649	0.569	1443.06	5.72	121.64	411.85	3.06	49.44	3105.15	6.14	726.46	2.67	248.94	2.38	40.87	0.369
20/12.5	200	125	12		37.912	29.761	0.641	1570.90	6.44	116.73	483.16	3.57	49.99	3193.85	6.54	787.74	2.83	285.79	2.74	41.23	0.392
			14		43.867	34.436	0.640	1800.97	6.41	134.65	550.83	3.54	57.44	3726.17	6.62	922.47	2.91	326.58	2.73	47.34	0.390
			16		49.739	39.045	0.639	2023.35	6.38	152.18	615.44	3.52	64.69	4258.86	6.70	1058.RR	2.99	366.21	2.71	53.32	0.388
			16		55.526	43.588	0.639	2238.30	6.35	169.33	677.19	3.49	71.74	4792.00	6.78	1197.13	3.06	404.83	2.70	59.18	0.385

注：1. 角钢长度：6.3/4~9/5.6 号，长 4~12m；10/6.3~14/9 号，长 4~19m；16/10~20/12.5 号，长 6~19m。

2. 一般采用材料：A2(Q215)，A3(Q235)，A5，A3F(Q235-AF)。

表 B-3　热轧普通工字钢(GB 706—65)

符 号 意 义：

h——高度；
b——腿宽；
d——腰厚；
t——平均腿厚；
r——内圆弧半径；
r_1——腿端圆弧半径；
I——截面二次矩；
W——截面系数；
i——惯性半径；
S——半截面对 x 轴的静矩。

型号	尺寸/mm						截面面积/cm^2	理论重量/(kg/m)	参考数值						
									$x-x$				$y-y$		
	h	b	d	t	r	r_1			I_x/cm^4	W_x/cm^3	i_x/cm	$I_x:S_x$	I_y/cm^4	W_y/cm^3	i_y/cm
10	100	68	4.5	7.6	6.5	3.3	14.3	11.2	245	49	4.14	8.59	33	9.72	1.52
12.6	126	74	5	8.4	7	3.5	18.1	14.2	488.434	77.529	5.195	10.848	46.906	12.677	1.609
14	140	80	5.5	9.1	7.5	3.8	21.5	16.9	712	102	5.76	12	64.4	16.1	1.73
16	160	88	6	9.9	8	4	26.1	20.5	1130	141	6.85	13.8	93.1	21.2	1.89
18	180	94	6.5	10.7	8.5	4.3	30.6	24.1	1660	185	7.36	15.4	122	26	2
20a	200	100	7	11.4	9	4.5	35.5	27.9	2370	237	8.15	17.2	158	31.5	2.12
20b	200	102	9	11.4	9	4.5	39.5	31.1	2500	250	7.96	16.9	169	33.1	2.06
22a	220	110	7.5	12.3	9.5	4.8	42	33	3400	309	8.99	18.9	225	40.9	2.31
22b	220	112	9.5	12.3	9.5	4.8	46.1	36.4	3570	325	8.78	18.7	239	42.7	2.27
25a	250	116	8	13	10	5	48.5	38.1	5023.54	401.883	10.18	21.577	280.040	48.283	2.403
25b	250	118	10	13	10	5	53.5	42	5283.965	422.717	9.938	21.27	309.297	52.423	2.404
28a	280	122	8.5	13.7	10.5	5.3	55.45	43.4	7114.14	508.153	11.32	24.62	345.051	56.565	2.495
28b	280	124	10.5	13.7	10.5	5.3	61.05	47.9	7480.006	534.286	11.08	24.241	379.406	61.209	2.493

（续）

型号	尺寸/mm						截面面积/cm^2	理论重量/(kg/m)	参考数值						
									$x-x$				$y-y$		
	h	b	d	t	r	r_1			I_x/cm^4	W_x/cm^3	i_x/cm	$I_x:S_x$	I_y/cm^4	W_y/cm^3	i_y/cm
a	320	130	9.5	15	11.5	5.8	67.05	52.7	11075.525	692.202	12.84	27.458	459.929	70.758	2.619
32b	320	132	11.5	15	11.5	5.8	73.45	57.7	11621.378	726.333	12.58	27.093	501.534	75.989	2.614
c	320	134	13.5	15	11.5	5.8	79.95	62.8	12167.511	760.469	12.34	26.766	543.911	81.166	2.608
a	360	136	10	15.8	12	6	76.3	59.9	15760	875	14.4	30.7	552	81.2	2.69
36b	360	138	12	15.8	12	6	83.5	65.6	16530	919	14.1	30.3	582	84.3	2.64
c	360	140	14	15.8	12	6	90.7	71.2	17310	962	13.8	29.9	612	87.4	2.6
a	400	142	10.5	16.5	12.5	6.3	86.1	67.6	21720	1090	15.9	34.1	600	93.2	2.77
40b	400	144	12.5	16.5	12.5	6.3	94.1	73.8	22780	1140	15.6	33.6	692	96.2	2.71
c	400	146	14.5	16.5	12.5	6.3	102	80.1	23850	1190	15.2	33.2	727	99.6	2.65
a	450	150	11.5	18	13.5	6.8	102	80.4	32240	1430	17.7	38.6	855	114	2.89
45b	450	152	13.5	18	13.5	6.8	111	97.4	33760	1500	17.4	38	894	118	2.84
c	450	154	15.5	18	13.5	6.8	120	94.5	35280	1570	17.1	37.6	938	122	2.79
a	500	158	12	20	14	7	119	93.6	46470	1660	19.7	42.8	1120	142	3.07
50b	500	160	14	20	14	7	129	101	48560	1940	19.4	42.4	1170	146	3.01
c	500	162	16	20	14	7	139	109	50640	2080	19	41.8	1220	151	2.96
a	560	166	12.5	21	14.5	7.3	135.25	106.2	65585.566	2342.31	22.02	47.727	1370.153	165.079	3.182
56b	560	168	14.5	21	14.5	7.3	146.45	115	68512.499	2446.687	21.63	47.166	1486.75	174.247	3.162
c	560	170	16.5	21	14.5	7.3	157.85	123.9	71439.43	2551.408	21.27	46.663	1558.39	183.339	3.158
a	630	176	13	22	15	7.5	154.9	121.6	93916.18	2981.47	24.62	54.173	[illegible]	193.244	3.314
63b	630	178	15	22	15	7.5	167.5	131.5	98083.63	3163.98	24.2	53.514	[illegible]	203.603	3.289
c	630	180	17	22	15	7.5	180.1	141	102251.08	3298.42	23.82	52.923	[illegible]	213.879	3.268

注：1. 工字钢长度 10~18 号，长 5~19m；20~63 号，长 6~19m。

2. 一般采用材料：A2(Q215)，A3(Q235)，A5，A3F(Q235-AF)。

表 B-4　热轧普通槽钢(GB 707—65)

符 号 意 义:

h——高度；　　r_1——腿端圆弧半径；
b——腿宽；　　I——截面二次矩；
d——腰厚；　　W——截面系数；
t——平均腿厚；　　i——惯性半径；
r——内圆弧半径；　　z_0-y——y 与 y_1-y_1 轴线间距离。

型号	尺寸/mm						截面面积/cm²	理论重量/(kg/m)	参考数值							z_0/cm
									x - x			y - y			y_1-y_1	
	h	b	d	t	r	r_1			W_x/cm³	I_x/cm⁴	i_x/cm	W_y/cm³	I_y/cm⁴	i_y/cm	I_{y1}/cm⁴	
5	50	37	4.5	7	7	3.5	6.93	5.44	10.4	26	1.94	3.55	8.3	1.1	20.9	1.35
6.3	63	40	4.8	7.5	7.5	3.75	8.444	6.63	16.123	50.786	2.453	4.50	11.872	1.185	28.38	1.36
8	80	43	5	8	8	4	10.24	8.04	25.3	101.3	3.15	5.79	16.6	1.27	37.4	1.43
10	100	48	5.3	8.5	8.5	4.25	12.74	10.00	39.7	198.3	3.95	7.3	25.6	1.41	54.9	1.52
12.6	126	53	5.5	9	9	4.5	15.69	12.37	62.137	391.466	4.953	10.242	37.99	1.567	77.09	1.59
14a	140	58	6	9.5	9.5	4.75	18.51	14.53	80.5	563.7	5.52	13.01	53.2	1.7	107.1	1.71
14	140	60	8	9.5	9.5	4.75	21.31	16.73	87.1	609.4	5.35	14.12	61.1	1.69	120.6	1.67
16a	160	63	6.5	10	10	55	21.95	17.23	108.3	866.2	6.28	16.3	73.3	1.83	144.1	L8
16	160	65	3.5	10	10		25.15	19.74	116.8	934.5	6.1	17.55	83.4	1.82	160.8	1.75
18a	180	68	7	10.5	10.5	5.25	25.69	20.17	141.4	1272.7	7.04	20.03	98.6111	1.96	189.7	1.88
18	180	70	9	10.5	10.5	5.25	29.29	22.99	162.2	1369.9	6.84	21.52		1.95	210.1	1.84

（续）

型号	尺寸/mm						截面面积/cm²	理论重量/(kg/m)	参考数值							z₀/cm
									x−x			y−y			y_1-y_1	
	h	b	d	t	r	r_1			W_x/cm^3	I_x/cm^4	i_x/cm	W_y/cm^3	I_y/cm^4	i_y/cm	I_{y1}/cm^4	
20a	200	73	7	11	11	5.5	28.83	22.63	178.0	1780.4	7.86	24.2	128	2.11	244	2.01
20	200	75	9	11	11	5.5	32.83	25.77	191.4	1913.7	7.64	25.88	143.6	2.09	268	1.95
22a	220	77	7	11.5	11.5	5.75	31.84	24.99	217.6	2393.9	8.67	28.17	157.8	2.23	298.2	2.1
22	220	79	9	11.5	11.5	5.75	36.24	28.45	233.8	2571.4	8.42	30.05	176.4	2.21	326.3	2.03
a	250	78	7	12	12	6	34.91	27.47	269.597	3369.619	9.823	30.607	175.529	2.243	322.256	2.065
25b	250	80	9	12	12	6	39.91	31.39	282.402	3530.035	9.405	32.657	196.421	2.218	353.187	1.982
c	250	82	11	12	12	6	44.91	35.32	295.236	3690.452	9.065	35.926	218.415	2.206	384.133	1.921
a	280	82	7.5	12.5	12.5	6.25	40.02	31.42	340.328	4764.587	10.91	35.718	217.989	2.333	387.566	2.097
28b	280	84	9.5	12.5	12.5	6.25	45.62	35.81	366.460	5130.453	10.6	37.929	242.144	2.304	427.589	2.016
c	280	85	11.5	12.5	12.5	6.25	51.22	40.21	392.594	5496.319	10.35	40.301	267.602	2.285	426.597	1.951
a	320	88	8	14	14	7	48.7	38.22	474.879	7598.064	12.49	46.473	304.787	2.502	552.31	2.242
32b	320	90	10	14	14	7	55.1	43.25	509.012	8144.197	12.15	49.157	336.332	2.471	592.933	2.158
c	320	92	12	14	14	7	61.5	46.28	543.145	8690.33	11.88	52.642	374.175	2.467	643.299	2.092
a	360	96	9	16	16	8	60.89	47.80	659.7	11874.2	13.97	63.54	455	2.73	818.4	2.44
36b	360	98	11	16	16	8	68.09	53.45	702.9	12651.8	13.63	66.85	496.7	2.7	880.4	2.37
c	360	100	13	16	16	8	75.29	59.10	746.1	13429.4	13.63	70.02	536.4	2.57	947.9	2.34
a	400	100	10.5	18	18	9	75.05	58.91	878.9	17577.9	15.30	78.83	592	2.81	1067.7	2.49
40b	400	102	12.5	18	18	9	83.05	65.19	932.2	18644.5	14.98	82.52	640	2.78	1135.6	2.44
c	400	104	14.5	18	18	9	91.05	71.47	985.6	19711.2	14.71	86.19	687.8	2.75	1220.7	2.42

注：1. 槽钢长度：5~8号，长5~12m；10~18m；长5~19m；20~40号；长6~19m。

2. 一般采用材料：A2(Q215)，A3(Q235)，A5，A3F(Q235-AF)。

参 考 文 献

[1] 张曦. 建筑力学[M]. 北京：中国建筑工业出版社，2000.
[2] 罗奕. 建筑力学[M]. 北京：人民交通出版社，2005.
[3] 梁圣复. 建筑力学[M]. 北京：机械工业出版社，2001.
[4] 张少实. 新编材料力学[M]. 北京：机械工业出版社，2002.
[5] 李廉锟. 结构力学[M]. 北京：高等教育出版社，1996.
[6] 赵爱民. 建筑力学[M]. 武汉：武汉理工大学出版社，2004.
[7] 葛若东. 建筑力学[M]. 北京：中国建筑工业出版社，2004.
[8] 沈养中. 工程力学[M]. 北京：高等教育出版社，2003.
[9] 沈养中，孟胜国. 结构力学[M]. 北京：科学出版社，2005.
[10] 刘寿梅. 建筑力学[M]. 北京：高等教育出版社，2002.
[11] 沈伦序. 建筑力学[M]. 北京：高等教育出版社，1990.
[12] 梁圣复，乔润同. 建筑力学[M]. 北京：机械工业出版社，2001.
[13] 沈养中，董平. 材料力学[M]. 北京：科学出版社，2002.
[14] 卢光斌，马仲达，李秀菊. 材料力学[M]. 成都：西南交通大学出版社，2000.
[15] 罗奕，沈建康. 土力学地基基础[M]. 北京：人民交通出版社，2003.

教材使用调查问卷

尊敬的老师：

您好！欢迎您使用机械工业出版社出版的教材，为了进一步提高我社教材的出版质量，更好地为我国教育发展服务，欢迎您对我社的教材多提宝贵的意见和建议。敬请您留下您的联系方式，我们将向您提供周到的服务，向您赠阅我们最新出版的教学用书、电子教案及相关图书资料。

本调查问卷复印有效，请您通过以下方式返回：

邮寄：北京市西城区百万庄大街 22 号机械工业出版社建筑分社（100037）
张荣荣 （收）

传真：010-68994437（张荣荣收） Email：r.r.00@163.com

一、基本信息

姓名：________ 职称：________________ 职务：____________________

所在单位：____

任教课程：____

邮编：____________ 地址：____________________________________

电话：____________ 电子邮件：________________________________

二、关于教材

1. 贵校开设土建类哪些专业？

☐建筑工程技术 ☐建筑装饰工程技术 ☐工程监理 ☐工程造价

☐房地产经营与估价 ☐物业管理 ☐市政工程 ☐道路桥梁工程技术

2. 您使用的教学手段： ☐传统板书 ☐多媒体教学 ☐网络教学

3. 您认为还应开发哪些教材或教辅用书？____________________________

4. 您是否愿意参与教材编写？希望参与哪些教材的编写？

课程名称：____

形式： ☐纸质教材 ☐实训教材（习题集） ☐多媒体课件

5. 您选用教材比较看重以下哪些内容？

☐作者背景 ☐教材内容及形式 ☐有案例教学 ☐配有多媒体课件

☐其他____

三、您对本书的意见和建议（欢迎您指出本书的疏误之处）____________________

____

____

____

四、您对我们的其他意见和建议____________________________

____

____

请与我们联系：

100037 北京百万庄大街 22 号

机械工业出版社·建筑分社 张荣荣 收

Tel：010—88379777（O），68994437（Fax）

E-mail：r.r.00@163.com

http://www.cmpedu.com（机械工业出版社·教材服务网）

http://www.cmpbook.com（机械工业出版社·门户网）

http://www.golden-book.com（中国科技金书网·机械工业出版社旗下网站）